SELF-SOVEREIGN IDENTITY

Decentralized Digital Identity and Verifiable Credentials

自主管理身份

分布式数字身份和可验证凭证

[西]亚历克斯·普鲁克夏特(Alex Preukschat)
[美]德拉蒙德·里德(Drummond Reed) **主编**

金键　李海花　景越　有晓宇　孙先堂 **译**

人民邮电出版社
北京

图书在版编目（ＣＩＰ）数据

自主管理身份 ： 分布式数字身份和可验证凭证 /
(西) 亚历克斯·普鲁克夏特 (Alex Preukschat) , (美)
德拉蒙德·里德 (Drummond Reed) 主编 ； 金键等译. --
北京 ： 人民邮电出版社, 2022.12（2023.4重印）
ISBN 978-7-115-59973-5

Ⅰ. ①自… Ⅱ. ①亚… ②德… ③金… Ⅲ. ①电子签
名技术－研究 Ⅳ. ①TN918.912

中国版本图书馆CIP数据核字(2022)第162658号

版权声明

内容提要

本书共分为 4 个部分，第 1 部分全面介绍了自主管理身份（SSI）的基础—它从哪里来、它是如何工作的，以及它的主要特性和优点，此部分适合所有对 SSI 感兴趣的读者阅读。第 2 部分主要介绍 SSI 技术，专门为希望深入了解 SSI 架构的主要组件和设计模式而无须深入研究代码的专业技术人员设计。第 3 部分转向另一个方向—侧重于介绍 SSI 的文化和哲学起源，以及它对互联网和社会的最终影响。第 4 部分通过行业专家探讨 SSI 对企业和政府的意义，介绍了 SSI 如何应用于特定的垂直市场。

本书适合所有对 SSI 技术及网络安全和隐私保护感兴趣的读者，以及希望深入了解 SSI 架构的主要组件和设计模式的专业技术人员、产品经理和管理者阅读。

◆ 主　　编　[西] 亚历克斯·普鲁克夏特（Alex Preukschat）
　　　　　　[美] 德拉蒙德·里德（Drummond Reed）
　译　　　　金　键　李海花　景　越　有晓宇　孙先堂
　责任编辑　李　强
　责任印制　马振武
◆ 人民邮电出版社出版发行　　北京市丰台区成寿寺路 11 号
　邮编　100164　　电子邮件　315@ptpress.com.cn
　网址　https://www.ptpress.com.cn
　固安县铭成印刷有限公司印刷
◆ 开本：787×1092　1/16
　印张：22.25　　　　2022 年 12 月第 1 版
　字数：438 千字　　　2023 年 4 月河北第 2 次印刷
著作权合同登记号　图字：01-2021-4207 号

定价：119.80 元

读者服务热线：(010)81055493　印装质量热线：(010)81055316
反盗版热线：(010)81055315
广告经营许可证：京东市监广登字 20170147 号

关于本书

欢迎阅读《自主管理身份：分布式数字身份和可验证凭证》！本书的首要目的是向读者介绍 SSI 的基本概念，帮助读者清晰理解为何我们当前已经处于互联网身份演变的分水岭。

为达到这一目的，本书除了介绍笔者自己的观点，还汇集了世界各地领先 SSI 专家的观点。他们分享了 SSI 在各个领域，如技术、商业、法律、社会甚至哲学领域产生的影响。

本书还介绍了如何应用 SSI 解决实际市场问题的具体示例，以帮助读者了解如何将 SSI 应用于工作、学习和生活中。笔者也希望这本书能够启发其他相关人员展开相关讨论，并启发社会各界关注相关观点。

目标读者

笔者在撰写本书时秉持的理念是向开发人员、产品经理和商业领导人全面介绍这项全新的基础技术，帮助他们拓宽视野，掌握全局，了解跨学科发展趋势，并在工作中充分应对即将发生的重大市场变革。SSI 需要各方齐心协力、各尽其职、各扬所长，塑造我们理想中的未来。

本书的目标读者非常广泛，他们都能从书中找到感兴趣的内容。

◎ 架构师和开发人员。

◎ 产品经理。

◎ 用户体验（UX）设计师。

◎ 商业和政府领导人。

◎ 法律专业人士。

◎ 隐私、去中心化和区块链技术关注者。

因此，我们将本书分为 4 个部分。

第 1 部分对 SSI 进行全面介绍，主要内容包括 SSI 技术的起源、技术原理、主要特征和优点。这一部分面向所有对 SSI 感兴趣的读者。

第 2 部分专为想要深入了解 SSI 架构的专业技术人员设计，包括 SSI 架构的主要组成要素和设计模式，但并未深入代码级别。

第 3 部分从另一个角度切入，重点介绍 SSI 的文化和哲学渊源，以及 SSI 对互联网和社会的最终影响。这部分特别适合对隐私保护感兴趣，以及想要了解 SSI 起源的读者。

第 4 部分邀请各行各业专家分享他们所处的垂直市场如何应用 SSI 技术，探讨 SSI 对企业和政府的意义。这一部分尤其适合架构师和产品经理，因为他们需要向商业领导人证明为何 SSI 技术对他们的业务部门具有重要影响——不管是机遇、威胁，还是破坏。

第 1 部分全面介绍了自主管理身份（SSI）的基础，包括它从哪里来、如何工作，以及主要特性和优点。

笔者建议读者按顺序阅读第 1 部分各章节，它们适用于所有对 SSI 感兴趣的人，无论你关注的是技术、产品、业务，还是政策。

第 2 部分深入探讨 SSI 技术，面向希望了解 SSI 技术原理的读者。这部分并未深入代码级别（除了第 7 章和第 8 章中的代码示例），但涵盖了 SSI 架构的所有主要方面，能够为架构师、开发人员、系统管理员，以及任何想了解 SSI“栈”的人提供全面的技术介绍。

第 3 部分将 SSI 视为一项跨越传统行业边界，涵盖了更广泛的技术、法律、社会基础设施领域的话题；探讨作为 SSI 基础的去中心化技术如何推动哲学、社会和文化的更大变革；从历史、政治、社会角度讨论哪些技术属于 SSI 技术，哪些技术不属于 SSI 技术，以及区分理由。这部分内容面向所有读者，但如果你主要关注 SSI 技术或业务解决方案，你也可以略过这一部分。

第 4 部分探讨 SSI 将如何影响各类企业、行业和政府部门——各章内容由各个垂直行业的专家撰写。大多数章节结尾附带了一个 SSI 记分卡汇总表（第 4 章对其进行了说明），以评估 SSI 对特定垂直市场的影响。

最后，我们还编制了 5 个附录，为读者提供更多工具和视角，协助读者进一步探索 SSI，附录主要内容如下。

◎ 附录 A——简要介绍本书 liveBook 版本中收录的 11 个附加章节，继续第 4 部分的工作，通过各个垂直市场专家分享的看法探讨 SSI 在垂直市场中的应用。

◎ 附录 B——介绍网络上发布的关于 SSI 的著名文章，这些文章深入探讨了关于 SSI 和分布式数字信任基础设施的特殊主题。

◎ 附录 C——介绍 Christopher Allen 所著 *The Path to Self-Sovereign Identity*。其是由安全套接层（SSL）协议合著者撰写的关于 SSI 的具有里程碑意义的文章原文。SSL 协议实现了网络加密标准化。

◎ 附录 D——介绍 Fabian Vogelsteller 和 Oliver Terbu 所著 *Identity in the Ethereum Blockchain Ecosystem*。这是另一篇关于 SSI 的具有里程碑意义的文章，作者分别是以太坊生态系统中著名的开发人员和 ConsenSys 的身份产品负责人。

◎ 附录 E——介绍 *The Principles of SSI*。在本书的最后，笔者列出了由 Sovrin 基金会主持的一个全球社区项目开发的 12 项 SSI 基本原则，这套原则于 2020 年 12 月以 15 种语言出版。

关于代码

本书的技术章节主要集中在第 2 部分。SSI 的架构和设计选择非常广泛，因此，本书大部分内容并未深入代码级别，除了第 7 章中关于 JavaScript 对象表示法（JSON）和 JSON-

LD 可验证凭证的示例，以及第 8 章中关于 DID 和 DID 文件的示例。但是，本书也多次提到在世界各地开展的包含 SSI 要素的重大开源项目，而且大部分项目都可公开访问。

liveBook 论坛

购买本书的读者可以免费访问由曼宁（Manning）出版社运营的一个私人网络论坛（Manning 出版社官网的 liveBook 论坛），读者可以在该论坛上发表对本书的评论，提出技术问题，并且有机会获得本书作者和其他用户的帮助。

Manning 出版社承诺为读者提供一个平台，方便读者与本书作者进行有意义的对话。但 Manning 出版社无法保证本书作者的参与度，本书作者的参与基于自愿原则（并且是无偿的）。我们建议读者提出具有挑战性的问题，以吸引本书作者的关注！本书在售期间，读者可以随时前往 Manning 出版社网站访问论坛并查看之前的讨论。

其他线上资源

本书所有章节都列出了用于拓展阅读的参考资料。笔者特别推荐读者阅读第 14 章的参考资料，这些资料介绍了互联网身份和 SSI 社区的演变历程。

纵观全书，每当有相应章节的更多信息和网络研讨会时，笔者都包含了对 SSI Meetup 网络研讨会的参考。读者可以在 IdentityBook.info 上注册，以获取与本书相关的最新内容。

笔者特别建议读者关注以下社区以了解 SSI 领域的最新进展：

◎ W3C 可验证凭证工作组；

◎ W3C 分布式身份工作组；

◎ W3C 凭证社区工作组；

◎ 分布式身份基金会（DIF）；

◎ Sovrin 基金会；

◎ ToIP 基金会；

◎ Covid-19 证书倡议。

译者序

当今，互联网正在从传统的社交、消费领域进入经济社会的方方面面，尤其是与工业等领域的深度融合，加速推动了产业数字化转型升级，可以说互联网已成为第四次工业革命的重要引擎。这也就意味着人们将通过网络进行更多、更重要的生产与经济活动，因此互联网上由来已久的信任问题变得史无前例的重要。

多年以来，互联网一直是一个非受信的空间。然而科技进步，计算、存储能力的大幅提升，密码技术的广泛使用及区块链等融合技术的陆续出现，都为构建一个受信的网络空间奠定了基础，而“受信”也是人们提出 Web 3.0 最重要的初衷。Web 3.0 希望能够建立全新的基于客观“真相”（truth）而非主观或者强制信任的交互体系，让任何用户都能拥有并管理好自己的数据，并基于数据“说话”。而其中“你是谁”代表的身份问题是最为关键的。

基于分布式标识形成的自主管理身份（SSI）的概念最早于 2015 年提出，它向人们展示了一种用户可以自己生成身份标识符以及不依赖于任何中心化机构或平台（比如公共区块链）进行身份相关数据的管理和控制，同时又能和政府的身份管理认证体系进行有效结合的新方案，为互联网的发展带来了革命性的想象空间。经过互联网身份论坛（IIW）、万维网联盟（W3C）、分布式身份基金会（DIF）等国际组织专家多年的研究推广，已经形成了包含技术架构、应用场景、产业生态、治理体系等多方面的初步共识并在全球开展了大量的实践验证。为了让更多政策研究者、专业人士、技术爱好者、互联网从业者甚至广大互联网用户认识到这项技术的巨大前景，国际知名数字身份专家 Alex Preukschat、Drummond Reed 及其他 40 多位行业先驱，总结提炼了自主管理身份的核心要点，于 2021 年 6 月出版了本书的英文版。作为自主管理身份领域的开山之作，本书被多位国内外专家誉为数字身份领域的“圣经”，本书的英文版出版后立刻被全球多个技术社群关注，也因此被翻译成为多种语言版本。我们希望中文译本可以更方便国内读者了解这项技术，也希望可以助力国内产业界更好地迎接“可信任的互联网”带来的变革大潮。

本书共包含 4 个部分，内容由浅入深，可以帮助读者了解自主管理身份的全景。第 1 部分通过说明数字身份的重要性帮助读者建立对自主管理身份的基本认识。其中自主管理身份的核心要素，例如分布式标识、可验证凭证、数字钱包及信任三角关系中的“发证方”“持证方”“验证方”等都将会在本部分得到理念性阐述，相关内容适合所有类型的读者。第 2 部分聚焦 SSI 技术，是读者理解 SSI 全局体系架构的关键。作为全书的技术重点，本部分除详细介绍 SSI 的技术方案外，还重点介绍和分析了分布式密钥技术及设施如何在证明身份所有者对身份（数据）拥有控制权方面发挥的巨大作用，这部分对 DID 的介绍值得推荐给相关技术从业者。第 3 部分介绍了自主管理身份的缘起与外延。开源软件的普及、密码学技术的演化为SSI在全世界的发展奠定了基础。这项技术通过改变信任体系改变了人们对文化、信仰、世界多样性接受的程度，体现出这项技术的“魔力”。第 4 部分集合了全球物联网、生物、医疗等行业与领域自主管理身份从业者、爱好者们在实践中总结的经验，也有来自加拿大、欧盟的高级公务人员与顶级法律专家为读者解答这项技术正在如何为公民与企业提供服务并改变生活、生产方式。

在疫情蔓延的这几年中，全球各个行业都在加快尝试数字技术的创新应用。我们相信，随着 DID/SSI 的发展，必将形成新的互联网信任模型，为人们解决当前普遍面临的数据流通、隐私保护及网络安全问题带来新的思路。这些进展将为人们推动 Web 3.0 发展，理解和构建元宇宙打下更好的基础。自主管理身份的发展虽然处在初期，但备受各界期待并在飞速地进化，越来越多的从业者开始展现更高的热情，积极投身于分布式数字身份和自主管理身份领域，而这也是我们翻译此书的初心。本书的翻译团队成员很多是从事星火链网相关工作的技术人员，我们也将本书的理念与技术方案同星火链网的设计、开发、场景应用进行了很好的结合，力图在星火链网建设发展的过程中，推动更多的从业者在 DID/SSI 方面开展创新。

本书在翻译、出版过程中得到了各界人士的大力支持和帮助。感谢中国证监会科技监管局局长姚前、中国信息通信研究院院长余晓晖等为本书作序。同时也要感谢张一峰、平庆瑞、王晓亮、张小军、蒋海、陈昌等众多行业专家给予指导和支持，在此一并致谢！

不足与错误之处，请各位读者不吝指出。

中国信息通信研究院工业互联网与物联网研究所所长
金键
2022 年 8 月

序1

身份管理如此重要，以至于世界各国都将其作为社会治理制度之一。在我国，自殷商以来就有严密的户籍管理制度，其是征兵、赋役、管制的基础。户籍管理不仅中国有，国外也有。外国的户籍管理多叫“民事登记”或“生命登记”或“人事登记”，叫法不一，但基本上与我国的户籍管理大同小异。

户籍、户口、账户均有“户”字。“户”的古字形像一扇门，本义指单扇的门，由本义引申为房屋的出入口。一家人住在一个“门”内，“户”又引申为家庭甚至家族。能将一个人的信息具体到某一家庭或家族，那么这个人是谁、有什么基本特征也就能确定了。从这个意义上来说，“户”即一个人的身份标记。人的身份由其“户”来体现。要确定一个人是不是“某某”，只要查看他的户籍即可。反过来，一个人要证明自己是“某某”，也需要拿出相应“户”的证明。这里的关键是“户”的证明要可信。

在日常生活中，我们通常要依靠权威机构发布的纸质证书证明自己的身份，比如，权威机关特别印制的、难以伪造的身份证，或加盖其特制印章的书面证明文件。它们可以证明“我”是政府户籍系统里具体的哪个“我”。在登录银行账户或网络账户时，我们则依靠数字证书（Digital Certificate）证明身份。数字证书的本质是一种电子文档，是由特定第三方证书认证中心（CA 中心）颁发的一种较为权威、公正的证书。数字证书的技术支撑是公钥基础设施（PKI），即利用一对密钥实现加密和解密及签名等功能。加密密钥对外公开，是为公钥；解密密钥由个人秘密持有并维护其机密性，是为私钥。从私钥可以推导出公钥，但从公钥很难逆推出私钥。私钥持有者可以通过私钥来给自己发出信息签名，任何获得对应公钥的人均可经由公钥对其进行验签。只要通过验签，即可证明数字身份。

总而言之，我们经常谈到的身份往往体现在由中心化机构建立的户籍系统或账户系统里的“户”，并且还需要依赖权威机构出具的可信证书证明“我”拥有这个“户”，从而验明正身。这就是我们常说的中心化身份模式。这一模式的特点在于，我们若要拥有某一具体身份，就需要在相应的系统里开户。比如，只有上了户口，我们才能有身份证；只有在互联网平台上开了账户，我们才能有参与相应线上活动的资格。

政府构建的中心化身份管理模式在国家治理中发挥着至关重要的作用，是网络治理和监管的基石，就像银行账户实名制、火车票实名制、证券账户实名制、手机卡实名制一样。实名制成为网络支付和网络监管的重点内容，这既是保护线上主体财产权利的应有之义，也是反洗钱、反恐怖融资、防范和遏制线上违法犯罪活动的必要之举。

但由众多互联网平台企业建立的以开户为前提的中心化身份管理模式可能存在一些弊

端。比如，不同的互联网平台企业建立了不同的账户体系，各账户体系有不同的规则，用户需要管理许多账户和密码。每开一次户，用户都要反复填写个人信息，这就加大了个人数据隐私泄露的风险。不同的账户体系相互独立，容易形成“孤岛”，不利于互联网生态发展，还容易衍生出垄断、不正当竞争等问题。尤其是在以开户为前提的中心化身份管理模式下，互联网平台用户对自己的身份没有自主管理权。只有开户，才能有数字身份；一旦销户，就失去了相应的权限。

为了减少对账户的依赖，提升用户的数字身份自主管理权，联邦化身份管理（FIM）模式逐渐流行起来。用户只需在一个互联网平台上开立一个账户，就可利用这个账户的数字身份登录其他网站、服务系统或应用程序。使用同一个或同一组数字身份的网站集合被称为联邦。例如，我们若要登录百度网盘，一种方式是注册百度网盘账号，还有一种方式是单击页面上的微信登录按钮，页面会跳转出微信登录二维码，此时用户使用微信客户端扫描二维码，则会询问客户是否同意使用微信账号登录百度网盘，客户可选择同意或拒绝。

联邦化身份管理减少了用户重复开户次数，给予用户一定的身份自主管理体验感。即便如此，联邦化身份管理并没有从根本上改变互联网平台身份管理模式的弊端。数字身份仍捆绑在某个互联网平台的具体账户上，能否更进一步解除这一绑定，使数字身份不再基于互联网平台的某个账户，构建一个用户完全自主管理的、不依赖特定互联网平台的数字身份体系？答案是能，我们称之为自主管理身份。

从技术思路上看，没有互联网平台的账户，用户之间依然可以通过公私钥的签名与验签相互识别身份。账户确实不是数字身份的必要前提。自主管理身份技术的难点在于，如何在没有互联网平台账户的条件下可信地验证身份。

区块链技术为此提供了解决方案。区块链是一个严防篡改的分布式可信计算范式，通过加密算法、共识机制、时间戳等技术手段，在分布式系统中实现了不依赖某一特定中心的点对点协作机制。利用区块链技术，我们可以构建一个分布式的公钥基础设施（DPKI）和一种全新的可信分布式身份管理系统。在区块链这一“可信机器”上，发证方、持证方和验证方之间可以端到端地传递信任。智能合约还可以不依赖中介服务机构增加复杂的业务逻辑，增强终端用户的掌控能力。这些技术将数字身份的所有权从互联网平台转移至个体，使数字身份更加自主可控，信息更加安全。哪些身份信息、可以向谁共享，均由用户决定。

解除了对互联网平台的依赖，基于区块链的分布式自主管理身份还具有极大的开放性和包容性。身份认证不局限于某一特定机构，而且不仅可证明“我”是“谁”，还可证明其他有关“我”的信息，例如，生理特征、行为特征，甚至包括“我”经历过的可追溯事件，从而衍生出更加丰富的应用场景，例如，分布式金融、物联网、元宇宙等。

需要注意的是，基于区块链的分布式自主管理身份体系并不排斥传统的基于中心化机构的身份管理模式。在联盟链环境中，政府或其他权威机构可以作为分布式网络的重要节点，在自主管理身份体系框架下，为各方提供可验证证书服务，如实名认证服务，从而为分布式网络空间治理与监管创造不可或缺的基础。也只有政府或权威机构的参与和治理，分布式网络才不会沦为暗网、非法交易网络、洗钱的“天堂”。

自主管理身份是一个正在发展的前沿技术。无论是技术架构、治理框架，还是标准设计，仍在不断探索中。中国信息通信研究院工业互联网与物联网研究所所长金键组织翻译的这本英文著作是目前能看到的该领域的最新成果。本书通俗易懂，深入浅出，向读者充分展示了 SSI 技术的来龙去脉、发展沿革、技术框架、应用场景、实践案例及行业影响，兼具趣味性、实用性和学术性。有些章节还特地邀请了全球自主管理身份领域的知名专家、学者撰写。本书中文版的出版将大有裨益于学界、业界。

是为序。

中国证监会科技监管局局长

姚前

序2

互联网是二十世纪最伟大的发明之一，深刻改变着人类的生产生活方式，对各国经济社会发展、全球治理体系、人类文明进程产生了深远影响。互联网的全面渗透和广泛应用，催生了当前席卷全球的数字浪潮，推动数字经济、数字社会、数字政府乃至数字文明的蓬勃发展，数字技术正深刻融入全球经济社会的发展议程，不断增进人类的福祉。

支撑全球数字浪潮的互联网基础设施，其基本的技术架构和关键协议数十年前即已确立。通过 TCP/IP 协议族，千差万别的异构网络间的全球互联得以实现；域名系统（DNS）解决了基于名字和统一资源定位符（URL）的应用服务寻址，从而构建了互联网蓬勃发展的基石。互联网自诞生到商业化以来，连接的对象从科学家扩展到普通民众，但网络实际连接的仍然是机器终端，从计算机主机到移动手机，因此互联网协议所设计的网络地址和域名机制很好地适应和推动了其发展。然而，经过二十多年的商业化发展，特别是海量应用的出现，互联网成为网络用户的数字化生活方式，在连接的计算机和手机基础上，人在互联网中形成了越来越多的角色，拥有了越来越多的账号，而与每个人相关的数字身份问题（而非机器的网络地址）变得越来越突出，互联网的“主角”逐渐由机器变成了人。互联网最初设计中“缺乏身份层”的结构特性所引发的信任和安全问题愈发凸显，“机器的控制人是谁？”“账户的控制人是谁？”等问题不断出现，而现有的互联网并不能给出令人满意的答案。从“沟通对象的未知”到“交易对象的未知”再到“资产权属的未知”，身份缺失带来的网络欺诈、隐私侵犯等网络犯罪随着网络的演进也愈加严重，我们比以往任何时候，都更加迫切地需要一套完善的数字身份解决方案，从而重塑数字世界信任与协作关系。正如本书作者 Alex 在文中说的那样：“互联网身份的保护屡遭失败，这个问题亟待解决，如果得不到解决，互联网的未来就会前途未卜”。

为解决网络空间的信任机制问题，产学研各方一直在努力追寻，针对数字身份的探索也伴随着身份关系模式和身份验证方式的转变而不断演进。“用户 - 机构”的二元结构模式是互联网身份的最初形式，也依然是当前大多数用户最习惯的方式，但是，随着大量互联网服务网站、应用软件、交互工具的出现，这种“逐个”登录的方式带来了体验、安全、互通性等诸多问题。“用户 - 身份提供商（IDP）- 机构”的联邦化身份管理模式应运而生。这种“单点登录”的模式使用户无须创建繁杂、冗余的用户名账户即可“一键式登录”，不仅带来使用体验的巨大变化，也进一步打通了平台与平台、消费者与平台间的关系。然而，当前身份关系模式的演进方向更加注重“便利性”，在安全与可信方面进步有限。由于机构、身份提供商的个人信息数据库经常发生泄露，以及数据无法确权不能很好地进行流通。可以说，目前的身份获取模式及验证方式无法通过优化从根本上化解互联网信任问题，本质上都没有改变数字身份及所属数据的“所有权”问题，用户所使用的任何数字身份并不属于用户本身，而更像是在“租用”第三方“颁发”给他们的各类数字身份。如何让用户真正“拥有”自己的数字身份及数据如何解决其中的隐私保护问题，一直以来都是数字身份的核心难题。

“自主管理身份”（SSI）为解决上述问题提供了一个新的探索方向。作为一种以密码学为基础的融合型数字身份发展新范式，SSI 融合了密码、区块链、分布式标识（DID）、可验证凭证、数字钱包等技术，以身份的“可信”“自管”为理念重构了数字身份体系设计，而这与当前 Web 3.0 的发展理念高度契合。SSI 构建的模型试图实现技术信任和人类信任的有机融合；通过 DID 与区块链技术实现身份标识与密钥等信息的管理和存储，依托数字钱包技术及交互协议实现安全通信与接口构建，从而实现基于机器的技术信任；借助密码与可验证凭证技术支撑“信任三角”（发证方、持证方、验证方）的建立，通过社会治理框架的搭建实现体系的“信任闭环”，从而实现面向各类型业务的人类信任。

其中，由 DID、区块链等技术组成的第一层可以看作是整个体系的“可信根”。DID 理论上可以标记任何对象，通过解析 DID 文档实现多种安全的连接交互方式。而区块链提供了基于共识的数据管理访问方式，为解析、凭证、分布式公钥等提供了信任能力。欧盟的 EBSI（欧洲区块链服务基础设施）、中国的星火链网等区块链实践，在 DID 布局方面已开展了有益探索。

在 SSI 模式下，用户真正拥有并控制自己的个人数据和资产，解决了长久以来互联网中身份验证和操作授权的难题，为构建可信的数字世界生态提供新方案。与之前的模式相比，SSI 模式最重要的不同在于消除“账户”的概念，它的运行和现实世界的身份一样，基于你和另一方“对等”的直接关系，而非“再基于某个账户”。“让虚拟空间更接近现实空间”，这是 SSI 寻求带来的变革。另外，SSI 范式转移是比技术转移更深层次的转移，涉及互联网基础资源和设施及权力机制的转移，这些改变也必将使商业逻辑和发展动态产生更深层次的结构性变化，影响到整个社会。需要指出的是，分布式自主管理身份模式仍然需要考虑与现实社会中基于中心化的身份管理以及监管的结合，以避免形成规避监管甚至从事各种违法行为的数字空间。

SSI 是一个革命性的理念设计，目前仍处于探索初期，与其他变革性技术和模式一样，也会经历一个从理念到试验验证、规模应用、生态成熟的过程。当前，已有众多的政府、企业、组织、技术社区都在自主管理身份领域进行着各类尝试，既呈现百花齐放的局面，也蕴含了一定的规律趋势，但整体而言，SSI 距离成熟和真正成为全球通用基础设施还有很长的路要走，还面临具体的路线、技术、商业、政策、法律、伦理等各个方面的探索和挑战。本书承载和汇聚了世界各地 40 多位专家、学者的心血和观点，从发展历史、基本概念、核心要素、产业发展等方面介绍了“自主管理身份”的设计理念、实施模式和应用实践，对广大读者和科技工作者了解数字身份和互联网的下一步发展，把握未来发展方向具有重要参考价值，希望能够启发越来越多的人才进入这个方兴未艾的航道，共同探索和把握技术与产业革命的方向，创造一个更加美好的数字经济新时代。

中国信息通信研究院院长

余晓晖

序3

自主管理身份（SSI）为社会和计算机领域打开了全新的视角：安全管理用户的数字身份。作为该领域的早期践行者和领导者，Alex Preukschat 和 Drummond Reed 向读者介绍了 SSI 技术和它的发展前景。在本书中，读者不仅可以领略两位作者的精妙见解，还可以借鉴许多其他领先从业者的经验。

我们大多数时候说的身份并不是“身份”，而是标识。一些组织利用这些标识对公民、司机或学生等身份进行识别。这些组织可能会给你办理护照、执照或会员卡作为你的“身份”。但这个“身份”实际上不是真正属于你的身份，而是属于这些组织的一个标识。真正属于你的身份标识则与之不同，SSI 更加个人化并受控于本人。

SSI 使你可以控制他人对你的个人信息的验证，并只按需求提供相应的信息。简而言之，它用可验证凭证取代了身份标识。在此过程中，它大大简化并加快了个人和组织的数字化身份识别过程。

虽然 SSI 正处在发展的初期，但我们仍可探讨它将如何运作及如何发展。这两个问题都十分重要，在数字技术发展进程的这一紧要关头，本书的阐述是不可或缺的。阅读和学习本书的内容，或许会成为你在近十年来做过的最有价值的事情之一。

但在你开始阅读本书之前，可以先了解我们赖以生存的自然界是如何运作的。这也许有些复杂，但它依然可以正常运作。例如，一个来自基吉柯塔鲁克地区的因纽特人的家庭想给他们的孩子取名阿努恩或伊索拉图克，他们为他取了这个名字，外界就会相应地这么叫他。如果这个孩子后来想叫自己史蒂夫，他也这么改名了，外界则会做出相应的反应，而史蒂夫也做出了相应的回应。

大部分的反应是由史蒂夫做出的，除非他有需求，否则他不会表明自己的身份，也不会透露比需求哪怕多一点点的信息。大部分情况下，史蒂夫并不是在获取服务，而只是在与其他人打交道，打交道的形式也很随意，即使对方忘记了史蒂夫的名字或他的自我介绍，也不会有什么影响。事实上，自然界中发生的大部分事情都是不具备身份标识的，也不会留下什么记忆。

“如何在自然界中创造和处理我们的身份”这一话题被称为“自主管理身份”。至少像我这样痴迷于数字身份的人都这么称它。

要认识 SSI，首先要知道家族、父母给我们的命名，它是身份在自然界中运作的基础，也是我们在数字世界的起点。简单来说——我们需要掌控它。

在数字世界中，身份的主要问题是，我们根本无法掌控与数字身份相关的行为。一些组织仅需要将一个个名字放入数据库，方便组织进行管理即可，而我们所获得的便利仅仅体现在让每一个认识我们的组织都可以分辨我们。

如果想让 SSI 在互联网领域发挥作用，我们必须尊重人们对个人自主权的深刻需求。这意味着我们需要为个人提供新的方式，让他们可以遵循金 · 卡梅隆的 7 条身份法则（见第 1 章中的阐释）。尤为重要的是，个人控制权与个人认同，用最低限度的个人信息披露实现我们的目标，以及披露信息的正当性。

尽可能简单地说，我们仅向管理系统提供其所要求的个人信息，我们把这些信息称为“可验证凭证”。需注意的是，可验证凭证并不是“身份”，它们仅是对方需要了解的信息的集合。

本书阐述了上述体系的运作机制。作者是这种新机制的先行者和探索者，致力于建立新的体系，同时能够适应旧的体系。在阅读本书的过程中，请牢记这一要点：“It's personal”。

SSI 的概念不是管理系统，它是关于“你”和“我”，以及我们如何按需求有选择地向他人披露个人信息，并且能够大规模地应用。要实现规模化，需要全球现有身份系统的协助和配合，但这些系统本身并不具有 SSI 的特性，“你”和“我”才具有自主权，这才是重点，也是唯一能掌握数字身份真正未来的关键。

Doc Searls Customer Commons 联合创始人
道克 · 希尔斯（Doc Searls）

自序

2022 年 1 月 23 日 第一版

自 2021 年 6 月本书英文版首次发行以来，分布式数字身份行业就在快速发展。原因很简单：这种新方式能够解决数字身份和信任领域中的重大问题，让我们可以运用过去几个世纪里在现实生活中证明自身身份的方式——可信赖发行者发行的钱包和证书。DID 所做的就是让我们使用这样的数字钱包和数字证书。SSI 的结果正在影响数字身份的整体布局。

首先，政府对 DID 和可验证凭证的支持大幅增加。

（1）欧盟委员会推出了欧盟数字身份钱包框架计划（也称为 eIDAS 2.0），欧盟各成员国就数字身份钱包和政府发行的身份证书形成统一标准，这些标准将在欧盟通用。

（2）加拿大安大略省、英属哥伦比亚省和魁北克省同样在就开放标准、开源数字身份钱包和可验证凭证进行合作，后期各省会将其发给本省公民。

（3）芬兰成立了芬迪合作机构，这是一家公私合营机构，致力于开发用途广泛、共享、安全、可验证的数据网络，从而确保数字服务中必要信息的真实性。

（4）德国成立 IDUnion 机构来为分布式数字身份管理创造一个开放的生态系统，该系统建立在欧盟价值观和规章制度之上，能在全球范围内应用。

（5）全球法人识别编码基金会（GLEIF）已经为其 vLEI（LEId 的可验证凭证）生态系统发布了治理框架。vLEI 是一类新型可验证凭证，能够让全球各类法人（公司、合伙企业、协会、独资企业、非政府组织等）以加密方式验证其法律身份。vLEI 基础设施也能让法人将证书下发至员工、高管、董事等任何能够代表该法人的人员。

其次，可验证凭证的商业应用逐渐广泛。

（1）国际航空运输协会（IATA）的旅行通行证应用程序现在由数十家航空公司运营，每月为超过 10000 名航空公司的乘客提供身份信息、行程信息和新冠肺炎健康证书。

（2）苹果和谷歌将数字钱包分别集成到 iOS 和 Android 上，并宣布要让数字钱包支持数字驾照证书。

（3）微软正在为其安全产品和 Azure 目录服务产品增加对可验证凭证的支持。

（4）Bonifii 数字钱包和 MemberPass 身份证书目前已被北美 20 多家信用社采用。

（5）网络安全领导者爱维士（Avast）在 2021 年 12 月收购了行业领先的自主管理身份（SSI）平台供应商 Evernym，并将数字钱包和可验证凭证纳入其网络安全产品线。

DID 和 SSI 标准的相关工作正在推进中。

（1）万维网联盟（W3C）DID 标准 1.0 最终版已经由万维网联盟 DID 工作组批准，正在等待最终审批，该标准将成为一套全面的 W3C 标准。

（2）ToIP 联盟已经发布了分布式治理框架的第一批官方标准。

（3）密钥事件接收基础设施（KERI）是目前最强大、最便捷的自主管理身份的方式之一，其标准化工作将由因特网工程任务组（IETF）推进。

（4）DIDComm 2.0 版本，即基于 DID 的点对点安全信息传输协议，该版本即将由分布式身份联盟完成，DIDComm 3.0 版本将提交给 IETF 进行标准化。

（5）万维网联盟可验证凭证工作组正在进行二代可验证凭证标准章程的收尾工作。

最后，各方越来越热衷于将 DID/SSI 钱包（如 Connect.Me、esatus、Trinsic 和 MATTR）与“加密货币”钱包（如 Exodus、BRD、Ledger 和 Trezor）结合起来。2021 年 11 月，美国支付巨头 Square（现更名为 Block）发布了一份名为 TBDex 协议（*The TBDex Protocol*）的白皮书，旨在联合法定货币与“加密货币”。

这意味着本书核心含义传达得十分及时：数字身份和信任基础设施 3.0 时代已然来临，而且将逐步改变信任关系管理与互联网数据交换的整体布局。不仅如此，可验证凭证将会如万维网一样在不同生态系统中得到应用，所有数字信任生态系统中最重要的 就是国家。因此，中国迅速发展的 DID 和 SSI 生态系统十分重要。Ledger Insights 在 2020 年 6 月 25 日的一篇文章中报道了中国首次开展的 DID 重大市场活动：

> 据《每日经济新闻》报道，昨日，一个由 17 家中国公司组成的联盟发起了一个新的分布式数字身份产业联盟（DID 联盟）。该联盟由国有机构中钞区块链技术研究院和飞天诚信科技股份有限公司牵头，联盟成员还包括百度、腾讯云、微众银行、京东和银联电子支付研究院等。
>
> 最初，该联盟计划从 4 个方面展开调研。首先研究数字身份的现状，如分布式公钥基础架构的密码学、证书和 DID 的优势；其次探索跨行业项目等商业应用；然后联盟计划利用开源技术在中国建立 DID 网络；最后计划采用国际标准，在国内公司和国际数字身份联盟之间搭建桥梁。

总而言之，作为本书作者，我们很期待看到本书中文版的出版发行，我们真诚地感谢中国信息通信研究院（CAICT）主导本书的翻译工作。本书已帮助欧盟、加拿大、澳大利亚、不丹等国家和地区加快 SSI 解决方案的发展，我们希望本书同样能促进中国 DID 行业的发展。

Alex Preukschat

Drummond Reed

前言

右侧这张图片刊发在2021年2月4日的《纽约时报》上，标题为"带上你的'疫苗护照'"。

图 /Lloyd Miller

这篇由旅游记者Tariro Mzezewa撰写的文章在开篇便解释了"疫苗护照"这个新概念：

"疫苗护照是证明你已接种新型冠状病毒疫苗的文件。有些版本还可以证明持有者的新型冠状病毒核酸检测结果为阴性，以方便他们自由出行。航空公司、行业集团、非营利组织和科技公司目前正在开发可在手机应用程序或者电子钱包中出示的疫苗护照版本。"

上一段中描述的技术——更正式的名称为"可验证凭证"——正是本书的主题。当前，世界各国对新型冠状病毒疫苗接种的推进导致了对可验证数字凭证的需求激增。可验证数字凭证可以便捷、安全地证明持有者已获取核酸检测结果或者已接种疫苗，并且能够保障用户隐私。

其中最引人注目的是世界卫生组织（WHO）的智能疫苗接种证书工作组。本书合著者Drummond Reed于2021年1月受邀加入该工作组。工作组请他推荐可以帮助工作组成员快速掌握可验证凭证的开放标准、开源代码、治理框架和实际部署情况的书面材料。

当时这本由超过45位特约作者耗时两年精心打磨的著作已进入出版前的最后阶段，Drummond便推荐了其中几个相关性最高的章节。Manning出版社紧急受命，在24小时内向WHO提供了所要求章节的电子版本，以备在2021年2月3日至5日召开的工作组第一次会议上进行讨论。

新冠肺炎疫情当前，制药商被迫将正常情况下需要花费四五年的疫苗开发过程缩短至几个月，而可验证凭证开发人员和集成商也被要求将通常需要四五年的技术采用生命周期缩短至几个月。

在你阅读本书的时候，你可能已经接种新型冠状病毒疫苗，并且在同时或者在不久之后——下载一个数字钱包App，扫描一个二维码，便获得了一个可以证明你的准确接种信息的可验证数字凭证。

简而言之，那时的你，以及世界各地数以百万计的人，已经在使用自主管理身份技术。这项技术可以帮助我们解除全球旅行限制，提振各国经济。

我们希望这只是惠及所有人的自主管理身份应用的冰山一角。自主管理身份的发展才刚刚开始。

当然，两年多以前，在我们刚刚开始编写这本书时，我们不可能预料到新冠肺炎疫情的到来。但这本书的出版也并不是一个神奇的巧合，这是我们职业生涯轨迹水到渠成的结果。下面我们将简要介绍我们自己的故事。

Alex Preukschat

2014年，出于对区块链的兴趣，我出版了世界上第一部关于比特币的漫画小说 *Bitcoin:The Hunt for Satoshi Nakamoto*。接下来的几年时间里，这本漫画小说陆续被翻译成英语、西班牙语、俄语、韩语和葡萄牙语出版。2017年，我出版了 *Blockchain:The Industrial Revolution of the Internet*。之后，这本书成为西班牙语世界的区块链参考书。不久之后，受 David Birch 的著作 *Identity is the New Money* 的启发，我开始投身分布式数字身份领域。我曾就职于这一领域的龙头企业，并有机会与身份技术的传播者 Drummond Reed 和基于密码学的自主管理身份领域的先锋 Jason Law 开展合作。

在意识到这个被称为 SSI 的新兴技术的巨大潜力之后，我在 Drummond 和 Jason 的支持下创立了 SSI Meetup 社区。这是一个基于社区的开放平台，目的是与世界分享 SSI 的知识。SSI Meetup 上的所有内容都可以根据知识共享许可协议文本（CC BY-SA 协议），在注明来源的情况下免费使用。我开始与 SSI 领域的领袖人物合作举办网络研讨会。

我举办的每一场网络研讨会，以及因此在社交媒体上引发的每一场讨论都让我认识到，分布式数字身份势必将发挥越来越重要的作用。SSI 是身份技术的集大成者，涵盖了我从2006年以来所做的所有工作——了解货币、学习区块链、挖掘新型数字身份的力量。

正是在这一阶段，我心血来潮，邀请 Drummond 和我携手编写一本我们希望能够成为 SSI 领域参考书的著作——一本面向开发人员、商务人士、政策制定者、大学生等广泛读者的开山之作，向读者解释这项激动人心的新技术，帮助他们将 SSI 应用于日常生活。

分布式数字身份的内容远远超过身份本身的含义。分布式数字身份是自由软件/开源世界、点对点技术、密码学和博弈论的交叉领域。事实已经证明，这些学科可以通过重新组合创造新兴事物，而分布式数字身份则通过重新组合构建了一个独一无二的强大事物，即"身份互联网"。

人类的寿命非常短暂，目前无法充分认识和体会到人类社会的发展周期和演变过程，但是区块链、人工智能、生物技术等指数型技术加快了变革的步伐，使其达到历史上从未有过的高度。我们渴望抓住变革带来的机遇，但我们也担心变革会导致我们失去一些珍贵的东西，历史已经无数次证明了这一点。

SSI 技术能够彻底重塑我们的世界，但是我们难以预料这项颠覆性技术会带来什么后果。它可能让我们梦想成真，帮助我们建设一个更美好、更和谐的社会。但它也可能成为噩梦。

当然，我非常希望SSI能够帮助我们建设美好的社会。但是我并不确定我们如何才能实现这一目标，我也不确定哪些技术可以创建未来的“身份栈”。我能确定的是，为了实现这个美好的未来，尽可能确保更多人参与其中，充分了解并把握这些机会至关重要。因此，我一直在不遗余力地积极联系世界上最优秀的身份技术传播者、思想家、先锋人物和商业人士，为他们提供一个交流平台，促使他们分享对美好未来的愿景。

他们每个人都发表了自己的想法，并分享了他们的愿景。他们的想法和愿景不尽相同。本书介绍了他们为建设这一愿景所倡导的不同途径和工具，这也是本书的重要内容。但是他们都相信，SSI将成为改变我们生活的颠覆性工具——无论是个人、职业、经济，还是生活。简而言之，当你在未来某一天回顾过往时，你会很高兴你选择踏上了“SSI”这一条道路。

Drummond Reed

Alex是一个非常具有说服力的人。2018年，SSI技术开始迅速站稳脚跟，从那时开始，我比过去几年的任何时候都要忙。Alex此时邀请我与他合著一本关于SSI的著作，而我甚至没有多少时间来撰写关于SSI的论文和博客，而这才是我在Evernym的本职工作（以及我作为Sovrin基金会受托人的兼职工作）。

我以为他疯了。我当时开始在他创建的SSI Meetup平台上举办网络研讨会，这些会议出人意料地广受欢迎。Alex给出了一个非常令人信服的理由：必须得有人撰写一本关于SSI的著作来支持SSI的发展并将其推向互联网主流。他承诺，我只需要就我最熟悉的领域撰写几章内容，其他各章将由来自蓬勃发展的SSI行业，以及其他采用SSI技术的行业的专家撰写，我们只需负责后续汇编工作，我这才答应加入这个项目。

新冠肺炎疫情暴发时，我们已经开展了近一年的工作，完成了大部分撰稿工作，并收到了许多特约作者反馈的章节素材。突如其来的疫情导致我们（以及所有人）的生活发生了翻天覆地的变化。我们暂停了这项工作，甚至一度不确定是否还能继续。然而，几个月后，我们发现SSI不仅在市场中取得了积极进展，而且由于需要可验证数字凭证还成为核酸检测结果（以及之后的疫苗接种）凭证，市场对基于SSI的解决方案的需求迅速激增。

2020年夏末，我们重新启动了这项工作。2020年年底，第一批疫苗即将上市，市场急需一种简单、快捷、难以篡改的解决方案来方便个人证明他们的健康状况。在短短数周内，世界各国便宣布了多个疫苗接种数字证书倡议，包括世界卫生组织的智能疫苗接种证书、国际航空运输协会的旅行通行证、疫苗接种证书倡议、AOK通行证和健康通行证协作计划。

突然之间，SSI即将成为主流已成普遍共识——不久后可验证凭证将进入全球数千万人的数字钱包中，每天多次用于旅行、工作、运动等出于公共安全目的需要提供健康状况凭证的场景。

当然，我对这场让SSI技术成为瞩目焦点的全球公共卫生危机感到十分痛心。但是，如果 SSI 能够帮助我们抗击这场百年一遇的病毒大流行，减少疫情造成的巨大经济损失和人员伤亡，我愿意尽我所能提供帮助。希望这本书的出版能够帮助各国政府、公共卫生部门、医疗保健提供商、公司、大学、城市和其他社区更快理解和实施 SSI 技术，我也非常感激 Alex 当初说服我加入这个项目。

目录

第1部分 自主管理身份简介

第2部分 自主管理身份技术

第3部分 多中心化的生活模式

第4部分
SSI如何改变商业

附录

第1部分 自主管理身份简介

SSI 于 2015 年就已经出现，但它作为一种技术和产业的转变仍然非常年轻。从事数字身份行业的人对 SSI 很熟悉，但对那些从事其他行业的人员——尤其是在技术领域之外的人员而言，它可能是一个全新的概念。

第 1 部分介绍了 SSI 的方方面面，无论你来自哪个领域都可以通过这部分来熟悉 SSI。第 1 部分分为 4 章。

◎第 1 章首先介绍了我们需要数字身份的根本原因，以及为何前两代解决方案（中心化身份管理和联邦化身份管理）没有解决这个问题。接着解释了自主管理身份作为一种基于区块链、云和移动计算技术的互联网身份模型的起源，并介绍了 SSI 在电子商务、金融、医疗保健和旅游领域产生的影响。

◎第 2 章介绍了 SSI 的 7 个基本组成部分，包括数字凭证、数字钱包、数字代理和区块链，这些内容对非技术人员而言比较容易理解。

◎第 3 章从第 2 章中选取了 7 个组成部分，并展示了如何将它们组合在一起，以应用于数字信任中的不同场景。

◎第 4 章介绍了“SSI 记分卡”，将其作为系统评估 SSI 的主要特征和优势的工具（我们在第 4 部分中再次使用该工具来评估 SSI 对各个行业和垂直市场应用领域的影响）。

第1章 为何互联网缺少身份层——为何SSI可以为其提供身份层

Alex Preukschat，Drummond Reed

自主管理身份（SSI）是互联网数字身份的一种新模式，可帮助我们向某些网站、服务和应用程序证明自己的身份以建立信任关系，从而进行访问或保护自己在上面的隐私信息。在密码学、分布式网络、云计算等技术和标准的推动下，SSI与其他技术上的范式转移相似，是一种数字身份的范式转移，如从键盘驱动的用户界面（如MS-DOS）到图形用户界面（如Windows、Mac和iOS）的转移，或从非智能手机到智能手机的转移。

然而，SSI范式转移是比技术转移更深层次的转移，它是互联网自身基础设施和权利机制的转移。从这方面看，它更接近于其他基础设施的范式转移，如交通工具的范式转移。

（1）从马匹旅行到火车旅行的转移。

（2）从火车旅行到汽车旅行的转移。

（3）从汽车旅行到飞机旅行的转移。

每一次技术转移都使社会和商业的形态和发展动态产生了更深层次的结构性变化。数字身份向SSI的范式转移也是如此。虽然具体内容的发展十分迅速，但已经初露头角的SSI的“大图景”呈现出清晰的脉络和巨大的吸引力，不断向实际应用方面发展。

在本书中，我们试图以最浅显易懂的语言阐述这种SSI的范式转移。我们的出发点不是将观点强加于人，而是谨以此向读者展示促进SSI发展的技术、商业和社会的变化。让我们以如下观点为切入点。

> 互联网的构建缺少一个身份层。
>
> ——金·卡梅隆（Kim Cameron），微软首席身份架构师

Kim的这句话是什么意思？什么是“身份层”？Kim在他的《身份的法则》（*Identity Layer*）这一系列极具开创性的文章中给出了答案，该文章于2004—2005年连续数月发表在他的博客上：

> 互联网的构建方式让你无法得知所连接的人和物是什么。这限制了我们对互联网的使用，并让我们面临越来越多的危险。如果我们坐视不管，就将面临迅速激增的盗窃和欺诈事件，这些不断积累的事件将改变公众对互联网的信任。

Kim谈到，互联网最初是由美国军方在20世纪60年代到70年代开发的［由美国国防

部高级研究计划局（DARPA）赞助]。建立互联网的初衷是解决如何连接各个机器，从而在多个网络中共享信息和资源。这种解决方案基于数据包的数据交换和传输控制协议 / 网络协议（TCP/IP），十分巧妙，终于实现了真正的“网络之网”。而剩下的故事，就众所周知了。

然而 Kim 想表达的是：你如果通过互联网的 TCP/IP 进行连接，那么你只能知道所连接的机器的地址，而无法知道负责用机器与你通信的人、机构或设备的情况 [网络黑客已经向人们展示了如何在地址还没被发送到远程网络设备之前就修改计算机的硬件（MAC）或 IP 地址，所以人们不太可能信赖现有的网络级标识]。

这个问题似乎不难解决——毕竟互联网是由人和组织建立的，而我们控制着（或者说至少我们自认为控制着）它的所有“使用者”。那么，设计一种简洁、标准化的途径来识别你通过互联网打交道的人、机构或设备，会有多难呢？

答案是非常非常难。

为什么呢？简而言之，互联网在初期应用并不是很广泛。当时使用网络的主要是学术界的计算机科学家。他们多数人都相互认识，而且他们都有机会使用昂贵的机器和复杂的技术。因此，尽管互联网的设计是分布式的，但初期它实际上的圈子很小。

无须多言，现在互联网已经发生了翻天覆地的变化。互联网连接着数十亿人和设备，而且绝大多数人都互不相识。在这种环境下，一个不幸的事实是，有很多人想隐藏自己在网上的身份。身份（或身份的缺失）是网络犯罪的主要原因之一。

1.1 问题变得有多严重？

回顾一下 Kim 在 2005 年对互联网身份层缺失的预言中的最后一句话：“如果我们坐视不管，就将面临迅速激增的盗窃和欺诈事件，这些不断积累的事件将改变公众对互联网的信任。”

尽管人们为解决互联网身份问题做出了种种努力，但仍未取得突破性的解决方案，这足以证明 Kim 的预言是正确的。何况截至 2017 年，平均每个企业用户须记下 191 个密码。用户名和密码管理已经成为影响互联网消费体验最大的事情，这不仅仅带来使用的不便，更严重的威胁在于网络犯罪、网络欺诈、经济摩擦等对人们隐私的侵犯。

据不完全统计，网络对人们隐私的侵犯所造成的威胁如下。

（1）IBM 总裁兼首席执行官 Ginni Rometty 将网络犯罪描述为“对世界上每份职业、每个行业、每家企业最大的威胁”。

（2）截至 2021 年，全球网络犯罪带来的损失每年达到 6 万亿美元。

（3）超过 90% 的美国消费者认为他们无法掌控被各种机构收集和使用的个人信息。

（4）2016 年，30 亿个雅虎账户被黑客攻击，这是史上最重大的隐私泄露事件之一。

（5）80% 与黑客有关的泄露事件源于用户密码泄露。

（6）Equifax 的泄露事件造成该公司损失总计超过 40 亿美元。

（7）Ctrl-Shift 公司 2014 年的一项研究表明，仅英国在身份保护程序上的花费每年就超过 33 亿英镑（2014 年，1 英镑约为 10 元人民币）。

互联网身份的保护屡屡失败，如果这个问题得不到解决，互联网将前途未卜。

1.2 进入区块链技术和分布式阶段

与许多颠覆性创新一样，重大突破的出现往往出乎意料。当中本聪（Satoshi Nakamoto）在 2008 年 10 月首次发表关于比特币的文章时，没人想到它会引起人们对互联网身份和信任的思考方式的根本转变。

然而几个世纪以来，身份和货币之间的关系一直密不可分——David Birch 在 2014 年出版的书中，对这段历史进行了丰富而有趣的探讨。因此，直到 2015 年，比特币的分布式区块链模式吸引行业和全球媒体的注意时，互联网身份社群才不出意料地注意到它们之间的关系。

在 2015 年春季互联网身份论坛（IIW）上举行了几场关于“区块链身份”的会议。该论坛自 2004 年来每年举办两届，每届为期 3 天，汇聚了众多互联网身份领域的专家。会议成立一个非正式小组，研究如何发挥区块链技术的最大优势来应对 IIW 十多年来一直专注的、以用户为中心的身份管理的挑战。在 2015 年秋季论坛上，该小组在多场会议中做了汇报，在 IIW 中引起一片轰动。

两个月后，美国国土安全局科技部公布了一个名为“区块链技术对注重隐私保护的身份管理系统的适用性”的小企业创新研究（SBIR）资助课题，其中提到以下两点。

（1）区块链技术不仅可以应用在“加密货币”领域（“加密货币”仅仅是以该技术为基础的一种应用），还可以应用在智能合约、信息追溯、信息的分布式验证等方面。

（2）SBIR 课题着眼于验证有关信息安全的典型概念（如保密性、完整性、可用性、不可否认性），以及有关隐私的典型概念（如笔名和选择性披露信息）是否可以在区块链技术的基础上建立，从而为注重隐私保护的身份管理系统提供一个分布式、可扩展的方法。

美国政府机构提出，区块链技术的原则也许能解决互联网缺少身份层的关键问题，而且许多国家都在行动。为了尽可能从集中式数字身份系统转变为分布式数字身份系统，欧盟正在通过某些举措研究分布式身份。

但为什么转变为分布式如此重要?

1.3 数字身份的3种模式

互联网身份模式的演变过程可以很好地说明为何集中式转变为分布式如此重要。

注：这种描述互联网身份演变的方式是由 Timothy Ruff 于 2018 年在 Evernym 公司首次提出的——数字身份的 3 种模式。

1.3.1 中心化数字身份模式

中心化数字身份模式是最通俗易懂的。我们长期以来所用的所有标识和证件绝大多数采用这种模式，如政府颁发的身份证号码、护照、身份证、驾驶执照，以及发票、网站登录账号、用户名等。以上数字身份都是由中心化的政府或诸如银行、电信公司等服务商颁发的。这种中心化模式在现实中非常普遍，可以分为以下两种类型。

（1）斯堪的纳维亚模式（Scandinavian Model）——企业（金融和电信公司）提供用于对接政府的中心化数字身份服务（如芬兰的 TUPAS、瑞典的 BankID 等）。

（2）大陆模式（Continental Model）——政府向企业提供数字身份服务，用于政府与公民互动（如欧洲）。

注：以上中心化模式在 2016 年世界经济论坛的杰出报告《数字身份的蓝图》（*A Blueprint for Digital Identity*）中有所阐述。

中心化数字身份模式是互联网身份的最初形式，而且如今我们仍然继续使用。例如，你在一个网站、服务或应用程序注册一个账户（通常是一个用户名和密码）并建立了身份。该模式也被称为基于账户的身份。如图 1.1 所示，“用户”是一个虚线圈，因为采用中心化数字身份模式，必须在这个中心化系统中建立某个账户，否则真正的“用户”是不存在的。真正的“用户”得到授权，能够接入网站、服务或应用程序，因为“机构”向用户提供了“代表用户”的凭证，凭证具有有限的权限。这些凭证最终是属于“机构”的。如果用户删除了这些中心化供应商提供的所有账户，用户访问服务的权限就会被撤销，图 1.1 中的“用户”将从互联网中彻底消失，然而关于用户的所有数据仍属于机构，不受用户的控制。

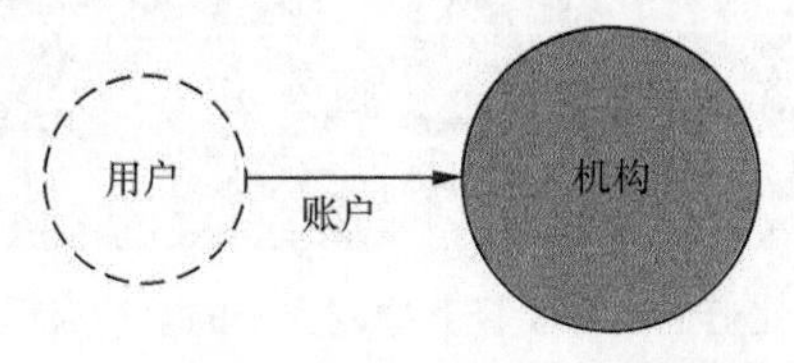

图 1.1 用户与互联网上某个网站（或应用程序）的关系

这只是中心化数字身份认证的诸多问题之一，其他问题如下。

（1）记忆和管理所有用户名和密码（或是其他多要素认证工具，如一次性密码）的责任完全落在用户身上。

（2）每个网站都实施自己的安全和隐私策略，而且这些策略各不相同（一个典型的例子是，各种密码设置要遵守令人抓狂的规则：最小长度、可用的特殊字符等）。

（3）用户的身份数据不能在其他地方使用或重复使用（用户被警告永远不要使用重复的密码）。

（4）这些中心化的个人信息数据库是庞大的“蜜罐”，历史上曾发生过一些严重的数据泄露事件。

1.3.2 联邦化身份管理模式

为了缓解中心化数字身份模式的某些痛点，业界开发了一种新的模式，称为“联邦化身份管理”（FIM）模式。它的基本概念很简单，就是在用户和机构之间接入一个名为身份提供商（IdP）的服务商，如图 1.2 所示。

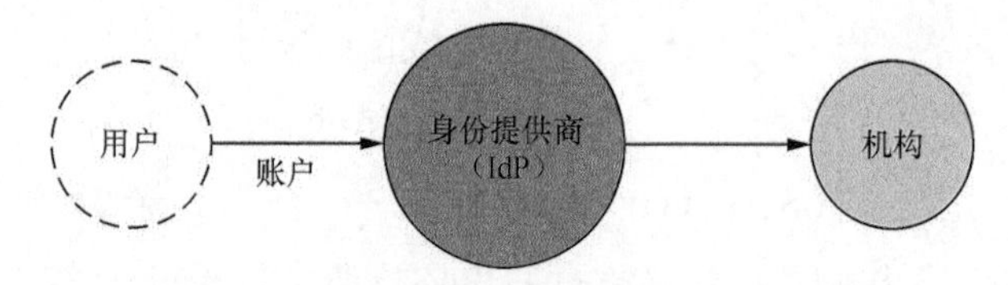

图 1.2 联邦化身份管理模式中的三方关系

用户只需在 IdP 注册一个身份账户，就可以登录使用该 IdP 的网站、服务或应用程序，并向身份提供商分享一些基本的身份数据。所有使用同一个 IdP（或同一组 IdP）的网站集合被称为联邦。在一个联邦中，每个“机构”通常被称为“信赖方”（RP）。

自 2005 年以来，联邦化身份协议已经开发了三代——安全断言标记语言（SAML）、OAuth 和 OpenID Connect，它们都取得了一定的成功。采用此类协议进行单点登录（SSO）是现在大多数企业内网和外网的一个标准功能。

联邦化身份管理逐渐在互联网用户中普及，它开始被称为“以用户为中心的身份”。采用像 OpenID Connect 协议的脸书、谷歌、推特、领英等社交网站登录按钮是许多面向用户的网站的标准功能，如图 1.3 所示。

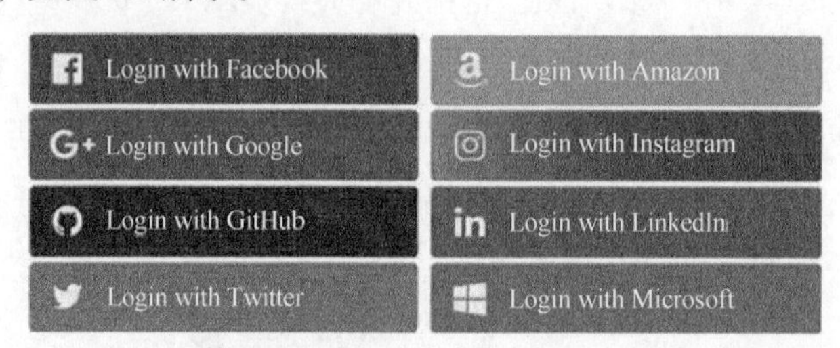

图 1.3 社交网站登录按钮（简化普通用户认证互联网身份的复杂流程，社交网站登录按钮迅速增加）

尽管自 2005 年以来，人们在联邦化身份管理方面做了许多努力，但它仍然未能构建互联网所缺少的身份层，其中的原因不一而足。

（1）没有一种身份提供商账户可以适用于所有网站、服务和应用程序。因此，一个用户需要有多个身份提供商账户，而他们很快就会忘记在哪个网站、服务或应用程序中使用了哪个身份提供商账户。

（2）由于身份提供商需要服务很多网站，因此它们必须制定拥有“最小共同点”的安全和隐私策略。

（3）许多用户和网站反对在它们之间设置“中间人”，因为“中间人”可以监视一个用户在多个网站的登录行为。

（4）一些大型身份提供商成为网络犯罪的最大“蜜罐”。

（5）身份提供商账户的通用性并不比中心化数字身份账户的通用性强。如果你注销谷歌、脸书或推特这类身份提供商账户，则所有账户的登录信息都会丢失。

（6）出于安全和隐私方面的考虑，身份提供商不能协助用户安全地分享他们最重要的个人数据，如护照信息、身份证信息、健康数据、财务数据等。

1.3.3 分布式数字身份模式

在区块链技术的影响下，2015 年出现了一种新的模式——分布式数字身份。线上快速身份验证（FIDO）联盟创立于 2013 年，但它采用的是一种混合方法——点对点连接，由 FIDO 联盟而非区块链集中进行密钥管理。这种模式不再依赖中心化或联邦化的身份提供商，而是从根本上采取分布式的模式。它发展迅速，吸收了密码学、分布式数据库和分布式网络的最新进步成果，催生了新的分布式身份标准，如可验证凭证（VC）和分布式标识，我们在本书的第 2 章和第 2 部分进行更详细的阐述。

然而，此模式最重要的特点在于“它不再基于某个账户”。相反，它的运行模式和现实世界中的身份运行模式一样，即基于你和另一方作为“对等”的直接关系，如图 1.4 所示。你们中的任何一方都没有“提供”“控制”或“拥有”与对等方的关系。无论对等方是个人、机构还是设备，这一特点都不变。

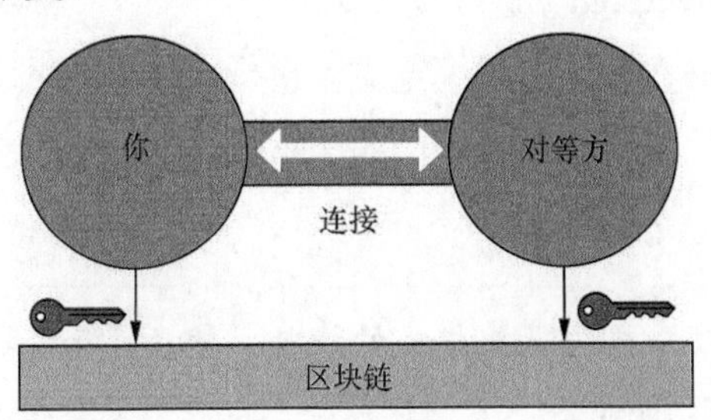

图 1.4 分布式数字身份模型实现了点对点连接——在公钥 / 私钥加密技术的保障下，人们可以采用直接、私密的连接方式

在一个点对点的关系中，你们任何一方都没有对等方的“账户”。相反，你们都共享一个“连接”。就像双方都握住一根绳子——如果任何一方放手，这根绳子就会掉下去。但是，只要双方都想要它，这种联系就会持续下去。

点对点连接本质上是分布式的，因为任何对等方都可以在任意地方连接到任何其他对等方，这正是互联网的运作方式。但这如何成为一个身份层，以及为什么它需要区块链技术？

答案在于公钥 / 私钥的加密方式：一种利用加密算法来保护数据的方式，其算法是基于各方持有的加密密钥。身份管理并非将区块链技术用于“加密货币”，而是将其用于分布式公钥基础设施（DPKI）。在接下来的几章中，我们将更详细地讨论这个问题。但实质上，区块链技术和其他分布式网络技术可以为我们提供强大的分布式解决方案，可以用于以下方面。

（1）直接交换公钥，在任意两个对等方之间形成私密、安全的连接。

（2）在公共区块链上存储其中一些公钥，以验证对等方可交换的数字身份凭证（又称可验证凭证）上的签名，从而在现实中提供身份证明。

有趣的是，最适合用来类比分布式身份模式的正是我们每天在现实中证明自己身份的方式——拿出我们的钱包，展示我们从其他受信任方获得的证件。不同点在于，在分布式数字身份中，我们是通过数字钱包、数字凭证和数字连接来实现的，如图 1.5 所示。

图 1.5　分布式数字身份的本质：将实体钱包中的实体身份证件变成数字钱包中的数字身份凭证

1.4　为什么是“自主管理身份”

随着分布式数字身份模式逐渐普及，它的名称也迅速演变成自主管理身份。这个术语起初由于其内涵而颇具争议。这个术语如此“棘手”，为何现在却成了顶尖行业分析公司和全球领先数字身份会议都会采用的新的身份模式的标准术语？

让我们从“主权”（Sovereign）这个词开始介绍。我们大多数人在日常交流中不经常使用这个词，它本身就具有一些威信。根据定义，它是一个有力量感的词——有时直接被用作国王或国家元首的同义词，但如今也有自主或独立的意思，还有一个常见的内涵是主权国家。一种词典中对主权的定义是：

> 作为统治者或拥有最高权力或最权威的特征或状态；统治者的地位、统治权、权力或权威；皇家等级或地位；皇室。

在“主权”前加上“自主”这个词，意思就显而易见了：“不依赖也不受制于任何其他权力或国家”。

当然，我们讨论的术语不是“主权”，而是“自主管理身份”。

这个词可能存在争议——为什么尽管它很有力量感，但有时会妨碍人们理解分布式数字身份模式的价值。这个词往往会让两个关于 SSI 长期存在的错误观念延续下去。

（1）自主管理身份是自主主张的身份。也就是说，你是唯一能主张自己身份的人。当然，这样说不正确，就像你可以签发自己实体钱包中的所有证件一样是不正确的。你的身份信息大部分来自其他可信信息——这也是其他各方愿意信赖它的原因。

（2）自主管理身份只面向人类。因为个人对安全、隐私及个人数据控制的需求，SSI 受到广泛关注，但其实 SSI 模型同样适用于组织和各种物理对象。事实上，它适用于任何在互联网上需要身份的东西。

自主管理身份如今在互联网身份标识行业中得到了广泛的应用，因此本书仍然采用这个术语。

1.5 为什么SSI如此重要？

从许多方面来说，回答这个问题正是本书的意义所在。本书阐述了 SSI 如何影响及为什么会影响绝大多数人的互联网行为。其中一些变化可能与互联网本身在 20 世纪 80 年代和 90 年代产生的变化一样深远。

今天，许多人认为互联网和万维网的发展是理所当然的。然而，如果你停下来思考一下，数十亿人的工作生活、社会生活，甚至政治生活都被互联网和万维网彻底改变了。这听起来有些夸大其词，但想一下，如果没有互联网和万维网，当今世界上最有价值的 10 家公司中的 7 家就不会存在。

预测：我们预测 SSI 技术及它所带来的不可计数的新型可信赖的互动模式将对各行各业产生巨大的影响。

基于以上对于 SSI 的阐述：它代表了控制权的转移。起初，我们试图找到解决互联网缺失的身份层的问题，最终我们发现，解决这些问题需要将控制权从互联网的中心——许多“权力点”，转移到互联网的边缘——所有人都成对存在和互动的地方。

在中心化和联邦化身份管理模式中，控制权掌握在互联网上的颁发者和验证者手中。在 SSI 模式中，核心控制权转移到了个人用户身上，用户可以作为一个完全对等方与其他人互动，如图 1.6 所示。

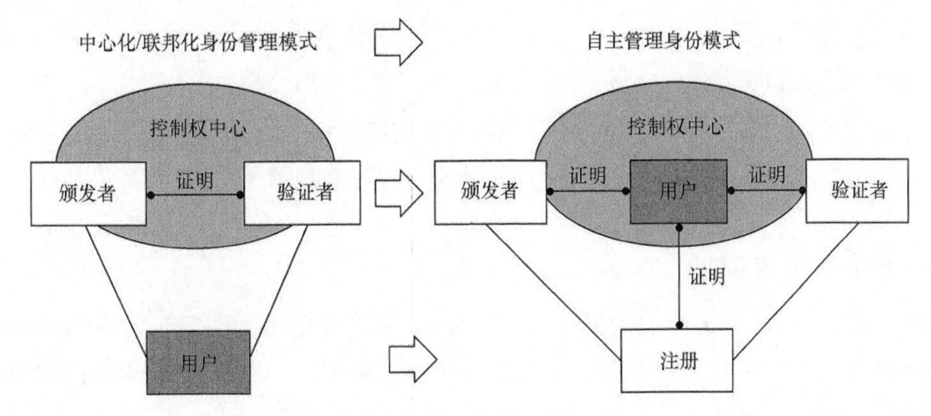

图 1.6 从中心化或联邦化身份管理模式过渡为自主管理身份模式时控制权的转移，只有后者以个人为中心

这就是为什么 SSI 不仅关乎技术，还涉及重要的商业、法律和社会层面。

到目前为止，本书描述的 SSI 驱动因素是诸如 IIW、重新启动信任网络（RWoT）、MyData

及万维网联盟（W3C）分布式标识和可验证凭证工作组等社群。然而，随着SSI逐渐成为主流技术，我们预测SSI将展现不同特色和应用愿景。这些不同之处将取决于采用SSI的不同社群的需求、愿望和重点事项。关键是不同的SSI架构如何拥有可互操作性，如同互联网中不同本地网络的可互操作性，只有这样，才能构建一个统一的SSI基础设施。

1.6 SSI的市场驱动因素

要了解SSI的发展势头及SSI架构的不同，方式之一是看什么在驱动需求。对有商业嗅觉的读者来说，这些分类可能有些陌生或归于观念形态，但我们的目的是反映观察到的市场情况。这些驱动因素分为三大类。

（1）商业效率和用户体验——这一市场的需求是安全性高、成本低和便利性强。这是早期阶段驱动SSI发展的主要市场需求。企业、政府、大学、非政府组织等都希望提高数据的安全性，更多地遵守隐私和数据保护的法规，通过改善工作流程降低成本，并为用户创造更好的体验，提高竞争力。

SSI在这方面的应用主要颠覆了现有身份和访问管理（IAM）市场。像大多数颠覆性技术一样，它在IAM市场上催生出新的公司、新的商业模式和新的细分市场。

（2）抵制监视经济——这是针对当今一些大型公司的主流商业模式和策略的反应。正如媒体的广泛报道，网络的主要商业模式（如Web 2.0）是数字广告，这催生了一个全球性产业，哈佛大学教授Shoshan Zuboff称之为“监视资本主义”。

这一细分市场的需求结合了观念形态（如隐私倡导者）、消费者信心和战略定位。欧盟的《通用数据保护条例》（GDPR）等正在领导这种经济，因为这使其与互联网巨头处于更公平的竞争环境。

（3）个人主权运动——这一运动是由那些想要夺回更多数据控制权的人推动的。也许这样描述SSI市场驱动因素最为合适：它旨在为分布式身份做出贡献。

最开始驱动人们采用SSI的因素是商业效率和用户便利，让我们看看几个具体细分市场的例子——其中一些例子更能说明还有一些其他的市场驱动因素。

1. 电子商务行业

图1.7展示了电子商务行业销售额惊人的增长。如今每笔电子商务的交易都涉及某种数字身份——无论是中心化身份管理，还是联邦化身份管理。如果消费者配备了SSI数字钱包，他们就可以做以下事情：

（1）无须密码就可以在任何支持SSI的网站或服务系统进行注册和登录；

（2）当所连接的网站或服务系统无法提供他们的可信赖数字凭证时，他们会自动收到警告；

（3）直接从数字钱包支付，而无须进行“结账”，无须用第三方钱包供应商或外部支付端口。

在私密的情况下个人电子收据日志可以自动保存，并向消费者所选的任何商家或推荐引擎提供购买证明。

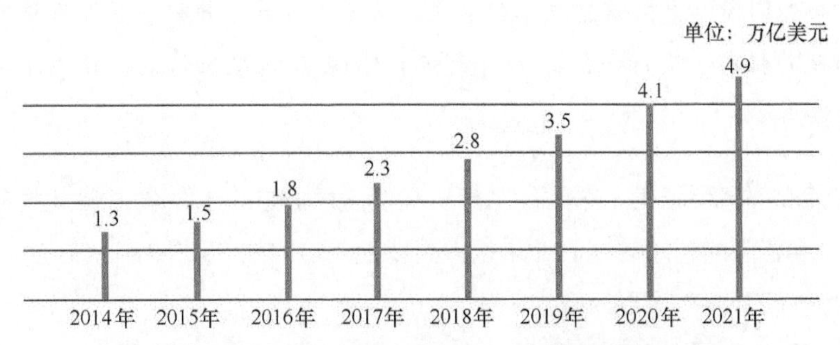

图 1.7　2014—2021 年电子商务行业销售额的增长情况

SSI 不仅将彻底改变普通消费者的电商购物体验，还将为全球数字经济节约上千亿美元。

2. 银行业与金融业

根据花旗银行 2018 年的“移动银行研究”，现在约有 1/3 的美国成年人使用移动银行。这是继社交网络之后最受欢迎的移动应用程序。这在“千禧一代”中的比例达到了 2/3。

绝大多数的移动银行业务都发生在银行、信用社和其他金融机构直接为客户提供的专门的应用程序中。某些移动银行因其实用性、安全性和隐私性而获得认可，但大多数仍然是在专门的应用程序中有自己的登录账号和密码，并与单一供应商合作。

当个人获得 SSI 数字钱包后，他们可以做以下事情：

（1）可以与所有支持 SSI 的金融机构合作，并且不用重复填写信息，就可以获得市场上所有供应商的金融服务；

（2）可以提供来自受信任的第三方数字凭证；

（3）能够以数字方式分享所有的信息——由受信任的颁发者进行数字签名，这是快速申请贷款或抵押贷款所必需的程序；

（4）可以进行单方或多方数字签名，授权重要的交易行为，授权金额最高可达数百万美元，并有加密的审计跟踪。

以上的突破性优势并非空中楼阁，其中一些正在实际中发挥作用。例如，全球信用社行业成立了行业联盟，推出 MemberPass ™，这是世界首个全球信用社会员的数字凭证。

3. 医疗保健业

2014 年，美国最大的基于云计算的电子健康档案（EHR）供应商 Practice Fusion 提供了 EHR 应用情况的统计数据：几年前，美国有 90% 的医生手动更新病人的健康档案，并存储在彩色标记文档中。2017 年年底，美国约 90% 的医生使用电子健康档案。

遗憾的是，据《医疗保健信息技术新闻》报道，平均每家医院在其附属机构中有 16 家不同的 EHR 供应商。接下来的问题可以总结为以下内容。

事实上，不同的 EHR 平台之间要实现互操作性十分困难。美国医疗保险和医疗补助服务中心与美国国家卫生信息技术协调员办公室（负责领导公共和私营医疗机构实现互操作性的联邦机构）进行合作，重新调整了 EHR 使用激励计划，致力于实现一体化查看病人数据。

以上所有情况都基于医生、医院和医疗机构的医疗信息技术系统，没有考虑病人如何参与“一体化”查看自己的医疗数据。如果病人可以使用自己的 SSI 数字钱包进行以下操作，那么 EHR 的通用性问题会变得更简单。

（1）在就医流程结束之后，立即获得自己的 EHR（在手机上或存储在安全的私人云盘）。

（2）在确保安全性和私密性的情况下，迅速与所选的医生和护士分享自己的 EHR。

（3）直接从智能手机或其他联网设备为自己、家庭成员、被抚养人等提供安全、合法、可审计的医疗程序同意书。

（4）将终身疫苗接种、过敏、免疫力等情况记录在可验证的电子档案中，能够迅速分享给学校、雇主、医生、护士或任何需要验证的人。

同样，以上列出的情形也不仅仅停留在理论上。第一个以病人为中心交换 SSI 数字凭证的医疗保健大型网络 Lumedic Exchange 于 2020 年 11 月宣布上线，并于 2021 年在美国全国范围内部署。以上内容甚至没有提到个人 EHR 如何存在于自己设备的应用程序中，也没有提到如果能够安全且匿名地与大学和医学研究人员分享医疗数据会产生什么影响，但这些人员可以用它来改善全社会的公共健康状况。

4. 旅游业

经历过国际旅行的人都知道，当你走下飞机来到海关时（通常是一个漫长的过程）会有一种恐惧。这些问题充斥着你的头脑：“排队时间要多久？”“如果需要几小时呢？”“我是否会错过转机航班？”。

全世界的政府和机场一直绞尽脑汁，试图消除国际旅行中这种特定的不便。例如，美国的全球入境计划（Global Entry）和 CLEAR 计划、加拿大的 Nexus 计划、英国的注册旅行者服务（Registered Traveller）及全球的其他项目，都是为了既可以详细检查用户的身份证件，记录其生物特征，又可实现快速通关而制定的。但是，设立这些项目需要花费数千万美元，加入这些项目需要几十或几百美元，并且每个机场需要专门的设施和人员。

如果装有 SSI 数字钱包的智能手机可以实现以下几点，那么国际旅行就会变得更简单。

（1）生成一个手机二维码的即时证明，上面包含你所有的数字凭证，就像一个移动登机牌。

（2）同时收到一个新的凭证，证明你通过了机场安检或海关，从而为行程建立一个私密的、可验证的审计追踪，并可以自行提交给随后的旅行检查站点。

（3）通过设计保证以上所有操作的私密性，特别是采用加密证明的方式，只向每个检查站点披露适当的信息，满足政府的规定。

（4）让包括机票预订、火车票预订、酒店预订、晚餐预订等所需的全部旅行文件自动存入数字钱包。

这听起来可能更像哈利 · 波特的魔法世界，但这种特殊的使用 SSI 的“魔法之旅”成为全世界越来越多的机场、旅游联盟和政府机构的目标。但是，在全球数字旅行凭证成为现实之前，我们仍然需要克服一些巨大的障碍。

1.7 SSI面临的主要挑战

作为本书的作者，我们认为 SSI 的范式转移已经发生了，但在这个过程中我们还将面临重大挑战。2019 年由花旗创投主办的名为“数字身份的未来”活动中，花旗创投董事兼新兴技术总监 Vinod Baya 指出，SSI 的应用主要面临以下三大挑战。

（1）建立新的 SSI 生态系统。

（2）分布式密钥管理（DKM）。

（3）离线访问。

1.7.1 建立新的SSI生态系统

SSI 的某些优势（见第 4 章）可以由单个公司或社群来实现。然而，只有当各个行业、政府和其他生态系统开始接受彼此的数字凭证时，才能体验到完整的网络效应。而这又取决于 SSI 的重要组成部分之间能否实现真正的互操作性，这些内容将在第 2 章中深入讨论。例如，不同供应商的不同数字钱包中必须都能使用数字凭证，其中一些还将加入“数字货币”（如法定货币或“加密货币”）。这些基础设施正在建设中，仍未完善。在它完全准备好大规模应用于互联网之前，我们还有许多工作要完成。

1.7.2 分布式密钥管理

正如前文所述，SSI 的核心在于公钥、私钥。SSI 持有者在自己的数字钱包中持有私钥，丢失这些私钥就等于完全丢失持有者的数字身份。密钥管理一直是密码学的应用和公钥基础设施（PKI）的薄弱环节。由于管理难度高，许多专家认为它只能由大型企业和集中式服务提供商（如银行或政府机构）进行管理。

“加密货币”的发展已经为分布式密钥管理带来一些重大突破，而 SSI 的兴起则推动了该领域更多的研究，我们认为密钥管理是 SSI 能否成功获得市场的主要障碍之一。这就是我们为什么要在第 10 章中详细介绍分布式密钥管理的核心创新。

1.7.3 离线访问

SSI 的基础是在数字网络上共享数字凭证。然而，很多情况下我们需要在没有接通互联网或数字设备的情况下证明自己的身份。例如，加拿大骑警可能要在偏僻的北部地区检查驾驶执照，那里根本没有接通互联网。因此，SSI 解决方案需要能够进行离线访问，或在间歇性或不稳定的网络连接下工作。这是 SSI 架构师正在解决的一个主要工程问题。

除 SSI 的应用会面临技术挑战外，SSI 革命性的创新能力能否被接受也是一个风险。要使 SSI 发挥其作用并降低风险，早期基础设施的构建阶段对架构方式的选择至关重要。目前还缺乏更广泛的基础设施专业知识来应对像身份识别这样复杂的领域。许多推崇 SSI 的专家都有技术背景，SSI 在法律方面的优势也吸引了一些精通互联网的律师，但我们还需要来自社会各个学科和领域的人参与，如社会学家、心理学家、人类学家和经济学家等。我们希望随着时间的推移，技术界以外的参与者会越来越多。

第2章 自主管理身份的基本组成部分

Drummond Reed, Rieks Joosten, Oskar van Deventer

为了更好地介绍SSI架构的核心组成部分，我们邀请了欧洲SSI领域的两位佼佼者：荷兰应用科学研究组织的Rieks Joosten和Oskar van Deventer。Rieks是一位高级科学家，主要研究商业信息处理和信息安全；Oskar则是区块链网络领域的高级科学家，两位都是欧洲SSI架构实验室的创始人。

第 1 章介绍过，SSI 是一种相对较新的理念，直到 2015 年才出现在互联网舞台上。从一个层面上讲，SSI 指的是个人数据控制在整个数字网络中运作的一整套原理。而在另一个层面上，SSI 是指建立在身份管理、分布式计算、区块链或分布式账本技术（DLT）和密码学等核心概念基础上的一整套技术。

这些核心概念基本在数十年前已出现并日臻成熟，发展创新之处在于如何将它们整合在一起，创建一种新的数字身份管理模式。本章意在让读者从概念角度入手，快速熟悉自主管理身份的 7 个基本组成部分，然后将在第 3 章展示如何将这些组成部分应用于不同的场景。这 7 个组成部分如下。

（1）可验证凭证（也称为数字凭证）。

（2）信任三角：发证方、持证方和验证方。

（3）数字钱包。

（4）数字代理。

（5）分布式标识。

（6）区块链和其他可验证数据注册表。

（7）治理框架（又称为信任架构）。

2.1 可验证凭证

在第 1 章中，我们将分布式身份的实质概括为“将实际身份证书的实用性和便携性转移到我们的数字设备上”，这就是为什么 SSI 的核心概念是可验证凭证。

我们所说的证书到底指什么？这种证书显然指人们钱包里随身携带的能够证明身份的纸质或塑料卡片（在某些情况下指金属卡片）。例如，驾驶执照、身份证、工作证、信用卡等，如

图 2.1 所示。

图 2.1 证书的常见示例——并非所有证书都适合放入钱包

但是，并不是所有的证书都适合放入钱包中。“证书”这一术语可以用来指代任何由某个权威机构颁发的信息集，这些权威机构可以证明这些信息集的真实性，反过来，信息集可以说服其他人（通过这些权威机构）相信这些信息。

（1）医院或人口统计机构出具的出生证明，证明你的出生时间、地点及父母。

（2）大学颁发的学位证书，证明你获得的教育学位。

（3）某国政府签发的护照，证明你是该国的公民。

（4）官方飞行员执照，证明你具备驾驶飞机的资质。

（5）公用事业账单，证明你是签发该账单的公用事业单位的注册客户。

（6）某一司法管辖区内相关机构签发的授权书，证明你可以代表他人合法地采取某些行动。

所有这些示例均涉及对象是人的证书，但可验证凭证并非局限于涉及人的证书。例如，农民可以出具关于一头牲畜饲料供应来源的可验证凭证、制造商可以颁发关于物联网传感器设备的证书（见第 16 章）。

每个证书都包含一套关于证书对象的声明。这些声明由某一机构发布，在 SSI 中称为证书的发证方。获得证书的实体（个人、组织或实物），即将证书保存在数字钱包中的实体，被称为证书的持证方。请注意，证书的对象通常与持证方相同。

证书中的声明（Claim）可以陈述有关对象的任何内容，例如，特征（年龄、身高、体重等）、关系（母亲、父亲、用人单位、公民等）或权益（医疗补助金、图书馆权限、会员福利、法律权利等）。

要想让资格成为一个凭证，其中所包含的声明必须以某种方式可验证，这意味着验证方必须能够确定以下内容。

（1）谁是发证方。

（2）自证书签发之日起未曾被篡改。

（3）未过期或被吊销。

物理证件通常直接在证件中嵌入某种防伪证明（如水印、全息图或其他特殊印刷特征）或声明到期日，也可以直接与发证方核实凭证是否有效、准确和仍在使用。不过，人工验证过程费时费力，这也是假证在全球黑市泛滥的一个重要原因。

这种情况给我们带来了可验证凭证的其中一项核心优势——可利用密码学和互联网（以及标准协议）在短短几秒甚至几毫秒内进行数字验证。这种验证可以回答以下 4 个问题。

（1）凭证是否包含验证方所需的标准格式的数据？

（2）它是否包括发证方的有效数字签名（从而确定其来源，并且在传输过程中未被篡改）？

（3）证书是否仍然有效，即没有过期或被吊销？

（4）如果适用，证书（或其签名）是否提供了持证方是证书对象的加密证明？

注：各种各样的密码证明，包括零知识证明，在可验证凭证中起着关键作用，详见第 6 章。

图 2.2 是 W3C 可验证凭证数据模型 1.0 规范的合编者 Manu Sporny 的一幅插图，通过它来说明构建的数字凭证是如何回答这 4 个问题的。可验证凭证的第 1 部分是证书的唯一标识，类似驾驶执照或护照上独一无二的编码。第 2 部分是描述证书本身的元数据，例如，驾驶执照的到期日期。第 3 部分是证书包含的声明，在图 2.2 中，声明包含了所有其他数据项（姓名、出生日期、性别、发色、眼睛颜色、身高、体重）。第 4 部分是证书对象的签名（驾驶执照中个人照片下方的签名），它是使用加密技术创建的数字签名。

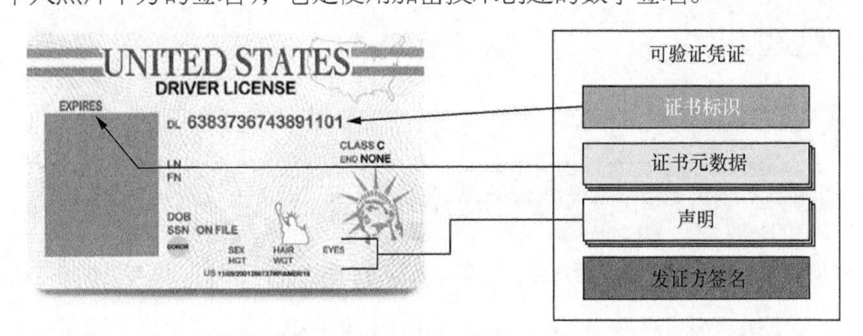

图 2.2　W3C 可验证凭证中的 4 个核心组成部分与实物证书的组成比对

在 W3C 可验证凭证的 4 个核心组成部分与实物证书的组成比对中，其中 3 个核心组成部分与实物证书相同。第 4 个组成部分——发证方的数字签名——只能通过某种形式的水印、全息图或其他难以伪造的印章印在实物证书上。

2.2　发证方、持证方和验证方

图 2.3 说明了 W3C 可验证声明工作组就可验证凭证交换涉及的 3 个主要角色定义的术语。

（1）发证方指的是证书的来源，每个证书都有发证方。大多数发证方是政府机构（护照）、金融机构（信用卡）、大学（学位）、公司（聘用证书）、非政府组织（会员卡）等。不过，个人也可能是发证方，甚至实物也可以是发证方——例如，适当配备的传感器可签发关于传感器读数的数字签名证书。

（2）持证方向发证方申请可验证凭证，将其保存在持证方的数字钱包中（在 2.3 节中讨论），并在验证方提出请求时（经持证方批准），出示一个或多个凭证的声明证明。我们通常认为个人是持证方 / 证明方，但持证方 / 证明方也可以是使用企业钱包或物联网意义上的实物。

（3）验证方是对检验证书对象的任何个人、组织或实物。验证方要求持证方 / 证明方提供一个或多个可验证凭证的其中一项或多项声明的证明。由持证方自主决定是否向验证方提供证明供其验证。在这一过程中，关键步骤是验证发证方通常使用分布式标识（DID）完成的数字签名，本章后面将更详细地讨论这一点。

注：W3C 可验证声明工作组正在创建的规范被称为“可验证凭证数据模型 1.0”。有关可验证凭证的术语和标准的更多详细信息可见 Verifiable Credential Primer 和 W3C Verifiable Credentials Data Model 1.0 。

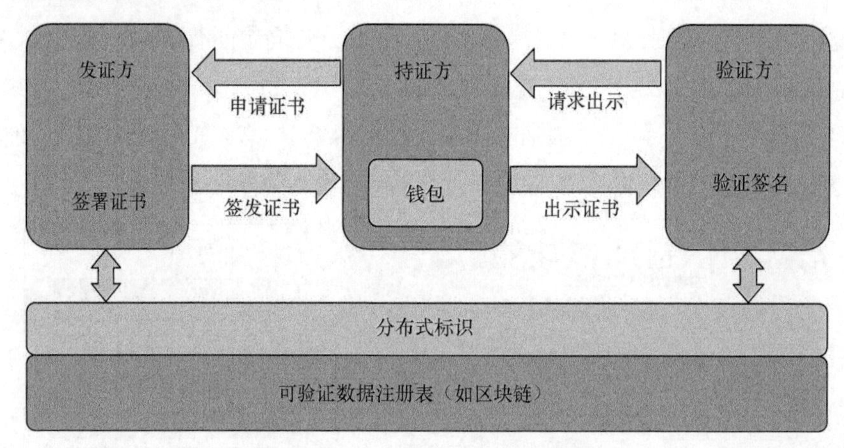

图 2.3　交换可验证凭证涉及的主要角色（数字签名认证过程得到了公共或私有区块链网络的支持）

发证方、持证方 / 证明方和验证方之间的关系通常被称为信任三角，因为这是人类信任关系在数字网络上的基本传达方式。图 2.4 说明了只有验证方信任发证方，可验证凭证才会传递信任，这并不意味着验证方必须与发证方有直接的业务或法律关系，它只是意味着验证方根据其对发证方的信任保证水平，愿意做出的一个业务决定（“我会接受这张信用卡吗？”“可以让这名乘客登机吗？”“是否要录取这个学生？”）。

需要注意的是，信任三角不过是描述了商业交易的一面而已。在许多商业交易中，双方都要求对方提供信息。因此，在单个交易中，双方既是持证方，又是验证方。此外，许多商业交易会导致一方向另一方颁发新的证书，甚至是两个新证书。

图 2.5 给出了一个例子，介绍了消费者从旅游公司报名昂贵假日旅行团要经历的一系列流程。

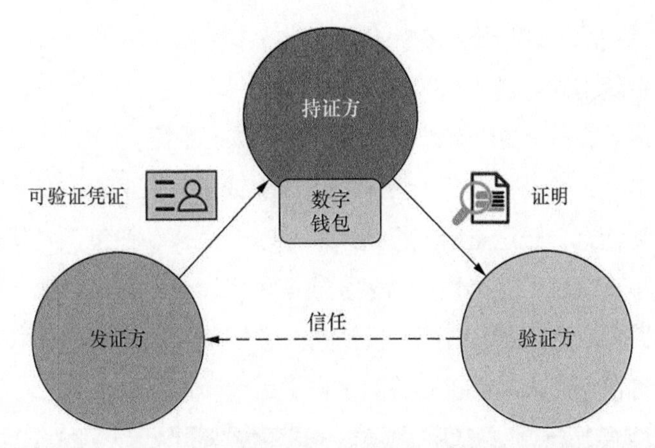

图 2.4 “信任三角”是自主管理身份生态系统中所有人类信任关系的核心

（1）消费者希望核实该旅游公司是否有破产风险。

（2）旅游网站希望核实消费者是否年满 18 周岁。

（3）消费者支付费用后，旅游网站将票寄给消费者。

（4）旅行结束后，其他消费者向他们确认作为客户他们对旅游公司是否满意。

在这些信息中，每条信息都可作为附有发证方数字签名的可验证凭证来传输。它展示了双方如何交错扮演信任三角中的所有角色。

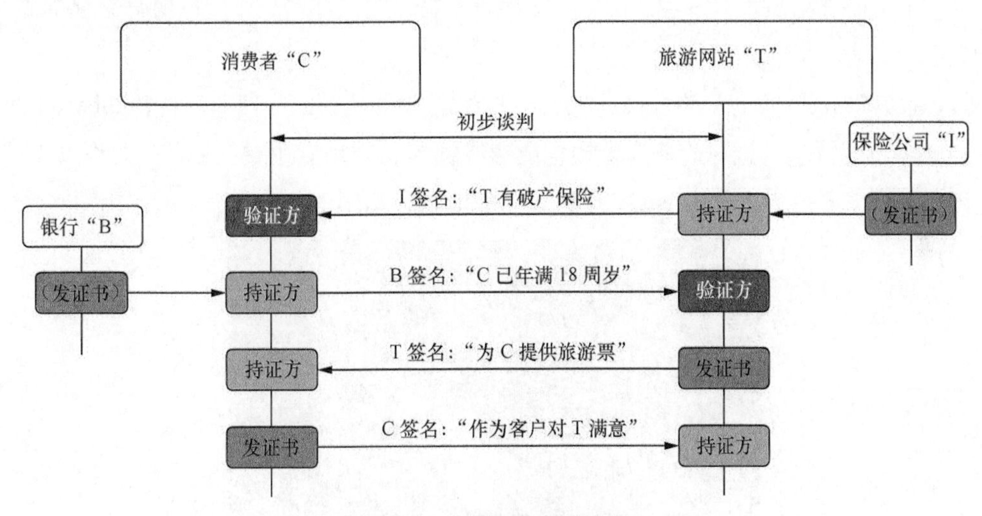

图 2.5 典型的多阶段交易

在多阶段交易中使用和创建了多个可验证凭证，双方扮演着发证方、持证方和验证方的角色。

2.3 数字钱包

在现实世界中，我们通常将证书存放在一个实物钱包中，实物钱包能够贴身存放、便于携带，且证书随时可以取用。数字钱包的功能与实物钱包的功能相比没什么不同。

（1）存储证书、钥匙 / 钥匙卡、账单 / 收据等。

（2）保护这些东西不被盗窃或窥探。

（3）将它们放在手边——在所有设备上便于获取和携带。

遗憾的是，多年来，并没有很多人尝试使用数字钱包，以至于许多开发人员不再使用这个术语，但两个趋势让这一概念重新流行起来。第一个是移动钱包，尤其是那些内置于智能手机操作系统中的移动钱包，这些钱包用来存放信用卡、登机牌和其他一般的理财卡或旅行证书。图 2.6 展示了两款受欢迎的智能手机钱包，它们是苹果钱包和谷歌支付。它们被广泛使用，因为它们内置在每部苹果手机和谷歌手机中。

图 2.6　两款受欢迎的智能手机钱包

第二个是“加密货币”钱包。购买以太币、莱特币等“加密货币”的所有买家都需要以下物品之一。

（1）服务器端钱包，也称为托管钱包或云钱包，其中的密钥由代理人（如 Coinbase）存储。

（2）客户端钱包，也称为非托管钱包或边缘钱包，它是专用硬件钱包（如图 2.7 所示）或运行在一个或多个用户设备（智能手机、平板电脑、笔记本电脑等）上的应用程序。

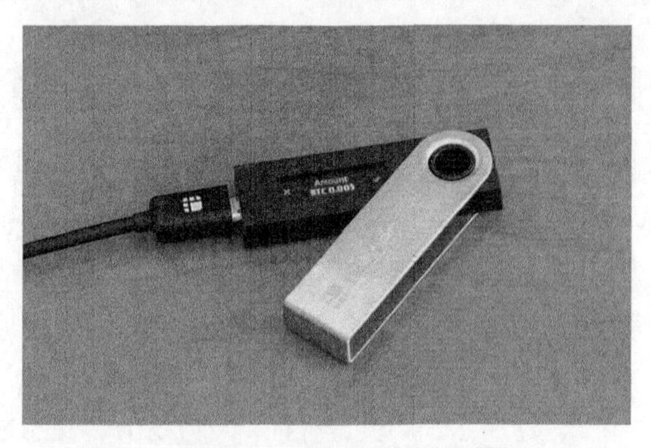

图 2.7　典型的“加密货币”专用硬件钱包

图 2.7 中的这款钱包是 Ledger Nano S，它有自己的安全显示器。

对 SSI 来说，这些通用形式的钱包都不错。但“加密货币”钱包和 SSI 数字钱包之间也有一些显著的区别。在后面的章节中，我们会深入探讨这些特点，但从更高的层面来看，以下这两个特征最为显著。

（1）SSI 数字钱包对便携式可验证凭证和其他敏感隐私数据实施开放标准。

（2）SSI 数字钱包与数字代理相结合，建立连接并进行证书交换（这一点将在 2.4 节中讨论）。

对于成熟的 SSI，我们需要的是通用数字钱包，其功能更像我们的口袋或实际携带的实物钱包，而不是来自不同供应商的专有钱包，其中每款钱包都使用供应商自己的应用程序接口（API）和可验证凭证设计。

（1）钱包应该接受任何标准化的可验证凭证，就像你可以把任何合适大小的纸质或塑料证书放进你的实物钱包中一样。

（2）可以将钱包安装在你经常使用的任何设备上，就像你可以将实物钱包放在你选择的任何口袋中一样。然而，与实物钱包不同，许多用户希望他们的数字钱包能够在不同设备之间自动保持“同步”，就像许多电子邮件和应用程序在多台设备之间保持信息同步一样。

（3）可以根据需要备份钱包内容并将其移动到其他数字钱包中，甚至可以对不同供应商的钱包也这样操作，就像可以将你的实物证书从一个实物钱包移动到另一个实物钱包中一样。

（4）无论你使用什么样的钱包，使用体验应该大体相同，即使是来自不同供应商的不同钱包，因为这对于安全使用你的钱包来说是至关重要的。

注：有关 SSI 数字钱包的互操作性和标准化的更多信息见后续章节。这一章还回答了另一个最常被问到的关于数字钱包的问题——“如果我的手机丢了会发生什么？”。在无伤大雅的情况下，答案是通过自动维护加密备份。实际上，你的数字钱包将比随身携带的任何实物钱包更安全，它不会丢失、被盗或被黑客攻击。

IBM 区块链信托公司的前执行董事、副总裁 Adam Gunther 将最后一点表示为“一种钱包，一种体验”——无论使用什么样的钱包或设备，都是管理你的可验证凭证和信任关系的一种标准方式。这对最终用户来说不仅是最简单的体验，还是最安全的方法，因为这使得欺骗或“钓鱼”身份所有者干坏事变得更加困难。

微软前首席身份架构师 Kim Cameron 认为这非常重要，他将“环境不同，体验相同”作为其七大身份法则中的最后一条，他将它比作学习开车。全球汽车行业已经使所有品牌和车型的驾驶控制（例如，方向盘、油门、刹车、转向信号）实现了标准化，目的是最大限度地减少学习体验，并且最大限度地保障驾驶员的安全。这样做的理由显而易见，如果一辆汽车不按司机预期的方式操作，则最终可能会给司机或其他人造成伤害。我们同样要高度重视数字生活的安全。

2.4 数字代理

数字钱包和实物钱包的操作方式不同。实物钱包由某一个人，即所有者直接“操作”。他们进行设置，把从发证方处收到的证书放入其中，如果需要证明，则挑选合适的证书提交给验证方，并根据需要将钱包从一个口袋转移到另一个口袋或将里面的证件从一个钱包转移到另一个钱包。

由于人们无法用二进制数据“说话”，因此数字钱包需要软件才能操作。在 SSI 基础设施中，这种软件模块被称为数字代理。如图 2.8 所示，你可以将数字代理视为数字管家，它“保护”着你的数字钱包，并确保只有你及负责管理你的凭证和密钥的人才能使用它们。

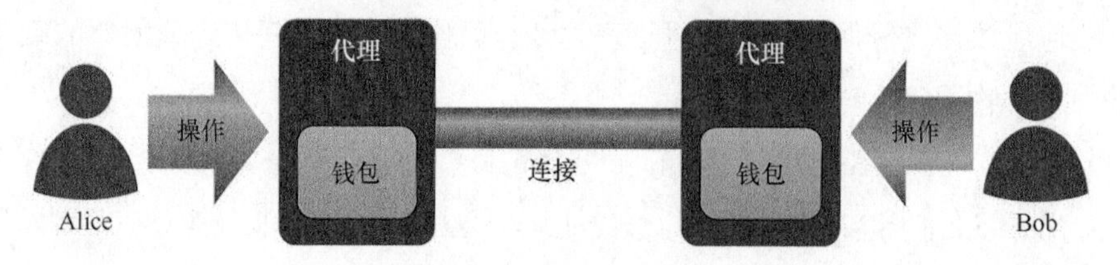

图 2.8　数字代理

在 SSI 基础设施中，每个数字钱包都由一个充当软件管家的数字代理“保护”，确保只有钱包的掌控者（通常是身份持有者）才能访问存放其中的可验证凭证和密钥。

在 SSI 基础设施中，数字代理除帮助身份所有者管理他们的钱包之外，还有第二份工作，即根据所有者的命令，通过互联网相互“交谈”、建立连接并交换证书。通过一个完全针对数字代理之间的私人通信而制定的“去中心化安全信息交互协议”来实现这一点（关于该协议 DIDComm 的更多信息见第 5 章）。

图 2.9 从更高层面概述了数字代理和他们的数字钱包如何在 SSI 生态系统中建立连接和交流。根据数字代理的位置，通常有两种类型的数字代理：边缘代理和云代理。前者在身份持有者的本地设备上的网络边缘运行。后者在云中运行，可由标准云计算平台提供商托管，也可由称为代理机构的专门的云服务提供商托管。

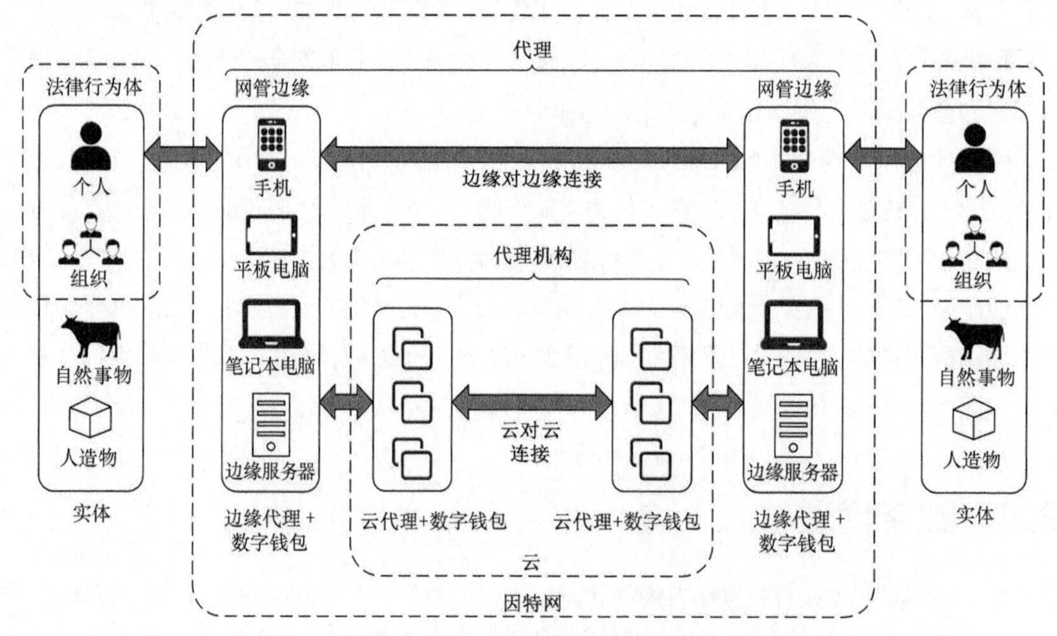

图 2.9　SSI 生态系统中数字代理和数字钱包的角色概略

身份所有者既可以直接与在本地设备上运行的边缘代理交互，又可以间接与在云中远程运行的云代理交互。

云代理还可以代表身份所有者来存储和同步其他数据，如文件、照片、财务记录、病历、资产记录等。与传统云存储不同，云代理中的数据全部经过身份持有者加密。因此，这被称为安全数据存储（SDS）。SDS 与数字钱包一起可作为数字生活管理应用程序和服务的基础，这些应用程序和服务可以在个人的一生乃至更长时间内处理和维护各种数字身份数据。也就是说，SDS 可以在数字财产的所有者去世后，在数字财产的管理和清算方面提供巨大帮助。

所以接下来的问题是，数字代理如何代表身份所有者找到彼此，建立连接并进行沟通。

2.5 分布式标识

IP 地址使得互联网上的任何设备能够与互联网上的其他设备连接并向其发送数据包。图 2.10 所示是 IPv4 地址示例。

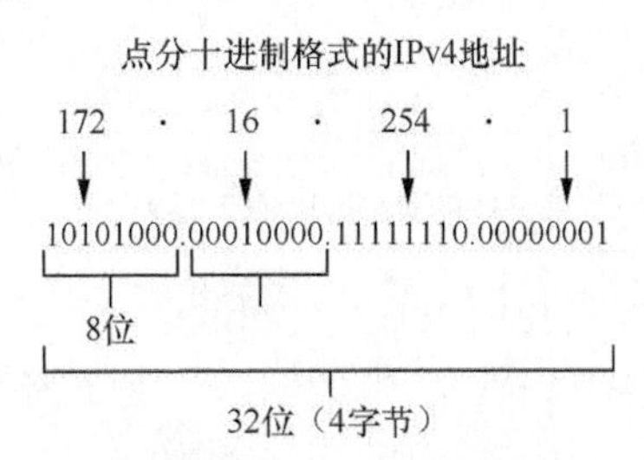

图 2.10 IPv4 地址示例

这种寻址格式允许互联网上的任何设备与设备之间对话。

我们曾在本书的开篇做过解释，知晓互联网上一台机器的 IP 地址并不意味着你对操控这台机器的人、组织或机构的身份有任何了解。为此，操控者（身份持有者）要能够提供关于其身份、特点、关系或权利的证据。并且，该证据必须能够以某种方式得到证实。

数十年来，我们已经掌握生成数字证据的技术：公钥 / 私钥加密（第 6 章会有基本的介绍）。私钥的所有者利用私钥对信息签名，其他任何人均可使用所有者相应的公钥来验证签名的真伪。签名验证表明签名是由私钥的所有者创建的，并且此后信息没有被篡改。

然而，要依赖这种验证，验证方必须知道所有者的正确公钥。因此，为了确保数字代理和数字钱包之间的分布式信息传递的安全性，以及保障数字代理能够彼此加密地发送可验证凭证，我们需要一种强大、安全、可扩展的方法，让身份持有者及其数字代理证明他们对公钥的所有权。

在过去的几十年里，这个问题的解决方案是公钥基础设施，即从世界各地的一小批认证机构获得公钥证书的系统。然而，正如第 8 章深入探讨的那样，传统的公钥基础设施过于集中、太过昂贵，无法满足全球 SSI 基础设施的需求，在 SSI 基础设施中，每个参与者都管理着多组密钥。

就像互联网的 IP 地址一样，答案是一种新型的标识。这种新型标识从公钥衍生得出，因此它非常安全，这种新的标识需要具备以下 4 个属性。

（1）永久性——无论身份所有者变更、使用不同的服务提供商或使用不同的设备，标识都必须能够永不更改。

（2）可解析——标识不仅需要能够检索身份所有者的当前公钥，还需要能够检索当前地址，从而触达所有者的代理。

（3）可加密验证——身份持有者需要能够使用加密技术证明他或他们控制了与该标识相关联的私钥。

（4）分布式——与依赖单一机构控制下的集中式注册表的 X.509 证书不同，这种新型标识必须能够通过使用分布式网络，如区块链、分布式账本、分布式散列表、分布式文件系统、对等网络等来避免单点故障。

这 4 个属性中的最后一个使这种新标识被命名为分布式标识（DID）。考虑到其具有不同的目的，一个 DID 的结构与一个 IP 地址有很大的不同。分布式标识与相关公钥和私钥的示例如图 2.11 所示。

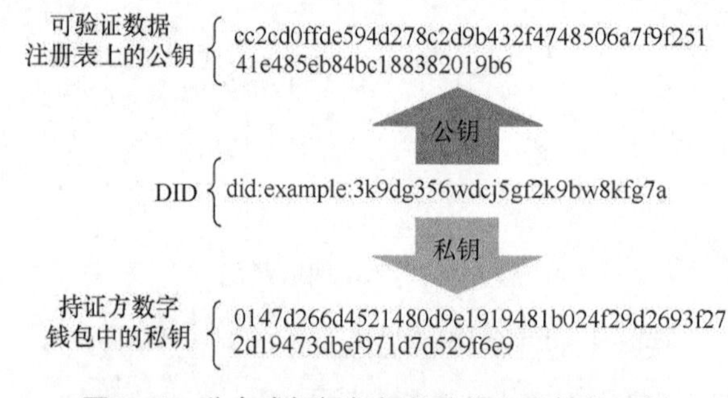

图 2.11　分布式标识与相关公钥和私钥的示例

在区块链或其他分布式网络中，一个 DID 充当一个公钥的地址。在大多数情况下，还可利用 DID 确定其对象（DID 确定的实体）的数字代理所处的位置。

对互联网的初步研究得到了美国政府相关机构的支持，通过与美国国土安全部订立合同，首个 DID 技术规范的初步研发工作获得了支持。DID 技术规范于 2016 年年底发布，随后被提交给 W3C 证书社群小组，开启了其成为官方标准的进程（关于 DID、DID 文档、DID 方法和 DID 技术规范的更多内容见第 8 章）。2019 年 9 月，这一进程促使 W3C DID 工作组成立。

DID 的设计宗旨是，能够使用专门编写的 DID 方法，利用任何现代区块链、分布式账本技术或其他分布式网络。DID 方法定义了以下 4 个基本操作。

（1）如何创建（编写）DID 及其附带的 DID 文档（包含公钥和其他描述 DID 对象的元数据的文件）。

（2）如何使用 DID 从目标系统读取（查找）DID 文档。

（3）如何更新一个 DID 文档，如公钥交换。

（4）如何停用 DID（通常通过更新 DID 文档，使其不包含任何信息）。

目前由 W3C DID 工作组维护的 DID 技术规范注册表已包括 80 多种 DID 方法，其中包括基于数字货币的 3 种方法和基于以太网的 6 种方法。它还包括 did:peer 和 did:git 方法，这两种方法不需要分布式账本技术，因为它们完全是对等工作的。任何两个拥有自己 IP 地址的设备都可以使用 TCP/IP 协议栈建立连接并交换数据。同样，任何两个拥有 DID 的身份所有者都可以使用 SSI 协议栈建立加密且安全的连接来交换数据。DID 与 DID 连接的基本概念（如图 2.8 和图 2.9 所示）并不新鲜——与许多其他网络中的连接工作方式类似。但是，DID 与 DID 的连接为数字关系带来了 5 个强大的新特性。

（1）永久性——除非其中一方或双方希望中断，否则连接永远不会中断。

（2）专用性——连接上的所有交流都可以自动加密和拥有数字签名。

（3）端到端——连接安全，没有中介。

（4）可信性——这种连接支持交换可验证凭证，以建立对任何有必要保证级别的信任。

（5）可扩展性——这种连接可用于需要进行安全、私密和可靠数字交流的任何其他应用。

2.6 区块链和其他可验证数据注册表

DID 可以在任何类型的分布式网络或可验证数据注册表（这是 W3C 可验证凭证数据模型和分布式标识技术规范中使用的正式术语）中注册，甚至可以对等交换。那么为什么有人会选择在区块链上注册一个 DID 呢？区块链提供了哪些我们几十年来一直使用的其他类型的电子标识和地址（电话号码、域名、电子邮件地址）所没有提供的东西？

我们可以深入密码学、数据库和网络找到答案。在该术语的标准行业用法中，区块链是一个防篡改的分布式数据库，没有任何一方可以控制。这意味着区块链可以提供数据的权威来源，许多不同对等体可以信任这些数据，且没有任何一个对等体可以控制（区块链必须精心设计，然后实施，以抵御攻击）。区块链有意权衡分布式数据库的许多其他标准特性，例如性能、效率、可扩展性、可搜索性、易于管理，以解决一个真正的难题：不需要依赖信托机构的权威数据。图 2.12 说明了传统数据库（无论是集中式还是分布式）和区块链数据库在设计上的根本区别。

（1）区块链中每笔交易（新记录的写入）都要经过数字签名。分布式数据库的控制权是这样分布到所有对等节点的：每个对等节点管理其私钥，并利用区块链对这个交易进行数字签名。除非签名经过验证，否则不接受新交易。

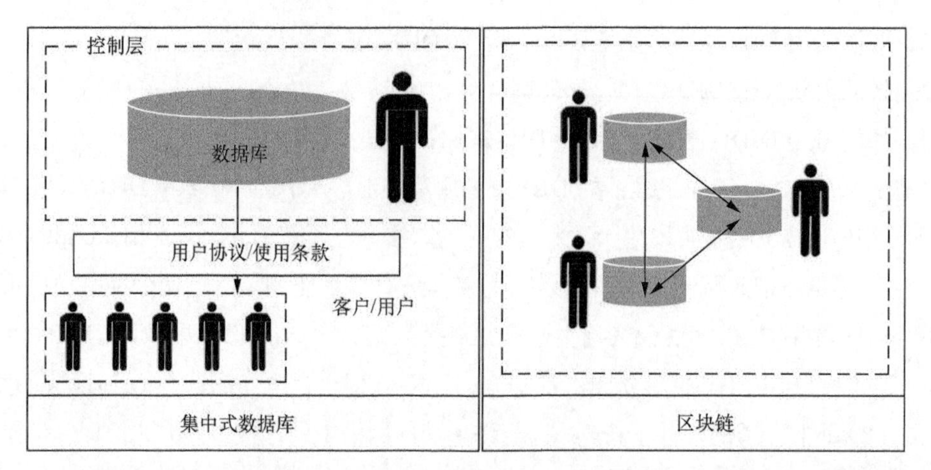

图 2.12　传统数据库和区块链数据库在设计上的根本区别（区块链作为一个数据库的重要创新在于，它没有集中的管理员或控制者——它使用加密技术，使许多不同的对等体能够各自控制自己的交易，而一旦事务被写入区块链，几乎不可能进行任何更改）

（2）交易被分组为区块，然后将这些区块加密，并链接到前一个区块上。这一步创建了一个不可改变的有序事务链。

（3）每一个新的区块都被加密复制到区块链网络的所有对等节点上，每个区块由不同的对等体运行。这一步通过共识机制执行，这是许多区块链的核心。有许多不同的共识机制——其中一些涉及工作量证明。但是，不管具体的机制如何，每个网络中的对等节点最终都会复制最新的一份数据块，并且其他节点将与这个新的数据块保持一致。事实上，每个节点由不同的对等主体运行（在某些情况下结合了巧妙的博弈论），这使得 51% 或更多的节点串通起来试图攻击区块链（并有机会改写其历史）的可能性更小。

这种加密的方式使得区块链很难被攻击。即使修改已经记录到区块链并复制到所有对等节点的单个交易，也必须侵入数十、数百或数千台机器，并同时全部更改。

从 SSI 的角度来看，特别是注册和解析 DID 和公钥，使数字钱包和数字代理能够安全地交流和交换可验证凭证，各种类型的区块链（公有链、许可链、混合链等）之间的差异是没多大影响的。可以编写一种 DID 方法，使其可以支持绝大多数现代区块链或其他分布式网络。

重要的是，区块链或其他可验证数据注册表解决了一个在密码学历史上从未有过解决方案的问题：一个全球分布式数据库如何在不遇到单点故障或遭到攻击的情况下作为公钥的可信来源。这为以 SSI 为核心的可验证数字凭证的普遍应用打下了坚实的基础。

2.7　治理框架

所有 SSI 基础设施的最终目标是使互联网交互作用的双方实现相互信任，这是许多类型的交易今天根本不可能实现的。在 SSI 中，信任层的基础首先由加密信任奠定，如将发证方的可解析的 DID 和公钥存入一个分布式网络，这锚定了图 2.4 和图 2.13 所示的信任三角，因此验证方可以信赖发证方的电子签名。

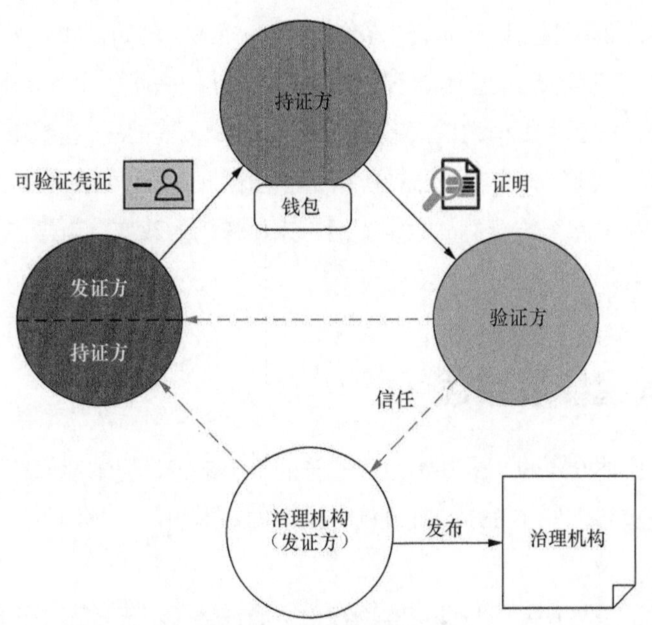

图 2.13 治理机构和治理框架代表了第二个信任三角，它使验证方能够确定可验证凭证获得授权的发证方

但是加密信任并不等于人与人之间的信任。“数字货币”区块链网络中的加密信任可以被用来为“数字货币”交易各方的可验证凭证发证方锚定一个 DID。如果发证方对自己的机构（例如，信用合作社、银行、保险公司或政府机构）足够信任，验证方就可利用这些可验证凭证，使其符合“了解你的客户”或反洗钱法规规定。

人的信任建立在加密信任之上，这种分层的信任展现了 SSI 如何发挥可验证凭证的全部效力。但是，短时间内信任某一发证方所签发的证书并不能产生规模效应。这与 20 世纪 60 年代信用卡早期面临的问题相同。各大银行都试图发行自己出品的信用卡，而商家却忙得不可开交，它们无法处理数百家银行数百张种类繁多的信用卡。

因此，直到银行联合起来建立信用卡网络（Visa 和 MasterCard 是最著名的两种），信用卡才开始被采用。这些信用卡受一套商业、法律和技术规则的约束管理，称为治理框架（在数字身份行业中也称为信任架构）。创建和管理治理框架的实体被称为治理机构。

治理框架创建了第二个信任三角，如图 2.13 的下半部分所示。该图显示了治理框架如何使验证方的工作变得更容易，如果验证方不清楚发证方所提供的证书的证明，则可查验发证方是否在其信任的治理框架下获得授权。这种查验可以采取多种不同的形式，例如，简单的“白名单”或者从区块链、安全目录、治理机构中查找可验证凭证。这种递归信任三角的方法适用于任何规模的信任社区，甚至是互联网规模的信任社区，验证方并非直接知道所有发证方（如 Visa 和 MasterCard）。

治理框架是可验证凭证的另一面：它规定了发证方发行证书须遵循的程序和政策。在某些情况下，它还规定了持证方获得证书须同意的条款和条件，以及验证方验证证书必须同意的条款和条件。治理框架还可以指定证书交换的业务模式，例如，如今适用于信用卡网络的"验证方向发证方付费"模式，包括责任政策、保险及其他法律和业务要求。

可验证凭证如何在任何规模的信任社区中发挥效力？这涉及一座城市到整个行业，或者说从一个国家到整个互联网，其秘诀就在于治理框架。正如我们在本书其余部分看到的那样，这些数字信任生态将会给我们的数字生活带来颠覆性的改变，就像当年信用卡网络改变商业世界一样。

2.8 基本构建模块概述

虽然本书将会讲述 SSI 的 7 个基本组成部分的每个部分，但本章介绍这些组成部分的目的是让所有人都能理解它们在 SSI 基础设施中扮演的基本角色。我们可以分别用一句话来概括每个组成部分。

（1）可验证凭证是与我们随身携带实物钱包中的证件（每天都用来证明我们的身份）类似的数字化同等物。

（2）发证方、持证方和验证方是信任三角的 3 个角色，这 3 个角色使得任何类型的证书发挥作用：发行证书、将证书放在钱包中及在持证方出示证书时进行验证。

（3）数字钱包是实物钱包的数字化同等物，可在任何现代计算设备（智能手机、台式计算机、笔记本电脑等）上保存可验证凭证。

（4）数字代理是应用程序或软件模块，使我们能够用属于自己的数字钱包来获取和出示证书，管理连接，并与其他数字代理安全地交流和交换可验证凭证。

（5）分布式标识是由现代加密技术提供支持的新型数字地址，它们不需要集中式注册机构。

（6）区块链和可验证数据注册表是分布式的、受加密保护的数据库，可作为 DID 和公钥的可信来源，且不会出现单点故障或遭到攻击。

（7）治理框架由各种类型和规模的治理机构发布，指的是使用 SSI 基础设施的一套业务、法律和技术规则，该基础设施将支持任何规模和大小且可互操作的数字信任生态系统。

那么，这 7 个基本组成部分如何组合在一起形成 SSI 基础设施的整体框架呢？答案是 ToIP 栈：SSI 支持的数字信任基础设施的 4 层架构模型，正由 ToIP 基金会实现标准化（由 Linux 基金会托管）。如果研究一下图 2.14 中的 ToIP 栈，就会发现所有 7 个组成部分都在其中。

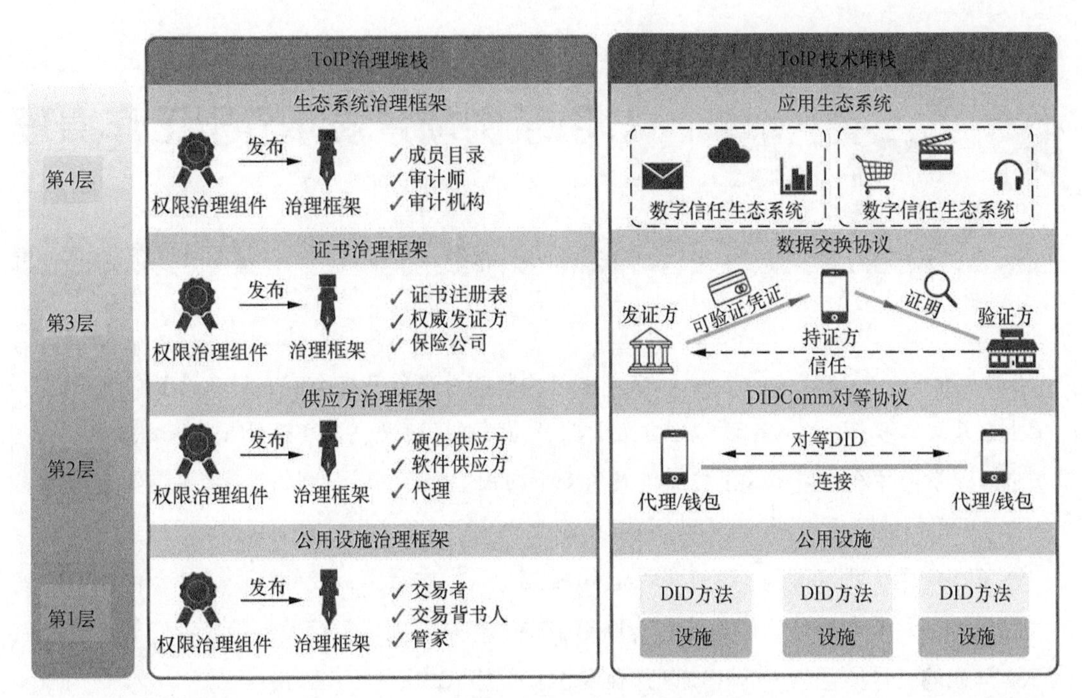

说明：将机器与人之间（第 1 层和第 2 层）的加密信任与业务、法律和社会（第 3 层和第 4 层）的信任相结合，以支持可互操作的数字信任生态系统。请注意，术语公用“设施”指区块链或 DID 的可验证数据注册表。

图 2.14　4 层 ToIP 栈

我们在本书后面的章节，特别是第 2 部分，会更深入地探讨 ToIP 栈和每一层的详细内容。在第 3 章中，我们则展示如何将这些组成部分整合到一起，以解决现实世界中在使用 SSI 时通常遇到的数字身份问题。

第3章 用示例场景演示SSI工作原理

Drummond Reed, Alex Preukschat, Daniel Hardman

Daniel Hardman 是 Evernym 的前首席架构师和首席信息安全官，现在是 SICPA 的首席生态系统工程师，在 SSI 被称为自主管理身份之前，他就一直在设计 SSI 基础结构。他在市场中亲身体会了基本 SSI 交互模式的多个实例。

在第 2 章中，我们谈到了 SSI 的核心组成部分。在本章中，我们将通过 7 个由简单到复杂的示例场景，向你展示如何将这些构件组合在一起来实施自主管理身份。我们的目标是展示 SSI 模式的工作原理与中心化或联邦化身份管理模式的不同。

我们选择的场景如下。

（1）Alice 和 Bob 在会议上见面后建立了联系。

（2）Bob 通过 Alice 的博客认识她。

（3）Bob 登录 Alice 的博客并留言。

（4）Alice 和 Bob 通过在线交友网站结识。

（5）Alice 申请银行账户。

（6）Alice 买车。

（7）Alice 把车卖给 Bob。

我们的示例场景使用了 Alice 和 Bob 这两个角色，这两位已经成为密码学和网络安全领域的标志性角色，以至于维基百科上有一整篇关于他们的文章。每个场景都阐述了 SSI 应用的基本模式，在本书第 4 章探讨的行业特定 SSI 场景中，这种模式将反复出现。

3.1 SSI场景图的简单表示法

在本章中，我们将使用图 3.1 所示的简单图示符号。作为消费者和企业，我们每天会遇到无数的信任问题，而用这 11 个符号就可以说明我们是如何运用 SSI 数字凭证概念解决这些问题的。这些符号大多不言自明，但这里我还是解释一下。

（1）人——持有 SSI 的个人（如 Alice 和 Bob）。

（2）组织——持有 SSI 的组织或团体。

（3）物——具有 SSI 的物理、逻辑或自然对象（如物联网上的设备）。

（4）边缘代理和钱包——个人或组织用于存储、管理和共享其 SSI 数字凭证的设备和软件（请参阅第 2 章和第 9 章）。

（5）云代理和钱包——与边缘代理相同，但在云端操作。

（6）QR 码（快速响应码）——即二维码，可以被智能手机、平板电脑或其他计算设备上的摄像头读取以启动交互动作。

（7）初始——在任何两个 SSI 持有者（如 Alice 和 Bob）之间建立数字身份关系的第一步。

（8）连接——两个 SSI 持有者之间经同意建立的关系，其代理相互交换加密密钥，以形成安全的、私有的加密通信通道。

（9）凭证——可验证的数字身份证书（见第 2 章和第 7 章）。

（10）证明——证书中具体信息的证明，须有数字签名且可加密验证。

（11）验证——代理成功验证“证明”而得出的结果。

图 3.1　本章中用于 SSI 场景图的简单图示符号

在所有这些场景中，我们还使用了第 2 章（如图 3.2 所示）中介绍的可验证凭证信任三角中的 3 个核心角色——发证方、持证方和验证方。

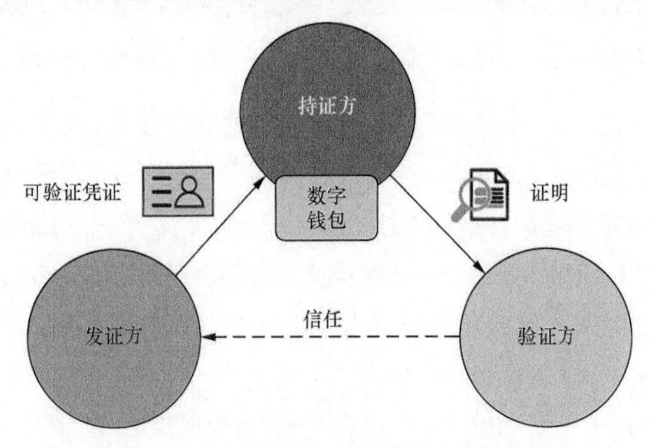

图 3.2　可验证凭证信任三角中的 3 个核心角色

3.2 场景1：Bob和Alice在会议上见面后建立了联系

所有形式的数字身份都存在于某种关系背景中。在典型的企业身份和访问管理场景中，其关系可能是员工和公司之间的关系，也可能是消费者和网站之间的关系；而在物联网场景中，则可能是物联网设备与其制造商或所有者之间的关系。

所有这些场景都是典型的客户端 - 服务器关系，其中，身份持有者使用浏览器等客户端软件与企业控制的服务器建立身份（注册）并进行身份验证（登录）。这种典型的基于账户的身份模式使用的是第 2 章所述的中心化或联邦化身份管理模式。

而 SSI 模式则更为广泛，它基于任意两个实体之间的“点对点”关系，而客户端 - 服务器关系只是其中的一种。为了强调这一点，我们即将介绍的第一个场景是商业中最常见的互动之一：Alice 和 Bob 在会议上见面并交换名片。

（1）Alice 和 Bob 都不是对方的“客户”，他们只是同行。

（2）Alice 和 Bob 都没有运行“服务器”。

（3）他们都没有与对方建立“账户”——相反，他们只是在同行之间建立一种联系。

在数字时代之前，这种简单的点对点交流如图 3.3 所示。

然而，在当今的商务会议上，信息连接往往是数字化的，比如使用手机和像 LinkedIn 这样的商务网络，所以现在的方式看起来更像图 3.4 展示的。

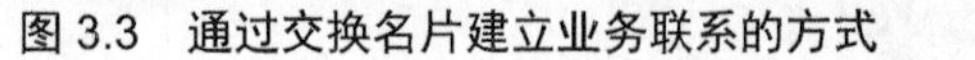

图 3.3　通过交换名片建立业务联系的方式

图 3.4　使用手机和 LinkedIn 交换数字化名片信息

这种数字化的方式不仅节约了纸张，还把联系信息直接放在最有用的地方——手机。更妙的是，如果该连接是通过 LinkedIn 这样的商业网络建立的，那么即使 Alice 和 Bob 换了工作、电子邮件地址或电话号码，这种连接也会持续存在。然而，与 LinkedIn 分享这些信息是有代价的，对于我们很多人来说，这不是问题，因为由暴露隐私带来的不适感被便利性抵消了。但对那些职业需要保密或对安全敏感的人来说，使用 LinkedIn、Facebook 或 Twitter 这类公共社交网络的方式并不可取。

如果 Alice 和 Bob 有一种简单、快速的方式来建立他们自己的连接，而且这个连接是直接的、点对点的，且不需要任何中介，那会怎么样呢？如果这个连接创建了一个只有 Alice

和 Bob 可以使用的安全私用通道，又会如何？如果这种联系能永远持续下去，或者直到 Alice 或 Bob（或两人都）决定不再需要它时才终止，那要怎么办呢？

利用在第 2 章中介绍的 SSI 基本构成元素，我们可以采用完全分布式的方式构建这种连接，而不需要依赖任何中间方。实际的实现形式取决于 Alice 和 Bob 的智能手机及数字代理的具体能力。但他们可以选择一种流行的方式——扫描二维码，使用过电子登机牌的人对此都很熟悉（如图 3.5 所示）。

图 3.5 建立新的 SSI 连接就像扫描二维码一样简单

为了方便联系，有些人在名片上印上了二维码。但这些二维码通常会把你带到像 LinkedIn 这样的集中式服务提供商那里，在服务提供商的专用网络上建立连接。

使用 SSI，你可以在无须任何中间服务提供商或专用网络的情况下创建一个连接。Alice 和 Bob 通过加密方式把他们手机上的钱包和数字代理直接连接起来，所以该连接对他们两个人来说是完全私用的。不管是 Alice 扫描 Bob 的二维码，还是 Bob 扫描 Alice 的二维码，都无关紧要。无论以哪种方式，一旦 Alice 和 Bob 二人都批准了，就会在他们的两个数字代理之间创建一个直接的、私用的“点对点”SSI 连接，如图 3.6 所示。

图 3.6 Alice 和 Bob 之间的简单连接，由各自的代理实现

使用 SSI 建立联系，无须中介，这对人际沟通与信任的未来有着深远影响。当不再需要中介时，该中介强加的所有条款、条件和限制都将消失。这两个对等方可以自由地构建关系、建立信任及使用最适合的方式进行数据交换，所有这些都是早期互联网想要实现的目标。所以在很多方面，SSI 只是在帮助我们重新建立互联网本身最初的去中心化愿景。

当然，图 3.6 过于简化了。它没有显示出正在使用的具体硬件和网络，也没有显示正在交换的 DID 和 DID 文档。但从概念上讲，它准确地描绘了 Alice 和 Bob 创建了彼此之间的联系后的情况。

背后的原理是什么？

对于技术型读者来说，图 3.7 所示进一步细化了这个场景。如果你不需要了解技术细节，请跳过此部分。

图 3.7 更详细地展现了 Alice 和 Bob 之间是如何形成连接的，显示了边缘代理（在 Alice 和 Bob 各自的智能手机上）与位于 Alice 和 Bob 各自的云代理之间的通信。

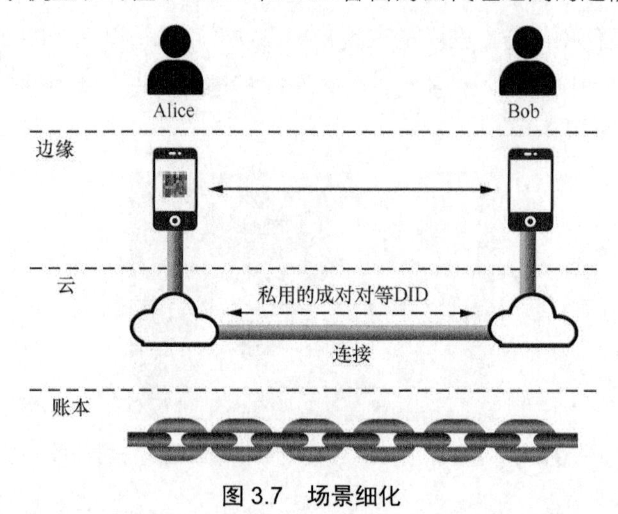

图 3.7　场景细化

让我们解释一下 Alice 和 Bob 是如何各自配置图 3.7 中所示的边缘代理 / 钱包和云代理的。他们首先下载 SSI 移动钱包 App（或者使用安装在智能手机上的应用程序）。就像浏览器和电子邮件 App 一样，Alice 和 Bob 是否使用相同的移动钱包 App 并不重要，只要他们的 App 支持 SSI 互操作性的开放标准即可。

当 Alice 和 Bob 第一次打开各自的移动钱包 App 时，他们的边缘代理软件应该会提示他们设置云代理。这类似于将你的智能手机设置为使用云备份服务。不同的 App 将与不同的云代理服务提供商（称为 SSI 代理）合作，后者提供托管云代理的服务。这个过程不到一分钟，并且只需要做一次（一旦你的边缘代理与云代理配对，它将会持续工作，除非你决定中断连接并与其他云代理配对）。

一旦 Alice 和 Bob 设置了他们的移动钱包、边缘代理和云代理，那么这个场景就将按下面的步骤进行（假设是 Alice 生成一个二维码让 Bob 扫描，反过来由 Bob 生成二维码，场景也是一样的）。

（1）Alice 生成一个二维码

Alice 在她的移动钱包 App（边缘代理）中单击菜单选项，使其生成一个新连接的二维码，名为“连接邀请”。该请求包括关于 Bob 的代理如何通过加密通道可靠地联系她的信息。这个二维码中的数据并不需要保密，不需要强有力的安全保障，加密通道将在后面的流程中添加这类保障。

在生成二维码之前，Alice 的边缘代理生成一个用于确保安全的“随机数”并将其发送给 Alice 的云代理，通知它将要收到一条与该随机数相关的消息。Alice 的二维码中包含了这个随机数，因而该二维码对 Bob 是唯一的。

（2）Bob 用移动钱包 App 扫描二维码

一旦 Bob 的边缘代理识别出这是一个新的连接邀请，它就指示钱包生成以下内容。

① 一个唯一的新公钥 / 私钥对。

② 一个基于该公钥 / 私钥对的对等 DID（Peer DID）。这个对等 DID 是一个私用的成对假名标识符，它将用于以一种只有他们两个人知道的隐私保护方式来标识 Bob 与 Alice 的唯一连接。

一旦将密钥对、对等 DID 保存在 Bob 的钱包中，他的边缘代理就会编写一个"连接请求"消息，其中包括一个 DID 文档（每个 DID 附带的元数据文档，参见第 2 章和第 8 章）。这个 DID 文档是专门为 Alice 准备的：它包括新的对等 DID、对应的公钥和 Bob 的云代理的网络地址（称为"服务端点"，因为其他代理可以通过服务端点"调用"Bob 的代理来发送消息）。

Bob 的边缘代理将他的连接请求消息发送给 Bob 的云代理，并指示其通过 Alice 在其连接邀请中标识的加密通道将消息转发给 Alice 的云代理。

（3）Alice 采取行动

Alice 的云代理接收到 Bob 的消息，并将消息推送给 Alice 的边缘代理，询问 Alice 是否要确认连接。Alice 的边缘代理提示 Alice 确认该连接，Alice 单击"是"后，Alice 的边缘代理将 Bob 的一半连接信息保存在其钱包里。

现在，Alice 的边缘代理做了与 Bob 相同的事情：生成一个唯一新公钥 / 私钥对及一个只为 Bob 所知的对等 DID，并将其保存在钱包中，接着创建了一个连接响应，该连接响应是 Bob 连接请求的镜像，其中包含 Alice 自己的对等 DID、公钥和连接服务端点。

Alice 的边缘代理可以使用 Bob 的 DID 文档中的公钥加密此消息，以便于只有 Bob 可以读取它。并且可以将其发送到 Bob 为 Alice 指定使用的专用服务端点。最妙的是，Alice 的边缘代理可以使用该消息更新 Bob 最初连接她时用的服务端点和密钥。这样就把来自连接邀请的不安全信息替换为新的安全信息，以防任何窃听者。

一旦准备就绪，Alice 的边缘代理就将她的连接响应发送给她的云代理，并指示将其转发到 Bob 的代理给予 Alice 的私用服务端点。

（4）Bob 的代理完成连接的最后一步

Bob 的云代理将连接响应转发给 Bob 的边缘代理，后者将描述 Alice 一半对等 DID 连接信息的 DID 文档保存在 Bob 的钱包中。Bob 的边缘代理通知 Bob 双向连接已经完成。

现在，Alice 和 Bob 拥有了永久的私用连接，他们可以进行加密安全通信了。对此要注意以下 5 点。

① 因为该连接是 Alice 和 Bob 双方亲自建立的，所以他们不需要交换可验证凭证就可以信任对方。但这并不意味着将来不需要交换某种类型的凭证，比如当他们要做一个高风险的商业交易，则可能需要交换某种凭证，但是现在他们对彼此足够信任。

② 不需要与公共账本或区块链进行交互。整个过程都用对等 DID 和 DID 文档进行并完

全在区块链下生成和交换，这既有利于保护隐私，又有利于保持其可扩展性。一般来说，只有凭证发行人才需要在公共区块链上注册公共 DID，并允许任何人都能够对其进行验证。

③ 该连接是完全私用的，只有 Alice 和 Bob 知晓。除托管云代理和传递加密消息外，中间不涉及任何互联网中介服务提供商。那些云代理托管提供商（代理）只知道双方代理之间存在流量。他们无法“看到”消息内部，也无从知道谁在和谁谈论什么（通过在代理之间采用洋葱路由，可以进一步保护隐私）。

④ 如果 Alice 或 Bob 中的任何一方（或两者都）更改了他们的云代理，那么连接就会随之移动。它们各自的代理只需要向对方发送连接信息的更新，同时提供新代理的私用云代理地址即可。

⑤ 此连接邀请流程在任何地方都可以进行。它不需要预先建立安全通道；受邀的收件人也不需要了解任何关于 SSI、DID 或移动钱包的信息。这也是 SSI 在没有任何中心化组织或网络推动的情况下迅速增长的原因之一。

3.3 场景2：Bob通过Alice的博客认识她

此场景也会在 Alice 和 Bob 之间建立连接，但这次他们不见面，相反，Bob 在 Alice 的博客上发现了她的网站设计业务。Bob 喜欢她的博客内容，并决定要联系 Alice，请她为自己创建网站。

Alice 是一位前沿的网页设计师，她通过 SSI 开启博客，这样她的博客就可以接受想要直接与 Alice 连接的访问者的连接请求。她在自己的博客中添加了一个云代理，并将其连接到自己的边缘代理。因为这是 Alice 的个人博客，这个云代理充当了 Alice 作为个人的另一个代表，这并不意味着她的博客是一个独立的“物”。这说明了 SSI 的一个关键原则：Alice 可以在她需要的设备或网络位置上拥有尽可能多的代理，每一个代理都允许 Alice 在特定的背景下表达她的身份并建立新的关系：在这种情况下，她是作为一位网页设计师而在线存在的。

注：如果 Alice 愿意，她可以设置博客让它拥有独立的 SSI，这样访问者就可以直接与博客而不是与 Alice 形成连接。

图 3.8 显示了在此场景中建立的代理和连接过程。数字表示采取行动的顺序。这个场景从 Bob 决定通过 Alice 的博客提出连接请求开始。

（1）Bob 用他的边缘代理扫描二维码获取连接邀请。这个二维码是由 Alice 博客内置安装的 SSI 插件生成的。

（2）Bob 的边缘代理 App 提示他接受连接邀请。当 Bob 单击“是”时，他的边缘代理为该连接请求消息生成密钥对、对等 DID 和 DID 文档，如前文所述，并将其发送给 Bob 的云代理，让其转发给 Alice 的云代理，然后转发给 Alice 的边缘代理。

（3）Alice 接收连接请求并批准它。这个场景的其他部分与前一个场景一样，Alice 的边缘代理生成她的密钥对、对等 DID 和连接响应消息的 DID 文档，然后通过云代理将该消息发送回 Bob 的边缘代理，在那里存储该消息以完成连接。

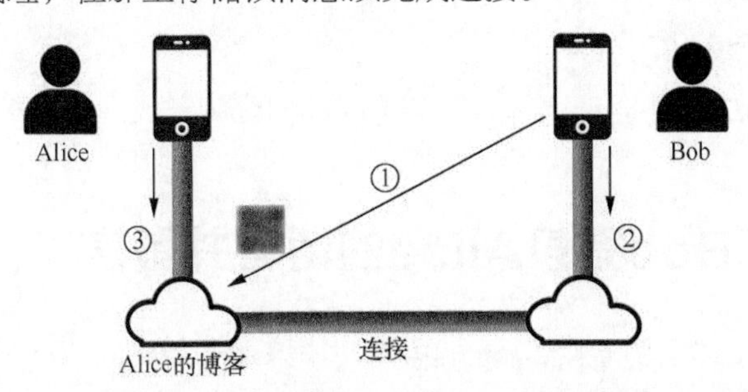

图 3.8　场景 2——Bob 先阅读了 Alice 的博客，然后通过扫描她博客上的二维码决定与她联系

注意，与场景 1 一样，此场景不需要任何可验证凭证的交换。如果 Alice 愿意接受她的博客读者的连接请求，她的代理就无须再要求任何进一步的身份信息。但这也使 Alice 面临接收滥发连接请求的风险。为了防范这些风险，Alice 的边缘代理可以要求提供 Alice 信任的一个或多个通用可验证凭证的证明。我们将在场景 4 中进一步描述。

背后的原理是什么？

Alice 把她的博客放在 WordPress 上，所以我们假设 WordPress 具备 SSI 插件（在本书写作时，这样的 WordPress 插件正在开发中）。当 Alice 安装这个插件时，会显示设置云代理所需的二维码。Alice 使用手机上的边缘代理 App 扫描这个二维码。然后，她的边缘代理 App 会提示她批准为其博客建立云代理。

Alice 单击“是”后，边缘代理向 Alice 的现有云代理发送消息，要求：①提供新的博客云代理；②在博客云代理和 Alice 的边缘代理之间建立连接。完成后，Alice 的现有云代理向 Alice 的边缘代理发送连接响应，其中包括网络地址及公钥的对等 DID 和 DID 文档，用于与她的新博客云代理进行加密通信。

现在 Alice 的博客有了一个新功能：能够向任何想要请求与 Alice 建立联系的读者显示唯一的二维码。

注意，Alice 可能需要在 SSI 化在线资源上设置自己的代理，用于处理她的 LinkedIn 页面、Facebook 页面和她设计的网站，甚至包括她电子邮件上的签名。对于任何 SSI 化在线资源来说，过程都是一样的。Alice 还可以把 SSI 化在线资源用于她想要为之建立代理的任何离线应用，比如她的名片或者她挂在当地画廊中某幅画作上的标牌。

如果 Alice 希望她的博客有自己的一套连接呢？

在我们刚才描述的场景中，我们假设 Alice 希望她的博客充当她的另一个私用代理，但是，如果她想让自己的博客独立存在，比如想让访客可以直接从她的作品集中订购印刷品，那该怎么办呢？在这种情况下，请求连接的访客将直接接收到与 Alice 博客的连接，而这种情况下的 Alice 博客是以“物”的形式参与连接，而非以“人”的形式。Alice 仍然会控制这个“物”的云代理。从法律角度来看，这可能代表她作为艺术家的独资经营权，但“物”的云代理将与代表个体的 Alice 个人代理分开。

在理想情况下，SSI 插件会让博客所有者选择如何配置云代理：代表“人”还是代表“物”。

3.4 场景3：Bob登录Alice的博客并留言

一旦 Bob 与 Alice 建立了连接，Bob 就可以使用该连接随时向 Alice 验证自己的身份。例如，如果 Bob 后来返回到 Alice 的博客并想留下评论，Bob 不需要在 Alice 的博客创建“账户”，他的连接就是账户。所以 Bob 不仅不需要为 Alice 的博客创建新的用户名和密码，还永远不用记住它们，如图 3.9 所示。

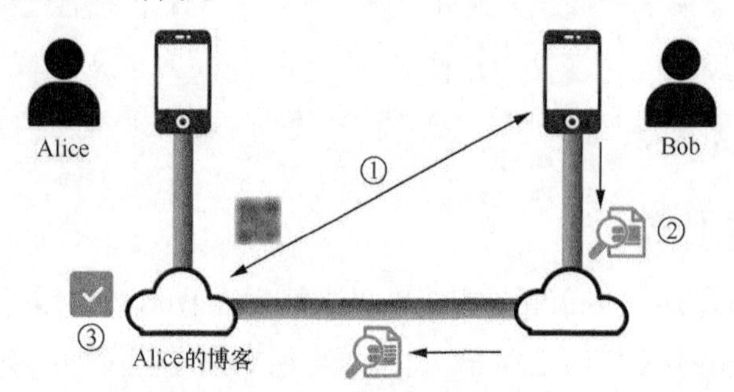

图 3.9　每当 Bob 返回到 Alice 的博客并对她的一篇新文章发表评论时，他都会使用类似的模式“登录”

无密码登录（或自动身份验证）是 SSI 的主要功能之一。对于任何 SSI 化网站或应用程序，其工作方式都是一样的。图 3.9 显示了其基本顺序。

（1）Alice 的博客生成二维码。就像场景 2 一样，第一步是 Alice 的博客生成一个二维码，供读者在需要认证时扫描（例如，要留下评论或做任何其他需要授权的事情）。这一次，当 Bob 扫描二维码时，他的边缘代理识别出 Bob 已经和 Alice 有了联系。因此，Bob 的边缘代理请求 Bob 确认他想要进行身份验证（或者 Bob 告诉他的边缘代理跳过这类确认，他的边缘代理将继续往下进行）。

（2）Bob 的边缘代理生成，签署并发送证明。此证明是用 Bob 的移动钱包中的私钥签署的，仅用于此私用对等 DID 连接。然后边缘代理将证明发送给他的云代理，再转发给 Alice 博客的云代理。

（3）Alice 的博客云代理接收并验证该证明。博客云代理使用其与 Bob 私用连接的公钥来验证签名（在连接建立后由 Bob 进行共享，并且在 Bob 的边缘代理更换加密密钥时由 Bob 进行更新）。如果签名得到验证，Bob 即可“登录”。

关于身份自动验证的特别强大之处在于，它可以针对特定事物进行调整，要求验证器启用所需的身份验证级别。例如，在博客上留下评论是一种风险相对较低的活动，因此 Bob 只要证明他拥有连接的私钥（只有 Bob 知道）就足够了，但 Bob 如果要求信用社进行一笔 10 万美元的交易，由信用社生成的二维码可以要求 Bob 出具更有力的证明来证明对方确实是 Bob。

SSI 代理还可以生成其他网络身份验证协议（如 OpenID Connect 和 WebAuthn）所需的身份验证令牌。

3.5 场景4：Bob和Alice通过在线交友网站结识

此场景使 Alice 和 Bob 建立连接，像场景 1 和场景 2 一样。但这一次，将二者引入场景的是中介：一个在线交友网站。由于 Alice 和 Bob 都没有预先建立信任关系，因此这是我们第一个需要可验证凭证的场景。

重要提示：虽然本章中介绍的场景出于说明目的使用了政府颁发的身份证书，但 SSI 基础结构不需要使用政府身份证书，也不需要使用任何其他特定类型的证书。它们出于什么目的接受什么类型的证书将由验证器确定。政府颁发的身份证书只是一种被广泛理解和接受的证书类型。

图 3.10 所示是相关步骤示意图。

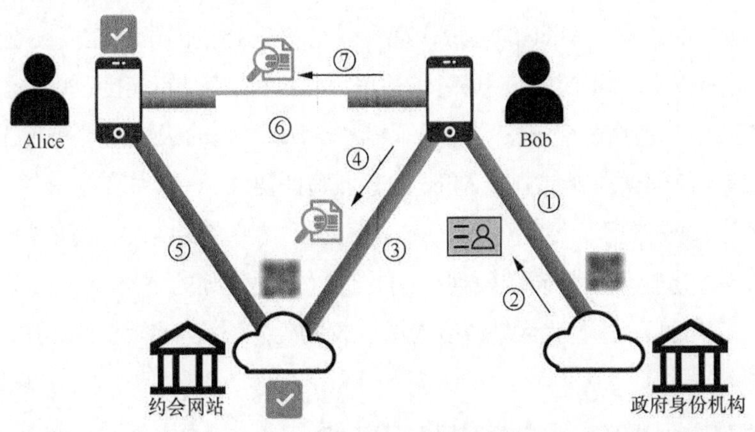

图 3.10 Alice 和 Bob 通过一个在线交友网站见面的场景，Bob 通过他们新建立的连接向 Alice 证明其真实性

（1）Bob 与政府身份机构连接。Bob 知道交友网站需要它信任的发行者提供身份证明，这些证明中有一个是政府颁发的身份证书。所以像场景 2 中描述的那样，Bob 首先通过扫描政府身份机构云代理网站上的一个二维码与之建立连接。

（2）Bob 向政府身份机构提出要求以获得身份证书。Bob 的边缘代理提示 Bob 需要向政府身份机构提供数据（或他必须实施的其他步骤）来证明他的身份（该机构可能会要求 Bob 提供其他可验证凭证的证明）。一旦 Bob 符合该机构颁发政府身份证书的政策要求，该机构就会将证书发送给 Bob 的边缘代理，后者将其存储在 Bob 的钱包中。

（3）Bob 按照场景 2 连接到交友网站。

（4）交友网站要求 Bob 提供他的政府身份证书的证明。Bob 扫描一个二维码后，提示要提供政府身份证书的证明。Bob 的边缘代理提示 Bob 允许发送证明。Bob 同意了，他的边缘代理生成证明并用这个连接的私钥签名，将其发送给交友网站的云代理。交友网站的云代理通过在以太坊或 Sovrin 等公共区块链上查找政府身份机构的 DID 来验证该证明，以检索带有公钥的 DID 文档。如果该证明通过验证，Bob 就可以使用交友网站了。

（5）Alice 以同样的方式加入交友网站。交友网站可能要求也可能不要求 Alice 发送证书证明（图 3.10 中未显示）。然后，Alice 共享了一些个人资料（如果这些资料已经存储在她钱包里的其他证书中，则可以放在其边缘代理的证明中发送）。

（6）Bob 请求与 Alice 建立连接。Bob 在交友网站上发现了 Alice 的个人资料，并通过扫描二维码请求连接。就像他在场景 2 中通过 Alice 的博客所做的那样。但这次背景不同了，所以 Alice 更加谨慎。她的边缘代理要求 Bob 分享他的政府身份证书的证明。注意，Alice 可以依赖这样一个事实，即交友网站已经有政策，要求男性会员提供政府身份证书的证明。但是有了 SSI，Alice 可以直接向 Bob 请求提供证明。如果交友网站没有正确筛选会员，她也不必担心。

（7）Bob 把他的政府身份证书的证明发给 Alice。Bob 可以一键完成这项操作，因为他的边缘代理做了所有的工作。Alice 的边缘代理通过与 Bob 建立的私有连接接收证明，并像交友网站那样验证该证明。如果该证明通过了验证，则 Alice 接受新连接；如果验证失败，Alice 的边缘代理可以立即删除这个连接，而无须打扰 Alice。她的边缘代理实际上充当了 Alice 的保护者，以确保任何请求者都符合 Alice 的最低验证要求。

SSI 的更强大之处在于，通过 SSI，Alice 不必仅依赖交友网站支持的筛选程序。Alice 可以要求她的请求者提供她想要的任何证明。也就是说，她的请求者必须在“访问 Alice”之前就已提供这些证明。这将大大地改变在线交友的生态系统，增强对每位参与者的信任。

3.6 场景5：Alice申请银行账户

这个场景中的案例是一个商业案例，可以清晰地说明可验证凭证的价值。该案例发生在 2018 年 10 月，4 家公司合作在一个名为“Job-Creds”的视频中演示了可验证凭证的原理。视频展示了 Alice 如何先从发证机构获得政府身份证书，然后从雇主（IBM）获得就业证书，最后申请银行账户。图 3.11 展示了整个连接和交互过程。

（1）Alice 与政府身份机构连接，后者要求她提供身份证明。在这里假设 Alice 已经有了一个移动钱包和一些政府身份机构可以接受的证书，如公用设施账户或学生证。

（2）Alice 接收到她的政府身份证书。一旦政府身份机构验证了 Alice 的证明并确认它们符合政府颁发身份证书的政策要求，就会把证书颁发给 Alice 的边缘代理。

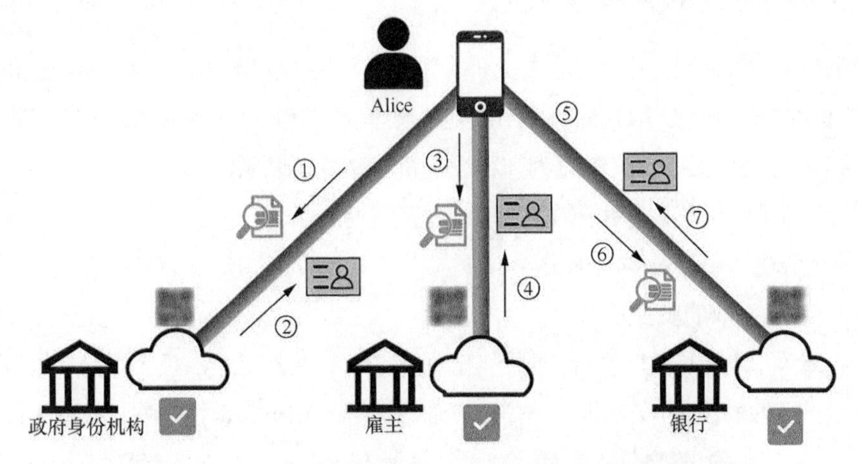

图 3.11　Alice 需要提供一整套证明，才能获得她所需要的证书（政府身份证书和就业证书），最终才有资格在银行开户

（3）Alice 与她的入职单位联系，后者要求她提供政府身份证书的证明，这一步通常是 Alice 作为新员工入职时需要经历的（应某些司法管辖区的法律要求）。雇主可以通过数字化方式完成这一步以节省开支。

（4）Alice 接收到她的就业证书。一旦 Alice 符合单位的入职要求，单位就会给 Alice 发放新的就业证书。

（5）Alice 与她想要开户的银行进行连接。注意，Alice 可以扫描任意地方，比如，公交车、地铁、报纸、电子邮件、银行网站等的银行宣传广告上的二维码进行连接。

需要注意的是，在这一步中，Alice 的代理首先要求银行证书的证明。连接基本上是双向的，这正是 SSI 基础结构可以预防欺骗和网络钓鱼的原因。一旦 Alice 确认这是真正的银行并完成了连接的设置，她将无须担心通过该连接被欺骗或欺诈，因为只有银行能使用该连接发送她的消息，每条消息将由银行的私钥签署，该私钥只受银行控制。

（6）Alice 把她的政府身份证书的证明和就业证书的证明发送给银行。这是银行开立新账户所需的两份证明。但对于 Alice 来说，这只需一个步骤：当她的边缘代理提示 Alice“允许”时，她单击“发送”，剩下的事情就由她的边缘代理处理。

（7）Alice 接收到她的银行账户凭证。银行的云代理验证 Alice 的边缘代理发送的两份证明。如果证明通过了验证，就完成了开通新账户的全数字流程，并向 Alice 发送她的新银行账户凭证。

现在 Alice 有了一个新的银行账户，从 Alice 拥有她的政府身份证书和就业证书那一刻开始，银行也有了一位新客户。新客户在银行的开户过程可以在一分钟内完全以数字化方式完成，而通常这一过程需要客户亲临现场并花费数小时。而且，其结果比同等的离线开户过程更安全，因为所有的凭证都可以使用强大的密码学技术进行验证，而不是由银行员工使用纸质验证或塑料凭证，且这些凭证很容易伪造。

3.7 场景6：Alice买车

有了新证书，Alice 现在可以把很多其他类型的交易简化和自动化，这对她自己和与她互动的企业或机构都有好处。图 3.11 展示了 Alice 购买新车的过程。在本场景中，我们假设情况如下。

（1）Alice 已经和银行、汽车经销商和发证机构建立了联系。

（2）她已经挑好了车，并和汽车经销商谈好了价格。

（3）她有资格从银行获得汽车贷款。

以下是 Alice 采取的步骤。

（1）Alice 为了申请贷款向银行证明了自己的身份。因为这是一次重大交易，银行请求她提供其他的凭证（例如，她的政府身份证书）以确保确实是 Alice 在申请贷款，如图 3.12 所示。

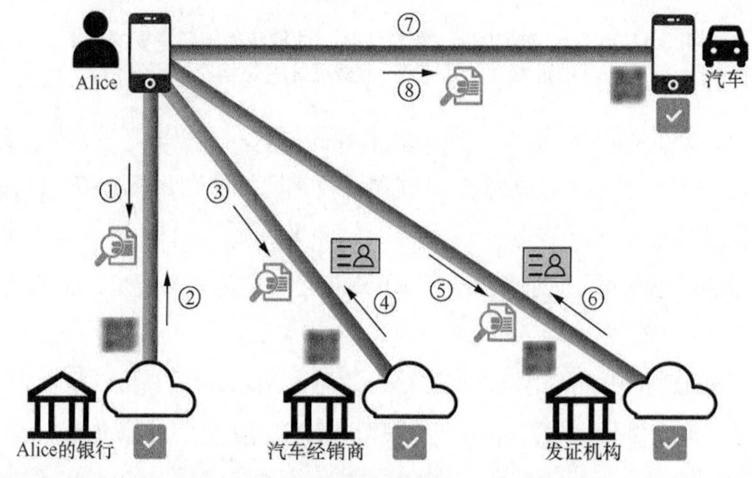

图 3.12　Alice 完全使用数字连接和凭证购买并注册一辆汽车，在最后一步，Alice 证明了她对汽车的所有权之后把车开走

（2）Alice 从银行接收到贷款凭证和付款授权凭证。Alice 可以使用贷款凭证证明她已被授权接受贷款；她可以使用付款授权凭证向汽车经销商付款。

（3）Alice 办好了从汽车经销商处购买汽车的手续。Alice 将她的付款授权凭证的证明发送给汽车经销商，由汽车经销商安排付款（尽管图 3.12 中未显示，但在该过程中也可以使用汽车经销商和 Alice 的银行之间的 SSI 连接）。

（4）Alice 从汽车经销商那里接收到她的购买收据凭证。这是一个采用可验证凭证的形式交付数字收据的例子，这个强大的新工具适用于各地的消费者和商家（参见第 4 章）。

（5）Alice 向发证机构申请注册她的新车。Alice 出示了她的购车收据凭证和银行贷款凭证。这两份证明包含了发证机构为 Alice 签发车辆注册证书时所需要的所有信息，包括车辆识别码（VIN）。

（6）Alice 接收到她的车辆注册凭证。该凭证直接进入了她的数字钱包，和她的其他证件存储在一起。

（7）Alice 与她的新车建立了联系。这是一个 Alice 与“物”（如在物联网中）而不是“人”或“组织”连接的例子。这个场景和我们前面的例子一样，只不过在这种情况下，Alice 扫描的是汽车上的二维码（如在车窗贴纸或汽车的数字显示器上）。

（8）Alice 证明了她对这辆车的所有权。二维码要求提供车辆注册凭证的证明，不是针对任何一辆车，而是针对具有特定 VIN 的那辆车。那正是发证机构签发给 Alice 的凭证，因此 Alice 的边缘代理将其发送给汽车的边缘代理（作为汽车车载计算机的一部分运行）。一旦汽车的边缘代理验证了该凭证，汽车自动解锁，Alice 就可以把它开走了。

虽然最后这一步看起来像是科幻电影中的场景，但也是非常真实的。2018 年 3 月，本书作者之一向美国国土安全部的研发部门演示了如何使用可验证凭证解锁汽车。随着我们向全电动汽车、车载计算机和自动驾驶汽车的领域发展，未来汽车的钥匙很可能是你智能手机上的一张可验证凭证（如果是这样，想要把车钥匙“委托”给家人或朋友，这事就变得非常容易，不必进行实物复制。这些数字“钥匙”甚至可以有时间或使用限制，你可以给孩子一把钥匙，允许他们开车去看电影，但不能开车出城）。

3.8 场景7：Alice把车卖给Bob

在最后一个案例中，我们将前面的所有场景集合在一起，在这个场景中展示了人对人、人对企业及人对物等多个关系。Alice 将她在场景 6 中购买的汽车卖给 Bob（她通过场景 1、2 或 4 遇到了他）。这个案例有很多步骤，为了便于理解，我们将其分成两部分。A 部分展示了 Bob 和 Alice 为 Bob 买车做出财务安排的步骤，如图 3.13 所示。假定场景如下。

（1）Bob 和 Alice 已经谈妥了这辆车的价格。

（2）Bob 的信用社已批准向他提供汽车贷款。

（3）Bob 和 Alice 都住在同一个发证机构服务管辖区内。

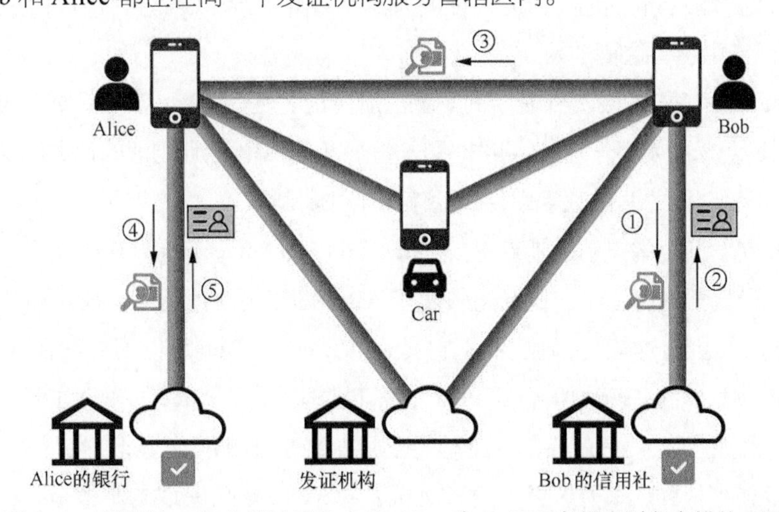

图 3.13　场景的 A 部分展示了 Bob 和 Alice 为 Bob 买车做出财务安排的步骤

A 部分的步骤如下。

（1）Bob 向他的信用社证明了他的身份，请求贷款。这和 Alice 在场景 6 中采取的第一步是一样的。

（2）Bob 从他的信用社接收到一份贷款凭证和一份付款授权凭证。

（3）Bob 把他的付款授权证明发送给 Alice。现在 Alice 只需要完成她那一方的交易。

（4）Alice 将她的付款授权凭证的证明转发给她的银行。她还发送了一份她打算付清的贷款凭证的证明。Alice 的银行用这些证明来安排直接从 Bob 的银行付款，用来付清 Alice 的贷款。

（5）Alice 接收到其贷款凭证的更新信息，显示贷款已经还清。Alice 不仅可以使用这份经过更新的凭证转移 B 部分的汽车注册，还可以在将来向其他任何人证明自己的信用。

B 部分（如图 3.14 所示）展示了转让汽车所有权和注册的剩余步骤。

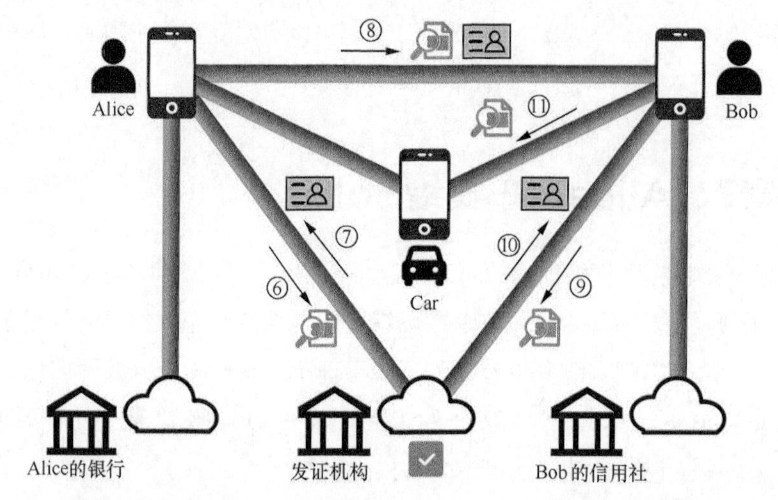

图 3.14　场景的 B 部分展示了 Alice 和 Bob 为转让汽车的所有权和注册所采取的步骤

（6）Alice 将她最新的贷款凭证的证明发送给发证机构。这证明银行已经解除了留置权，Alice 可以自由出售这辆车。

（7）Alice 从发证机构接收到最新的车辆注册凭证。现在 Alice 准备完成与 Bob 的交易。

（8）Alice 给 Bob 发了一张购买收据和一份最新的车辆注册凭证的证明。这些正是 Bob 需要从 Alice 那里获取的两份数字文件，用来申请注册新车。

（9）Bob 向发证机构申请注册新车。与场景 6 中的 Alice 一样，Bob 发送一份购买收据的证明和一份贷款凭证的证明。Bob 还转发了 Alice 的车辆注册证明。发证机构核实所有证明并确认：Alice 曾拥有这辆车，她已经把它卖给了 Bob，而 Bob 从信用社贷款购买了这辆车。

（10）Bob 收到他的车辆注册凭证。同时，发证机构注销了 Alice 的车辆注册凭证，因此，一旦汽车的边缘代理检测到 Alice 的车辆注册凭证已被注销，她的汽车虚拟“钥匙”就停止工作。

（11）Bob 连接他的新车并开锁。这和 Alice 在场景 6 最后采取的步骤是一样的，只是现在 Bob 是新车主。

3.9 总结

本章采用了第 2 章中的 SSI 组件并将它们组合在一起来阐明需要身份和信任的各种常见场景。

（1）要了解白领犯罪，侦探的箴言是“追踪资金流向”；而要理解 SSI 的工作原理，我们的箴言是“追踪证书和证明”。

（2）理解 SSI 基本技术流程所需的全部工作就是绘制出需要建立信任的参与者（人、组织、事物）、为他们分配的代理（边缘或云）、在他们之间建立的连接，然后签发证书并提供证明以满足所有的信任需求。

（3）这些“代理对代理”的交流常常直接反映了现实世界中人们面对面的交流，也可以反映出在当今网络上同样的交流是如何进行的，即通过代表一方的网站或接入多方的网站或服务（如社交网络、交友网站、在线社区）。

（4）SSI 连接一旦建立，还可以为任何 SSI 化网站或 App 提供无密码登录服务，可以在任何时候发送和接收凭证和证明，并且只要双方需要就可以持续下去，而不需要依赖任何中介机构。

（5）整个多方的工作流程，如申请工作、购买汽车或一个人将汽车卖给另一个人，都可以通过相同的 SSI 组件组合起来实现。

目前尚不清楚的是，这种实现数字信任的新模式究竟能产生多大的价值，而这正是第 4 章的主要内容。

第4章 SSI 记分卡：SSI 的主要功能和优点

Drummond Reed, Alex Preukschat

现在应该清楚的是，SSI 不只是一种类似网络购物车或地图应用的技术，而是像互联网或网络本身这样的根本性技术转移。因此，它并非仅有一个主要功能或优点。相反，它拥有对于特定用例、应用或行业有着不同影响的一整套功能和优点。

其原因是 SSI 数字身份模型解决了数字信任的根本问题，并且是在基础架构上解决问题，就像互联网在基础架构上解决数据共享问题一样。因此，就像互联网一样，SSI 无须数千个小型“捆绑”解决方案，只需提供一个坚实的开放标准基础架构。

这种方法让绝大多数互联网用户都能受益，这也是我们将在本章探讨的内容。为此，我们开发了 SSI 记分卡这个工具，它将 SSI 的 25 个主要功能和优点分成如表 4.1 所示的 5 个类别。

（1）公司盈利：直接增加公司盈利，因为 SSI 可以降低成本或创造新的收入机会。

（2）业务效率：能够通过业务流程自动化（BPA）实现业务数字化转型的 SSI 功能。

（3）用户体验与便利性：从最终让用户受益的视角来看，它有与业务效率类别相同的 5 个功能。

（4）关系管理：侧重于 SSI 将如何改变客户关系管理（CRM）、数字营销和客户忠诚度计划。

（5）监管合规：如何基于 SSI 改善网络安全和网络隐私基础架构，以及企业自动遵守法规的功能。

表 4.1　SSI 记分卡是用于分析 SSI 对任何用例、应用、行业或垂直市场影响的工具

SSI 记分卡	
类别	功能 / 优点
公司盈利	减少欺诈； 降低客户接纳成本； 提高电子商务销售； 降低客户服务成本； 新的凭证发证方收入机会
业务效率	自动认证； 自动授权； 工作流程自动化； 委托与监护； 支付与价值交换

续表

SSI 记分卡	
类别	功能 / 优点
用户体验与便利性	自动认证； 自动授权； 工作流程自动化； 委托与监护； 支付与价值交换
关系管理	相互认证； 永久连接； 高级私人通道； 声誉管理； 忠诚度和奖励计划
监管合规	数据安全； 数据隐私； 数据保护； 数据可移植性； RegTech（监管技术）

4.1 功能/优点类别1：公司盈利

这种类别代表了商业中最容易理解的一项，即直接增加公司盈利，也就是说，SSI 这种类别的功能要么为公司赚更多的钱，要么为公司省更多的钱。SSI 具体具有以下 5 个功能。

4.1.1 减少欺诈

SSI 能够帮助增加盈利的最显著方面是减少欺诈。Javelin Strategy & Research 报告称，2016 年有 1540 万消费者成为身份盗窃或欺诈的受害者，总共造成了 160 亿美元的损失。Javelin Strategy & Research 还称，犯罪分子以受害者名义实施诈骗造成的损失从 2017 年的 30 亿美元增加到 2018 年的 34 亿美元。

虽然减少欺诈的潜在节省因行业而异，但对某些行业来说，这是最大的潜在节省来源之一。例如，美国国家医疗保健反欺诈协会估计，2017 年，美国每年因医疗保健欺诈造成的损失约为 680 亿美元，约占全国 2.26 万亿美元医疗保健支出的 3%。

减少欺诈可以为全球企业和政府的大规模投资提供保护。实际上，全球信用社通过引入 MemberPass 数字凭证作为任何信用社客户证明其身份的标准方法以此来减少欺诈，也是将 SSI 作为区块链技术首次重要应用的主要原因之一。

4.1.2 降低客户接纳成本

客户接纳成本因行业而异，在金融服务领域尤其如此，KYC 合规成本飙升。Thomson

Reuters 的数据显示，在接受调查的 92% 的公司中，KYC 接纳流程的平均成本为 2850 万美元。10% 的世界顶级金融机构每年在这方面至少花费 1 亿美元。接纳一位新的金融服务客户平均需要 1 ～ 3 个月的时间。

不遵守这些规定的代价也很高。2018 年，Fenergo 报告称，在过去 10 年中，全球金融机构因不遵守 KYC、AML 和制裁规定而受到了 260 亿美元罚款。

一般而言，尽管 SSI(特别是可验证凭证）并不是解决客户自动上线、确保 KYC 和 AML 合规的灵丹妙药，但在这场竞赛中，它是一件重要的新武器，一件对客户、金融机构和监管机构三方都有利的武器。通过要求公司必须从客户那里收集的信息进行安全、私密的数字化操作，并通过完整的审计跟踪对其进行实时加密验证，SSI 就有可能每年为上述三方节省数十亿美元，也可以将客户接纳时间从几个月缩短到几天甚至几小时。

4.1.3 提高电子商务销售

Statista 统计数据显示，2019 年，约有 19.2 亿人在线购买商品或服务，电商销售额超过 3.5 万亿美元。Nasdaq 预测，到 2040 年电商销售额将占据总交易额的 95%。

2018 年黑色星期五，超过 1/3 的在线销售额通过智能手机完成。但平均来看，仅 2.58% 的电商网站访问转化为下单。全球电商购物车放弃率接近 70% 。Baymard Institute 从 40 项最低 55% 到最高 81% 的利率的不同研究中计算平均放弃率，从而得出了全球电商购物车放弃率为 69.89% 这一平均值。

想象这样一个事实 : 80% 的网购者因客户体验差而停止与一家公司的业务，使用 SSI 数字钱包购物的便利性（无须填写表单）、隐私性（通过零知识证明认证实现最低限度的披露）和安全性（购买数据的自动盲化）意味着任何在线商家都不能忽视 SSI 对改善电商销售的影响。

当然，SSI 技术本身并不能解决网站设计粗糙、信息缺失或产品质量差的问题。但通过消除网络购物体验中的诸多障碍的方式，SSI 数字钱包可帮助小型电商网站与亚马逊和阿里巴巴等巨头实现公平竞争。

4.1.4 降低客户服务成本

客户服务已成为现代商业的主战场之一。Gartner 预计未来将有 89% 的企业主要围绕客户体验展开竞争。

但这是一个成本高昂的提议。据《福布斯》报道称，2018 年，糟糕的客户服务导致企业全年损失 750 亿美元，自 2016 年以来增加了 130 亿美元。据《信息安全》(*Infosecurity*）杂志称，仅有一个持续存在的客户服务问题（丢失密码）就会使企业在每次事件中平均损失 60 美元。

SSI 能明显改善客户体验并降低客户服务成本。无密码身份验证只是第一步，本章将列举一些具体例子: 比如永久连接（不再丢失客户的跟踪）、高级私人通道、工作流自动化和综合忠诚度管理。而所有这些都直接影响利润：84% 的有关改善客户体验的公司报告称其收入有了明显增加。

4.1.5 新的凭证发证方收入机会

上述所有 SSI 的功能和优势都适用于公司现有的业务范围。SSI 还为各种不同的公司带来了新的收入机会。任何与客户互动的企业都能对客户的兴趣产生一定程度的了解，并对他们的行为用货币化的方式衡量（在经过许可和保证隐私之后）：通过向客户（供应商、合作伙伴、承包商和其他人）发布可验证凭证可帮助他们运用这些知识。更好的是，客户可以成为将这种知识分发给需要的验证者的渠道。

验证者将为这些有价值的知识付费，其原因与他们为客户资料（来自数据经纪人）、信用历史（来自信用评级机构）、背景调查（来自背景验证公司）和其他客户数据源付费的原因相同。SSI 可以像网络改变报纸分类广告市场、拍卖市场和零售市场一样改变当前的市场。例如，SSI 可提供如下内容。

（1）与当今源自第三方的资料相比，SSI 提供更广泛、更丰富、更多样化的客户资料。

（2）完全许可且符合 GDPR 的数据，因为客户是为了自身利益共享信息的载体。

（3）关于偏好、兴趣和关系的更新、更丰富、更符合上下文语境的数据。

（4）有选择地公开属性（意味着数据所有者可以选择他们想要共享的数据），这对于隐瞒客户进行的企业间的数据共享来说几乎不可能。

4.2 功能/优点类别2：业务效率

与公司盈利同等重要的是，SSI 的更大影响将是重新设计业务流程，这被称为业务流程自动化，或更广泛地指数字化转型。这种模式的转变并不经常发生；这种转变类似于企业从邮寄普通邮件到电子邮件、从电话到传真机、从纸张到网络的转变。

正如我们在第 3 章中说明的那样，这些效率不仅限于某个业务领域，而是在整个工作流程甚至整个行业中的累积。在本节中，我们将探讨 SSI 直接影响业务效率的 5 个方面。

4.2.1 自动认证

也许没有哪个领域的网络体验比用户名登录更受个人和公司所不满的了。2015 年，TeleSign 消费者账户安全报告内容如下。

（1）54% 的人在整个网络生活中使用的密码位数不超过 5。

（2）47% 的人使用的密码位数大于 5。

（3）70% 的人不再相信密码能保护他们的在线账户。

2019 年，Auth0 报道以下内容。

（1）美国人的电子邮件地址平均有 130 个注册账户。

（2）每个用户的账户数量每 5 年翻一番。

（3）58% 的用户承认经常忘记自己的密码。

（4）平均每个互联网用户每年会收到大约 37 封“忘记密码”的邮件。

但除纯粹的麻烦之外，基于用户名 / 密码的登录方式真正影响的是冲突。

（1）平均每人每天登录 7 ～ 25 个账户。

（2）大约 82% 的人忘记网站登录密码。

（3）对于一些不具备单点登录门户功能的内网，找回密码是服务台的头号请求。

简而言之，我们通过将传统登录方式改为使用 SSI 数字钱包自动交换强大的密码验证，而不是用户名和密码的 SSI 自动身份验证最终可以“消除密码”（有关其工作原理示例，请参阅第 3 章场景 3；有关技术细节，请参阅第 5 章和第 7 章）。这就像用宽阔、畅通的高速公路取代拥堵、繁杂的乡间小道，每个人都可以更快、更轻松、更安全地开展业务。

4.2.2 自动授权

身份验证（登录）只是信任业务流程的第一步，其证明你是账户的合法所有者，但没有回答接下来的问题：你被授权做什么？你应被授予什么特权？你可以采取什么行动？

在身份和访问管理领域，这称为授权。这是一个比身份验证更具挑战性的问题。但这正是可验证凭证的价值所在。使用图 4.1 所示的类比，如果可验证凭证是一个锤子，那么身份验证就只是一个图钉，授权就是一枚 16 便士的钉子。

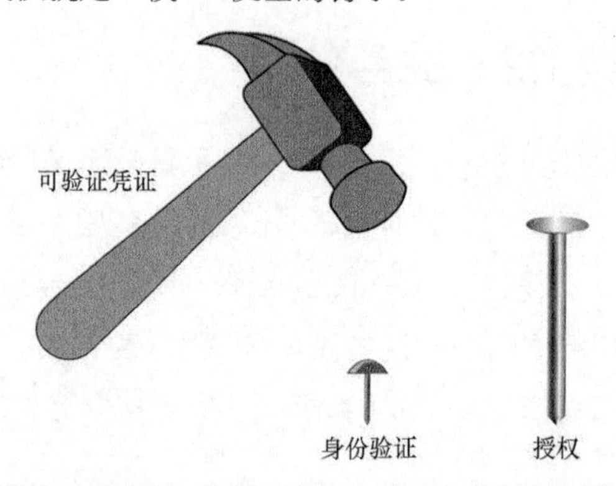

图 4.1　虽然身份验证很重要，但授权实际上是 SSI 验证凭证要解决的更大难题

可验证凭证之所以成为如此强大的授权工具，是因为它们可以一次性解决 3 个难题。

（1）它们可提供授权决策所需的正确声明。这些决策是通过应用验证者的访问控制策略来确定的。“基于属性的访问控制”由身份所有者的特定属性（如年龄、性别、邮政编码、浏览器类型等）所决定。“基于角色的访问控制”由身份所有者的角色（如员工、承包商、客户、监管机构等）决定。无论哪种方式，可验证凭证都代表了验证者请求和持有者提供所需精确声明的最快和最简单的方式。详见第 7 章。

（2）它们可以通过密码实时验证。为了对授权决定有信心，验证者必须信任所提出的声明。如第 2 章所述，SSI 架构的全部意义在于使验证者的数字代理能在几秒内验证持有人证明上的发行者签名。

（3）它们可以作为授权方绑定到凭证的持有者。诈骗的最大来源之一是盗取用户名/密码：这些无法验证的用户名/密码，已经发展成为每年 60 亿美元的市场。对于可验证凭证，有几种技术可以证明它们包含的声明已发给凭证持有人。其中包括持证方共享生物特征证明，以及使用零知识证明（ZKP）以加密方式将凭证链接到持证方。更多详情请参见第 5 ～ 7 章。

使用可验证凭证模型，验证者的工作可简化为 3 个步骤。

（1）判断一组声明：可验证凭证中描述主体属性的声明（例如，年龄、位置、就业、教育）。

（2）判断发证者或治理框架：这些声明的发行者或治理框架。

（3）让用户更容易获得这些凭证，使用户的体验尽可能简单、流畅。

但 SSI 模型可在业务效率方面更进一步。一旦用户与验证者建立了连接，并同意共享满足验证者策略所需的声明，用户就可以将自己的策略应用到此过程中。例如，用户可以指示他们的 SSI 代理（例如，手机钱包或云代理，参见第 9 章）在用户未来需要重复业务流程（订购供应品）时，自动与验证者共享相同的声明、批准预算、发布网页。

用户的整个身份验证和授权过程（即使相当复杂）可以自动化到完全由用户和验证者各自的数字代理执行的地步，包括问责所需的审计跟踪。显然，这对用户来说是一个巨大的进步（参见第 4.3 节）。然而，对于验证者来说，自动授权的好处与使用信用卡的好处相同：客户可以更轻松地执行必要的信息交换，加速每个人的业务。

4.2.3 工作流程自动化

每个业务流程都有一套工作流程，必须执行一系列步骤，才能实现端到端的业务流程。跨越信任边界的每个步骤：从分支到分支、从客户到商家、从供应商到供应商、从公司到政府，通常都需要上述身份验证和授权流程。因此 SSI 数字代理可以通过执行自动身份验证和自动授权来解决主要的低效问题。

但是，不管流程跨越多少信任边界，这些数字代理也可以应用必要的业务逻辑来编排流程中的步骤，这就是 BPA 的核心，设计一个业务流程，让人们只执行需要他们的专业知识、意识、判断的步骤，其余的可以分配给数字代理（在某些情况下可能会进一步将其重新分配给机器人）。除指定安全完成这项工作所需的信任基础设施外，SSI 数字代理是 BPA 的理想选择，因为它们可以“遵循脚本”，因此，JavaScript 或其他编程软件都可以指示它们完成完整的业务流程。数字代理可以使用此类脚本进行预编程，或者可以通过协调代理的 SSI 链接动态下载它们，协调代理的工作是维护特定业务流程所需的当前脚本库。

SSI 是业务流程自动化的重大飞跃，因为流程改进不再局限于单个公司或单个供应链。与互联网一样，SSI 使 BPA 工作流程能够根据参与者同意的任何一组策略跨任何一组信任边界执行。它是真正的“全球 BPA”。

4.2.4 委托与监护

数字代理可通过程序代码获得指令并分配职责，但大多数业务流程需要特定的人工来执行特定功能或作为流程的一部分做出特定的决策，这些人的职责如何分配？

这是称为委托凭证的可验证凭证子类的工作。它们是持有人如何证明他们有权执行特定任务或作为业务流程的一部分做出特定决定的方式。以下是公司环境中的一些常见示例。

（1）员工可以获得授权证书，以从公司的推特账户发送推文或在公司博客上发布新文章。

（2）司机可以被授予代表公司取货和送货的委托凭证。

（3）高级职员可以获得特定的授权证书，授权他们代表公司执行特定类型的合同：人力资源官员签署劳动合同、采购官员签署采购订单、首席财务官执行银行订单等。

（4）可向董事会成员授予授权证书，以执行无须他们亲自出席董事会会议的电子投票。

还有无数来自需要执行业务流程的各种场景的例子：政府、学校、非营利组织甚至家庭。例如，父母可以使用授权凭证来指定并允许他们的孩子使用多久电子产品或允许他们在学校午餐时购买哪种食物。

以上场景引出了另一个案例：为不能独立使用 SSI 技术的个体承担责任。除婴幼儿之外，还有很多例子：老人、残疾人和流离失所者，以及没有手机的人。为了与其他人一样享有 SSI 的权利，这类人群需要数字监护人，即可以代表他们操作 SSI 数字代理和数字钱包的个人或组织。这种“完全委托”形式是通过使用监护权证书进行的。其作用很像来自法院的监护令的数字等价物（一旦法院系统开始正式承认可验证凭证，就可能由此类命令授权）。它使监护人能够代表受抚养人建立和操作 SSI 数字代理和数字钱包，并在必要时证明他们以监护人的身份行事。这将把 SSI 的好处扩展到任何人，而无论这些人的身体、心理或经济能力如何。

4.2.5 支付与价值交换

提到数字钱包，很多人首先想到的是支付，因为这是我们今天使用实体钱包的主要功能（如图 4.2 所示）。如果数字钱包是 SSI 的核心隐喻，那么人们会希望它们除用于身份识别之外，还能用于支付。

图 4.2　数字钱包是 SSI 的核心隐喻，因此将其应用于支付顺理成章

事实上，由于 SSI 数字钱包包含了数字信息可信交换所需的一切：DID、私人连接、私钥、代理端点，将它们扩展到安全的数字支付非常自然。

（1）从 SSI 数字代理角度来看，支付只是另一种类型的工作流程。

（2）SSI 数字钱包可用于任何类型的货币（包括"加密货币"）及任何类型的支付系统或网络（包括信用卡 / 借记卡网络）。

（3）借助数字钱包和可验证凭证，支付可以直接集成到需要 KYC 和 AML 的工作流程中。

更令人高兴的是，支付只是一种可以使用 SSI 实现自动化的价值交换。术语支付不仅是如美元、英镑、欧元和日元等法定货币的支付，还有许多其他价值存储和交换方式：积分、航空里程、优惠券和其他忠诚度计划。SSI 数字钱包和数字代理可以用于所有这些，因为这些价值交换系统可以转换为可验证凭证和代理到代理协议（参见第 4.4.5 节）。

4.3 功能/优点类别3：用户体验与便利性

该类别与上一个类别（业务效率）具有 5 个相同的功能和优势，但这次是从用户最终受益的视角出发。

4.3.1 自动认证

用户有多讨厌密码？MobileIon2019 年 7 月在安全信息中心中报道的一项研究表明，当用户遇到密码问题时有以下几种感受。

（1）68% 的人感到被打扰。

（2）63% 的人感到烦躁和沮丧。

（3）62% 的人认为在浪费时间。

研究还发现，领导者对密码有以下认知。

（1）信息技术安全负责人认为他们可通过消除密码的方式将违规风险降低近一半（43%）。

（2）如果可以，86% 的安全领导者会取消密码。

（3）其中 88% 的领导者认为，在不久的将来，移动设备将作为个人的数字身份来访问企业服务和数据。

2019 年 2 月，以用户为中心的生物识别认证领导者 Veridium 发布了一项针对 1000 多名有过生物识别（如苹果的 TouchID 或 FaceID）经验的美国成年人的研究，发现 70% 的人希望将他们的密码应用扩展到日常登录操作。速度（35%）、安全性（31%）和不必记住密码（33%）被认为是主要原因。

2018 年 5 月 1 日，微软在一篇博文中宣布，其正在"构建一个没有密码的世界"。"没人喜欢密码，它们不方便、不安全而且昂贵。因此我们一直致力于创造一个没有密码的世界。"

这就是为什么微软一直是 DID（位于 SSI 核心的分布式标识）的主要支持者，并且正在将基于 DID 的无密码身份验证构建到多个产品中。

总之，密码时代即将过去，世界各地的用户热切期盼这一天早日到来。

4.3.2 自动授权

如果无密码自动身份验证取代了登录界面，自动授权将取代许多（但不是全部）网络表单。

以下是有关在线表单的一些现实情况。

（1）81% 的人刚开始填写表单就放弃了。

（2）29% 的人在填写在线表单时将安全问题列为他们的主要关注点之一。

（3）如果遇到任何麻烦，超过 67% 的网站访问者将永远放弃表单；只有 20% 的人会以某种方式跟进该公司。

（4）如果公司要求他们创建用户账户，则 23% 的人不会填写结账表单。

（5）更好的结账设计可以降低高达 35% 的表单放弃率，这意味着可收回近 2600 亿美元的订单。

如果你停下来想一想，SSI 自动授权解决了绝大多数关于在线表单的典型投诉。

（1）无须打字。所有需要的信息都将存储在你的数字钱包中。即使需要新的自我证明数据，你的数字代理也可以为你捕获它，这样你就不必再次输入信息。

（2）你的连接就是你的账户。"单击此处自动使用此表单数据创建账户"的整个设置不复存在。无论你在哪里登录，你都会自动拥有一个"账户"。

（3）内置数据验证。可验证凭证的关键在于发行者已经审查了索赔数据。

（4）内置安全性。你的 SSI 数字代理发送的所有证明和数据自动使用你与验证者的加密私有连接。

（5）内置隐私和选择性披露。首先，验证者现在可以只询问他们需要的最少信息，从而减少他们的潜在责任。其次，数字代理发送的证明只能由验证者读取。如果验证者需要一份基础数据副本（例如，要求分享你的实际出生日期，而不仅仅是证明你已年满 18 岁），且该数据不在令人满意的隐私政策或治理框架中，你的数字代理应该能够自动警告你。

（6）内置审计。你的数字代理可自动跟踪你共享的所有信息，而无须你与其他任何人共享该历史记录。

此外，可验证凭证可以让你证明更多关于你自己的东西，无论是个人、学生、雇员、志愿者，还是其他你扮演的角色，这些都是你现在通过任何网络形式所不能证明的。通过自动授权，你在线执行任务的能力与你在现实世界中执行相同任务的能力非常接近，比如，使用你的实体钱包、纸质凭证和面对面的验证，同时速度提升了很多倍。

4.3.3 工作流程自动化

从终端用户的角度来看，SSI 有潜力将目前需要数小时或数天的工作流程减少到只需在智能手机上按几个按钮即可实现。第 3 章详细描述了这样一个场景：出售汽车，并将所有权和注册从一个所有者转移到另一个所有者。

在第 4 章中，我们将讨论 SSI 对不同行业和垂直市场的影响。你将看到相同的模式不断重复：由员工、承包商、供应商、监管机构和其他参与者逐步执行的业务流程，在他们的数字代理和数字钱包之间交换可验证凭证（或由这些凭证授权的数字签名消息）。每个流程都会为用户自动执行以下所有操作。

（1）“验证”用户是否是真实的一方。

（2）“授权”用户拥有的权限。

（3）“验证”该步骤是否按照业务流程的正确顺序执行（并且其前提条件已得到满足）。

（4）“验证”声明或消息是否满足业务流程的要求。

（5）将生成的凭证或消息路由到流程中所需的下一个或多个数字代理。

（6）记录为提供完整的数字签名审计跟踪（甚至自动向监管机构报告，见第 4.5.5 节）而采取的操作。

消费者也许会体验到 SSI 工作流程自动化便利的最终效果是长期的地址变更问题。例如，一个人要搬家，需要将新地址告知数十个甚至数百个代理机构、供应商和联系人。尽管有互联网，但这对个人来说仍然是一项极其繁重的劳动密集型工作。此外，公司需要确保确实是消费者本人要求更改地址。

使用 SSI 和可验证凭证，可以通过 3 个简单的步骤来更改地址。

（1）从广受信任的发行人处获取新地址的可验证凭证。

（2）向需要知道你新地址的所有联系人发送该凭证的证明。

（3）他们每个后端系统都可以验证这份证明，并在系统中更新你的新地址，从而确信其有效。

每一次地址变更通知都能节省数十小时的人力和数百美元的商业成本。比如仅在美国，平均每年就有 3500 万人搬家，仅此一项每年加起来就能节省数以亿计的工时和数千亿美元。

4.3.4 委托与监护

综上所述，委托凭证在很大程度上支持这种工作流程的自动化。幸运的是，获取（或分配）委托凭证的过程只是另一个工作流程。代理商首先与委托人建立连接，然后颁发凭证以授予必要的权利。

正如我们在第 2 部分中详细介绍的那样，当条件和位置发生变化时，可以修改或撤销委托凭证，而需求和当前状态都由编制代理维护。所有这些都可以在一个或多个治理框架中进行设置，这些治理框架定义了适用于整个业务流程的法律和业务规则，无论它是完全发生在一个公司内部、跨供应链还是跨整个行业，或在一个完全开放的过程中，如跨多个行业和政府管辖区的国际航运。作为一个通用规则，如果人类可以定义流程的规则，包括谁可以在何时做出什么决策，那么 SSI 数字代理、数字钱包和可验证凭证就可以用于自动进行必要的数据交换。最终的结果是，许多当今最困难的用户体验挑战，例如输入或解释由机器呈现的数据，都可通过专注于人类真正需要做的分析和决定的方式而简化。

4.3.5 支付与价值交换

几十年来，安全转移资金一直是整个金融行业（银行、信用合作社、信用卡，现在是“加密货币”）的焦点。它是人类经济活动的核心。而且，正如人类心脏一样，它最容易受到攻击者的攻击。当被问及为什么抢劫银行时，Willie Sutton 的著名回答是：“因为那里有钱。”

因此，在更容易转移资金和确保转移资金安全之间一直存在紧张关系。从 Pony Express 到 PayPal 的每一种价值转移方式都催生了一批新的犯罪分子。CoinDesk 报告称，在 2018 年前 9 个月，“加密货币”持有者被盗了近 10 亿美元。

注：2017 年，在 CoinDash ICO 期间，一名黑客入侵了 Coin-Dash 网站 (Wordpress)，用他们自己的加密钱包地址替换了合法的 Coin-Dash 钱包地址。结果，误以为从 Coin-Dash 购买的客户最终向黑客转账超过 700 万美元。如果可验证的 SSI 身份验证已经到位，客户会立即收到警告，指出攻击者的钱包地址未经验证，这将表明他们将钱汇到了错误的钱包。

虽然 SSI 不是万能药，但它确实为可信的信息交换提供了完整的基础结构。这包括支付和前面讨论过的其他形式的价值交换。有了 SSI 数字代理、数字钱包、连接和可验证凭证提供的所有保护，SSI 可成为让“一键式数字支付”进行并同时保障安全的最终基础设施。

这对数字商务的影响将会十分深远。众所周知，亚马逊的“一键购买”功能助其跻身电子商务的前沿。随着亚马逊一键式专利的到期和 SSI 支付基础设施的到来，曾经专属于亚马逊的这项功能现在可能变得无处不在。

4.4 功能/优点类别 4：关系管理

虽然节省时间和金钱很重要，但另一类功能和好处并不纯粹是金钱，而是增加信任、生产力和关系价值。CRM 本身已经是一个主导行业。2019 年 1 月，《福布斯》报道了以下内容。

（1）CRM 现在占整个企业软件收入市场的 25%。

（2）2018 年，全球 CRM 软件支出增长 15.6%，达到 482 亿美元。

（3）Salesforce 是领头羊，占 CRM 市场的 19.5%；其次是 SAP，占 8.3%。

SSI 对 CRM 的影响早已被称为供应商关系管理（VRM）的项目所预见。其领导者 Doc Searls 在哈佛伯克曼中心领导 VRM 项目 3 年，他简明扼要地将 VRM 概括为“CRM 的反面”。换言之，VRM 指的是关于客户如何控制他们与公司的关系，而不是公司如何控制他们与客户的关系。Doc 为这本书写了前言，因为在过去的 10 年中，SSI 和 VRM 已经紧密地交织在一起。

本节探讨了 SSI 将在两个方向上实现更好的关系管理的 5 种关键方式。

4.4.1 相互认证

SSI 可以改善人际关系。首次见面是双方的关系最脆弱的时候，尤其是第一次通过网络方式见面。

在当今网络上，这是双方的斗争。想象一下，当钓鱼网站和钓鱼电邮变得貌似可信，甚至训练有素的专业人员都很难发现它们时，一个网站要证明其真实性有多难。[在编写本书期间，其中一位合著者接收到了一封来自银行（一个家庭品牌）的电子邮件，邮件非常真实，该合著者打了 3 个电话才确定这是一次网络钓鱼尝试。]Verizon 的 2018 年数据泄露事件报告称，网络钓鱼占所有数据泄露事件的 93%。2013 年 10 月至 2018 年 5 月，美国联邦调查局（FBI）报告称，公司因网络钓鱼造成的损失达 125 亿美元。

现在反过来想想，对于终端用户，向一个网站证明你的任何东西都是真实的有多难。我们大多数人甚至很难证明自己是人类。我们中有多少人曾被类似于图 4.3 所示的识别图案难住了。

图 4.3 CAPTCHA（完全自动化的公共图灵测试，用于区分计算机和人类）对一个真正的人来说通常很难通过

如果要证明自己是人类都这么难，那么想象一下要证明以下这些有多难。

（1）你已超过或未超过特定年龄。

（2）你住在某个地方。

（3）你有一定的学历。

（4）你有一份特定的工作。

（5）你有一定的收入。

一般来说，如果不先向网站证明你的真实身份，就让网站独立验证来自某个权威网站关于你的信息，这是基本不可能实现的。

这是一个双向的问题，而 SSI 可以从两个方向上解决它。SSI 自动身份验证的美妙之处在于你的数字代理可以与网站共享可验证凭证，并且该网站的数字代理可以与你共享可验证凭证。两个代理都可以代表其所有者自动验证凭证，以确保它们符合各自的策略。如果是这样，关系就可以顺利进行。如果任一边的代理发现问题，它可以立即标记其所有者，或者干脆拒绝连接，这样它的所有者就不会被打扰。这就是我们所有数字关系的运作方式：双方的相互自动身份验证，这将使网络钓鱼者永久消失。

4.4.2 永久连接

SSI 为关系管理带来的第二个主要好处是网络以前从未提供过的一种功能：永久连接。永久是指如果双方都愿意，可以永远持续下去（用于生成 DID 的数学方法产生的数字如此之大，即使经过数千年，生成相同数字的概率也非常小）。

SSI 怎样能实现这项功能呢？其他的数字连接如电话号码、电子邮件地址、推特、脸书好友、领英联系人等可能很难实现这项功能，原因是它们都依赖于某种形式的中间服务提供商来保持联系，并且任何中介服务提供商都不承诺始终开展业务并保持业务联系；而会承诺：他们可以随时以任何理由终止对你的服务。

有了 SSI 和让其发挥作用的去中心化网络，就省去了中间服务提供商。你的联系人属于你。你和另一方是唯一可以终止一段关系的人，只要你们中的一方或双方都想结束这段关系。

4.4.3 高级私人通道

永久性并不是 SSI 连接的唯一好处。因为它们基于 DID、DID 文档（带有公钥）和 DIDComm 协议（参见第 5 章），所以 SSI 连接本身支持端到端的安全加密通信。

从营销角度看，我们可以将这些渠道称为高级私人通道。高级，因其是你和你的联系人专属的，不会被其他任何人共享；私人，因为你的所有通信都由各自的数字代理自动加密和解密，无须你多费神；通道，因为你可以使用它们来发送和接收你的数字代理提供的任何消息或内容。

因此，无须其他任何人的许可，你的联系人即可使用任何支持 SSI 的应用程序：聊天应用程序、语音和视频应用程序、数据共享应用程序、社交网络应用程序、效率应用程序、支付应用程序、游戏等。这里的每个应用程序中都可以访问本章所述的 SSI 特性。

聊天应用程序已朝着这个方向发展了一段时间。iMessage、WhatsApp、Signal 和 Telegram 都支持一种或另一种形式的端到端加密。其他应用，比如微信和支付宝，也集成了信息、安全支付和许多其他插件功能，我们的日常生活和工作都与这些应用紧密相连。

SSI 为高级私人通道提供了一种可以与任何应用程序集成并可以跨越任何信任边界工

作（就像互联网一样）的通用功能。你将在本书的第 3 部分和第 4 部分中找到多个示例。例如，CULedger 是一个为信用社开发 SSI 基础设施的全球信用社联盟，其计划使用高级私人通道向信用社客户请求安全的数字签名授权，否则客户需要发送传真或亲自拜访信用社办公室才能实现上述操作。

4.4.4 声誉管理

声誉系统已经成为电商的一个基本特征。例如，明镜研究中心的一项研究显示，近 95% 的购物者在下单前会阅读网上评论。哈佛商学院 2016 年的一项研究表明，在 Yelp 上增加一颗星可能会使商家收入增加 5% ～ 9%。

然而，正因其价值如此之高，攻击声誉系统才成为一项大生意。2019 年 2 月，Fakespot 的一项分析客户评论的研究显示，亚马逊上 30% 的评论不可靠，而沃尔玛网站上发布的评论中不真实的评论高达 52%。更糟糕的是，虚假评论的增加正在削弱消费者对声誉系统的信心。Bright Local 2018 年的一项研究表明，33% 的消费者报告发现了“大量”虚假评论，而对 18 ～ 34 岁的人来说，这一数字上升到 89%，他们更善于发现虚假评论。

长期以来，亚马逊一直试图通过各种保护措施来解决这种问题，如亚马逊实行亚马逊购买验证（Amazon Verifier Purchase）计划，该计划旨在确保评论者是实际购买了产品的用户（如图 4.4 所示）。即便如此，精明的营销公司也通过“行贿”这些购买者或绕过亚马逊的这项计划去提升产品评论质量。

在这一点上，SSI 如何帮助解决这种问题显而易见。首先，声誉管理系统要求审核人员有可验证的凭证，从而清理机器人。其次，声誉管理系统需要可验证的产品购买凭证（可验证凭证），因此像亚马逊购买验证这样的程序可以独立于任何特定零售商运行。最后，评论者可以建立可靠的声誉，不仅独立于任何产品供应商，还独立于任何零售商，因此我们可以着手开发一个由广受信任的独立评论员组成的生态系统，这些评论员可以成为网络对等物，比如华尔街日报的 Walter Mossberg 或 *Byte Magazine* 的 Jon Udell。

图 4.4 一个亚马逊验证购买的标记判断评论者确实购买了被评论的产品

简而言之，声誉管理可成为关系管理中不可或缺的一部分。任何建立联系并相互进行互动的双方（购买、合同、咨询或只是社区参与）都应该能够向彼此和更大的社区提供可验证的声誉反馈，其影响扩展到任何在线调查、民意调查或投票。

（1）真实的人类而非机器人参与尤为重要。

（2）每个单独个体只有一票。

（3）人们负责诚实投票，而不是试图玩弄系统。

用于虚假选票的系统有很多，在 1973 年的一本书和 1976 年的一部电影中出现了著名的多重人格障碍案例后，安全界将其命名为女巫攻击。随着虚假评论、虚假网站和虚假新闻像泡沫一样在网络泛滥，SSI 抵御女巫攻击和巩固声誉系统可信度的能力可成为其对未来网络健康发展最有价值的贡献之一。

4.4.5 忠诚度和奖励计划

每一种关系都涉及两方之间某种价值的交换，哪怕只是邻居间的寒暄。如果这种交换是货币，那么我们之前关于 SSI 如何实现新支付形式的讨论就适用。但关系发展得越牢固，它涉及某种形式的非货币价值交换的可能性就越大。

奖励计划就是一个很好的示例。无论涉及里程、积分、邮票还是其他一些价值衡量标准，它们都是一种非正式的、直接的、基于关系的方式，用于感谢客户过去的忠诚度并激励未来的忠诚度。这种方式非常奏效。

（1）69% 的消费者表示，他们在选择零售商的时候，会考虑是否可以获得客户忠诚度 / 奖励计划积分的奖励。

（2）客户忠诚度每提高 5%，每位客户的平均利润就会增加 25% ～ 100%。

（3）76% 的消费者认为忠诚度计划是他们与品牌关系的一部分。

（4）忠诚度管理市场预计将从 2016 年的 19.3 亿美元增长到 2023 年的 69.5 亿美元。

然而，对于今天的消费者，管理忠诚度计划从“不方便”转变成“令人非常恼火”。想象一下，如果与你打交道的每个零售商都要求你使用不同类型的钱和不同的钱包：一个专用于他们特定商店的钱包，那将非常荒谬。

基于 SSI 的关系管理（如前所述，也称为供应商关系管理或 VRM）可以扭转这一局面。现在，每一个忠诚度计划都可以设计为使用自己的高级私人通道，访问消费者自己的 SSI 数字钱包。无论涉及何种忠诚，都可以在一个地方安全、私密地进行管理。消费者获得了极大的便利和控制权；而零售商可获得更简单、更有效的忠诚度计划，这些计划还可利用 SSI 的所有其他功能。

4.5 功能/优点类别 5：监管合规

最后一种类别可能不是那么有趣，但同等重要，其涵盖了 SSI 如何提升全球网络安全并为改善网络隐私基础设施做贡献。在本节中，我们将介绍 SSI 如何一方面帮助全球经济中的所有参与者遵守安全的法规，另一方面通过公开和公平的竞争鼓励更大的经济活动的 5 种主要方式。

4.5.1 数据安全

为了解网络安全状况，我们先来看看 2015 年《福布斯》IBM 首席执行官 Gina Rommety 对 24 个行业 123 家公司的首席信息安全官（CISO）、首席信息官（CIO）和首席执行官（CEO）发表的讲话。

> 我们相信数据是我们这个时代的风景。它是世界上新的自然资源。它是竞争优势的新基础，正在改变每种职业和行业。如果这一切都是真的，甚至是不可避免的，那么，根据定义，网络犯罪就是对世界上每一种职业、每一个行业、每一家公司的最大威胁。

《福布斯》的同一篇文章称，全球网络安全行业市场规模从 2015 年的 770 亿美元到 2020 年的 1700 亿美元不等。网络安全是所有企业软件中增长最快的领域之一。

通过攻击的根源数字身份，SSI 体现了网络安全的巨变。正如我们在第 2 部分所详细解释的：SSI 数字钱包和数字代理将帮助用户生成和管理私钥与 DID，并通过提供法规要求的高级私人通道进行通信，例如美国的《健康保险流通与责任法案》和欧洲的《通用数据保护条例》。仅此一项就可以锁定当前的大量漏洞，这也是美国国土安全部资助作为 SSI 基础的分布式标识和分布式密钥管理技术标准研究的原因之一。

SSI 还可为个人数据提供保护，使其不再被用于身份盗窃和相关的网络犯罪。今天，这些个人数据很有价值，因为如果黑客拥有足够的数据，那么他们可以冒充你闯入当前账户或以你的名义开设新账户。但是一旦有了可验证凭证，个人数据就不能再被用来窃取你的身份。如果黑客没有你的私钥，他们就无法提供你的可验证凭证的证据。

这意味着破坏包含个人数据的大型企业数据库将成为过去。与今天的用户名、密码和其他个人数据不同，你的私钥永远不会存储在某个公司的数据库中。它们始终存储在你的本地设备中，并在云端（或任何你指定的地方）有一个加密的备份副本。这意味着如果黑客要窃取身份，就必须闯入你的个人 SSI 数字钱包。

这就像迫使罪犯一次抓一条小鱼来获取食物，而不是一次性捉到一条大鲸鱼一样，如图 4.5 所示。

窃取一个钱包的私钥

vs

闯入巨大的企业个人数据“蜜罐”

图 4.5　SSI 将迫使身份窃贼尝试一次窃取一个钱包的私钥，而不是闯入巨大的企业个人数据“蜜罐”

4.5.2 数据隐私

安全和隐私相辅相成，在当今互联网上隐私同样受到关注。2018 年 6 月，《企业家》杂志报道称，90% 的互联网用户“非常关注”互联网隐私。同一篇文章报道称，剑桥分析数据丑闻严重损害了脸书的声誉，以至于仅 3% 的用户信任脸书处理他们个人数据的方式（仅 4% 的用户信任谷歌）。

互联网隐私处于这种危机程度的部分原因是个人数据在当今数字经济中的绝对经济价值。2019 年 4 月，《国家》杂志在对 Shoshana Zuboff 的著作 *The Age of Surveillance Capitalism* 书评中写道：

> 这些日益频繁侵犯我们的隐私的行为绝非偶然；相反，它们是 21 世纪许多最成功公司的主要利润来源。因此，公司会通过不断完善自己的监控系统，使之合理合法而从中受益。

改变隐私和个人数据控制的权力平衡并非易事。但是，SSI 可通过 3 种特定方式帮助公司遵守适用的隐私法规。

（1）选择性披露：SSI 可验证凭证交换技术，特别是用于使用 ZKP 加密的凭证（见第 6 章），使公司仅要求用户提供有限的个人数据。例如，公司仅能够知道你已超过特定年龄而非你的实际出生日期。

（2）可验证的共识：许多消费者不知道公司从哪里获得他们的个人数据。来自他们填写的在线表格吗？来自营销合作伙伴？还是来自第三方数据经纪人？有了可验证凭证，就有一个清晰的、可验证的共识共享数据链，从个人开始，并且可以由负责的 SSI 数字代理轻松跟踪和审核。

（3）治理框架：大多数隐私政策都是由律师编写的高度定制文件，用来保护特定公司，而非用户的隐私。这就是隐私研究人员 Lorrie Faith Cranor 和 Aleecia McDonald 在 2012 年进行的一项研究的原因，普通人每年需要 76 个工作日来阅读他们每年所访问网站的隐私政策，仅在美国，这将增加 538 亿小时或 7810 亿美元的劳动力成本。有了 SSI，为公司定制的隐私政策开始被治理框架所取代。

① 将在所有采用它们的站点中统一。

② 可在公开的公共论坛上开发，以代表所有利益相关者的最佳利益。

③ 可由监管机构预先批准以符合他们的要求。

④ 可设计为结合 SSI 的其他保护和优势。

4.5.3 数据保护

虽然数据保护与数据隐私密切相关，但其范畴超越隐私管制，列举一套更广泛的具体原则可以保障个人的隐私数据。尽管欧盟的 GDPR 是最著名的数据保护立法，但它绝不是唯一的一部立法。加州消费者隐私法案和加州隐私权法案正在为美国的数据保护监管制定新标准。许多其他国家 / 地区已经或正在制定同样的数据保护法。

除上一节所列举的数据隐私合规机制外，SSI 还可以通过其他非常具体的方式使个人行使权利，并使公司能够履行这些数据保护法案下的责任。

（1）假名标识符：GDPR 鼓励使用假名以尽量减少相关性。默认情况下，SSI 连接使用成对的假名对等 DID。

（2）数据最小化：GDPR 要求收集的个人数据不得超过要求所需的个人数据。SSI 选择性披露和 ZKP 凭证是满足此要求的理想选择。

（3）数据准确性：GDPR 要求个人数据必须准确并保持最新。SSI 使数据控制者能够从声誉良好的发行人那里请求由可验证凭证提供的个人数据，这些数据可以在数据发生变化时由上述发行人自动更新。

（4）删除权（也称为被遗忘权，GDPR 第 17 条规定）：这可能是最具挑战性的要求之一，因为它意味着数据控制者（公司）必须向数据主体（个人）提供一种方法来确认公司持有哪些个人数据，同时不能为攻击者打开安全漏洞。幸运的是，这正是设计 SSI 连接和高级私人通道的目的。数据主体可使用自动身份验证和自动授权来请求访问数据，并在需要时通过连接发送数字签名的删除请求，可安全地审核所有上述操作，以便符合今后验证的合规性。

4.5.4 数据可移植性

GDPR 强制执行另一项值得其讨论的数据保护权利：数据可移植性。这是允许数据主体获取数据控制者持有的数据并将其用于自身目的的权利。引用 GDPR 第 20 条第一款：

> 数据主体有权以结构化、常用和机器可读的格式接收他 / 她提供给控制者的关于他 / 她的个人数据，并有权将这些数据传输给另一个控制者而不受个人数据既有的控制者的阻碍……

GDPR 只是众多要求数据控制者实现数据可移植性的新法规之一。另一项欧盟法规，即第二支付服务指令（PSD2），旨在推动欧盟采用开放式银行业务。此外，第五“反洗钱”指令（AML5），电子识别、认证和信任服务（eIDAS），网络与信息安全（NIS）指令都包含与 SSI 相关的数据可移植性规定。上述规定都是在美国 1996 年的《电信法》对本地电话号码可移植性的要求前执行的，《电信法》在美国也适用于移动电话号码携号转网。非洲、亚洲、澳大利亚、拉丁美洲和加拿大的立法也在不同程度上要求移动电话号码携号转网。

SSI 是数据可移植的理想选择，因其解决了前几节所述的许多深层安全和隐私问题。其秘诀在于，SSI 连接的数据更容易从与个人数据主体相连接的数字代理流入和流出，个人始终可以完全控制数据及选择他们愿意共享数据的条款和条件。

在该架构下，个人数据能在系统间自由流动，同时符合 GDPR 和其他数据保护法规的安全、隐私和控制要求。

4.5.5 RegTech（监管技术）

与所有重大突破一样，监管机构最兴奋的可能是可直接连接 SSI 生态系统本身。换言之，通过部署自己的 SSI 数字代理并直接连接到受监管公司，监管机构可直接参与具有特定监管要求的交易，如开设银行账户的 KYC 要求、资金传输的 AML 要求或购买某些类型商品的反恐融资（ATF）要求。

例如，如果使用 SSI 的双方之间资金传输数额超过了金融机构必须应用额外的“反洗钱”合规措施的阈值，则他们可在银行和监管机构的各自 SSI 数字代理之间实时沟通。这有可能将监管执法的本质从事后抽查审计活动转变为实时规则驱动的监控活动，从而降低执行成本、加快推动执行行动的进展，同时提高执法数据的质量，最终实现政府监管的三赢。

法规遵循成本的飞涨也与全球监管技术（RegTech）市场的快速增长相符，Research and Markets 预计 ReyTech 市场到 2023 年增长到 123 亿美元，复合年增长率（CAGR）为 23.5%。由于 SSI 技术能将安全、专有、经许可的 SSI 数字代理连接到任何需要监管的业务流程，以上增长的数字可能会更高。

顾名思义，SSI 记分卡是一种用于分析 SSI 对任何特定用例、应用程序、行业或垂直市场产生多少影响的工具。我们在本书的第 4 部分研究了 SSI 跨不同垂直市场的示例，每章都附有一张记分卡，说明 SSI 可能对该市场产生的影响及原因。这将有助于将第 1 部分所介绍的构建块、示例场景和特性与第 4 部分中介绍的真实场景相结合。

但如果你想更深入地研究 SSI 体系结构和技术要素，可阅读第 2 部分，我们将在第 2 部分介绍一些相关主题的主要专家。如果你对 SSI 的总体经济、政治和社会影响更感兴趣，可直接阅读第 3 部分。如果你想阅读有关特定行业和垂直行业中 SSI 的示例，可阅读第 4 部分。

第2部分 自主管理身份技术

Arthur C. Clarke 说过："任何先进的技术都魔力非凡。"在第 1 部分中，我们介绍了自主管理身份的基本组成部分，这些组成部分对于非技术人员来说很容易理解。在第 2 部分中，我们将深入了解这些组成部分，并了解如何将它们组合在一起来实现自主管理身份的"魔力"。

◎第 5 章总体概述了自主管理身份的架构，以及自主管理身份架构师面临的一些关键设计选择。

◎第 6 章解释了为什么自主管理身份是"全程加密"，并介绍了加密技术的创新使自主管理身份成为可能。

◎第 7 章是一部小型教科书，介绍"自主管理身份秀之星：可验证凭证"。这是全书唯一一章涉及代码的——作为 W3C 可验证凭证数据模型 1.0 规范核心的 JSON 和 JSON-LD 数据结构的示例。

◎第 8 章深入探讨了自主管理身份的另一个基础开源标准：W3C 分布式标识核心规范，其中深入分析了分布式标识如何解决传统公钥基础设施中最难的问题。

◎第 9 章涉及自主管理身份用户手中的两大工具——数字钱包和数字代理，并介绍了从第一代实施者那里汲取的经验教训。

◎第 10 章进一步深入探讨自主管理身份的核心——分布式加密密钥管理，全面分析该领域最重要的创新：密钥事件接收基础设施。

◎第 11 章解释为什么"治理框架"将这些不同的新技术融合起来，并为现实社会带来实惠，即为商业、法律和社会政策提供"黏合剂"的治理框架（又称信任框架）。

第5章 SSI架构：大局观

Daniel Hardman

第 1 部分介绍了 SSI 的基本组成部分、实例场景、功能和优点，而本章把这些内容置于 SSI 架构的总体架构中。正如我们将不断重复的话——SSI 是年轻的，许多方面仍在不断发展。尽管如此，基本分层和几个关键的基础标准已经出现，所以主要问题是如何实施这些标准，以及具体的设计选择在多大程度上决定互操作性。在本章中，Daniel Hardman—Evernym 的前首席架构师兼首席信息安全官，现任 SICPA 的首席生态系统工程师，也是这里所讨论的大多数核心标准和协议的贡献者，将带领你浏览 SSI 架构的 4 层范式、每一层的关键组件和技术，以及整个堆栈中架构师和实施者所面临的关键设计决策。本章为第 2 部分的其他章节奠定了基础，后续章节将更深入地探讨具体的 SSI 技术。

第 2 章讨论了 SSI 的基本组成部分，这些组成部分体现了重要的共性。然而，就像二十世纪初的汽车设计一样，年轻的市场在细节上产生了许多创新和分歧：有些发明有 2 个轮子，有些发明有 3 个或 4 个轮子；一些人青睐蒸汽，而另一些人则喜欢以汽油或柴油作为动力的内燃机。

在本章中，我们将认识分布式数字身份架构中的重要决策点、每个决策点上值得注意的选项，及其带来的好处和挑战。

5.1 SSI堆栈

SSI 堆栈有些差异的类型无关紧要，而有些则是根本性的。区分这些差异的类型是 SSI 架构师的一个重要主题，因为它影响互操作性。2018 年 10 月，互联网身份研讨会首次尝试描述 SSI 堆栈中的所有关键选项。参会者列出了可能出现在 SSI 解决方案中的 11 个技术层，并描述了它们之间的依赖关系。然而，后来的经验表明，这比描述 SSI 中基本架构依赖关系所需的粒度更为精细。2019 年，来自不同背景的 SSI 架构师在 Hyperledger Aries 项目中共同提出了图 5.1 所示的 4 层模型，我们在本章中使用了该模型。底层虽然重要，但本质上是看不见的支撑；顶层体现了普通用户可见的概念，这些概念直接与业务流程、监管策略和法律管辖相关联。

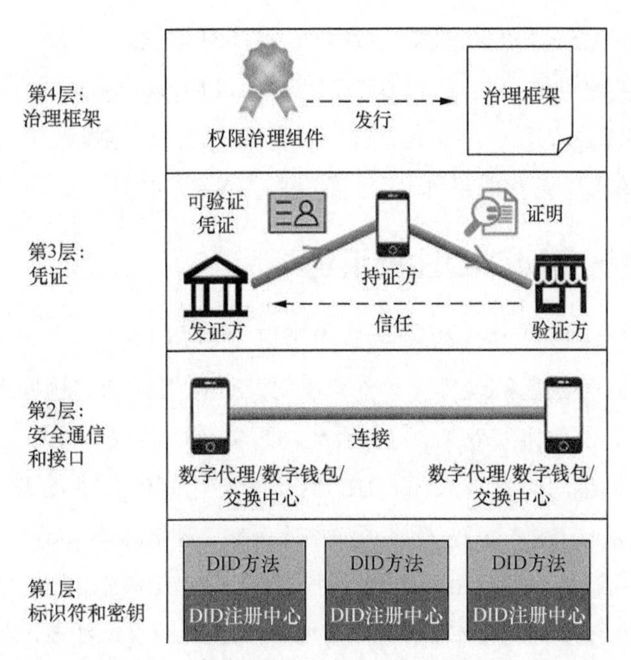

图 5.1　SSI 堆栈是一个 4 层模型，下面两层主要用于实现技术信任，上面两层用于实现人的信任

这些层中的每一层都体现了关键架构决策，并且每一层都对互操作性有重大影响。在本章的其余部分，我们将从下往上构建，详细讨论每一层。

5.2　第1层：标识符和密钥

第 1 层是堆栈的底部，在这里定义和管理标识符和密钥。这些通常被称为可信根，就像真正的树一样，根越坚固，树也就越坚固。这一层需要保证所有涉众都同意相同的事实，即标识符引用了什么，以及如何使用加密密钥来证明对该标识符的控制。它还必须允许生态系统中的每一方在不依赖或不受中央机构干预的情况下读写数据——这一属性在区块链社区中被广泛称为抗审查性。

SSI 社区普遍认为，提供这些性能的最佳方法是公开一个可验证数据注册系统，也称为分布式标识（DID）注册系统或 DID 网络，因为它是分布式标识的真相来源（DID 已经在第 2 章做过简要介绍，在第 8 章将进行详细描述）。每个 DID 注册系统使用一种 DID 方法，该方法定义了与特定类型的 DID 注册系统交互的特定协议。虽然这种方法把第 1 层所需的总体抽象性标准化了，但仍然允许在细节上有很大的差异。

（1）实施 DID 注册系统的最佳方式是什么？应该允许还是不允许？应该如何治理？它的规模有多大？

（2）到底应该如何在这个 DID 注册系统上注册、查找和验证 DID，以确保它们在保护隐私的同时是安全的？

（3）DID 注册系统上还需要存储哪些数据来支持 SSI 堆栈的上层？

正如第 8 章将要讨论的，在 W3C DID 工作组（did-spec-registries）维护的 DID 注册系统中定义了 80 多种 DID 方法，将来可能还会有更多的方法，这反映了迄今为止开发的 DID 方法的多样性。在本节中，我们将讨论它们所属的主要架构类别。

5.2.1 用区块链实现DID注册系统

正如本书开头提到的，SSI 的诞生是由于区块链技术引入了一个令人兴奋的新选项，用于实现分布式公钥基础设施（第 6 章将对此进行更详细的解释）。这反过来可以解锁可验证凭证的能力（如第 7 章所述）。因此，区块链因其有多种形式成为 SSI 堆栈第 1 层的首选。截至本书编写时，W3C 的 DID 注册系统中 90% 以上的 DID 方法都基于区块链或分布式账本技术，其中，还包括许可账本（例如，超级账本 Indy）、分布式有向无环图和分布式散列表。尽管专家们对如何准确应用这些技术存在争议，但区块链已经成为它们的一般总称。原则上，按照我们在本章中描述的架构，预计所有这些技术都应该能够实现 SSI 的设计目标。

然而，这些区块链的关注点也有所不同，包括以下几项。

（1）作为身份问题，它们对参与工作流程的各项整合程度如何（如果有）？

（2）身份操作是区块链的首要特征，还是只在某些情况下会与身份有交叉的一般特征（例如，智能合约）？

（3）它们运营和规模的成本是多少？

（4）它们能提供多少时延和吞吐量？

（5）它们是如何被允许和管理的？

（6）它们如何处理监管合规性和审查阻力？

总之，最好将区块链视为满足第 1 层要求的一个选项，但不是唯一的选项，也不一定是最好的选项，而这取决于区块链的设计和实现，以及使用该区块链的具体 DID 方法的设计和实现。

（1）使用成本高得令人望而却步的区块链可能会让世界上许多弱势群体用不起 SSI。

（2）发展太慢的区块链可能永远不会被采用。

（3）获得许可的区块链可能不足以消除人们对审查阻力的担忧。

（4）如果区块链代码库被一小部分人严格控制，人们可能会认为它不够可信而不会广泛采用。

接下来让我们具体了解区块链的两个主要分支：通用公共区块链和专用区块链。

5.2.2 适用于SSI的通用公共区块链

区块链技术虽然诞生时间不久，但已经有了比特币和以太坊两大“祖师爷”。因此，它有着优越的稳定性并且成为众多开发商的首选，而要在公共基础设施中产生信任，则少不了开发商的支持。这就解释了为什么 Learning Machine（比特币）和 uPort（以太坊）（最早实现 SSI 的两个企业）是以这些区块链技术为目标的，也解释了为什么在 W3C 的 DID 注册系统中注册的十几种 DID 方法被用于比特币或以太坊。

这些方法的共同点是，它们使用账本上交易的加密地址（即支付地址）作为 DID。支付地址已经是不透明的字符串，它全球唯一，并由密钥管理。尽管由 Learning Machine 倡导的 Blockcerts 教育凭证标准早于 W3C 的可验证凭证和 DID 标准，但它是基于这种方法构建的，在此基础上，凭证发行和验证（第 3 层）工作良好。

然而，支付地址没有丰富的元数据，也没有提供与地址持有者联系的方式，这将交互限制在一个“不要打电话给我们，我们会打电话给你”的模型中。支付地址也是全局关联者，这导致了隐私问题。

5.2.3 为SSI设计的专用区块链

2016 年，开发人员当时正在创建第一个明确为支持 SSI 而设计的区块链。第一个设计来自 Evernym，它为公共许可账本开发了一个开源代码库，其中所有的节点都将由可信机构操作。Evernym 帮助 Sovrin 基金会成为区块链领域的非营利权限治理机构，然后将开源代码贡献给了基金会。

Sovrin 基金会随后将开源代码贡献给了由 Linux 基金会主持的超级账本（Hyperledger）项目，成就了现在的 Hyperledger Indy 项目。Hyperledger Indy 加入了其他面向业务的超级账本区块链操作系统，包括 Fabric、Sawtooth 和 Iroha。作为唯一专门为 SSI 设计的超级账本项目，Hyperledger Indy 代码库现在由公共许可的 SSI 网络运行，其节点包括世界上最大的非营利小额贷款平台 Kiva。

专用区块链的下一个参与者是 Veres One，由 Digital Bazaar 创建。它是一个共有许可区块链，优化后用于在 JSON-LD 中存储 DID 和 DID 文档，JSON-LD 是一种基于资源描述框架（RDF）的丰富语义图格式。Veres One 区块链正被用于多个 SSI 试点，涉及供应链和溯源的可验证凭证。

专门为 SSI 构建的区块链的交易和记录类型可以使 DID 管理变得更容易，如 Veres One 和 Hyperledger Indy。然而，第 1 层不仅仅有 DID。Hyperledger Indy 代码库支持由 W3C 可验证凭证数据模型 1.0 和 Hyperledger Aries 开源代码库支持的 ZKP 凭证格式。ZKP 凭证在第 1 层需要如下几个加密原语。

（1）“模式”（Schemas）——这是发证方定义它们希望包含在可验证凭证中的声明（属性）的方式。将“模式”定义放在公共区块链上，让它们可供所有验证方检查，以确定语义互操作性（跨孤岛数据共享的临界点）。

（2）“凭证定义”（Credential Definitions）——“凭证定义”与“模式”的区别在于，凭

证书定义发布在账本上，以声明具体要求、公钥和其他元数据，这些数据将由特定的发证方用于特定版本的可验证凭证。

（3）“撤销注册”（Revocation Registries）——这是一种特殊的数据结构，称为加密累加器，用于尊重隐私的可验证凭证的撤销。想了解更多细节，请参见第6章。

（4）“代理授权注册”（Agent Authorization Registries）——这是一种不同类型的加密累加器，用于提升 SSI 基础设施的安全性。它可以授权和撤销授权特定设备上的特定数字钱包，例如，当它们丢失、被盗或被黑客攻击时，则撤销对其授权。

注："语义互操作性"（Semantic Interoperability）是计算机系统以明确、共享的意义交换数据的能力。语义互操作性不仅涉及数据的包装（语法），同时还涉及数据含义传输（语义）。这是通过添加用来“描述数据的数据——元数据”，将每个数据元素与受控的共享词汇表链接起来实现的。

同样重要的是账本上的任何私人数据。尽管基于区块链的身份识别早期实验提出了一个概念，即把个人凭证和个人数据作为加密数据对象直接放在区块链上，但由随后的研究和分析得出了这是一个坏主意的结论。首先，所有加密都寿命有限，将私有数据写入不可变的公共账本有可能最终被破解，即便账本本身使用的加密技术已经升级，亦有此可能。其次，即使是加密的数据，仅仅通过观察谁写和谁读也会存在隐私问题。最后，欧盟 GDPR 和全球其他数据保护条例的重大问题被提出，这些条例为数据主体提供了“擦除权”（详细分析见 Sovrin 基金会关于 GDPR 和 SSI 的白皮书——*Data Protection and the Sovrin Governance Framework*）。

5.2.4 用传统数据库实现DID注册系统

尽管这似乎与分布式的方法背道而驰，但互联网巨头的用户数据库已经表明，现代网络用数据库技术可以实现 DID 注册系统所需的鲁棒性、全球规模应用和地理分布式。一些人甚至提议，像脸书这样的大规模社交网络数据库，或者像印度的 Aadhaar 这样的政府身份数据库可以成为快速采用 DID 的基础，因为它们具有广泛的覆盖范围、经证明的易用性和现成的应用案例。

然而，这类数据库既不是自主的，又不具备抗审查性。对这些数据库的信任植根于集中管理者，他们的利益可能与他们所发现的个人利益不一致。当第三方更新每一次登录或交互时会存在隐私问题，无论经营它们的组织是政府、私营企业，还是慈善机构。这种集中化破坏了 SSI（以及互联网）最重要的设计目标之一：消除单点控制和故障。因此，大多数 SSI 工作者不会把传统的数据库作为第1层的可行实现途径。

5.2.5 用对等协议（peer to peer）实现DID注册系统

随着 DID 方法的成熟，SSI 架构师已经意识到有一类 DID 不需要在后端区块链或数据库中注册，相反，这些 DID 和 DID 文档可以在需要其相互识别和认证的对等方之间直接生成和交换。

在这种情况下,“DID 注册中心”是每个对等 DID 的数字钱包（每个对等方是另一个“可信根”），且可用于交换这些对等 DID 协议中的信任。这种对等 DID 方法不仅具有比区块链或基于数据库的 DID 方法更好的性能，而且它还意味着 DID、公钥和服务端点是完全私有的，它们永远不需要与任何外部方共享，更不用说在公共区块链上共享了。

点对点 DID 方法，称为对等 DID(did:peer:)，起初在 Hyperledger Aries 项目的赞助下启动，然后转移到分布式身份基金会。对等 DID 直接在两个相关对等方的数字钱包中生成，并使用其数字代理进行交换，因此，实际上对等 DID 是完全在 SSI 堆栈的第 2 层实现了第 1 层的解决方案。但是，对等 DID 方法正在为以下情况开发后备解决方案：一个或两个对等方（例如，由移动电话代表的两个人）移动到新的服务端点（例如新的移动电话运营商）并彼此失去联系。

“三重签名收据”是另一个协议的范例，该协议也在没有任何区块链的情况下解决了以上问题。它最初被描述为标准复式记账的演变，但也可用于解决身份方面的双重支付问题(例如，向一方声称某个密钥已授权，而向另一方声称某个密钥未授权)。协议中的每一方都签署了一个交易描述，该描述不仅包括输入值，还包括输出值（产生的余额)。外部审计师也会签字。一旦三个签名全部累加起来，交易的真实性就没有问题了，因为签署的数据除输入值外，还包括最终余额，所以不需要查阅以前的交易就可知道交易结果。

密钥事件接收基础设施（KERI）是一个完整的便携式 DID 架构，是围绕对等 DID 核心的自认证标识符概念开发的。KERI 进一步定义了相应的分布式密钥管理架构，详情见第 10 章。

预计未来几年内，我们将针对第 1 层功能开发出更多的基于对等协议的解决方案，所有这些都将增强 SSI 堆栈基础层的整体强度。

5.3 第2层：安全通信和接口

如果第 1 层是关于建立分布式的可信根（无论是可公开验证的还是对等的）的，那么第 2 层就是关于如何依赖这些可信根在对等方之间建立安全通信，这一层也是我们在第 2 章中介绍的数字代理、数字钱包和加密数据存储所在的层，还是安全的 DID 到 DID 连接形成的层。

尽管所有类型的参与者，包括人、组织和事物都由第 2 层的这些数字代理和钱包来表示，但在这一层的这些参与者之间建立的信任仍然只是密码学上的信任，换句话说，这种信任包括以下情况。

（1）DID 由另一个对等方控制。

（2）DID 到 DID 连接是安全的。

（3）通过连接，发送的消息是真实的，没有被篡改。

这些都是建立人与人之间信任的必要条件，但并不充分，因为它们还没有建立关于 DID 识别的人、组织或事物的任何信息。例如，DID 到 DID 的连接并不关心远端方是否道德、诚实或合格，而只关心是否能以防篡改和保密的方式进行交流。为此，我们必须上升到第 3 层和第 4 层。

第 2 层的架构问题主要分为两类：协议设计和接口设计。本节讨论两种主要的协议设计方案，以及 3 种主要的接口设计方案。

5.3.1 协议设计方案

协议是互联网本身的核心，TCP/IP 堆栈使互联网得以实现，而超文本传输协议（HTTP）和超文本传输安全协议（HTTPS）使网站得以实现。对于 SSI，协议设计至关重要，因为它定义了数字代理、数字钱包和交换中心通信的规则。

SSI 社区正在努力实现两种主要的协议设计架构。

（1）基于网站的协议设计遵循 W3C 经典的《万维网架构》文档中详述的相同的基本 HTTP 模式，这种方法特别依赖 HTTPS 中使用的传输层安全性（TLS）协议。（业内广泛认为《万维网架构》是网站架构的“指南”。）

（2）基于消息的协议设计使用 DIDComm 协议进行数字代理之间的对等通信，这种架构方式更类似于电子邮件。

1. 用 TLS 实现基于网站的协议设计

第一种方法以简单的观察为基础：我们已经有了普遍存在、稳健的安全网站通信机制，其形式是 TLS 协议。那么，为什么还要重复创造协议呢?

该观点的支持者正在构建一个系统，其中各方通过 RESTful 网络服务调用来相互交流。这类机制的工具和库很容易被人们理解，并且数百万开发人员对其很满意，其开发过程也相对容易。

然而，这种方法依然存在以下挑战。

（1）虽然 TLS 可以应用于其他协议，但主要成功应用还是在 HTTP 上。这意味着，只有当至少一方运行网站服务器时，才能直接响应 TLS。

（2）本质上是双方的（客户端和服务器）。

（3）需要一个相对直接的请求 - 响应范式交互，还需要双方同时在线。

（4）服务器是被动的；当被调用时，它会做出反应，并可以触发网络钩子（Webhook）或回调统一资源定位符（URL），但它不能自行联系对方，除非对方也在运行网站服务器。

（5）TLS 的安全模型是非对称的：服务器使用 X.509 数字凭证（第 2 章已介绍，第 8 章将详细讨论），客户端使用密码、API 密钥或 OAuth 令牌。这往往会导致权力不平衡持续下去，即拥有高信誉服务器证书的组织决定低信誉客户端的行为。这与 SSI 中的点对点分布式理念背道而驰。它还使 DID 及其密钥的控制成为次要的，甚至是多余的。

（6）隐私和安全保障不完善。SSL 可见性设备是众所周知的黑客工具，它为通过机构局域网（LAN）运行的每个 TLS 会话插入中间人。X.509 证书颁发机构由人操作，可以被人利用，并且 TLS 无法保护静止或安全信道之外的通信数据。

因此，尽管有大量的 SSI 代码开发遵循使用 HTTPS 的传统网站架构路径，但在更具包容性的方法中，投入了至少同样多，甚至更多的开发工作。

2. 用 DIDComm 实现基于消息的协议设计

第二种方法称为 DIDComm（DID Communication 的缩写）。它将第 2 层设想为面向消息、与传输无关，并植根于对等方之间的交互。在这种范式中，数字代理之间的通信在概念上类似于电子邮件，它本质上是异步的，可能涉及同时向多方广播，其传递是尽力而为的，回复可能通过不同的渠道到达。

注：从架构的角度来看，DIDComm 与当今许多安全消息应用程序使用的专有协议有许多共同点。它甚至支持类似的分组结构。然而，它也有一些不同之处。它的 DID 基础让它可以点对点工作，而不需要所有的流量通过集中服务器路由。它侧重于传递机器可读而非人可读的信息，这使得它涉及的问题不限于安全聊天方面。软件使用 DIDComm 消息来促进机构与物联网设备，以及人与人之间的各种可能的交互，这意味着 DIDComm 的一些用户可能认为这种交互与传统的安全消息应用程序并不相似。

然而，DIDComm 与简单邮件传输协议（SMTP）的不同之处如下。

（1）收件人由 DID 而不是电子邮件地址标记。

（2）所有通信都有与 DID 相关联的密钥保护（加密、签名或两者兼而有之）。即使是静止的数据，也是如此。

（3）消息可以通过任何传输方式传递：HTTP、蓝牙、ZMQ（Zero Message Queuing）、文件系统 / 球鞋网络（Sneakernet）、高级消息队列协议（AMQP）、移动推送通知、二维码、套接口、文件传输协议（FTP）、SMTP、蜗牛邮件（Snail mail）等。

（4）无论以何种方式传输，安全和隐私保证都是一样的。一条路线可以使用多种传输方式。

（5）由于传输有独立性，因此，传输的安全性也是可移植的。也就是说，双方可以部分使用来自供应商 A 和 B 的专有工具通过电子邮件进行交互，部分通过由供应商 C 控制的基于社交媒体的聊天进行交互，部分通过使用多个移动提供商的短信息服务（SMS）进行交互。然而，只需要两组密钥（每一方的 DID 密钥）来保护所有前文提到的那些情况下的交互，交互历史与 DID 相关，而与通道无关。有通道的供应商不能通过拥有安全性来强制锁定。

（6）路由是适应隐私的；DIDComm 的设计使得中介无法知晓消息的最终来源或最终目的地，只知道下一跳地址，因此允许（但不要求）使用混合网络和类似的隐私工具。

在请求 - 响应范式中，DIDComm 可以很容易地使用 HTTP 或 HTTPS，因此这种协议设计方法是基于网站方法的一个超集。但是，DIDComm 为其他情况提供了灵活性，包括一方只是偶尔连接或通道包含许多不受信任的中间人的情况。

DIDComm 最重要的技术弱点是它的新颖性。尽管世界上的网站开发人员使用的工具（CURL、Wireshark、Chrome、Swagger 等开发工具）与 DIDComm 相关并对其有所帮助，但对于 DIDComm 工具的本质还不成熟。因此，在 SSI 生态系统的早期，选择 DIDComm 所花费的成本较高。

尽管如此，DIDComm 的势头正在迅速增强。虽然它最初是在超级账本开发者社区中孵化的，但到了 2019 年 12 月，人们对超级账本之外的兴趣日益增长，因此 DIDComm 工作组成立了分布式身份基金会。对不同的编程语言来说，DIDComm 的不同部分已经有十几种实现方式。

5.3.2 接口设计方案

从架构的角度来看，接口设计能够让开发人员使用 SSI 基础设施进行编程，为个人和机构解决现实世界的问题，接口设计在一定程度上取决于协议设计。对于基于网站的客户机 / 服务器协议，Swagger 的 API 是自然的模式；而对于 DIDComm，对等协议是一个更自然的模式。然而，两种底层协议都可以与任何一种接口配对，所以这个问题在某种程度上是正交的。

SSI 解决方案倾向于强调接口问题的以下 3 个答案之一。

（1）面向 API 的接口设计倾向于使用分布式的网站或分布式应用程序（DApp）与 API。

（2）面向数据的接口设计使用加密的数据存储来发现、共享和管理对身份数据的访问。

（3）面向消息的接口设计使用数字代理（基于边缘或基于云），为它们共享的交互提供路由。

这些答案并不相互排斥；所有方法都有重叠，只是侧重点不同。

1. 用钱包 DApp 实现面向 API 的接口设计

基于 API 的接口设计方法源于这样一种理念，即 SSI 特性最好通过分布式网站和移动应用程序，以及互补的服务器端组件上相关 Web 2.0 或 Web 3.0 的 API 来公开。在这里，个人典型的 SSI 移动应用程序是移动钱包，它保存所有加密材料，并提供简单的 UX，用于请求和提供基于凭证的身份证明。这个移动钱包还直接或间接地与区块链对接以验证数据。

应用程序 Blockcerts 和 uPort 就是这种模式的示例。这些应用程序分别与学习机器（Learning Machine）的服务器端发布系统或 uPort 的基于以太坊的后端对接。程序员编写自己的应用程序或自动化程序来调用这些后端 API 并使用身份生态系统。因为这种方法在概念上简单明了，所以学习曲线并不陡峭，便于采用。

此模式适用于 SSI 用例，在这种用例中，个人希望向机构证明事情，因为个人携带移动设备，而机构使用 API 操作服务器。然而，当个人是证据的接收者而不是给予者，且当身份所有者是物联网设备或机构而不是人时，这种模式与整体模式存在一些阻抗。例如，物联网设备如何持有移动钱包并控制 DApp？也许将来我们会看到这种模式的巧妙扩展。

2. 用身份交换中心（加密数据保管库）实现面向数据的接口设计

Digital Bazaar、Microsoft、分布式身份基金会和 W3C 的凭证社区工作组（CCG）中的其他各参与者都支持以数据为中心的身份观点。在这种范例中，使用 SSI 基础结构的参与者的主要任务是发现、共享和管理对身份数据的访问。

在这种观点中，管理层的重要部分是交换中心（或者，用 W3C 的说法就是加密的数据保管库），这是一个基于云的交换中心，网络 API 通过它访问身份数据。交换中心是由身份控制器配置和控制的服务。对个人来说，它通常被作为软件即服务（SaaS）订阅和出售，提供一种个人 API。机构或设备也可以使用交换中心。重要的是，交换中心不一定能直接代表特定的身份控制器，它可以是独立的服务，代表任意数量的身份控制器管理数据，由每个单独的控制器指示。图 5.2 说明了交换中心在 DIF 设想的 SSI 生态系统中扮演的角色。

尽管交换中心在理论上可以按照计划或触发器执行代码，但大多数设计文档都将交换中心作为外部客户端的被动响应器。大多数示例都假设它们总是在线，以提供一个稳定的交互门户，并且表现得像一个专门的网络服务器。因此，它们最初被设想为面向 HTTP 和表现层状态转换（REST）式的，而其服务端点是在 DID 文档中定义的。然而，随着 DIDComm 的发展，一些交换中心 API 已经被重新设计为基于消息的，并且能够使用蓝牙、近场通信（NFC）、消息队列或 HTTP 以外的其他传输机制。尽管如此，交换中心设计的架构核心仍然根植于数据共享。

交换中心的安全性是通过使用 DID 文档中声明的密钥对消息进行加密来提供的。早期对加密方法的讨论集中在 JSON Web 令牌格式上，它是 JavaScript 对象签名和加密堆栈的一部分，但具体内容仍在开发中。截至 2021 年年初，DIF 的安全数据存储工作组正忙于统一各方工作，以指定可互操作的身份中心和加密数据保管库。

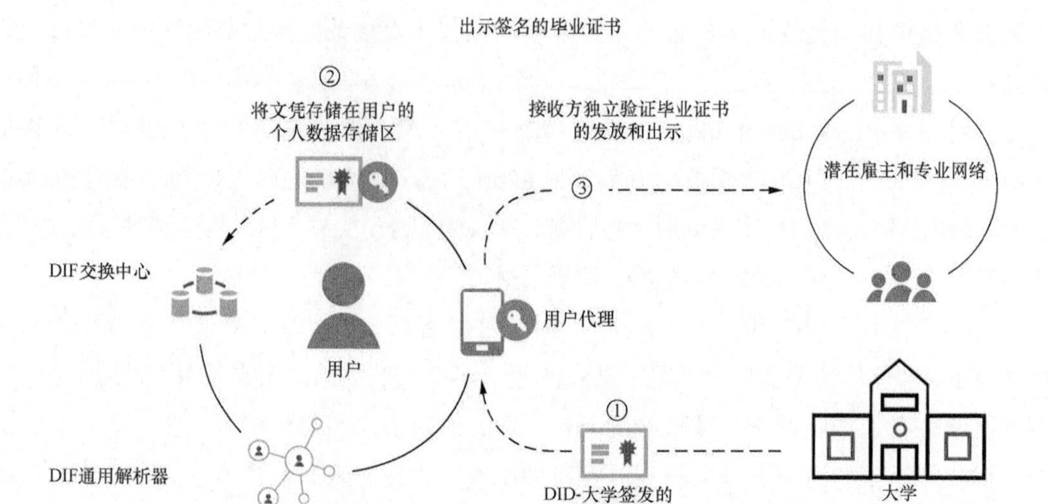

图 5.2　依照 DIF 设想，作为 SSI 生态系统一部分的交换中心

对于希望向消费者和企业提供托管服务的公司来说，交换中心模式很有吸引力。对那些想与消费者签订合同，并从他们的数据中提取价值的机构来说，它也很方便。有利的一面是，针对交换中心的编程对开发人员来说可能非常容易；不利的一面是，目前还不清楚消费者是否愿意采用云中的服务来管理他们的身份。另外，隐私、安全和托管提供商的监管问题也需要探讨。这是一个特别需要市场验证的领域。

3. 用代理实现面向消息的接口设计

Hyperledger Aries 项目和 Sovrin 社区支持一种 SSI 接口范例，它将重点放在活跃代理及其共享的消息和交互上。代理是身份的直接代表，而不是像交换中心一样是间接或外部的代表。与代理交互时，应尽可能直接与代理所代表标识的实体交互。

正如第 2 章介绍的并将在第 9 章深入探讨的，SSI 数字代理可以在任何位置托管，如移动设备、物联网设备、笔记本电脑、服务器或云中的任何位置。代理生态系统的架构图没有将区块链放在交换中心，通常没有像“客户”、API 之类的词。第 2 层 Hyper Ledger Aries 生态系统的范例如图 5.3 所示，心智模型可能是最佳的可视化范例。

这是一个松散的对等代理网格，其中一些代理在第 1 层充当 DID 验证器的节点。

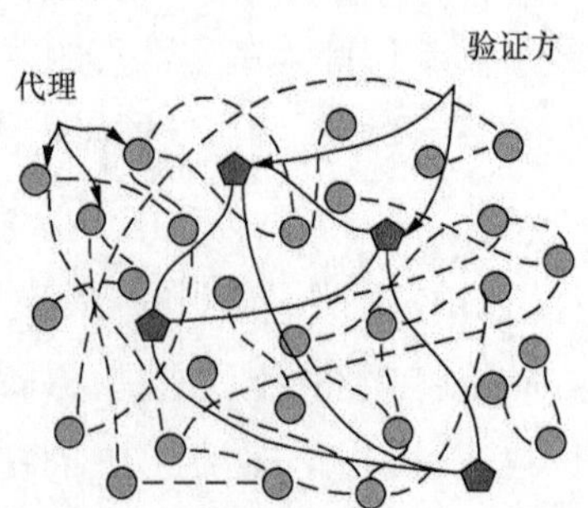

图 5.3　第 2 层 Hyperledger Aries 生态系统的范例

连接不断形成，新的代理节点不断出现。每个连接都需要为每一方提供一个私有、成对的对等 DID。正如本章前面所解释的，这些 DID 及其 DID 文档不写入任何区块链，而是存储在每个代理的钱包中。整个网格是流动的、完全分散的；节点之间的连接是直接的，而无须通过任何中间机构进行过滤。

节点网格是可以横向扩展的，其表现为节点交互和存储数据的集体能力的函数。因此，它的规模和执行方式与互联网相同。绝大多数的协议交换和能产生商业或社会价值的、有意义的交互都直接在代理节点之间发生。一旦通过交换 DID 和 DID 文档形成了对等 DID 连接，所产生的通道（图 5.3 中的虚线和实线）就可以用于各自代理所需要颁发凭证、呈现 / 证明凭证、交换数据、人与人之间的安全消息传递等。

图 5.3 中的圆形代理节点中混杂着几个五边形。这些是验证器节点，将公共区块链服务作为实用工具提供给生态系统。随着区块链的更新，它们彼此保持联系，以保持一致性。任何代理节点都可以接触区块链来测试社区的真实性（例如，检查 DID 文档中公钥的当前值）。它们还可以写入区块链（例如，创建一个模式，并根据该模式发布凭证）。因为大多数 DID 和 DID 文档在这个生态系统中是不公开的，所以代理节点之间的大部分流量不涉及区块链，从而避免了可扩展性、隐私和成本问题。然而，区块链对于建立公共可信根仍然非常有用，如某些机构的 DID 和公钥，这些机构借此发布（和撤销）广泛获取信任的凭证。

这种架构的接口是分布的 *n* 方协议。这是有状态交互序列的解决方案，代表了应用程序所解决的业务问题（“有状态交互”是 REST 的核心概念，REST 意为表现层状态转换，是一种架构风格）。因为代理并不像服务器那样稳定连接，而且数据共享只是代理的关注点之一，所以协议以加密的 JSON 消息的形式展开，而不是以被调用的 API 的形式展开（尽管可以调用底层 API 来触发特定的消息）。

为了支持这些协议，开发人员只需通过目标代理群体支持的任何一组传输生成和使用 JSON。对于许多流行的交互模式，具体协议正处于标准化和实现的不同阶段，包括我们将在下一节中讨论的可验证凭证交换协议。

总之，面向应用的架构（AOA）旨在模拟现实世界中交互的多样性和灵活性，同时仍然提供执行交易所必需的安全性、隐私性和信任保证，如果不能提供这些，则需要人工直接干预，成本高得多，速度也慢得多。AOA 模型不利的一面是侧重于松散协调的参与者，其行为受约束，因此比其他方法更复杂，对网络效应更敏感，并且更难构建和调试。同时，它也具有突发性，更难有把握地描述其特征。因此，只有时间才能证明 AOA 能否在市场上取得成功。

5.4 第3层：凭证

如果第 1 层和第 2 层是机器之间建立加密信任的位置，那么在第 3 层和第 4 层，人类信任加入进来。具体地说，第 3 层是第 2 章中介绍的可验证凭证信任三角的位置。

在这个信任三角中，可以回答以下问题。

（1）要求我提供电话号码的那一方真的是银行吗？

（2）以数字方式签署这份合同的人真的是 X 公司的员工吗？

（3）申请这份工作的人真的有 Y 学位吗？

（4）我想买的那个产品的卖家真的在 Z 国吗？

（5）想买我车的人持有有效护照吗？

（6）我插在墙上插座上的设备真的得到了保险公司的批准吗？

（7）这个袋子里的咖啡真的是在尼加拉瓜以可持续方式种植的吗？

当然，无论是对我们的个人身份、商业身份、政府 / 公民身份，还是社会身份而言，像这样的问题将无穷无尽，涵盖了我们作为人类做出信任决策所需要知道的一切。第 3 层的目标是支持互操作的可验证凭证，这些凭证可以在所有这些身份中使用，从任何发证方、持证方到验证方。

考虑到我们在第 1 层和第 2 层描述的所有身份，第 3 层的互操作性可以归结为两个简单的问题。

（1）各方将交换何种格式的可验证凭证？

（2）各方将使用什么协议来交换它？

这些问题的答案绝不是单一的。SSI 社区在这些答案上有很大的分歧，这意味着第 3 层有可能不具备互操作性。

在本节中，我们将深入讨论不同答案的细节，首先涉及凭证格式，即凭证在线路上和磁盘上是什么样子，然后介绍用于交换凭证的协议。我们介绍如下 3 种主要的凭证格式。

（1）JSON Web 令牌（JWT）。

（2）区块凭证（Blockcert）。

（3）W3C 可验证凭证。

5.4.1 JSON Web令牌（JWT）格式

凭证格式使用成熟的 JWT 规范（RFC 7519）。很多 JWT 被设计为身份验证和授权与授予的载体；它们被广泛应用于 OAuth、Open ID Connect 和其他现代网站登录技术中。各种编程语言都能很好地支持 JWT。

JWT 工具所面临的挑战之一是，它无法帮助解释凭证中所需的丰富元数据。JWT 库可以确认一份大学成绩单已经签署，但它不知道什么是大学成绩单，也不知道如何解释它。因此，凭证的 JWT 解决方案必须添加额外的语义处理层，或者必须将所有这些工作交给专属机构、不可互操作的软件或人类来判断。

使用 JWT 作为可验证凭证的另一个缺点是，它会显示已签署文档中的所有内容，而没有选择性披露的选项。所谓选择性披露，是指凭证持证方只能披露凭证上的某些声明，或者证明关于这些声明的事实，而不披露声明的具体值（例如，证明“我超过 21 岁”，而不必披露我的出生日期）。

注：“选择性披露”一词在安全和金融领域都有被使用。在隐私社区中，它具有本节所讨论的正面意义。而在金融社区，它有负面的含义：公开交易的公司向一个人或有限的一群人或投资者披露重大信息，而不是同时向所有投资者披露信息。

JWT 最初被认为是短期的令牌，用于在创建后立即进行身份验证或授权。它也可以作为长期的凭证，但是没有任何预定义的凭证撤销机制，比如，要想在 JWT 驾驶执照签发几个月后测试其有效性就不太容易，但可以构建这样的撤销机制，例如，可以使用撤销列表，而目前还没有这方面的标准，因此也没有工具来支持它。

5.4.2 区块凭证（Blockcert）格式

区块凭证是一种开源代码标准，支持凭证在机器上的验证。它可以使用多个区块链作为凭证的锚。区块凭证是 Learning Machine 设计并支持的。

区块凭证是经过数字签名的 JSON 文档，对描述凭证持证方的属性进行编码。它们被发布到一个必须由持证方控制的支付地址，该支付地址嵌入已签署的 JSON 中。然后，持证方可以通过证明他们控制了支付地址的私钥的方式来证明凭证是属于他们的。为了让区块凭证可以使用 DID，需对区块凭证进行调整，这方面的工作还在进行，但没有公布工作进程。

区块凭证通常是批量发行的。每个区块凭证都被散列化，然后将批处理中所有凭证的散列组合到梅克尔树（Merkle tree）中，并将批处理的根散列记录在区块链上，如图 5.4 所示。梅克尔树在第 6 章中将有更详细的解释。

定义：梅克尔树是一种数据结构，它保存数据的散列、子散列和父散列等。这些散列可以有效地证明数据没有被修改。

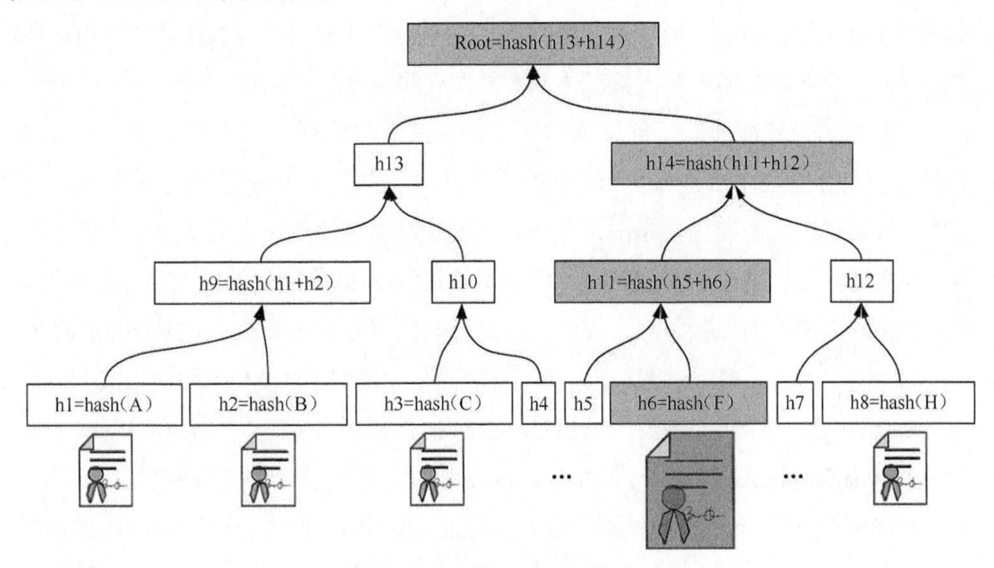

图 5.4　区块凭证的梅克尔树

验证区块凭证可以证明凭证具有以下特性。

（1）自发行以来没有被修改过。

（2）它是由正确的发证方签署的。

（3）它还没有被撤销。

验证区块凭证涉及对梅克尔证明的评估，这意味着凭证的散列映射到散列链上，该散列链是以存储在账本上的散列结束的。存储在账本上的散列必须是发行方在统一资源标识符（URI）处记录的交易（这意味着由发行方声明的密钥进行数字签名），该统一资源标识符也被嵌入证书中。撤销是通过在另一个存储撤销列表的 URI 上调用发行方的方式来进行测试的（这是一种基于智能契约的撤销功能，可以提高隐私性，但尚未投入开发）。

5.4.3 W3C可验证凭证格式

为可验证凭证的互操作性建立全球标准是 W3C 首先组建可验证声明工作组，然后成立凭证社区小组的主要原因之一。孵化的结果是在 2017 年成立了可验证声明工作组，最终于 2019 年 11 月发布了可验证凭证数据模型 1.0，并将其作为 W3C 的完整规范（官方标准）。

可验证凭证是 SSI 基础结构的核心，因此我们将专门用一章（第 7 章）对其进行讨论。从本章我们可以总结出，可验证凭证数据模型是一种抽象数据模型，它使用链接数据的 JavaScript 对象表示法（JSON-LD，是另一个 W3C 标准）来描述具有不同模式和数字签名格式的证书。人们设想了 W3C 可验证凭证使用的两种通用风格：一种侧重于简单的证书共享，另一种使用专门的加密签名来促进零知识证明的应用。

在由 uPort、Digital Bazaar、微软和其他公司倡导的简单凭证共享模式中，凭证包含持证方的 DID（例如，颁发签发对象）。当凭证被出示时，持证方将显示整个凭证，包括这个 DID。然后，持证方可以证明凭证属于他们，因为他们拥有控制该 DID 的加密密钥。

简单凭证共享模式的一个挑战是，它本质上是不可否认的。一旦共享，凭证可以在没有持证方许可的情况下向任何当事人重新共享。或许立法会澄清如何管理这种再分享的许可。

另一个挑战是，完整地显示凭证提供了一种极其简单但强大的方法，可以在与之共享证书的所有验证方中关联持证方。可验证凭证数据模型规范指出了这种方法存在的隐私风险。简单凭证共享模式的倡导者指出，这些隐私问题通常不适用于企业或企业资产（如物联网设备）的凭证。虽然这是事实，但隐私工程师非常担心，如果简单的凭证模型扩展到人，那么它将成为历史上最强的关联技术，因此，可以说这是所有 SSI 架构中最激烈的争论之一。

零知识证明（ZKP）模型试图解决这些隐私问题。ZKP 模型最著名的应用实例就是 Hyperledger Indy 项目。微软曾宣布了自己的 ZKP 模型计划，并且也开始研究 JSON-LD-ZKP 混合方法，Hyperledger Aries 和 Hyperledger Indy 项目也可能最终共享这种方法。

基于 ZKP 的凭证不会直接提供给验证方。相反，这份 ZKP 凭证只包含验证方需要验证的数据，不多也不少。（关于 ZKP 技术，将在第 6 章做更详细的解释）。此外，每次要求提供证明时都会生成一个唯一的证明，这样证明的可重新共享性可以由持证方加密控制。由于每一次展示的证明都是唯一的，因此避免了使用相同凭证产生的琐碎关联。

例如，假设 Alice 所生活的城市可以向居民提供免费电动汽车充电服务。Alice 可以日复一日、长达数年地向充电站证明她的居住资格，而充电站却无法跟踪 Alice 在城市充电站的轨迹。每一次证明的展现都是不同的，并且没有披露任何相关的信息。

需要注意的是，这种技术并不是在所有情况下都能消除相关性。例如，如果验证方在证明中要求 Alice 公开真实姓名或手机号码，关联她就会变得很容易。然而，如果证明要求高度相关的个人数据，Alice 的代理可以提醒她，这样她就可以做出明智的决定。

ZKP 的凭证也可以采用一种独特的方法来撤销。它们可以使用保护隐私的密码累加器或植根于区块链的梅克尔来证明，而不是撤销列表。（请参阅第 6 章了解更多详细信息）这允许任何验证方实时检查凭证的有效性，而不能以产生关联的方式查找特定的证书散列或标识符。

关于 ZKP 模型的主要争议是其实现的复杂性。ZKP 是密码学的一个先进领域，并不像传统的加密和数字签名技术那样被广泛理解。然而，ZKP 的优势在许多不同的技术领域都得到了认可，因此 ZKP 的应用正在迅速普及。包括 ZCash 和 Monero 在内的许多较新的区块链都基于 ZKP 技术。下一代以太坊构建了对 ZKP 的支持。Hyperledger Ursa 也构建了对 ZKP 的支持，这是一个工业级加密库，它现在是所有超级账本项目的标准。当年对新出现的 TCP/IP 的支持一直受到阻碍，直到开发人员可以使用强化库为止，如今 ZKP 也正如此。

5.4.4 凭证交换协议

无论可验证凭证的格式如何，互操作性仍然取决于该凭证的交换方式。这涉及许多复杂的协议问题。

（1）潜在的验证方应该主动与持证方联系，还是应该等到持证方试图访问受保护资源时再提出质疑？

（2）验证方如何要求出示处于不同凭证中的证明？

（3）验证方是否可以在其证明请求中添加筛选器或资格情况，例如，只接受来自特定发证方的证明，或者只接受在特定日期之前或之后签发的凭证？

（4）验证方是否可以联系持证方以外的一方以获取凭证数据？

这就是 Top 堆栈中第 3 层直接依赖第 2 层的原因。例如，如果你认为凭证主要是惰性数据，并且认为分发身份数据的最佳方式是通过交换中心，那么交换数据的直接方式可能是调用网络 API 并要求提供数据。凭证持证方可以将证书留在交换中心并通过一种策略告诉交换中心在将其提供给任何询问者之前必须满足哪些标准。这是 DIF 身份中心孵化的凭证服务 API 所采取的方法中体现的一般范例。

如果你更强调分布式和隐私，并且希望在特定连接的背景中动态生成凭证数据的证明，则可通过代理和 DIDComm 使用对等凭证交换协议。这是 Hyperledger Indy、Hyperledger Aries 和 Sovrin 社区的方法。（在 Aries RFC 0036：发行凭证协议 1.0 和 Aries RFC 0037：当前协议生产 1.0 中指定协议。这些协议的多个实施项目已经在建设了。）

在撰写本书时，这是架构和协议在理念上分歧最大的一层。标准化工作是积极的，但到目前为止难以达成共识。然而，从"玻璃杯半满"的角度来看，这也是现实世界中"应用最快推动融合"的领域，就像早期的"协议之战"一样，如开放系统互联（OSI）与 TCP/IP 的斗争最终孕育了互联网。DIF 的 *Exchange Presentation* 规范就是一个令人鼓舞的例子，它描述了验证方要求基于凭证的证明具备哪些条件，而不管使用的是哪种凭证技术。

5.5 第4层：治理框架

第 4 层不仅仅是堆栈的顶部，在这里，该层基本上把重点从机器和技术转移到人和政策。在第 2 章中介绍治理框架时，我们使用了图 5.5 所示的图，因为它展示了治理框架如何直接构建在可验证凭证上。

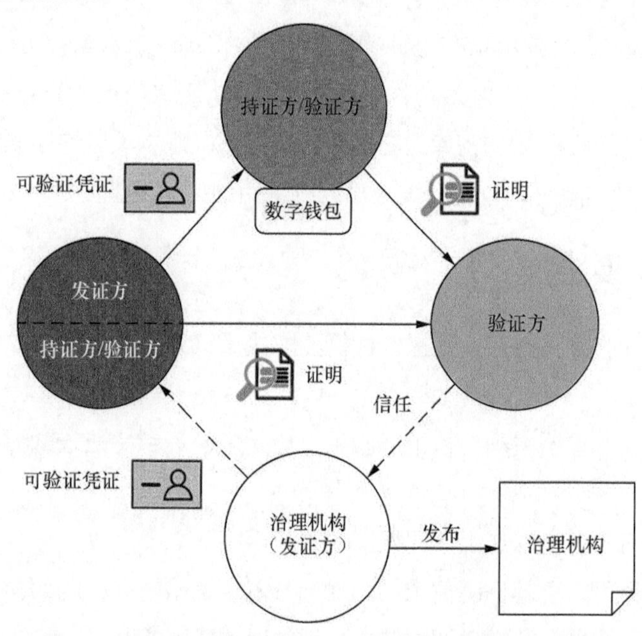

图 5.5 治理框架是另一个信任三角，这种治理框架解决了可验证凭证的规范和可缩放性问题

治理框架使验证方能够回答关于可验证凭证的一组完全不同但同样相关的问题。

（1）我怎么知道这个驾驶执照是由真正的政府机构颁发的？

（2）我怎么知道这张信用卡上的声明来自真正的银行或信用社？

（3）我怎么知道这张文凭是加拿大大学颁发的？

（4）我如何发现奥地利高中颁发的是什么类型的凭证？

（5）签发此抵押贷款凭证的巴西贷款机构是否需要了解你的客户？

（6）我可以信赖日本健康保险凭证中出生日期的证明吗？

治理框架是许多 SSI 解决方案的核心组成部分，因此我们将用一整章来介绍（见第 11 章）。因为它们也是 SSI 堆栈中较新的组件之一，所以还没有创建很多特定于 SSI 的治理框架。这也与联合身份系统（trust frameworks）设计的信任框架形成鲜明对比。

然而，SSI 治理框架的早期工作已经使许多 SSI 架构师相信这些框架对于 SSI 的广泛应用至关重要，正所谓“玉瓷之石，金刚试之”。换句话说，它们是 SSI 堆栈的技术实现与 SSI 解决方案的实际业务、法律和社会需求之间的桥梁。此外，这些架构师意识到治理框架适用于 SSI 堆栈的所有 4 个层级。加拿大不列颠哥伦比亚省新兴数字倡议执行主任 John Jordan 将这种技术和治理的结合命名为 Trust over IP（ToIP）堆栈。完整的 ToIP 堆栈如第 2 章图 2.14 所示，是一个“双堆栈”，图 2.14 中左侧表示治理层，右侧表示技术层。

在撰写本书期间，ToIP 获得了足够的支持，以至于 Linux 基金会专门启动了一个名为 ToIP 基金会的新项目，以此来作为超级账本和分布式身份基金会的姊妹项目。该项目从 2020 年 5 月的 27 个创始成员发展到 2020 年年底的 140 多个成员，本项目现在有 7 个工作组积极致力于全面定义、强化和推广 ToIP 堆栈，并将其作为分布式数字信任基础设施的模型。

尽管治理是 SSI 领域中不同信任网络和生态系统之间的最显著差异，但 ToIP 堆栈承诺，它们可以使用可互操作的元模型来定义这些治理框架。这可以使人类和数字代理更容易地横跨不同的信任社区做出可传递的信任决策，例如，本节开始时列出的许多问题。

在撰写本书时，为了在所有 4 个层级上生成符合 ToIP 的治理框架，世界各地的各种权限治理组件正在积极地开展工作。第 11 章将更详细地讨论这些问题。

5.6 趋同潜力

SSI 领域还很年轻，市场上不断出现许多新的架构。在这一章中，我们试图从大局概述截至本书撰写时的市场状况。我们也认识到了现实情况——SSI 在很多领域仍存在诸多分歧。在 4 个层级上都是如此：第 1 层是不同的 DID 方法，第 2 层是不同的协议和接口，第 3 层是不同的凭证格式和协议，第 4 层是不同的治理和数字信托生态系统方法。

然而，在每一个层级上，也存在着趋同的可能性。好消息是，这正是市场力量所希望的。随着 20 世纪初汽车行业的兴起，市场力量推动了四轮和内燃机行业的标准化。随着互联网的出现，同样驱使我们对 TCP/IP 堆栈进行标准化。网络驱使我们对基于 HTTP 的浏览器和网络服务器进行标准化。

我们希望，同样的市场力量将推动 SSI 的趋同化，使其也能被普遍采用。然而，可能还有更多的惊喜等待着我们。很可能在未来很长的一段时间内，数字身份架构仍是创新的沃土。

在第 6 章中，我们将提供一些基础的加密知识，这些知识将有助于你理解第 2 部分中的部分章节，特别是 VC 和 DID。如果你已经对密码学有了深刻的理解，那么你可以跳过第 6 章，或者只是大致浏览一下，了解这些密码技术是如何在 SSI 中应用的。

第6章 SSI的基本加密技术

Brent Zundel, Sajida Zouarhi

加密技术是 SSI 发展的驱动力。本章的目标是帮助你熟悉加密技术的基本组成部分：散列函数、加密、数字签名、可验证的数据结构和证明，以及如何将这些构件组合成常用模式，创造出用 SSI 呈现的“加密魔法”。加密技术作为一个主题太宽泛、太复杂了，无法用几页纸来概括。我们希望本章能为那些对基本加密技术有所了解的读者提供参考，并为那些对加密技术了解较少而想深入学习的读者提供指导。本章的作者是两位在 SSI 领域有着丰富经验的加密技术专家：Evernym 的高级密码工程师 Brent Zundel 和 Consensys 的工程师兼研究员 Sajida Zouarhi。Brent 还担任 W3C 分布式标识工作组的联合主席，该工作组正在制定 DID 标准（第 8 章的主题）。

许多 SSI 的架构师说：“一路下去，是无穷的加密技术。”现代加密技术使用源自数学和计算机科学的技术来保护和验证世界各地的数字通信。加密、数字签名和散列函数只是加密技术的一些用途，而这些用途使 SSI 得以实现，也使区块链和分布式账本得以实现。我们在第 2 章介绍了 SSI 的组成部分，并在后面各章中对其进行更详细的介绍，其中包括 VC、DID、数字钱包和代理，以及分布式密钥管理，这些组成部分都依赖加密技术。

本章旨在使读者对 SSI 基础架构中使用的加密技术有一定的了解。虽然了解这些技术对探索 SSI 并不重要，但它将使你对一些 SSI“魔法”更有信心。SSI 基础架构下的加密技术由 5 个部分组成。

（1）散列函数。

（2）加密。

（3）数字签名。

（4）可验证的数据结构。

（5）证明。

6.1 散列函数

散列值就像是数字消息或文档的唯一数字指纹，它是一个固定长度的字符序列，通过运行散列函数产生，每个输入文档产生不同的散列值。如果将相同的散列函数应用于相同的输入数据，则结果散列值始终相同。输入数据中哪怕只有一位发生变化都会导致产生不同的散列值。表 6.1 所示是使用 SHA-256 散列函数的散列示例。

表 6.1　使用 SHA-256 散列函数的散列示例

消息（输入）	十六进制散列结果（输出或摘要）
“identity”	689F6A627384C7DCB2DCC1487E540223E77BDF9DCD0D8BE8A326ED A65B0CE9A4
“Self-sovereign identity”	d44aa82c3fbeb2325226755df6566851c959259d42d1259bebdcd4d59c44e201
“self-sovereign identity”	3b151979d1e61f1e390fe7533b057d13ba7b871b4ee9a2441e31b8da1b49b999

使用散列函数的目的不是编码或隐藏消息，而是验证信息的完整性。如果文档没有被篡改，其散列将保持不变。例如，当软件公司发布带有相应散列的软件程序时，就会使用散列函数。用户下载软件时，可以通过将下载的软件散列与公司提供的散列进行比较，验证文件的完整性。如果散列值相同，则用户知道文件没有被篡改或损坏，即用户接收到的文件是公司发布的文件的精确副本。

6.1.1　散列函数的类型

散列函数是一个典型的单向函数。单向函数是数学函数的一种，它提供了一种快速有效的运算方法，目前尚未发现能在合理的时间内反向运算。

散列函数有很多种，如 MD5 和 SHA-256，可以根据以下基本特性来区分散列函数。

（1）效率——散列函数的生成速度有多快，计算成本是多少。

（2）抗原像性——散列函数的输入值被称为原像。抗原像性意味着对于给定的散列函数，很难发现其输入值。抗原像散列函数的输出值看起来是随机的，除非经过计算，否则无法预测。例如，如果给定散列值 689f6a627384c7dcb2dcc1487e540223e77bdf9dcd0d8be-8a326eda65b0ce9a4，那么想要确定其输入单词是“identity”，这在计算上是不可行的。

（3）抗第二原像性或弱抗碰撞性——抗第二原像性意味着对于给定的散列函数，将只有一个原像。换句话说，两个不同的输入值不会产生相同的散列值。如果两个输入值产生相同的散列值，这称为碰撞。对第二原像具有抵抗性的散列函数也称为抗碰撞。例如，一个抗碰撞的散列函数生成 689f6a627384c7dcb2dcc1487e540223e77bdf9dcd0d8be8a326eda65b0ce9a 作为“identity”的散列值，对于其他任何输入值都不会产生同样的输出值。

注：单向函数有许多类型，一个众所周知的例子就是两个素数的乘积。两个大素数相乘是快速而有效的，但使用乘积反向计算找到两个输入素数是非常困难的，这个问题被称为整数因式分解。

人们认为某些散列函数（如 MD5 和 SHA-1）不再是加密安全的。密码分析家已经为这些函数找到了很好的攻击载体。

SHA-256（SHA 代表安全散列算法）属于 SHA-2 函数家族，SHA-2 函数家族由美国国家安全局（NSA）设计，并得到美国国家标准与技术研究院（NIST）的认可。

6.1.2 在SSI中使用散列函数

散列函数被用作可验证数据结构的组成部分和数字签名算法的一部分，这两项都为 SSI 提供了必要的组成部分。区块链和分布式账本、可验证凭证和 DID 都依赖加密安全的散列函数。

6.2 加密

加密是一种隐藏消息或文档内容的方法，使其只能被知道密码的人读取。早期加密示例主要包括替换密码和其他打乱文本的方法。秘密消息通常依赖某种秘密方法来保证它们的安全。如果对手知道秘密方法，他们就可以读取秘密消息，秘密消息也被称为密文。

现代加密方法不再依赖对加密方法保密。相反，加密方法是公开并经过充分研究的，而加密方法的安全性在解决一些基本问题上有一定的难度，这种难度被称为计算复杂度。密文的保密性依赖密钥。如果加密方法在计算上很复杂，而且密钥是保密的，那么任何不知道密钥的人都无法读取密文。加密技术分为对称密钥和非对称密钥两大类。在对称密钥加密中，用于加密消息的密钥与用于解密密文的密钥相同。对称密钥加密也被称为密钥加密。

非对称密钥加密有两个密钥，一个用于加密消息，另一个用于解密密文。非对称密钥加密也被称为公钥加密，因为用于加密消息的密钥被称为公钥，用于解密密文的密钥称为密钥或私钥。

注：第 8 章将详细讨论公钥、私钥与 DID 之间的密切关系。

6.2.1 对称密钥加密

在对称密钥加密技术中，使用相同的密钥进行加密和解密，其中一个挑战是与接收者安全地共享密钥，使他们能够解密密文。因此，对称密钥加密方法最适合用在不需要共享密钥的情况下。例如，如果要加密硬盘驱动器，可以使用相同的密钥对其进行加密和解密。对称密钥加密技术比公钥加密技术更有效，它提供了与公钥加密技术相同的安全级别，但使用了更小的密钥和更快的算法。对称密钥加密技术中最著名的算法之一是高级加密标准（AES）。AES 使用高达 256 位的密钥[1]，它是一个随机序列，其中有 256 个“0”和“1”，如下。

0111010100101011101011110100101011010010000101101010100100111010111110100010100100101011101001001101000011011001001001011100110111111001110111011100101011100001010011011001101111101100110011100111010000111000000110101000111110001111 0

1 这意味着256个“0”和“1”的随机组合可实现的256位密钥的数量为115、792、089、237、316、195、423、570、985、008、687、907、853、269、984、665、640、564、039、457、584、007、913、129、639、936。

10101000010010010011111

密钥的大小是决定密码安全性高低的关键因素。可实现的密钥数量越多，计算机就越不容易被人暴力破解（逐个推算、尝试密钥的破解方法）。

6.2.2 非对称密钥加密

非对称密钥加密也称为公钥加密，这种加密方法使用一对密钥：一个公钥和一个私钥，如图 6.1 所示。这些密钥在数学上是相关的，并且总是成对使用。如果一个密钥用于更改消息，则只有另一个密钥可以将消息更改回来。

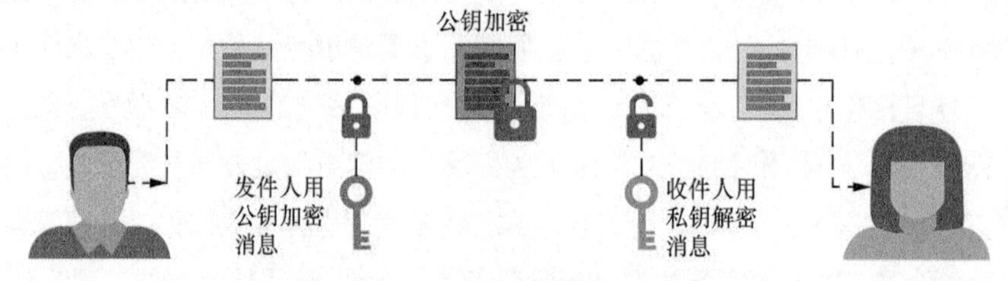

图 6.1 非对称密钥加密示例

密钥必须是私有的，但公钥可以与世界共享。任何人都可以使用公钥为消息加密。密钥也可以称为私钥。

在许多公钥加密系统中，你可以使用私钥来计算公钥，但私钥不能从公钥派生。派生公钥的函数是另一种单向函数。

私钥只不过是一个大的随机数。这个秘密数字如此之大，几乎不可能被暴力破解。一些公钥加密系统包括了（RSA）等算法。

要使用公钥加密技术加密消息，必须知道收件人的公钥。公钥用于将消息转换为密文。密文只能用相关的私钥解密成消息。

DID 使用非对称密钥加密技术。遵循同样的原则，DID 持有方将 DID 的私钥存储在数字钱包中，而 DID 的公钥是可以公开获取的。图 6.2 说明了采用 Sovrin DID 方法的 DID 所对应的公钥和私钥（想要了解关于 DID 的更多信息，请参见第 8 章）。

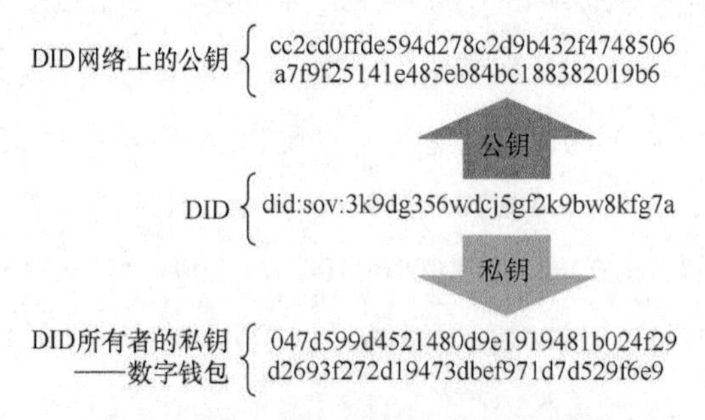

图 6.2 Sovrin DID 网络上的 DID 示例

DID 作为区块链或其他网络上的公钥标识符而发挥作用。在大多数情况下，DID 还可以用于定位与其所标识的实体进行交互的代理。

注：截至 2021 年年初，Sovrin DID 方法正在演变成 Indy DID 的方法之一，因此 DID 前缀将变成 did:indy:sov。

6.3 数字签名

人们每天都在用书面或“湿墨水”签名来验证文件的真实性，或表明签名者同意该文件内容，或两者兼而有之。数字签名使用加密功能可实现同样的目标。对消息签名意味着使用私钥以某种可验证的方式对其进行转换，然后将消息连同签名一起发送给收件人。转换后的消息称为签名，收件人可以检查签名的有效性。

如前所述，数字签名要凭借公钥加密。使用密钥对中的私钥创建数字签名，并且可以使用关联的公钥验证数字签名。用于生成私钥的随机数越大，越难被暴力破解。有些公钥加密系统中包括数字签名的特定算法，如椭圆曲线数字签名算法（ECDSA）。

数字签名可用于SSI基础架构中的任何地方，遍布第5章描述的SSI堆栈的所有4个层级。

（1）在第 1 层中，它们用于区块链的每一次交易。

（2）在第 2 层中，它们用于形成 DID 到 DID 的连接，并对每个 DIDComm 消息进行签名。

（3）在第 3 层中，它们用于签署每个可验证凭证（有些可验证凭证包括凭证中每个单独声明的数字签名）。

（4）在第 4 层中，它们用于签署治理框架文档，并签署治理框架内为指定角色签发的可验证凭证，以确保其真实。

6.4 可验证的数据结构

密码学也可用于创建具有特定属性的数据结构，这些数据结构可用于对数据进行验证。

6.4.1 加密累加器

累加器表示对一大组数字进行计算的结果。知道其中累加值之一的人可以证明他们的数字是否包含在这个集合之中。一些累加器基于一组素数，另一些则基于一组椭圆曲线点。使用加密累加器时，累加值的规模最小，但必须用数据规模来生成针对累加值的证明。

6.4.2 梅克尔树（Merkle tree）

在公钥加密技术的早期，Ralph Merkle 发明了一种有趣的密码数据结构，它被称为梅克尔树。梅克尔树提供了一种非常紧凑且计算效率高的方法来验证数据集的完整性，即使数据集非常大也同样适用（Merkle 在 1979 年的论文 *A Certified Digital Signature* 中首次描述了梅克尔树，随后为其申请了专利)。现在梅克尔树已经是许多区块链和分布式计算技术的核心。

梅克尔树(也称为散列树)的基本思想是可以通过数学过程来证明某个具体的数据项(如区块链交易)存在于大量的信息之中，这个数学过程产生一个称为梅克尔根的散列。

1. 构建梅克尔树

为了展示梅克尔树是如何构建的，让我们从一个正式的定义开始。

> 梅克尔树是一种防篡改的数据结构，它允许将大量数据压缩成单个散列，并通过在对数空间中构造证明的方式来查询数据中是否存在特定元素。

这意味着即使梅克尔树可能包含 100 万条数据，要证明任何一条数据在树中，只需要大约 20 次计算。

为了建立梅克尔树，计算机将收集所有输入的散列值，然后将它们成对分组，这种操作称为“连接”。例如，如果从 20 个输入值开始，在第一轮连接之后，将有 10 个散列。再次重复这个操作，将有 5 个散列，然后是 3 个，然后是 2 个，最后是 1 个[1]。最后一个散列称为梅克尔根。梅克尔树总体结构如图 6.3 所示。

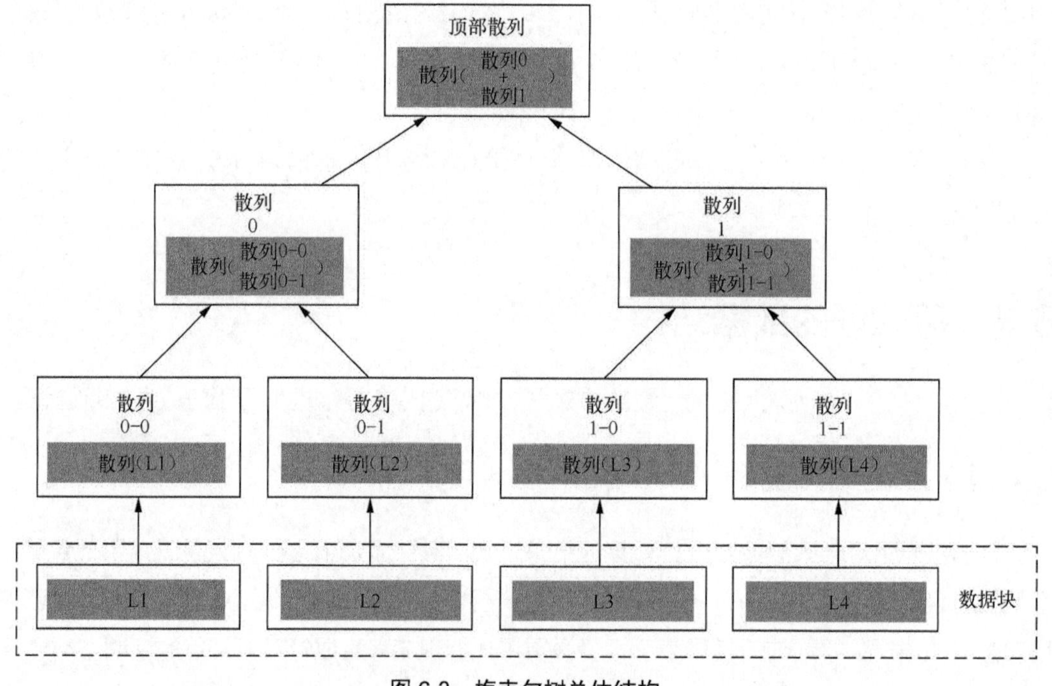

图 6.3 梅克尔树总体结构

在梅克尔树中，对不同的交易进行散列，直到为该树中的所有交易创建唯一的散列。

1 因为5是奇数，所以第5个元素被复制(我们现在有了6个元素)并与自身分组，因此在下一轮中产生了3个散列。接下来这一轮，第3个元素按照同样的过程被复制(我们现在有了4个元素)并与自身分组，在下一轮中产生2个散列值。

这种结构不是用来存储或传输完整的输入数据集的，而是用来以足够小的格式保存它们存在的证明，以便在计算机之间轻松存储和交换。

2. 搜索梅克尔树

计算机可以快速验证梅克尔树中是否存在特定的消息。想要做到这一点，计算机只需要以下证明信息。

（1）叶节点散列，是一段信息的散列（如交易散列）。

（2）梅克尔根散列。

（3）根路径上的散列。根路径是从叶节点到根节点的路径，它由计算出的从叶节点到梅克尔根的路径上的散列所需的同级散列组成。

计算机可以快速有效地验证梅克尔树中是否存在某个散列，而不必验证整套交易。这可以确保数据的完整性，也可以用于共识算法，以揭示计算机是否试图对其对等方谎报交易。

梅克尔树主要有以下用途。

（1）存储优化——对于大量的消息，不需要存储完整的数据集。

（2）验证速度——只需要验证几个数据点，而不用验证整个数据集。

确保梅克尔树防篡改的关键概念是散列函数可原像攻击的抵抗力，所谓原像攻击就是试图查找具有特定散列值的消息。简单地说，我们可以很容易地验证某个值是否属于梅克尔树，方法是计算路径中每一级的散列，一直到根。但是，我们找不到用于生成特定散列的输入值。散列是一个单向函数，这意味着从散列中检索原始输入值在计算上是不可行的。

6.4.3 帕特里夏树（Patricia tries）

在基数树中，节点不存储任何信息，它们是基数树中的位置指示器，算法通过基数树走一条称为关键值的路径来找到单词。如果以位置 6 的节点为关键值，并根据算法的要求（从上到下）遍历基数树，我们就可以重新构造“Rubicon”这个单词。

我们已经知道梅克尔树对于协议的价值。在这个概念的基础上，我们现在关注另一个有趣的密码数据结构——帕特里夏树（Patricia tries，其中 trie 这个词来自 reTRIEval，即“检索”）。这些“树”不是散列，而由常规的字母、数字、字符串组成。但什么是“基数树”？为什么在 SSI 中需要“基数树”？基数树（或压缩前缀树）是一种数据结构，它看起来像一个层次化的树结构，有根值、子树、父节点，表示为一组链接的节点。基数树的微妙之处在于节点不存储任何信息，它只用于指示在前缀树中的字符串内有拆分的位置。因为它知道关键值，所以算法知道如何重新编译之前的前缀（边缘标签），从而到达前缀树中的那个位置。图 6.4 所示是基数树关于使用字典单词集的示例。

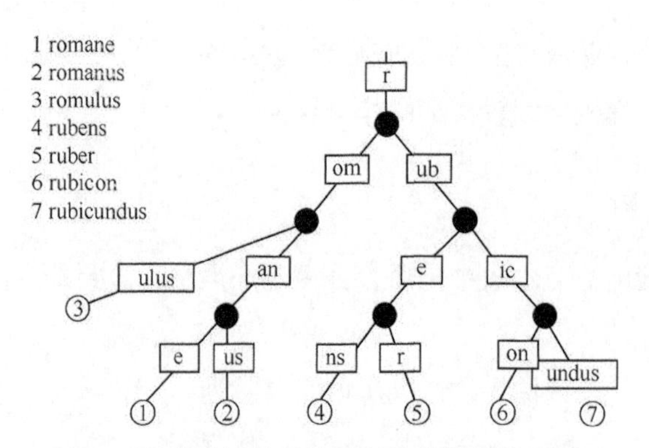

图 6.4 基数树关于使用字典单词集的示例

Patricia 的意思是“检索用文字数字编码信息的实用算法”。Donald · R · Morrison 在 1968 年首次描述了帕特里夏树，帕特里夏树是“基数树”的变体，但是，节点并非明确地存储每个关键值的每一位，而只存储第一位，这区分了帕特里夏树和基数树。因此，帕特里夏树比标准的基数树更紧凑，在寻找共同前缀方面更快，在存储方面更轻。

6.4.4 梅克尔—帕特里夏树（MPT）：一种混合方法

梅克尔树和帕特里夏树可以结合使用，根据协议需要优化的方面（例如，速度、内存效率或代码简单性）以不同的方式创建数据结构。在以太坊协议（*Ethereum: a Secure Decentralised Generalised Transaction Ledger Berlin Version*）中有一个特别有趣的组合示例，即改进的 MPT。MPT 还构成了 Hyperledger Indy 分布式账本的架构基础，Hyperledger Indy 分布式账本是用于设计 SSI 基础结构的代码库。

所有 MPT 节点都有一个称为关键值的散列。关键值是 MPT 上的路径，就像我们从图 6.4 中看到的基数树一样。

6.5 证明

“证明”是一种使用加密技术来证明计算事实为真的方法。例如，帕特里夏树尝试证明一个大数据集是正确的，而无须存储整个数据集。证明对区块链非常有用，例如，你不需要将过去的交易存储 24 小时，只需要在链上存储新的“证明信息”，其余的数据就可以安全地离链存储。没有人可以在不被网络其他部分发现的情况下篡改数据。

注：链上交易反映在公共账本上，对区块链网络上的所有参与者都可见。链外交易是双方或多方之间的转让协议。

人们利用链上和链下性能相结合的混合系统来消除区块链的一些限制（例如，可缩放性、隐私性）。这对于诸如 SSI 之类的应用特别有用，在这些应用中，经常需要通过保持私有信息链下存储来实现保护私有信息。混合系统使软件架构师能够做到两全其美。

如前所述，数字签名也是一种证明形式。任何知道公钥但不知道私钥的人都可以证明某个特定签名确实是由事先知道相应私钥的人生成的。签名的证明者可以向验证方证明其拥有信息（私钥），而不必透露关于密钥的任何信息：只显示消息和签名。

6.5.1 ZKP

现在想象一下，如果有可能同时对签名和部分签名消息保密，只显示消息中已显示的部分和证明者所知的签名，那么这将是 ZKP 加密技术的目标。

ZKP 需要具有以下 3 个属性。

（1）完整性——“如果陈述确实是真的，并且两个用户都正确地遵守了规则，那么验证方就会被说服，而不需要任何人为的帮助。”

（2）可靠性——“如果陈述是假的，验证方在任何情况下都不会被说服。”（对该方法进行概率检查，以确保错误的概率等于零。）

（3）零知识——“在任何情况下，验证方都不会知道更多消息。”

所有交互式证明系统（如数字签名证明）都需要属性（1）和属性（2）。属性（3）是证明成为“零知识”的原因。

如第 5 章和第 8 章所述，零知识数字签名可用于一些可验证凭证系统。其他出现的 ZKP 是基于算术环路的 zk-S*ARK 系列的证明系统。

（1）zk-SNARK（针对隐私和共识进行优化）——这是关于零知识、简洁、非交互的知识论证。它被用于 Zcash 等区块链协议中，以隐藏与交易的发送方和接收方相关的消息，以及交易本身的金额，同时允许该交易通过网络验证并向区块链确认。

（2）zk-STARK（针对可缩放性和透明性进行优化）——这种形式的 ZKP 由 Eli Ben-Sasson 提出，通过相对于它们所表示的数据集进行指数缩放，可以更快地验证这些证明。

6.5.2 ZKP在SSI上的应用

ZKP 对于证明有关个人凭证的信息非常有用，它不必完全公开其他敏感的个人身份信息。ZKP 的应用场景有很多，例如，在我们需要证明一个人在不披露超过必要范围的个人数据的情况下有权访问一项服务。下面我们将介绍 SSI 中的一些具体示例。

1. 隐私和个人控制

对隐私的担忧正在推动数据收集、存储和使用方式的重大变化。关于数据泄露的很多新闻报道导致公众对于个人信息的安全性越来越担忧，而政治争议让人们对未经个人完全明确和同意就收集和公开个人信息产生更高警惕。

如果个人数据不那么普遍地被利用，身份盗窃和欺诈的事件就可以减少。就数据保护条例而言，如欧盟的《通用数据保护条例》，因为人是“数据主体”，所以要做到保护个人数据最好的办法就是人们可以用一种简单、实用的方法在访问在线资源时对于需要披露的信息进行个人控制。

2. 盲签名

在传统的公钥 / 私钥加密技术中，数字签名与公钥完全一样，具有相关性。零知识加密方法不显示实际的签名；相反，它们只显示有效签名的加密证明。只有签名持有人才拥有向验证方出示凭证所需的信息。这意味着 ZKP 签名不会增加签名者的相关风险，反而会自动保护签名者不被冒充。

3. 选择性披露

选择性披露意味着你不必公开凭证中包含的所有属性（声明）。例如，如果你只需要证明你的姓名，则不需要透露你的地址或电话号码。类似地，验证方不应该收集比完成交易所需的更多的数据。选择性披露不仅能够保护个人隐私，还减少了验证者处理或持有他们不需要的个人数据的责任。

零知识加密技术允许凭证持证方根据具体情况选择哪些属性要披露，哪些属性要保留，而不需要以任何方式让凭证发证方参与。此外，对于凭证中的每个属性，ZKP 提供了两个选择性公开选项。

（1）证明该属性存在于凭证中，但不显示其值。

（2）在不显示任何其他属性的情况下显示属性的值。

4. 谓词证明

谓词证明是回答关于属性值“真或假”问题的证明。例如，如果一家租车公司要求证明你已经到了可以租车的年龄，它不需要知道你确切的生日，而只需要一个可验证的问题答案——你超过 18 周岁了吗？

使用零知识方法，谓词证明由凭证持证方在向验证方出示时生成，而不需要发证方的参与。例如，在演示文稿中，可以使用带有名称、生日和地址属性的凭证，以显示你的姓名并证明你已满 18 周岁，同时隐藏其他所有内容。在不同的演示文稿中，可以使用同样的凭证，但只显示你的地址和你已满 18 周岁的证明，而从不显示你的生日。

5. 多凭证证明

基于 ZKP 的可验证凭证可以在持证方钱包中的任何凭证集上生成证明。验证方不需要在特定证书背景下从特定凭证方请求询问属性。但是，如果需要，验证方仍然可以这样做。换句话说，指定属性必须来自特定的凭证或发证方。对于持证方钱包中所有基于 ZKP 的证书，只需要提供一组属性的证明，这使得验证方的工作变得容易得多，也大大促进了选择性披露的实现。

6. 撤销

凭证的发证方可能需要撤销凭证，原因有很多，如数据已更改、持证方不再有资格、凭证被滥用或凭证被错误签发等。无论出于什么原因，如果凭证是可撤销的，验证方都需要能够确定凭证的当前撤销状态。

如本章前面所述，零知识方法（如加密累加器）使验证方能够确认证书未被撤销，而不会显示已撤销凭证的列表，因为如果显示这个列表，则可能会对隐私产生严重影响。持证方可以出示未撤销的证明，验证方可以对照公共账本上的撤销注册系统检查该证明。如果证书未被撤销，则该证书将通过验证；如果证书已被撤销，则该证书将验证失败。但是验证方永远无法从密码累加器中确定任何其他信息，这降低了网络监视者关联持证方的证书的可能性。

7. 反关联

关联是将来自多个交互行为的数据链接到单个用户的能力，可以由验证方，或由发证方和验证方一起，或由观察网络上交互行为的第三方执行关联。未经授权的关联是指一方在未经用户同意或知情的情况下收集有关用户的数据。

减少关联性的方法之一是数据最小化：只共享完成交易所需的消息，正如前面在“选择性披露”和“谓词证明”部分所讨论的那样。

减少关联性的第二种方法是避免在多个交易中使用相同的全局唯一标识符，如身份证号码、移动电话号码和可重复使用的公钥，这样会使观察者可以轻松地将多个交互行为关联到单个用户。ZKP 通过为每次交易提供唯一的证明来避免这种关联性。

关联性永远无法完全消除，有意的相关性有时是业务需要（比如在搜索犯罪记录时）。零知识证明方法的目标是降低无意关联的概率，并将对关联水平的控制交给凭证持证方。

6.5.3 结语：关于证明和真实性

如前所述，可验证凭证之所以是“可验证的”是因为它包含一个或多个可被验证为真的加密证明。一些可验证凭证是由许多不同的较小的证明组成的。例如，如果我想根据政府签署的数字出生证明来证明我的名字的价值，我还需要证明以下内容。

（1）出生证明是“发给”我的。

（2）出生证明是“关于”我的。

（3）出生证明是政府签发的。

（4）出生证明没有被篡改。

即使有了这些证据，验证方仍然需要确定他们是否相信政府。换句话说，即使我已经证明了凭证的完整性（它没有改变，是关于我的，是由政府签发给我的），验证方仍然不能保证凭证中数据的真实性（它是否是真实的，有些人还使用“有效性”这个术语），超出了他们对发证方的信任程度（这是治理框架发挥作用的另一处，参见第 11 章）。

这些证明完全适合使用加密技术。例如，如果发送到区块链网络的信息在存储之前没有经过验证，那么虚假信息就会被存储在不可变的区块链中（“垃圾进、垃圾出”）。仅仅因为信息是加密的，就认为它是正确的，这种推定是不正确的，尤其是当信息被提供给其他加密组件（如智能合约）时，并不会在系统中引发错误。重点在于，区块链技术所使用的加密属性并不能帮助系统知道什么是真的、什么是假的，只知道存储了什么、什么时候存储的。加密技术是 SSI 的基础，因为它允许验证数据的完整性或可追溯性，但不能验证数据的真实性或有效性。无论加密证明多么尖端或复杂，它仍然只能证明关于数据的计算事实，而不能证明真实世界的事实，只有人类才能做到这一点，至少，在我们开始拥有非常先进的人工智能之前是这样的。

然而，加密证明可以帮助人们对真实性和有效性进行确定。例如，某些类型的证明可以实现不可否认性，当某人执行一个密码可验证的操作时，他们不能随后声称自己没有进行该操作，而是其他实体进行了该操作。不可否认性还防止某人在未经他人许可的情况下添加或删除有关他人的信息。因此，不可否认的证据有助于增加人类对其数字交互的责任感。

本章我们展示了区块链技术是 SSI 的曙光，因为它证明了加密技术可以在高度分散的系统中大规模部署，并具有极强的安全性。SSI 的下一步是利用加密技术来证明 SSI 生态系统中参与者身份和属性的数据事实。第 5 章描述的 SSI 架构的每一层都使用了本章描述的加密结构：散列函数、加密、数字签名、可验证的数据结构和证明。

在第 7 章，我们将深入探讨这些加密技术所用的核心数据结构，即跨越信任三角的“信任载体”——可验证凭证。

可验证凭证

David W. Chadwick, Daniel C. Burnett

可验证凭证是自主管理身份架构的核心。本章将介绍可验证凭证的演变过程、数据结构、支持哪些不同的格式和数字签名选项，以及其如何在 W3C 中实现标准化。W3C 可验证凭证数据模型 1.0 标准的两位主要作者肯特大学信息系统安全教授 David Chadwick 和企业以太坊联盟执行董事、前区块链标准架构师 Daniel Burnett 提供了相关指南。后者还担任 W3C 可验证声明工作组的联席主席。

我们每天都使用实物可验证凭证（即使你可能没有意识到这一点），如塑料材质信用卡、驾照、护照、会员卡、公交卡等。我们的生活与之息息相关，因为它们为我们提供了许多便利。事实上，正因为这些便利，这些证书才有意义。

遗憾的是，塑料材质卡片和纸质证书可能会丢失或找不到，抑或被盗。更糟糕的是，它们可能在你一无所知的情况下被复制。而最重要的是，不能在线使用它们，除非把证书的所有详细信息输入网络表格，但这项工作耗时耗力，容易出错，并且侵犯隐私。可验证凭证现在已成为万维网联盟开放标准，发证方现在可将其签发的实物可验证凭证转换成数字版本，从而可以将其保存在手机、平板电脑、笔记本电脑和其他设备上随身携带，只需单击屏幕就可以在线使用。

数字可验证凭证除了使用方便，还有如下优势。

（1）无法复制。

（2）极难窃取（攻击者需要窃取电子设备和用来验证设备身份的方法）。

（3）更注重保护隐私，支持选择性披露（只披露部分可验证的数据）。

（4）更安全，因为它们支持最小特权（也称为最小权限：只允许执行必要的任务，仅此而已）。

（5）几乎没什么费用。

（6）不像塑料卡片那样笨重，便于携带。

（7）可委托其他人使用（前提是发证方允许这样做）。

7.1 可验证凭证使用示例

同我们每天使用的实物证书一样，可验证凭证可应用于相同领域，不过，其应用领域更广，因为它们是数字的，以下是一些常见的使用场景。

7.1.1 开立银行账户

假设你想在 BigBank 开立银行账户，就需要去 BigBank 的当地分行办理，银行助理要求你提供两种官方身份证明，即所谓的"了解你的客户"。虽然持有护照和各种公用事业账单，且这些均符合条件，但遗憾的是，这些都在家里。幸运的是，银行支持使用万维网联盟可验证凭证，随身携带的手机里存储有数十个可验证凭证。

这时你可以选择政府签发的护照可验证凭证，用以确认你的国籍、姓名和年龄；或者选择医保可验证凭证，用以确认现居住地址，这两种证书都包含你的面部数字照片。因为银行信任政府和保险公司，愿意将这些可验证凭证作为你的姓名和地址的证明，并证明申请者确系你本人。因此，银行信任你的身份，并为你开立银行账户。

银行随即会为你签发新的可验证凭证，其中提供有银行账户信息，你可将这个证书添加到手机上的可验证凭证中。新证书的用途多种多样，可将这些银行账户的详细信息添加到你的在线拍卖、付款和购物账户中，或提供给雇主作为月薪账户，在另一家银行开立新的高息储蓄账户时也可以使用它们。

7.1.2 免费地方通行证

作为养老金领取人（或者 FitSports 体育俱乐部的成员），你持有当地老年人中心（或 FitSports）签发的可验证凭证，其中声明你有权在当地大都市地区免费乘坐公共汽车（或进入 FitSports 运营的所有休闲中心）。乘坐本地公共汽车（或进入 FitSports 场馆）时，你只需将手机放在邻近的 NFC 阅读器上，它就会将你的公交通行证（或 FitSports 会员资格）可验证凭证的副本传输给运营商，运营商随后准予你不受限，可免费乘坐公共汽车（或进入场馆）。

你需要在线申请和支付费用，定期更新可验证凭证。相关网站不需要用户名或密码来验证你的身份。你只需将目前的可验证凭证和信用卡可验证凭证（用于付费）一起提交即可。取而代之的可验证凭证更新了到期日，会自动替换手机上旧的可验证凭证。

7.1.3 使用电子处方

生病后去就医，医生诊断为感染，并开了青霉素。处方以可验证凭证的形式开出，你是相关对象，医生是发证方，内容是为你开的药。

你觉得身体不舒服，不能亲自去药房取药，因此让你的妻子代你前往。于是医生将处方的可验证凭证转送到她的手机上，然后为你的妻子签发关系可验证凭证，相关对象是你的妻子，你是发证方，其中某个属性或特征证明她是你的妻子。

注：一些身份管理系统涉及相关对象的属性或身份属性，另一些则涉及相关对象的个人

信息，而可验证凭证规范涉及相关对象的特征。我们在本章使用了“特征”一词，认为它是属性、身份属性或个人信息的同义词。

随后，你的妻子前往药店，向药剂师出示处方可验证凭证和关系可验证凭证。药剂师随即核对开具处方的医师信息，因为他认识签字的医生，并且之前曾验证过她的医师可验证凭证，因此他痛快地为你的妻子开具处方药物。药剂师将所有这些信息记录在审核日志中，以备日后查询。

这只是其中几个实例，表明可验证凭证让我们的生活更加便利，无论是在线上还是线下世界中。可验证凭证旨在实现以下两个目的。

（1）提供数字钱包中的证书的数字版本。

（2）用一组关于标识符的声明“自下而上”证明我们的身份，而不是“自上而下”试图界定身份，然后附加信息。

本章将解释这些要点，并深入探讨可验证凭证的技术详情。

7.2 可验证凭证生态系统

前述实例表明，许多实体和角色参与了可验证凭证生态系统，如图 7.1 所示。

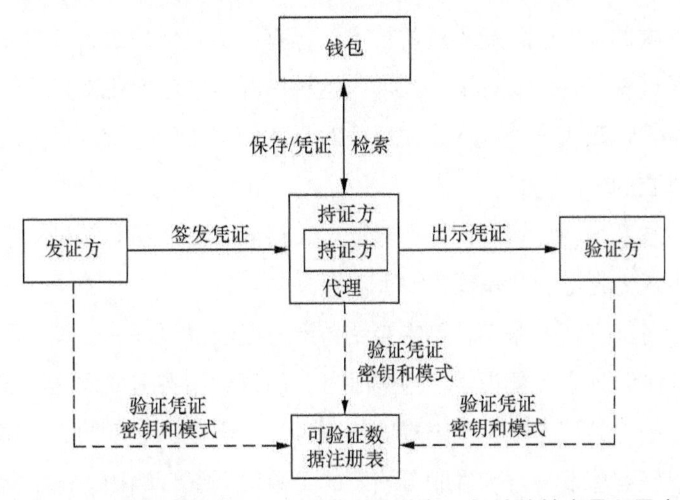

图 7.1 可验证凭证的整体架构，持证方位于中间，设计的核心是以用户为中心

可验证凭证架构的组成部分如下。

（1）发证方——向用户签发可验证凭证的实体。在大多数情况下，用户是相关对象，但某些情况下可能不是。例如，如果对象是宠物猫，可验证凭证是疫苗接种证书，那么发证方将向猫的主人签发可验证凭证。

（2）对象——相关特征保存在可验证凭证中的实体。对象可以是任何具有身份者：人、组织、人造物、自然物体、逻辑事物等。

（3）持证方——目前持有可验证凭证并将其提交给验证方的实体。在大多数情况下，对象和持证方为同一实体。但是，如前所示，在处方和宠物猫示例中，情况并非总是如此。

（4）验证方——从持证方处收到可验证凭证并提供反馈的单位。

（5）钱包——为持证方存放可验证凭证的实体。在许多情况下，钱包是持证方代理不可或缺的部分，但这个模型可以以远程钱包的形式存在，如云存储钱包。

（6）持证方的代理——代表持证方与可验证凭证生态系统交互作用的软件，既可能是加载到手机上的应用程序，也可能是笔记本电脑上运行的程序。

（7）可验证数据注册表——从概念上来看，指的是可通过互联网访问的注册表，保存有使可验证凭证生态系统能够运行的所有基本数据和元数据，注册表中存储的数据和元数据类型的示例如下。

① 发证方的公钥。

② 可验证凭证可能包含的所有特征的模式或本体；已撤销可验证凭证的撤销名单。

③ 发证方声称相关对象的特征具有权威性（例如，政府可能会列明社保号码和护照详细信息；大学可能列明相关对象的学位和成绩单）。

实际上，最初的可验证数据注册表组件可能多种多样，这是因为目前还没有针对它们的标准。由于区块链和分布式账本有可能充当分布式、可验证的数据注册表，可验证凭证开始流行起来。然而，区块链绝不是唯一的选择。一些可验证的数据注册表可能是集中式的，另一些则是广泛分布式的，它们依托不同的技术，还有一些是虚拟的，并预先配置到持证方的软件代理中。从长远来看，随着标准的发展，这种情况可能会发生变化，但就目前而言，这个实体是一个占位符，表明一个或多个注册表对于任何实用的可验证凭证生态系统的有效和高效运行是至关重要的。

可验证凭证生态系统由许多发证方、验证方、持证方和注册服务机构组成，它们在生态系统或信任网络中通力合作。步骤通常如下。

（1）验证方针对其支持的服务，制定接受持证方可验证凭证的政策。可验证凭证生态系统的一个显著特征是验证方可能提供一系列服务，而每项服务可能实施不同的政策，这有助于最小特权特征，因为验证方根据请求提供的服务，只需提供对象的必要特征。每项政策具体说明，验证方信任哪些发证方为本服务签发的可验证凭证。例如，一个比萨网站的政策可能规定，要在线订购比萨，用户须提供 Visa 或 Mastercard 发行的信用卡可验证凭证（用于支付），并可选择自己发放的贵宾客户可验证凭证或全国学生协会签发的学生可验证凭证（对订单提供 10% 的折扣）。

（2）在步骤（1）前后或同一时间，不同发证方向对象签发可验证凭证，后者将证书保存在数字钱包中。在某些情况下，可验证凭证签发给非相关对象（如宠物疫苗可验证凭证）或多个对象（如结婚证可验证凭证）的持证方。

（3）经发证方同意，一些对象可将其可验证凭证传送给其他持证方。

（4）最后，持证方请验证方提供具体某项服务。

（5）验证方将其相关政策提交持证方的代理，后者核实持证方的钱包中是否有必要的可验证凭证。如果有，则符合政策规定。

（6）持证方向验证方提供要求的可验证凭证，可选择性地在其中放入可验证表征（一种封装技术，以加密方式证明持证方正在发送可验证凭证），以及持证方可能对验证方提出的任何条件。

（7）验证方验证。

① 提交的可验证凭证和可验证表征（如有）是否有真实有效的数字签名。

② 可验证凭证是否符合其政策规定。

③ 持证方是否有权持有可验证凭证。

④ 验证方是否遵守持证方在可验证表征中提出的任何条件。

（8）如果一切没问题，验证方为持证方提供请求的服务；如果有问题，将发回一条错误信息。

提示：如第 5 章所述，市场上验证方的政策标准和不同实体之间的协议仍在演变发展。此外，使用可验证凭证并不需要 DID，就像 DID 不需要可验证凭证就可以利用分布式账本服务进行验证一样。将可验证凭证和 DID 这两种技术相结合可带来诸多裨益，可验证凭证可利用分布式账本执行可验证数据注册表的组件，而分布式账本可借助可验证凭证来访问注册表的服务。

7.3 可验证凭证信任模型

如第 6 章所述，可验证凭证中的“可验证”表示可对证书进行数字签名，并且数字签名可加密验证。而这并不是决定验证方是否可以信任某一可验证凭证的唯一因素。本节将讨论完整的可验证凭证信任模型。

7.3.1 联邦化身份管理与可验证凭证

如果熟悉了解当前联邦化身份管理（FIM）系统（第 1 章已做介绍），就会发现可验证凭证架构与联邦化身份管理架构有很大不同。

定义：联邦化身份管理架构由用户、身份提供者和服务提供者组成。乍一看，它与可验证凭证架构中的持证方、发证方和验证方角色非常相似，但各方互动的方式却截然不同。在联邦化身份管理架构中，用户首先联系服务提供者，其次被重新导向身份提供者，接着登录，最后被重新导向服务提供者，为服务提供者提供身份提供者愿意公布的用户身份属性。在可验证凭证架构中，在“联邦”中不会基于网络重新导向。作为持证方的用户从发证方处获得可验证凭证，并可在接收证书的验证方处单独使用这些证书。

联邦化身份管理架构将身份提供者作为生态系统的核心，而可验证凭证架构将持证方作为生态系统的核心。这一点对于了解可验证凭证的理念至关重要：用户非常重要，因为他们决定将向谁签发可验证凭证。这同联邦化身份管理的理念形成鲜明对比：身份提供者至关重要，他们决定谁可以获得用户的身份属性。

全球最大的联邦化身份管理基础设施之一是 eduGAIN，由来自世界各地的数千名大学身份提供者及众多学术服务提供者组成，它直截了当地指出了联邦化身份管理的主要缺陷：用户群体认为，身份提供者公布的属性不充分，这是 eduGAIN 目前面临的主要问题。

联邦化身份管理提出了这一要求，这是因为身份提供者必须信任服务提供者能够保护用户所发送属性的隐私并保密。在可验证凭证生态系统中，这种联系被打破了。发证方将用户的身份属性作为可验证凭证中的特征发送给用户，由用户决定如何处理这些属性，这同将实物证书发送到用户的物理钱包的处理方式一样。发证方并不知晓用户将可验证凭证提供给哪些验证方（除非用户或验证方告知发证方）。因此，发证方不再需要信任验证方，这是传统联邦化身份管理系统信任模型与可验证凭证系统信任模型的根本区别。

7.3.2 可验证凭证信任模型中的具体信任关系

联邦化身份管理信任模型和可验证凭证信任模型之间的明显区别如图 7.2 所示。这里介绍 3 个主要角色即发证方、持证方和验证方及其与 3 个技术组件即持证方代理、钱包和可验证数据注册表的关系，其中信任关系用箭头表示。

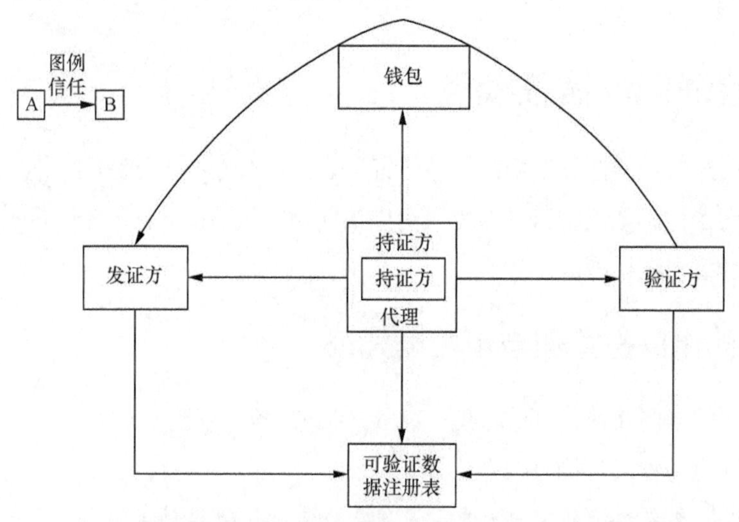

图 7.2　可验证凭证信任模型，持证方位于中间，验证方只需要信任发证方及各方信任的可验证数据注册表

让我们更深入地研究这里描述的每一种信任关系。

（1）对于验证方收到可验证凭证中相关对象的特征，验证方须信任发证方是这方面的权威。此外，验证方通常会信任一所大学对某个学科的学位资格具有权威性，但对于对象是高尔夫俱乐部成员这一特征，大学就不一定是这方面的权威。每个验证方决定自己的信任规则，不会强迫任何验证方信任任何可验证凭证或发证方。验证方根据其风险状况确定信任哪些发证方签发的可验证凭证。不过，为帮助验证方做出其信任决定，可验证数据注册表（或者发布治理框架的治理机构，见第 11 章）通常会包含已知的发证方列表，以及他们声明其在这方面是权威的相关特征。而验证方可以从这个列表中确定谁可信任以及信任这份清单的哪些内容。

（2）因此，所有参与者均相信可验证数据注册表是可防止篡改的，并按照最新情况准确记录哪些实体，控制哪些数据。值得注意的是，我们说的是防篡改，而不是不可篡改。世界上没有任何系统可以阻止顽固攻击者篡改数据，但可验证数据注册表可帮助用户检测数据是否被篡改。

（3）对象 / 持证方和验证方均须信任发证方签发的可验证凭证真实有效。没有任何人会信任弄虚作假的发证方。

（4）对象 / 持证方和验证方均必须信任发证方能够在发现可验证凭证被破坏或不再真实有效的情况下及时撤销证书。这项政策由发证方自行决定。发证方可采取的最佳做法是公布撤销时限，这对于验证方的风险缓解策略至关重要。在某些情况下，相关对象可能发现发证方提供的信息过时，相应的可验证凭证有错误，但却发现很难让发证方更新其数据库并重新签发可验证凭证。因此，第 7.8.2 节将进一步讨论争议程序。

（5）持证方相信其钱包可以安全地存储可验证凭证，不会将可验证凭证发放给持证方以外的任何人，也不会允许可验证凭证在存储过程中遭到损坏或丢失。

这个信任模型相对简单，几乎与我们数十年来一直使用的实物证书的信任模型一模一样。这也是可验证凭证生态系统的主要优势之一，因为它的工作方式与现实世界中的信任一样，并没有将一个身份提供者人为介入用户的所有关系。

7.3.3 自下而上的信任

认证系统的首要理念通常是“保护个人身份”，就像在公钥基础设施领域一样。然而，这种自上而下的信任方法导致信息和权限集中、少数商业实体占据主导地位，以及个人没有隐私。可验证凭证采取自下而上的信任方式，力求避免这些不足。

迄今为止，采用可验证凭证面临的最大挑战之一是需要简化可验证凭证信任模型。运营全球联邦化身份管理系统的互联网巨头目前占据主导地位（网站上随处可见的“登录”按钮），它们费尽心机，让互联网用户相信，它们是验证方唯一可信任的数据来源。然而，线下有数百万的证书发证方和验证方，整个系统是分布式的。这种信任关系是直接在持证方和验证方之间建立的对等“成对”关系，有时被称为信任网模型，是可验证凭证效仿的自下而上的信任模型。本书第 3 部分和第 4 部分提供了这方面的许多实例。

7.4 万维网联盟和可验证凭证标准化过程

可验证凭证的工作最初是由 W3C 网络支付兴趣小组负责的一部分工作。W3C 是界定超文本标记语言（HTML）、网络编程语言和其他网络互操作性关键标准的标准机构。网络支付兴趣小组的工作是负责让网络支付实现标准化。换言之，如何实现直接通过网络浏览器的方式支付。

这需要找到一种方式验证个人身份。因此，网络支付兴趣小组成立了可验证声明工作组，探索万维网联盟是否能在这一领域卓有成效地开展工作。这个新的非标准跟踪小组主要由来自网络支付兴趣小组和万维网联盟证书社区小组（另一个非标准跟踪小组，正在研究所有与数字凭证相关的内容）的成员组成。

可验证声明工作组制定了最初的规范，并从中得出结论，万维网联盟确实可在这一领域提供卓有成效的帮助。可验证声明工作组于 2017 年 5 月解散，并将其规范移交给新成立的万联网联盟标准跟踪可验证声明工作组。最初，该规范被命名为可验证声明数据模型和语法规范，经过一年卓有成效的工作，可验证声明工作组将该名称更名为可验证凭证数据模型 1.0（Verifiable Credential Data Model 1.0）。

此时，你可能想知道为何这个小组被命名为可验证声明工作组，而规范名称却在探讨可验证凭证。在这方面，工作组的最初支持者相信，现在仍然相信——这项工作涉及创建可验证凭证，其中每个证书可包含同一发证方的一项或多项声明。标准跟踪工作组成立后，万联网联盟的一些成员反对使用“凭证”一词，因为他们担心在网络安全界，“凭证”一词仅指用户名和密码。而随着可验证声明工作组开始运作，更多人士参与进来，这种担忧一扫而尽。显而易见，“凭证”一词确实恰如其分。

7.5 语法表示

在深入研究如何用具体的语法表示数据模型之前，先描述一般的数据模型。由于用具体实例来解释数据模型要容易得多，因此，在这一节中，我们给出了通过规范定义的具体表示。这些为我们后文所列实例提供了支持。在介绍这些实例中的各种属性或特点（第 7.6 节中将给出这些定义）前，先来介绍一些背景。

7.5.1 JSON

可验证凭证数据模型 1.0 规范定义的两种语法表示均基于 JavaScript 对象简谱（JSON），JSON 简化了用于表示 JavaScript 编程语言中数据项的语法。本小节简要介绍了 JSON，接下来各小节简要介绍了基于 JSON 的可验证凭证数据模型规范中定义的两种语法表示。

注：尽管 JSON-LD 和 JWT 这两种语法表示是 1.0 规范中唯一定义的表示，但预计将来还会定义其他表示。

JavaScript 对象由外部的一对花括号组成，花括号包含零个或多个由逗号分隔的键值对（key），其中每个键值对都是一个键字符串、一个冒号和一个值。在任何两个部分之间，空白可忽略。键被称为对象的属性，值指属性的值。以下是一些实例。

```
{height:5, width:7}
{"my height":75, "your height": 63}
{direction:"left",
 coordinates1: {up:7, down:2},
 coordinates2: {up:3, down:5},
 magnitude: -6.73986
}
```

在第一个例子中，第一个键字符串是“高”，它的值是 5；第二个密钥字符串是“宽”，它的值是 7。

请注意，默认键指的是字母数字字符序列（以字母开头），没有空格，但可以通过引用字符串来引入空格。该值可以是字符串、整数、浮点值或其他对象。一些不带引号的字符串在 JavaScript 中使用时有特殊含义。示例包括“对”“错”和“无效”。

7.5.2 不局限于JSON：添加标准化属性

JSON 允许直接表示任何树结构的数据，但是 JSON 对象没有标准的属性集。通过使可验证凭证的一组属性实现标准化，可以自动创建和使用这些证书。接下来的两个小节描述了如何使用 JSON-LD 和 JWT 这两种不同的语法来表示具有标准化属性的可验证凭证数据。每种语法表示中对数据模型至关重要的属性可以在两种格式之间一一映射。

7.5.3 JSON-LD

JSON 传输互联数据使得合并结构化模式 schemas 中定义的属性变得轻而易举。JSON-LD 处理器知道如何自动使用这些模式来查看模式的各种属性，期望得到什么类型的值。

在 JSON-LD 中，会在 @context 属性的值中列明期望模式的位置。然后，类型属性指明使用这些位置中的哪些特定模式。这些反过来定义了允许的属性。

在下面的示例中，我们使用了来自可验证凭证模式属性和来自 Person 模式的 alumniOf 属性。

```
{
  "@context": [
    "https://[illegible]",
    "https://[illegible]",
  ],
  "id": "http:// [illegible]",
  "type": ["VerifiableCredential", "Person"],
```

```
  "credentialSubject": {
    "id": "did:example:ebfeb1f712ebc6f1c276e12ec21",
    "alumniOf": "Example University"
  },
  "proof": { ... }
}
```

这种命名方法非常灵活，因为任何人都可以创建一个新的模式 [称为“上下文”（context）]，将其发布在互联网上一个稳定的 URL 上，然后在可验证凭证中引用其属性。由于前面的示例只关心 alumniOf 属性，我们可以创建一个新的、更具体的 JSON-LD 上下文，称为 AlumniCredential，它只包含一个属性 alumniOf。

JSON-LD 上下文有一个重要方面，即 URL 和模式定义必须稳定且保持不变。这允许上下文和模式定义只被查找一次（自动或手动），并且此后使用时没有任何可能改变这些定义。注意，非常重要的一点是，可以在不动态获取上下文信息的情况下使用可验证凭证的 JSON-LD 语法。本质上，可将这些上下文视为最典型的独立名称空间，因此某个人对 alumniOf 的定义不必与其他人给出的定义相同。当上下文发生变化时，就会知晓它们并非同一件事。JSON-LD 的这个特性在可验证凭证中非常有用，因为可验证凭证数据模型意在成为开放性世界（openworld）数据模型，可以随时添加用户定义的属性。

与可验证凭证数据模型规范一样，本章使用 JSON-LD 作为大多数示例的默认语法。

7.5.4 JWT

JSON Web Tokens（RFC 7519）发音为“J W Ts”或“Jots”，这是以前使用的标准化方法，利用 JSON 表示可签名声明或证明。这种语法便于转换成二进制表示，这种表示在使用空格时非常精确，并且易于压缩以减少存储和传输成本。鉴于基于 JWT 的生态系统非常宽泛，有必要找到一种方法在 JWT 中表示可验证凭证和可验证表达。

JWT 分为 3 个部分：头部、载荷和（有载荷的）可选签名。就我们的目的而言，头部及其属性值并不是特别有意义，但是在可验证凭证数据模型规范中进行了概述。由于 JWT 载荷本质上是 JSON-LD 可验证凭证的重构，理解可验证凭证 JWT 语法的最简单方法是首先生成 JSON-LD 语法，然后再进行转换。最常见的属性映射如下。

（1）用 jti 替换 id 属性。

（2）用 iss 替换 issuer 属性。

（3）将 issuanceDate 替换为 iat，并将日期格式更改为 UNIX 时间戳（NumericDate）。

（4）用 exp 替换 expirationDate，并将日期格式改为 UNIX 时间戳（NumericDate）。

（5）删除 credentialSubject.id 属性，并创建一个具有相同值的子属性。

使用类似程序将可验证表征转换成 JWT 载荷，其细节在规范中加以解释。如果在可验证凭证中提供了 JSON Web 签名，可证明是可验证凭证的发证方；在可验证表征中，则可证明是可验证表征的持证方。如果使用其他证明信息，仍然可以提供可验证凭证证明属性，例如，基于零知识的方法。

完成前面的转换之后，任何其他剩余属性（包括证明，如果存在的话）都被移动到新的 JWT 自定义声明可验证凭证（或用于表达的可验证表征）下的一个新的 JSON 对象中。

举例而言，我们来看一个 JSON-LD 可验证凭证（不包括证明）。

```
{
  "@context": [
    "https://www.w3.org/2018/credentials/v1",
    "https://schema.org"
  ],
  "id": "http://example.edu/credentials/1872",
  "type": ["VerifiableCredential", "Course"],
  "credentialSubject": {
    "id": "did:example:ebfeb1f712ebc6f1c276e12ec21",
    "educationalCredentialAwarded":
      "Bachelor of Science in Mechanical Engineering"
  },
  "issuer": "did:example:abfe13f712120431c276e12ecab",
  "issuanceDate": "2019-03-09T13:25:51Z",
  "expirationDate": "2019-03-09T14:04:07Z"
}
```

在转换为 JWT 载荷后，相同的可验证凭证看起来有点像这样（注意，加密随机数——在加密通信中只能使用一次的任意数字——是 JWT 的一个特点，并非从原始 JSON-LD 可验证凭证衍生而来）。

```
{
  "sub": "did:example:ebfeb1f712ebc6f1c276e12ec21",
  "jti": "http://example.edu/credentials/3732",


  "iss": "did:example:abfe13f712120431c276e12ecab",
  "iat": "1541493724",
  "exp": "1573029723",
  "nonce": "660!6345FSer",
  "vc": {
    "@context": [

      "https://www.w3.org/2018/credentials/v1",
      "https://schema.org"
    ],
    "type": ["VerifiableCredential", "Course"],
    "credentialSubject": {
      "educationalCredentialAwarded":
        "Bachelor of Science in Mechanical Engineering"
    }
  }
}
```

这个描述旨在让经验丰富的 JWT 用户大致了解这个转换过程是如何进行的，并让其他人知道 JWT 语法的存在。整个基于 JWT 的语法框架相当广泛，对于可验证凭证和可验证表征来说，各部分如何协同工作非常微妙。这些问题最好通过阅读可验证凭证数据模型规范来回答。

7.6 基本VC属性

最基本的 VC 只需要保存 6 条信息（被编码为 JSON 属性），如图 7.3 所示。

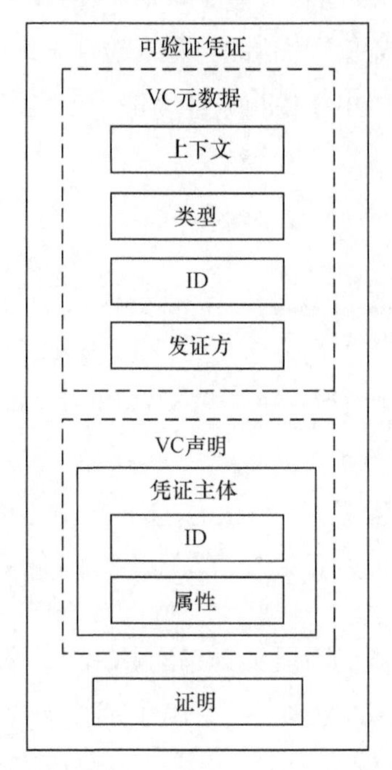

图 7.3 基本 VC 结构显示了 VC 元数据 (VC metadata)、VC 声明 (VC claim) 和证明 (Proof) 部分

下面将介绍 JSON 的每个属性。

（1）@context（上下文）——当人们交流时，他们需要知道使用什么语言和词汇。虽然用于 VC 的默认编码语言是 JSON-LD，但这并没有告诉我们 VC 可能包含哪些 JSON 属性。@context 属性可以告诉我们 VC 中使用了哪些词汇。在语法上，@context 包括一系列的一个或多个统一资源标识符。理想情况下，每个 URI 应该指向一个机器可读的文档，该文档包含验证方可以自动下载和配置的词汇。由于许多实施方案可能不太复杂，URI 可以交替地指向一个人类可读的规范，该规范允许管理员用必要的词汇配置验证方软件。请注意，@context 本身提供的信息（词汇）可能比验证方希望使用的更多。因此，VC 还包含类型属性。

（2）type（类型）——类型属性包含一个 URI 列表，用于表明这是哪种类型的 VC。验证方可以阅读类型列表，并快速确定他们是否能够理解和处理这个 VC。如果 VC 是验证方无法识别的类型，验证方可以立即拒绝它，而无须进一步处理。

（3）ID——ID 属性是由发证方创建的 VC 的唯一标识符。它由一个 URI 组成。这允许任何实体明确地引用此 VC。

（4）issuer（发证方）——发证方属性是发证方独有的标识符，它属于统一资源标识符（URI）。此 URI 可以指向完整描述发证方的文档（如 DID 指向 DID 文档），也可以包含发证方的域名系统（DNS）名称，而可验证数据注册中心可以包含发证方的更多细节，如它的 X.509 公钥证书。

（5）credentialSubject（凭证主体）——此属性包含发证方对主体所做的声明。它由主体的 ID 和发证方声明的关于主体的一组属性组成。在某些情况下，ID 可能丢失：比如不记名 VC（如音乐会门票）。由于 VC 的设计目的是保护主体的隐私，所以 ID 是主体的假名，以 URI 形式表示。一个主体可以有无数个假名，每个 VC 可以包含不同的 ID。这样，如果没有额外的信息，验证方无法知道具有不同主体 ID 的两个 VC 属于同一个个体。

注：选择性披露是 VC 可以支持的另一个隐私功能。推荐两种方法来实现这一点：要么在单个 VC（所谓的原子 VC）中包含绝对最少的属性（最好是一个），要么使用零知识证明（ZKP）VC。在前一种情况下，发证方可以发行一组原子 VC，而不是发行包含多个属性的复杂 VC。例如，一个完整的驾驶执照 VC 可能包含以下 4 个属性：姓名、地址、出生日期和车辆类别，而另一种情况是有 4 个原子 VC，每个 VC 包含一个属性和一个链接 ID（将它们全部链接在一起）。持证方可以有选择地披露他的驾驶执照上的个人属性。

（6）proof（证明）——为了使证书能够被验证，它需要签名，在 VC 数据模型规范中泛指证明。这样以加密方式证明发证方发行了此 VC，并且自发行以来未被篡改。每个 VC 必须包含证明属性，如果使用 JWT 语法，则必须包含 JSON Web 签名。因为人们设想了几种不同类型的证明，所以证明属性的内容没有单一的标准。如果使用此属性，则所有证明必须包含的一个公共属性是类型属性，它表明了证明的类型。

其他可选但通常非常有用的基本属性包括以下内容。

（1）issuanceDate（发证日期）——组合日期和时间，采用 ISO 8601 格式，在这个时间之后 VC 有效。请注意，它不一定是 VC 的实际发行日期，因为发证方可以在此日期之前或之后发行 VC，但它是 VC 生效日期。

（2）expirationDate（有效期）——ISO 8601 格式的组合日期和时间，在此时间之后 VC 无效。

（3）credentialStatus（凭证状态）——向验证方提供 VC 当前状态的详细信息：自其发布日期以来，它是否已被撤销、暂停、取代或以其他方式更改。这个属性是指，预期 VC 在到期日期前不会改变其状态，这个属性对于长期 VC 来说特别有用，但对于短期 VC 来说并非如此（VC 是短期还是长期取决于验证方对 VC 的使用申请和风险预测。对于股票市场交易来说，长期 VC 可能超过几秒钟；而对于护照来说，短期 VC 可能是 24 小时）。证书状态属性没有标准格式，但每个状态都必须包含 ID 和类型属性。ID 属性是这个证书状态实例的唯一 URL，验证方可以通过 ID 属性获取这个 VC 的状态信息。类型属性说明证书状态的类型，而证书状态又规定了状态属性应包含哪些其他属性。

下面是一个用 JSON-LD 编码的 VC，它包含所有这些基本属性。

```
{
 "@context": [
    "https://[illegible]",
    "https://[illegible]"
  ],
  "id": "http://[illegible]",
```

```
    "type": ["VerifiableCredential", "UniversityDegreeCredential"],
    "issuer": "https://[illegible]",
    "issuanceDate": "2010-01-01T19:23:24Z",
    "expirationDate": "2020-01-01T19:23:24Z",
    "credentialSubject": {
      "id": "did:example:ebfeb1f712ebc6f1c276e12ec21",
     "degree": {
        "type": "BachelorDegree",
        "name": "Bachelor of Science in Mechanical Engineering"
      }
    },
    "credentialStatus": {
      "id": "https://[illegible]",
      "type": "CredentialStatusList2017"
    },

    "proof": {
       "type": "RsaSignature2018",
      "created": "2018-06-18T21:19:10Z",
      "verificationMethod": "https://[illegible]",
      "nonce": "c0ae1c8e-c7e7-469f-b252-86e6a0e7387e",
      "signatureValue": "BavEll0/I1zpYw8XNi1bgVg/sCneO4Jugez8RwDg/+
        MCRVpjOboDoe4SxxKjkCOvKiCHGDvc4krqi6Z1n0UfqzxGfmatCuFibcC1wps
        PRdW+gGsutPTLzvueMWmFhwYmfIFpbBu95t501+rSLHIEuujM/+PXr9Cky6Ed
        +W3JT24="
    }
  }
```

需要注意以下几点。

（1）一个 VC 可以包含多个声明，其中每个声明是关于不同的证书主体的。例如，结婚证 VC 可以包含一个关于主体 ID 甲的声明和另一个关于主体 ID 乙的声明。第一项声明的属性可以是“与主体 ID 乙结婚”，第二项声明的属性可以是“与主体 ID 甲结婚”。

（2）一个 VC 可以包含多份证明。例如，一个高度机密或有价值的 VC 可能需要发行公司的两名董事签名。

（3）VC 可以选择由持证方打包到可验证表征（VP）中。

7.7 可验证表征

VP 是持证方可以将几个 VC 组合起来发送给验证方的一种方式。它与 VC 非常相似，因为它包含关于表征的元数据及持证方签名的证明。然而，现在的内容是一组 VC 而不是一组声明，如图 7.4 所示。

VC 和 VP 之间的一个显著区别是 VP 缺少发证方属性。如果发证方属性存在，它将包含持证方的 ID，事实上，规范的草案确实包含了这一点。当发证方属性存在时，如果 VP 发证方的 ID 等于证书主体的 ID，验证方很容易确定持证方是被封装的 VC 主体。但是，为了使 ZKP 在实施中不至于被迫暴露持证方的 ID，这一属性被删除了。对于非 ZKP VC，预计验证方可以从发送 VP 前的协议交换中确定持证方，也可以从 VP 的证明属性（可以包含签名者的标识符）来确定。

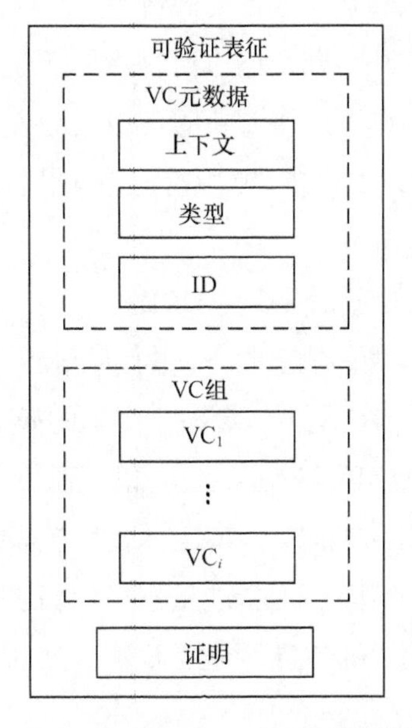

图 7.4　一个 VP 包含一组 VC 及与其相关的元数据

VP 和 VC 之间的另一个区别是，VP 的 ID 属性是可选的。只有当持证方想在以后的场合单独提到这个 VP 时，才需要显示 ID 属性。

与 VC 类似，一个 VP 可能包含多份证明。例如，假设一个持证方有几个 VC，每个 VC 具有标识持证方的不同证书主体 ID，这意味着每个 VC 有不同的非对称密钥对，持证方可以将 VP 发送到包含这组 VC 和一组证明的验证方，其中每份证明由密钥对之一创建。

对于 VC 和 VP 的用户来说，除非他们专门谈论 VP，否则通常都将两者笼统地称为 VC。

7.8　更高级的VC属性

VC 是使用开源的模型开发的，这意味着任何人都可以向 VC 添加适合其应用程序需求的任何属性。然而，可验证声明工作组（VCWG）认为有几个属性对一系列应用程序普遍有用，本节将对这些属性进行介绍。以下部分描述了 VCWG 给应用程序设计人员的建议，即如果他们希望扩展 VC、保持与 W3C 规范一致并与其他应用程序实现互操作，他们应遵循哪些规则（当然，任何人都可以以他们希望的任何方式扩展 VC，但在这种情况下，他们不应该期望其他实施方案与他们的实施方案能实现互操作）。

7.8.1　刷新服务

人们把 VC 设计为使用期限有限出于两个原因：一是随着时间的推移，加密效果会变得越来越弱，因此需要建立增强的证明机制；二是人们的状况和证书随着时间的变化而变化。举一个很好的例子，就是根据年龄相关属性或特定年级学生 ID 而设计的 VC。

刷新服务属性允许发证方控制并提供有关刷新或更新当前 VC 详细信息的方法。如果发证方希望验证方知道 VC 刷新方法，则发证方可以将刷新服务属性写入 VC。如果发证方只想让持证方知道 VC 刷新方法，则不应将刷新服务属性写入 VC，而应将其写入封装了发证方发送给持证方的 VC 的 VP 中，因为该 VP 由持证方保留，不会转发给其他任何人。

刷新服务属性包含两个强制属性。

（1）ID——查询者可以获得刷新后 VC 的 URL。

（2）type——说明这是什么类型的刷新服务，并控制刷新服务属性应该包含哪些其他属性。

如果验证方想知道所提交的 VC 是否包含关于主体的最新信息，则可以使用刷新服务来查找。然而，这样做有 2 个注意事项。一是，这可能会侵犯主体的隐私，因为发证方现在知道主体的 VC 已经提交给了特定的验证方。二是，验证方需要被授权才能访问发证方的刷新服务（因为发证方不太可能向任何提出要求的人发布主体的 VC）。然而，如果验证方已经被授权，则它已经知道刷新服务的详细信息，并且不需要咨询刷新服务属性。因此，通常不建议将刷新服务属性写入 VC。

相反，如果主体/持证方知道 VC 即将到期，或者他们的 VC 中的属性（声明）已经过期（发证方知道新的属性值），那么在 VP 中使用刷新服务属性是持证方获得更新的 VC（发证方同时撤销旧 VC）的一种简单方法。

第 7.8.4 节中的清单 7.1 给出了一个包含刷新服务属性的 VC 示例。

7.8.2 争议

有时，发证方持有关于主体的过期信息，但主体不能强迫发证方更新其数据库并发布修订的 VC。有时，某个人是身份盗窃的受害者，攻击者通过使用伪造 VC 伪装成他们。在这两种情况下，存在的 VC 都是假的，合法主体希望撤销它们。如果发证方在这些情况下行动迟缓，合法主体该怎么办？答案是有争议的。这与普通 VC 的不同之处在于以下 4 点。

（1）发证方被设置为合法主体的 URI。

（2）它是由合法主体而不是原发证方签名的。

（3）证书主体的属性 ID 包含有争议的 VC 的 ID。

（4）证书主体属性还应包含以下内容。

① 一个当前状态属性，其值设置为 Disputed（有争议的）。

② 一个状态原因属性，其值设置为争议的原因。目前这是一个自由格式的字符串，而不是一个编码值，但预计未来会有标准化的原因代码。

③ 如果有争议的 VC 只有一部分是错误的，而它的一些声明是正确的（即它不是原子 VC），那么证书主体属性也可以包含对有争议的声明的引用。

在合法主体持有过期或不正确的 VC 的情况下，有争议的 VC 和争议证书都可以被发送给验证方。然后，验证方可以验证主体在两个 VC 中是相同的，并确定有争议的属性。

如果黑客正在对合法的主体进行身份盗窃，或者阻断服务的攻击者试图使验证方怀疑有效 VC，则有争议的 VC 中的主体与签署有争议证书的主体不同。在这种情况下，验证方应该忽略争议证书，除非验证方有一些带外方法来评估其有效性。验证方必须为如何处理这些情况建立自己的策略。

下面是一个有争议证书的例子。

```
{
      "@context": [
            "https://www.w3.org/2018/credentials/v1",
            "https://www.w3.org/2018/credentials/examples/v1"
      ],

      "id": "https://example.com/credentials/123",
      "type": ["VerifiableCredential", "DisputeCredential"],
      "credentialSubject": {
            "id": "https://example.com/credentials/245",
            "currentStatus": "Disputed",
            "statusReason": "Address is out of date"
      },
      "issuer": "https://example.com/people#me",
      "issuanceDate": "2017-12-05T14:27:42Z",
      "proof": {
            "type": "RsaSignature2018",
            "created": "2018-06-17T10:03:48Z",
            "verificationMethod": "did:example:ebfeb1f712ebc
            6f1c276e12ec21/keys/234",
            "nonce": "d61c4599-0cc2-4479-9efc-c63add3a43b2",
            "signatureValue": "pYw8XNi1..Cky6Ed="
      }
}
```

7.8.3 使用条款

当今，大多数实体 VC 都受到使用条款的约束。有些条款写在一张塑料卡上，而有些在网站上发布，塑料卡上有网页的 URL。印在实体卡上的使用条款包括“不可转让”和“只有授权签字人才能使用此卡”。参考网站的示例包括“进入 <URL> 以了解会员的全部详细信息”或“进入 <URL> 了解使用条件”。

向 VC（或 VP）添加使用条款的标准方法是使用条款属性。发证方指定的条款通常存在于 VC 中，这些条款适用于持证方和任何验证方。由持证方指定的条款存在于 VP 中，仅适用于验证方。与基本 VC（或 VP）的所有扩展一样，使用条款属性必须包含它的类型，因为类型控制了其内容。ID 属性是可选的，但是如果存在，它应该指向一个网页，在该网页上可以获得该 VC（或 VP）的使用条款。

如果使用条款要接受持证方的 VC（或 VP），建议其应规定验证方的行为。

（1）必须履行（义务）。

（2）不得执行（禁令）。

（3）可以执行（许可）。

更复杂的使用条款可能会规定何时应该进行这些操作："在接受此 VC 时通知主体""在 2 周后删除此信息""将此 VC 存档达一年"等。列表 7.1 显示了一个示例使用条款的属性。

7.8.4 证据

VC 生态系统是建立在信任基础上的。然而，信任很少是二元的（开或关）。它通常是有条件的。我可以把 50 美元交给你，但不能把 5000 美元交给你。与此类似，验证方可以信任 VC 发证方，但验证方对发证方和其所发行的 VC 的信任程度可能取决于发证方采取的程序、所使用加密算法的强度、所收集的证据、持证方希望执行的服务等。证据属性是为发证方设计的，以帮助验证方确定它对 VC 中声明的信任程度。

认证系统具有确信度级别（LOA）的概念。正如被广泛遵循的原始 NIST 标准所定义的那样，认证系统是四级度量，将其对验证方认证强度的置信水平告知接收者。这种认证系统已经被 NIST 更复杂的 LOA 矩阵所取代，因为经验表明，简单的 LOA 不足以表达用户认证的内在复杂性。

VC 和身份验证令牌一样复杂，甚至更复杂。因此，VCWG 没有像认证 LOA 那样在 VC 中插入一个简单的固定度量，而是采用了使用证据属性的开放式方法。这使得发证方可以在 VC 中写入它想要的任何信息，这样就可以帮助验证方确定它对 VC 声明的信任程度。它还提供了面向未来的功能：随着 VC 获得更多的动力和用户体验，证据属性的使用必然会变得更加复杂。

和往常一样，每个证据属性都必须包含其类型，因为这决定了它是什么类型的证据，以及证据必须包含哪些其他属性。ID 是一个可选字段，它应该指向可以找到关于这个证据实例的更多信息的地方。清单 7.1 包括了证据属性的示例。

清单 7.1　包含几个高级属性的复杂 VC

```
{
      "@context": [
            "https://[illegible]",
            "https://[illegible]"
      ],
      "id": "http://[illegible]",
      "type": ["VerifiableCredential", "UniversityDegreeCredential"],
      "issuer": "https://[illegible]",
      "issuanceDate": "2010-01-01T19:23:24Z",
      "credentialSubject": {
            "id": "did:example:ebfeb1f712ebc6f1c276e12ec21",
            "degree": {
                  "type": "BachelorDegree",
                  "name": "Bachelor of Science in Mechanical Engineering"
            }
      },
      "credentialSchema": {
            "id": "https://[illegible]",
            "type": "JsonSchemaValidator2018"
      },
```

```
"termsOfUse": {
        "type": "IssuerPolicy",
        "id": "http://example.com/policies/credential/4",
        "profile": "http://example.com/profiles/credential",
        "prohibition": [{
            "assigner": "https://example.edu/issuers/14",
            "assignee": "AllVerifiers",
            "target": "http://example.edu/credentials/3732",
            "action": ["Archival"]
        }]
    },
    "evidence": [{
        "id": "https://example.edu/evidence/f2aeec97-fc0d-42bf-
        8ca7-0548192d4231",
        "type": ["DocumentVerification"],
        "verifier": "https://example.edu/issuers/14",
        "evidenceDocument": "DriversLicense",
        "subjectPresence": "Physical",
        "documentPresence": "Physical"
    }, {
        "id": "https://example.edu/evidence/f2aeec97-fc0d-42bf-
        8ca7-0548192dxyzab",
        "type": ["SupportingActivity"],
        "verifier": "https://example.edu/issuers/14",
        "evidenceDocument": "Fluid Dynamics Focus",
        "subjectPresence": "Digital",
        "documentPresence": "Digital"
    }],
    "refreshService": {
        "id": "https://example.edu/refresh/3732",
        "type": "ManualRefreshService2018"
    },
    "proof": {
        "type": "RsaSignature2018",
        "created": "2018-06-18T21:19:10Z",
        "verificationMethod": "https://example.com/jdoe/keys/1",
        "nonce": "c0ae1c8e-c7e7-469f-b252-86e6a0e7387e",
        "signatureValue": "BavEll0/I1zpYw8XNi1bgVg/s...W3JT24 = "
    }
}
```

7.8.5 当持证方不是主体时

在许多 VC 的使用情况中，主体和持证方是同一个实体。验证方可以通过确保 VC 中的证书主体 ID 与签署 VP 的持证方的身份相同来确定这一点。但那些持证方和主体不同的情况呢？比如主体是宠物、物联网设备或持证方的亲属时，验证方如何知道合法持证方和攻击者之间的区别？前者是在主体和发证方的完全许可下获得 VC 的，后者是从合法持证方那里窃取 VC 的（出于安全目的，主体和发证方都应该允许转让 VC。VCWG 正在对发证方授权的方式进行标准化，在这种方式下不得转让 VC）。例如，假设我偷了你的处方 VC，把它带到药房，这样我就可以获得你的药物。药剂师怎么知道你授意其持有药方的朋友与声称是你朋友的人之间的区别？

VC 数据模型规范包含以下 4 种建议方法。然而，在 1.0 版中没有对任何一种方法进行标准化，因为现在确定把哪一种方法作为首选方法还为时过早。

（1）发证方向主体发行 VC，主体将 VC 转给持证方；然后主体向持证方发出一个非常相似的新 VC。此新 VC 包含与原始 VC 相同的证书主体属性值，但现在持证方是主体，而原始主体是新 VC 的发证方。清单 7.2 提供了这种“传递”示例。

（2）发证方向主体发布 VC，主体将 VC 转给持证方；然后主体向持证方发出一个关系 VC，表明他们之间的关系。清单 7.3 提供了关于 VC 关系的示例。

（3）发证方直接向持证方（不是主体）发行 VC，然后发证方还向持证方发行关系 VC，表明主体与持证方之间的关系。

（4）发证方向主体发出 VC，其中包含关系声明，该声明表明了主体与第三方之间的关系。现在，主体可以将 VC 传递给第三方，使其立即或以后成为持证方。例如，可以向子级发出 VC，其中包含对其父级 ID 的关系声明。清单 7.4 提供了这样的示例。

清单 7.2　VP——包含了经确认的传递给持有人的 VC

```
{
      "id": "did:example:76e12ec21ebhyu1f712ebc6f1z2,'
      "type": ["VerifiablePresentation"],
      "credential": [{
                  "id": "http://[illegible]",
                  "type": ["VerifiableCredential",
                     "PrescriptionCredential"],
                  "issuer": "https://[illegible]",
                  "issuanceDate": "2010-01-01",
                  "credentialSubject": {
                        "id":
    "did:example:ebfeb1f712ebc6f1c276e12ec21",
                        "prescription": {
                              "drug1": "val1"
                        }
                  },
                  "revocation": {
                        "id": "http://[illegible]",
                        "type": "SimpleRevocationList2017"
                  },
                  "proof": {
                        "type": "RsaSignature2018",
                        "created": "2018-06-17T10:03:48Z",

                   },
                   "proof": {
                        "type": "RsaSignature2018",
                        "created": "2018-06-17T10:03:48Z",
                        "verificationMethod":
                         "did:example:ebfeb1f712ebc6f1c276e12ec21/
                         keys/234",
                        "nonce": "d61c4599-0cc2-4479-9efc-
    c63add3a43b2",
                        "signatureValue": "pYw8XNi1..Cky6Ed="
                   }
            }
      ],
      "proof": {
            "type": "RsaSignature2018",
            "created": "2018-06-18T21:19:10Z",
            "verificationMethod":
                "did:example:76e12ec21ebhyu1f712ebc6f1z2/keys/2",
            "nonce": "c0ae1c8e-c7e7-469f-b252-86e6a0e7387e",
            "signatureValue": "BavEll0/I1..W3JT24="
      }
}
```

```
                        "verificationMethod":
                         "did:example:ebfeb1f712ebc6f1c276e12ec21/
                         keys/234",
                        "nonce": "d61c4599-0cc2-4479-9efc-
c63add3a43b2",
                        "signatureValue": "pky6Ed..CYw8XNi1="
                }
        },
        {
                "id": "https://[illegible]",
                "type": ["VerifiableCredential",
                    "PrescriptionCredential"],
                "issuer": "did:example:ebfeb1f712ebc6f1c276e12ec21",
                "issuanceDate": "2010-01-03",
                "credentialSubject": {
                        "id":
"did:example:76e12ec21ebhyu1f712ebc6f1z2",
                        "prescription": {
                                "drug1": "val1"
                        }
                },
```

清单 7.3　关系 VC——发布给标识子级的父级

```
{
      "id": "[illegible]",
      "type": ["VerifiableCredential", "RelationshipCredential"],
      "issuer": "[illegible]",
      "issuanceDate": "2010-01-01T19:23:24Z",
      "credentialSubject": {
            "id": "did:example:ebfeb1c276e12ec211f712ebc6f",
            "child": {
                  "id": "did:example:ebfeb1f712ebc6f1c276e12ec21",
                  "type": "Child"
            }
      },
      "proof": {
            "type": "RsaSignature2018",
            "created": "2018-06-18T21:19:10Z",
            "verificationMethod":
                  "did:example:76e12ec21...12ebc6f1z2/keys/2",
            "nonce": "c0ae1c8e-c7e7-469f-b252-86ijh767387e",
            "signatureValue": "BavEll0/I1..W3JT24="
      }
}
```

清单 7.4　子 VC——包含父级标识

```
{
      "id": "http://[illegible]",
      "type": ["VerifiableCredential", "AgeCredential",
            "RelationshipCredential"],
      "issuer": "https://[illegible]",
      "issuanceDate": "2010-01-01T19:23:24Z",
      "credentialSubject": {
            "id": "did:example:ebfeb1f712ebc6f1c276e12ec21",
            "ageUnder": 16,
            "parent": {
                  "id": "did:example:ebfeb1c276e12ec211f712ebc6f",
                  "type": "Mother"
            }
      },
      "proof": {
            "type": "RsaSignature2018",
```

```
            "created": "2018-06-18T21:19:10Z",
            "verificationMethod":
                 "did:example:76e12ec21ebhyu1f712ebc6f1z2/keys/2",
            "nonce": "c0ae1c8e-c7e7-469f-b252-86e6a0e7387e",
            "signatureValue": "BavEll0/I1..W3JT24="
        }
    }
```

7.9 可扩展性和模式

如前所述，可验证凭证以开放模式为基础，这意味着任何人都可以按自己希望的任何方式随意扩展可验证凭证——在可验证凭证数据模型规范中的说法是“无须许可即可创新”。开放的可扩展性最大限度地扩大了可验证凭证的应用领域，这是因为所有应用程序开发人员都可以扩展可验证凭证，用以满足其自身应用程序的要求。不过，这种可扩展性如果控制不当，可能会导致缺乏互操作性，因为软件 A 可能无法理解软件 B 传输过来的可验证凭证。

这并非是新出现的问题，X.509 证书也存在同样的问题。开发人员对这个问题的解决办法是，允许证书的内容以任何人希望的任何方式扩展，但是要求每次扩展必须用全球独一无二的对象标识标记（对象标识形成层次分明的数字树，节点的控制权委托给下一层级，可将对象标识看作数字形式的 DNS）。这种解决方案的缺点是，全球性的对象标识没有注册，因此软件 A 可能不知道软件 B 所使用的可扩展性意义何在。这促使互联网工程任务组（IETF）公钥基础设施工作小组（PKIX）团队使数十个可扩展性实现了标准化，并发布了自己的对象标识，这样所有人均可知扩展的含义。然而，这种机制非常烦琐，耗时耗力，有必要找到更好的解决方案。

可验证凭证找到了一种新方法来解决可扩展性问题，即利用互联网发布应用程序开发人员发明的所有扩展程序，并要求可验证凭证在编码中包含以下内容。

（1）如前所述，有了可验证凭证的 @context，发证方、持证方和验证方就可根据可验证凭证的词汇表（属性和别名）确定符合实际情况的情境，从而理解可验证凭证的内容。对于非 JSON-LD 用户来说，@context 属性确定的一点是，@context 下的内容可以是嵌套式的（通常是），因此可能需要探索几个层级才能了解完整的整套定义。

（2）这是什么类型的可验证凭证——正如我们之前看到的，确定类型后，可以让验证方快速查看它是否支持这种类型的可验证凭证。如果不支持，则立即拒绝，不需要做进一步处理。

（3）这种可验证凭证使用什么模式——不同类型的可验证凭证包含不同的属性，@context 和 credentialSchema 属性表明可以在互联网的什么地方找到这些新属性的定义。清单 7.1 给出了 credentialSchema 属性的一个示例。对于非 JSON-LD 用户来说，相较于 @context 属性，credentialSchema 属性或许更容易理解，使用起来也更方便。

扩展可验证凭证的首选方法是使用 JSON-LD 语法及其内置的 @context 扩展机制，因为可验证凭证已经界定了如何扩展对象，从而最大限度地提高互操作性。然而，并不一定非得使用 JSON-LD，这是因为只要作为 JSON 的一种属性支持 JSON-LD 的 @context 特性，就可以仅使用 JSON。请记住，@context 属性为 URI 提供了简短的别名，使其更方便地在可验证凭证中被引用，还指明了可验证凭证核心属性的定义可以在互联网的什么地方找到。

如图 7.1 所示，在可验证凭证的生态系统图中通常显示这个可扩展性数据所在的可验证数据注册表。实际上，不需要单独的地方存储这些数据；通过一个或多个分布式区块链或通过 HTTPS 可访问的标准网页就可以实现数据存储。重要的是，作为可验证数据注册表的系统的寿命应足够长，至少能够持续到引用颁发的任何可验证凭证到期时。

7.10 零知识证明

第 6 章曾做过解释，“零知识证明”（ZKP）一词指的是一类加密算法或协议，目的是在不泄露秘密的情况下，证明了解特定秘密数值（如密码）。属于这一类别的算法包括零知识的简洁非交互式知识论证（ZK-Snarks）、零知识可扩展的透明知识论证（ZK-Starks）、防弹证明和环签名。

许多教程介绍了这种证明指的是什么，以及它们如何运作，不过我们只要了解这些证明能够完成以下一项或多项工作就足够了。

（1）在发证方不参与或不知道验证方是谁的情况下（数字签名），验证可验证凭证的声明。

（2）在保护持证方隐私的同时，验证可验证凭证的声明。

（3）在不披露其他声明的内容，甚至其他声明是否存在的情况下，允许有选择地披露可验证凭证的声明的一部分内容。

（4）允许将派生的声明出示验证方（如年满 18 周岁），而不是提供完整的声明（如出生日期）。

当可验证凭证用于大力保护隐私的情形或生态系统时，这些属性非常有用，在可验证凭证数据模型规范中采用的方法重视保护持证方的隐私的情况下尤其如此。在许多情况下，持证方同时也是相关对象，这就保护了对象的隐私。

在可验证凭证数据模型规范中，零知识证明的使用涉及以下 3 个阶段。

（1）发证方使用任何证明（签名）方法创建一个或多个“基础可验证凭证”。此外，每个证书中的 credentialSchema 属性都包含一个 DID，后者可以识别这个基础证书和指明将要使用的零知识证明系统的类型。其中一个系统是 Camenisch-lysiyanskaya 零知识证明系统（参考 *An Efficient System for Non-transferable Anonymous Credentials with Optional Anonymity Revocation*），也称为 CL 签名。

（2）对于持证方希望提交给验证方的每个可验证凭证，持证方会创建一个派生的可验证凭证。而在这个派生的可验证凭证中，credentialSchema 的内容与原始基础证书的内容完全相同，我们就是由此得知二者具有联系。不过，证明部分包含一份 CL 签名，能够使持证方证明知晓发证方在证书上的签名，但却不会泄露该签名。这意味着只有持证方可以证明这个签名，但却不会向可能会拦截该证书的其他任何人泄露持证方是谁。此外，这个派生的证书还支持选择性披露内容，可以仅披露基础可验证凭证声明的一部分内容。

（3）派生的可验证凭证放在持证方发给验证方的一个 VP 里。VP 的证明部分包含一份具有以下属性的 CL 签名：验证方可以证明知晓有证明表明，所有派生的证书都已颁发给具体持证方，但不会披露后一份证明。这意味着只有验证方而不是其他任何人才可以验证这份证明（验证方不能与任何其他人共享这份证明），然而 VP 的证明仍然没有向任何其他可能拦截 VP 的人透露持证方是谁。

可验证凭证数据模型规范中未体现这里的许多细节，这主要是因为零知识证明系统的变数很大。不过，可验证凭证和 VP 的数据模型和语法应该足以囊括各种基于零知识证明的证明类型。

7.11 协议和部署

可验证凭证数据模型 1.0 规范定义了可验证凭证和 VP 的格式和内容，可利用可验证凭证和 VP 将一组可验证凭证从发证方传递给持证方，以及将一组可验证凭证从持证方传递给验证方。但是，它没有定义传递和使用可验证凭证的协议，这个内容没有纳入范畴是为了让制定 1.0 规范的工作易于管理。显然，在可验证凭证身份生态系统开始运作之前，这些都是必要步骤。

使用自主管理身份的业界一直在尝试不同途径传递可验证凭证。第 5 章详细讨论了其中的几项协议。在本节中，我们将讨论一些额外的考虑因素。之前，我们概述了运行可验证凭证生态系统中最有可能涉及的步骤，这些步骤中的大多数仍然需要实现标准化。

（1）验证方如何描述获取其资源的政策（或要求）并将其传递给持证方？

（2）持证方如何向发证方申请可验证凭证？

（3）发证方如何告知持证方它能够发行哪些可验证凭证？

Digital Bazaar 在为网站开发的凭证处理程序应用程序接口（CHAPI）中首次展示了可验证凭证。网络上的一个常见问题是，网站的登录页面有若干可能的登录方式，例如，使用脸书账户、谷歌账户、领英账户登录等，这被称为“NASCAR 问题”，这是因为网站为了满足所有身份提供商，需要显示的徽标队伍就会日益壮大。使用 CHAPI 时，网络浏览器充当用户的中介，以标准化的方式向用户提供多种选择，目的是简化用户体验。不同的网站可以是可验证凭证存储 / 持证方（钱包）、可验证凭证发证方、可验证凭证验证方，也可以是这些的任意组合。

当用户访问证书存储站点以获得新钱包时，这一过程就宣告开始了。该网站利用 CHAPI

为 CredentialStoreEvents 和 CredentialRequestEvents 设置处理程序。浏览器代理保存网站的服务地址，并将此网站记录为证书存储库。然后，用户访问发证网站。

当网站调用证书管理 store() 方法时，浏览器会向用户显示要存储的证书以及可以存储证书的用户钱包列表。用户选择某一个钱包时，浏览器向钱包提供商的服务地址发送一个 CredentialStoreEvent，此时证书被从发证方发送到存储它的钱包（浏览器保存有关证书的“提示”）。

当用户访问证书请求网站（验证方）时，该网站利用所请求的证书类型调用证书管理 get() 方法，浏览器向用户显示有关所请求类型的可用证书列表的提示。当用户选择证书时，浏览器会向钱包提供商的服务地址发送一个 CredentialRequestEvent，此时钱包会将证书发送给请求者。请注意，钱包和证书选项仅通过浏览器代理呈现给用户，证书直接在钱包和发证方 / 验证方之间传输。

合著者 David Chadwick 在 2015 年定义了其中一个最早的可验证凭证生态系统。这个系统于 2016 年构建，后于 2017 年在欧洲身份会议上提出，其基础是增强（当时）的新的 FIDO 规范。在这个生态系统中，可验证凭证被保存在用户的手机上，并与验证方用于成对验证的 FIDO 密钥绑定。

这个系统使用第 1 章中讨论过的集中式和分布式身份模型的混合模型。持证方、发证方和验证方是分布式模型的对等体，它们通过用 FIDO 密钥建立的连接交流沟通。区块链组件被 FIDO 联盟的集中模式和密钥管理服务所取代。用户联系发证方时，发证方说明它可以发行作为可验证凭证的哪些身份属性，用户则决定他们想要哪些属性，通过这个步骤征得了发证方的同意，而这是 GDPR 的一项重要要求。

假设每个验证方需要提供一系列服务，而每项服务都有自己的授权政策，即可验证凭证要求访问特定资源。在用户浏览了验证方的服务并决定他们想要访问哪项服务之后，验证方将其具体政策发送到用户的设备上。用户设备上的代理搜索可从不同发证方获得可验证凭证，然后决定是否可以满足政策要求。如果可以满足，则从每个发证方请求可验证凭证，然后将其与验证方的 FIDO 公钥绑定。然后，这些被打包成一个 VP，再由用户（使用与验证方配对的私钥）签名。

通过这种方式，验证方接收到一组可验证凭证，每个可验证凭证都绑定到同一个公钥 ID 上，用户通过在 VP 上签名证明拥有所有权。该系统在大学生和一小部分英国国家健康服务患者中进行了测试，他们一致认为系统使用起来非常简便，比用户名和密码更好。

已经有许多用户使用了可验证凭证。例如，加拿大不列颠哥伦比亚省政府开发了可验证组织网络，作为商业证书的公共持证方。OrgBookBC 包含授予该省企业的公开许可和执照的可搜索注册表。尽管数字凭证最终将直接提供给对象组织，不过将证书发布到 OrgBook 会使相同的信息公开可用（并且可以加密验证）。这简化了识别哪些企业遵守相关法律的过程，或者更关键的是，识别企业是否遵守建议但未强制执行的指导原则的过程。对于企业而言，一旦获得可验证凭证钱包，也就为其业务获得了相关可验证凭证的便捷方式。

7.12 安全和隐私评价

可验证凭证数据模型规范的安全考虑因素（vc-data-model/#security-considerations）和隐私考虑因素（vc-data-model/#privacy-considerations）部分各有几十页。在本节中，我们总结了这些部分内容的要点。

（1）可验证凭证通过任何中间存储钱包，提供从发证方到验证方的端到端的完整性保护，这是因为发证方内嵌了一个证明属性（或 JWT 签名），以加密方式防止被篡改。

（2）可验证凭证在传输过程中应以加密方式提供保护，仅可通过加密通信链路（如 TLS）进行传输。

（3）如果可验证凭证存储在持证方的设备上，则具有高可用性，因为它们不需要与发证方或任何其他第三方进行联系就可传输给验证方。

（4）可验证凭证使验证方能够只请求那些对提供其服务至关重要的主体属性（或特点），这有助于提供最低特权的安全属性。

（5）可验证凭证通过让发布零知识证明可验证凭证或一组原子可验证凭证的发证方选择性披露信息，提供隐私保护，使得持证方可以只披露验证方需要的那些属性，而不披露更多。

（6）可验证凭证通过假的 ID 而不是其他身份的名称来识别对象，从而为他们提供隐私保护。如果这些 ID 在对象和验证方之间成对出现，则不会创建全局唯一的关联句柄。

（7）可验证凭证支持灵活的基于角色和属性的访问控制权限，因为验证方只需要指定访问其服务所需的角色或属性，而不需要指定可以访问其服务的用户的身份。

当然，任何操作系统的最终安全性和隐私性都取决于具体执行的质量以及是否使用正确。如果持证方向验证方提供了其独一无二的电子邮件地址和电话号码，那么使用假的 ID 并不会保证他们不会发布全局唯一的关联句柄。同样，如果用户将其可验证凭证存储在某一个未受保护的设备上，那么一旦这个设备被盗，窃贼就能够伪装成用户。

7.13 采用可验证凭证面临的阻碍

塑料材质卡片和护照等实物可验证凭证在当今社会不可或缺。现在正是我们将这些证书转换到电子世界的时候了，这样我们就可以将他们放在移动设备上，并随时随身携带它们。但是正如我们所看到的，在电子化“塑料”卡变得无处不在之前，必须克服技术、安全和隐私方面的障碍。当然，还有一个问题是，需要什么样的商业模式来激励发证方适应或采用这种新模式。

正如我们在本章第 1 部分所解释的，今天的联邦身份管理基础设施赋予了发证方巨大的权力，因为他们处于生态系统的中心。可验证凭证颠覆了这种模式，将用户放在了中心位置。因此，在愿意改变之前，发证方需要看到其能带来一些经济利益。许多好处已在第 4 章中讨论，其他的将在本书的第 4 部分讨论。

就像电影里说的，可验证凭证是自主管理身份秀的英雄。它们是自主管理身份基础设施中最亮眼的图标，因为它们将被直接放在个人（和组织）的数字钱包中，并以电子方式呈现给验证方，就像我们向验证方出示实物证书一样（例如，当我们想登机时，要向机场安全人员出示护照）。

但是在从纸和塑料（甚至金属，对于一些最新的高级信用卡）制成的实物证书变为数字凭证的过程中，每一个细节都很重要——确实如此。由于可验证凭证的所有安全和隐私属性都依赖于加密技术，因此用于构建和验证可验证凭证的数据结构和规则必须精确到最后一个细微之处。本章主要介绍了从支持的语法到必需和可选的属性，再到不同的签名机制和可扩展性选项。

在下一章中，我们将更深入地探讨一种特殊的新形式的可加密验证的标识，这种标识旨在明确支持可验证凭证，并且现在在它自己的 W3C 工作组中实现了标准化——分布式标识。

第8章 分布式标识

Drummond Reed，Markus Sabadello

分布式标识（DID）是可验证凭证（VC）的加密部分。二者共同构成了 SSI 标准化的“两大支柱”。在本章中，你将了解到 DID 如何从 VC 的工作中演变而来，二者如何与 URL 和统一资源名称（URN）相关联，为什么 SSI 需要一种新型的加密可验证标识符，以及 DID 如何在万维网联盟（W3C）实现标准化。本章作者是 W3C《分布式数字身份 1.0 规范》的两位编辑：Danube Tech 的创始人兼首席执行官 Markus Sabadello 和 Evernym 的首席信任官 Drummond Reed。

在最基本的层次上，DID 只是一种新型的全局唯一标识符，与你在浏览器地址栏中看到的 URL 没有什么不同。但在更深的层次上，DID 是互联网分布式数字身份和公钥基础设施（PKI）新层级的原子构件。这种分布式公钥基础设施（DPKI）最终对全局网络安全和网络隐私的影响可能不亚于 SSL/TLS 协议的开发，人们开发 SSL/TLS 协议用于加密网络流量（目前世界上最大的 PKI）。

这意味着你可以通过 4 个层次逐渐地了解 DID，如图 8.1 所示。在本章中，我们将通过这 4 个层次深入了解 DID。

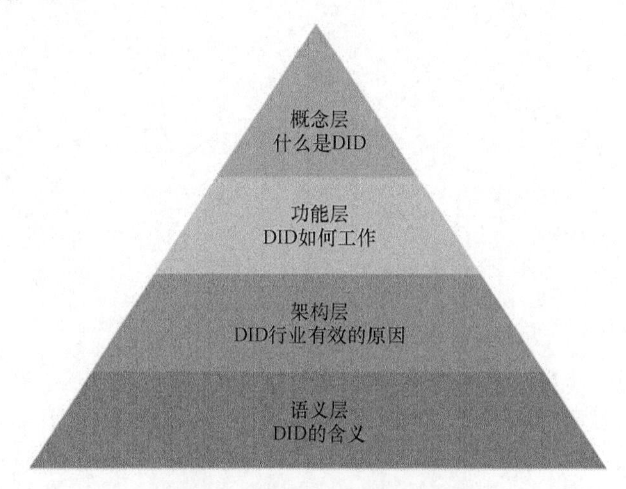

图 8.1　DID 4 个层次的发展

我们可以从中了解 DID——从基本定义到深入了解其工作方式和原因及其对互联网和网络的未来意味着什么。

8.1　概念层：什么是DID?

根据 W3C DID 工作组发布的 W3C DID 1.0 规范的定义，DID 是一种新型的通用唯一标识符：标识资源的字符串（“资源”是 W3C 在所有网络标准中使用的术语。数字身份社区通常使用“实体”这个术语。在本书中，可以认为这两个术语是等同的）。资源是任何可以识别的东西，比如网页、人，甚至星球。这串字符（如图 8.2 所示）看起来很像网站地址，但不是以 http: 或 https: 开头，而是以 DID 开头。

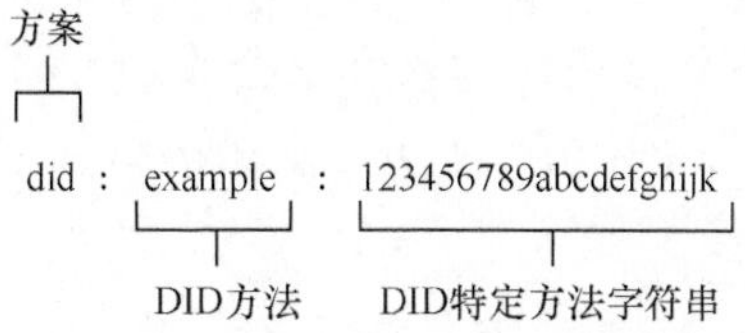

方案

did : example : 123456789abcdefghijk

DID方法　DID特定方法字符串

图 8.2　DID 的一般格式：方案名称后接 DID 方法名称，后跟具体方法的字符串，其语法由 DID 方法定义

8.1.1　URI

就技术标准而言，DID 是一种 URI。URI 是一种 IETF（互联网工程任务组）标准（RFC 3986），W3C 采用 URI 标识万维网上的任何类型的资源。URI 是特定格式的字符串，这种格式使得字符串全局唯一，换句话说，没有其他资源具有相同的标识符。当然，这与人名完全不同，许多人可以有完全相同的名字。

8.1.2　URL

URL 是可用于定位网络资源表现层的 URI。表现层是用于描述资源的任何（网络呈现）形式。例如，对于网站 URL，资源是该站点上的特定页面。但是如果资源是一个人，他们显然不能直接“在网上”。所以表现层必须是用来描述这个人的某种形式，如简历、博客或个人资料链接。

网络上每个可用资源的表现层都有一个 URL，如网站页面、文件、图像、视频、数据库记录等。如果某个资源没有 URL，那它就不“在网上”。出现在浏览器地址栏中的地址通常就是 URL；图 8.3 所示是本书在 Manning 网站上 URL 的示例。

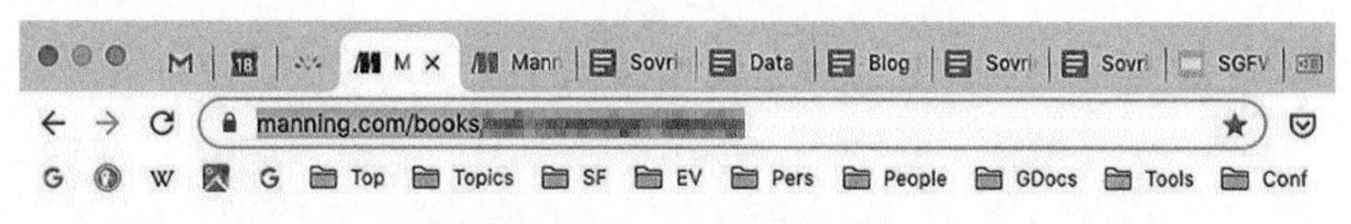

图 8.3　浏览器地址栏的示例，该地址栏显示本书网站页面的 URL

如果网络上的所有东西都有 URL，为什么我们还需要区分 URI 和 URL 呢？因为我们还需要识别网络上所没有的资源：人、地方、星球，以及所有在互联网存在之前就已经有名字

的东西。所有这些都是我们经常要在网络上引用的资源，而实际上这些资源并没有在网络上表示出来。不是 URL 的 URI 通常被称为抽象标识符。

注：关于 DID 本身是否充当 URL 的问题，虽然听起来简单，但实际上相当复杂。在我们完整回答这个问题之前，我们必须一直深入到语义层。

8.1.3 URN

如果 URL 是 URI 的子类，指向网络资源的表现层位置，且这个位置总是可以改变的，而标识抽象资源本身的 URI 的子类被设计为永远不会改变，那么，这些标识符是怎样的呢？事实证明，这种永久标识符有许多用途。当需要引用资源时，你需要的正是这些特点。

（1）独立于任何特定表现层。

（2）独立于任何特定地点。

（3）独立于任何特定的人类语言或名字。

（4）采取一种不会随时间而改变的方式。

在网络体系结构中，为永久标识符保留的 URI 的子类称为 URN。它们由 RFC 8141 定义，对于永远不会更改的标识符的命名空间，RFC 8141 详细说明了管理命名空间所需的语法和策略（想一下，如果每个电话号码、电子邮件地址和人名只能分配一次，并且在其他时间再也不会让其他人重复使用，这将多么复杂）。图 8.4 所示显示了 URL 和 URN 都是 URI 的子类。

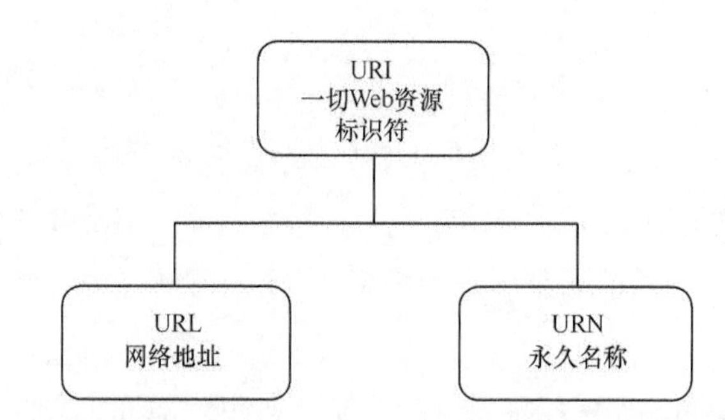

图 8.4　URL 和 URN 是 URI 的子类，URL 总是指向网络上资源的表现层，而 URN 是网上或网下任何资源的永久名称

8.1.4 DID

在说明了 URI、URL 和 URN 之后，我们现在可以更精确地定义 DID 了。DID 是一个 URI，它既可以是 URL，也可以是 URN。接下来的部分描述的是对 DID 进行查找（解析）可以获取其标识的资源的一组标准化的信息（元数据），如果 DID 标识的资源在网络上具有一个或多个表现层，则元数据可以包括一个或多个相关 URL。

但是这个定义只包含了 DID 4 个属性中的两个：永久性和可解析性。而 DID 另外两个属性：加密可验证性和分散性，最能将DID与其他URI或其他任何全局唯一标识符区分开来。在2019年9月于日本福冈举行的W3C DID工作组第一次会议上，一位演讲者总结了DID的4个核心属性，如图8.5所示。

DID 有以下 4 个核心属性。

（1）永久标识符

它永远不需要改变。

（2）可解析标识符

你可以通过查找发现元数据。

（3）加密可验证标识符

你可以使用密码学来证明控制权。

（4）分布式标识

不需要中央注册机构。

图 8.5　在 W3C DID 工作组第一次会议上提出的 DID 的 4 个核心属性摘要

第3个属性和第4个属性的特殊之处在于它们都依赖于加密技术（详见第6章）。在第一种情况下，即加密可验证性，采用加密技术生成DID。由于DID现在正好与一个公钥/私钥对相关联，私钥的控制器可以证明它们也是DID的控制器（详见第8.3节）。

在第二种情况下，即分散注册，我们使用的绝大多数其他的全球唯一标识符——从邮寄地址到电话号码再到域名，都需要中央注册机构。由这些机构运行的中央注册系统可以确定特定标识符是否唯一，并且仅在其唯一的情况下才允许对其进行注册。

相比之下，公钥/私钥对的加密算法基于随机数生成器、大素数、椭圆曲线或其他用于产生全局唯一值的加密技术，这些值不需要中央注册系统来有效保证其唯一性。我们说“有效保证”，是因为如果使用同样的算法，则与其他人发生冲突的可能性极小。但这种冲突的机会在数学上实在是太小了，在所有实际应用中可以忽略不计。

因此，任何拥有特定软件的人都可以根据特定的DID方法生成一个DID，并立即开始使用它，而不需要任何中央注册机构的授权或参与。这与在区块链上创建公共地址的过程相同，这就是DID去中心化的本质。

8.2　功能层：DID如何工作

8.2.1　DID文档

作为文本字符串，标识符可以用来引用某个资源。这个字符串可以存储在数据库或文档中，可以附加到电子邮件中，也可以打印在T恤或名片上。但是对于数字标识符来说，其有用性不仅在于它是标识符，还在于应用程序如何使用它，而使用它的应用程序正是为这个特定类型标识符而设计的。例如，以http或https开头的典型网络地址，作为字符串它们本身没什么含义，只有在将其键入网络浏览器或单击超链接后，访问标识符后面的资源表现层（如网页）时，它才变得有用。

DID与此类似，尽管目前还不能在网络浏览器中键入DID并让它做任何有意义的事情，但你可以将它交给一个称为DID解析器的专用软件（或硬件），该解析器将用它来检索一个标准化数据结构，这个数据结构被称为DID文档。这种数据结构不像网页或图像文件，它不是为了让终端用户在网络浏览器或类似软件中直接查看而设计的（将来，“DID导航器”也许能让你访问一个“可信网络”，但这很有可能是通过使用关联了DID的常规网页来实现）。相反，它是机器可读文档，其设计的目的是用于数字身份应用程序或服务，如数字钱包、代理或加密数据存储，所有这些应用程序或服务都使用DID作为基本构件。

每个DID都有一个相关DID文档。DID文档包含关于DID主体的元数据。DID主体是资源术语，由DID标识，并由DID文档描述。例如，一个人的DID（DID主体）有一个相关DID文档，该文档通常包含加密密钥、身份验证方法和其他元数据，这些数据用来描述如何与此人进行可信交互。

控制DID及其相关DID文档的实体称为DID控制器。在许多情况下，DID控制器与DID主体相同，如图8.6所示，但它们也可以是不同的实体。例如，当父母控制一个对其孩子进行标识的DID时，DID主体是孩子，但DID控制器（至少在孩子成年之前）是父母。

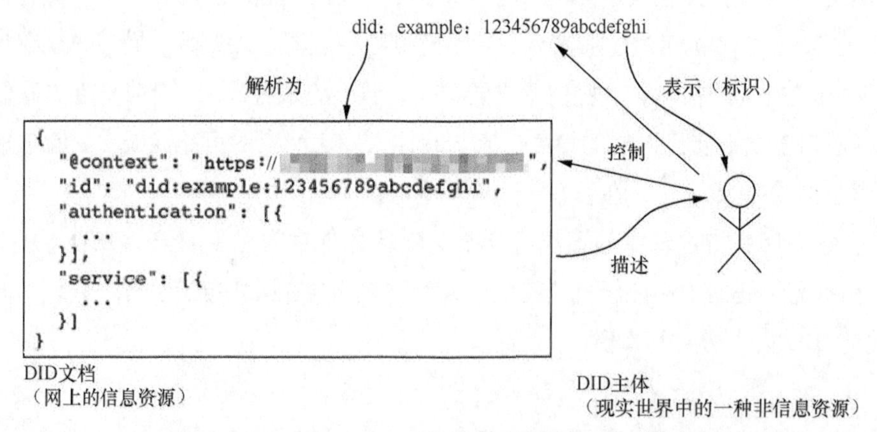

图8.6 DID、DID文档和DID主体之间的关系（在这种情况下，DID主体也是DID控制器）

理论上，DID文档可以包含关于DID主体的任何信息，甚至个人属性，如姓名或电子邮件。然而，由于隐私原因，在实践中就有问题了。相反，推荐的最佳做法是让DID文档只包含最少的机器可读元数据，能实现与DID主体进行可信交互即可，通常包括以下内容。

（1）一个或多个公钥（或其他验证方法），可在交互期间用于对 DID 主体进行身份验证。这就是为什么涉及 DID 的交互是可信的，这也是 DID 支持的 DPKI 的本质。

（2）与 DID 对象关联的一项或多项服务（可通过这些服务支持的协议用于具体交互）。这可能包括各种各样的协议，从即时消息传递类协议和社交网络类协议，再到专用的身份类协议，如 OpenID Connect（OIDC）、DIDComm 等。有关这些协议的更多细节，请参阅第 5 章。

（3）某些附加元数据，如时间戳、数字签名和其他加密证明，或与委托和授权有关的元数据。

清单 8.1 是一个使用 JSON-LD 表现层的非常简单的 DID 文档示例。第一行是 JSON-LD 上下文语句，这是 JSON-LD 文档中必须要有的（但在其他 DID 文档表现层中不需要）。第二行是所描述的 DID。认证块包括用于认证 DID 主体的公钥。最后一个块是用于交换可验证凭证的服务端点。

清单 8.1　DID 文档：拥有一个用于身份验证的公钥和一个服务

```
{
  "@context": "https://[illegible]",
  "id": "did:example:123456789abcdefghi",
  "authentication": [{
    "id": "did:example:123456789abcdefghi#keys-1",
    "type": "Ed25519VerificationKey2018",
    "controller": "did:example:123456789abcdefghi",
    "publicKeyBase58" : "H3C2AVvLMv6gmMNam3uVAjZpfkcJCwDwnZn6z3wXmqPV"
  }],
  "service": [{
    "id":"did:example:123456789abcdefghi#vcs",
    "type": "VerifiableCredentialService",
    "serviceEndpoint": "[illegible]"
  }]
}
```

与每个 DID 相关联的元数据都是 SSI 生态系统中不同参与者之间所有交互的技术基础，特别是公钥和服务。

8.2.2 DID方法

正如我们在前面几节中所解释的，与许多其他类型的 URI 不同，DID 不是在单一类型的数据库或网络中创建和维护的。DID 既没有权威的中央注册系统，也没有像 DNS 那种联合注册中心的层级结构可供写入和读取。在今天的 SSI 社区中存在许多不同类型的 DID，详见第 8.2.7 节。它们都支持相同的基本功能，但实现这些功能的方式有所不同，比如 DID 的创建方法不同，或者存储和检索相关 DID 文档的位置与方法不同。

这些不同类型的 DID 被称为 DID 方法。DID 标识符格式的第二部分（在第一个和第二个冒号之间）称为 DID 方法名。图 8.7 显示了使用 5 种不同的 DID 方法创建的 DID 示例：sov (Sovrin)、btcr (Bitcoin)、v1 (Veres One)、ethr (Ethereum) 和 jolo (Jolocom)。

```
did:sov:WRfXPg8dantKVubE3HX8pw
did:btcr:xz35-jzv2-qqs2-9wjt
did:v1:test:nym:3AEJTDMSxDDQpyUftjuoeZ2Bazp4Bswj1ce7FJGybCUu
did:ethr:0xE6Fe788d8ca214A080b0f6aC7F48480b2AEfa9a6
did:jolo:1fb352353ff51248c5104b407f9c04c3666627fcf5a167d693c9fc84b75964e2
```

图 8.7　使用 5 种不同的 DID 方法创建的 DID 示例

注：2021 年，Sovrin DID 方法计划演变为 Indy DID 方法，前缀变成 did:indy:sov:。

截至 2021 年年初，在 W3C DID 工作组维护的 DID 规范注册中心，已经注册了 80 多个 DID 方法名。每个 DID 方法都需要有自己的技术规范，规范必须对 DID 方法的以下几个方面进行定义。

（1）DID 的第二个冒号后面的语法。这称为“方法特定标识符”。它通常是使用随机数和加密函数生成的长字符串。在 DID 方法命名空间中，它始终是唯一的（并且建议它本身全局唯一）。

（2）以下是 4 个可以在 DID 上执行的基本操作，简称为“CRUD”。

① 创建（Create）——如何创建 DID 及其关联的 DID 文档?

② 读取（Read）——如何检索关联的 DID 文档?

③ 更新（Update）——如何更改 DID 文档的内容?

④ 停用（Deactivate）——如何停用 DID，使其不再被使用?

（3）针对 DID 方法的安全和隐私注意事项。

很难对这 4 个 DID 操作进行一般性的说明，因为 DID 方法的设计方式可能完全不同。例如，有些 DID 方法基于区块链或其他分布式账本。在这种情况下，创建或更新 DID 通常涉及将交易写入账本。而有些 DID 方法不使用区块链，而是以其他方式实现这 4 个 DID 操作（参见第 8.2.7 节）。

DID 方法的技术多样性的后果之一就是，有些方法可能比其他方法更适合于某些使用情况。DID 方法在“分散”或“可信”的程度上可能有所不同，在底层技术基础设施的可扩展性、性能或成本方面也可能有所不同。W3C DID 工作组章程包括一个可交付文件，这个文件被称为“评估标准”，目的是帮助采用者评估特定的 DID 方法能在多大程度上满足特定用户社区的需求。

8.2.3　DID解析

获取与 DID 关联的 DID 文档的过程称为 DID 解析。此过程允许 DID 应用程序和服务找到由 DID 文档表示的关于 DID 主体的机器可读元数据。此元数据可用于与 DID 主体进一步交互。

（1）查找公钥，验证可验证凭证发证方的数字签名。

（2）当 DID 控制器需要登录到网站或应用程序时，对控制器进行验证。

（3）发现并访问与 DID 控制器相关联的服务。

（4）请求与 DID 控制器的 DID 到 DID 连接。

图 8.8 说明了前 3 个场景。

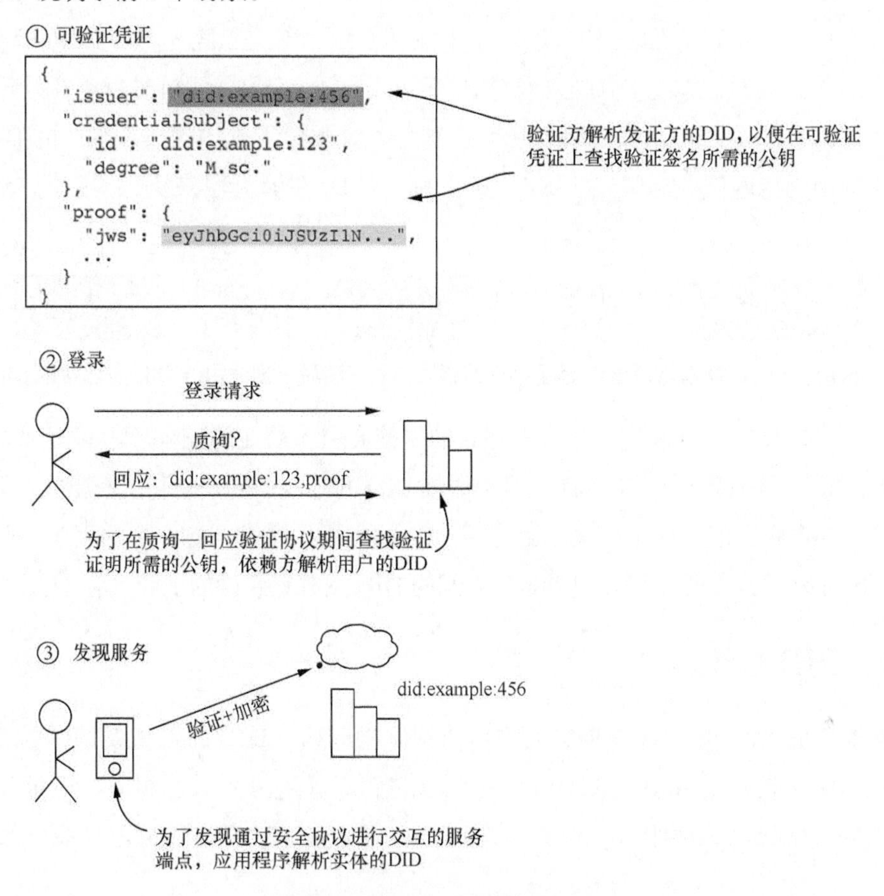

图 8.8　需要 DID 解析的常见场景

第一个场景是使用 DID 识别可验证凭证的发证方，第二个场景是登录网站，第三个场景是发现与 DID 相关联的服务。

DID 解析过程基于由适用 DID 方法定义的读取操作。正如我们所指出的，由于 DID 方法的设计方式不同，因此解析过程可能会有很大的不同。这意味着，DID 解析与 DNS（将域名解析为 IP 地址的协议）、HTTP（从网络服务器检索资源表现层的协议）不同，它不会仅限于一个协议。

例如，不应假设区块链、分布式账本或数据库（集中式或分散式）被用于解析 DID，甚至不应假设在 DID 解析过程中需要与远程网络进行交互。此外，DID 文档不一定以纯文本形式存储在数据库中或从服务器下载。尽管有些 DID 方法是这样工作的，但其他方法定义了更复杂的 DID 解析过程，这些过程涉及虚拟 DID 文档的即时构建。因此，与其把 DID 解析看作一个具体的协议，不如把它看作一个抽象函数或算法，把 DID（加上可选附加参数）作为它的输入值，而把 DID 文档（加上可选附加元数据）作为结果返回值。

DID 解析器有以下几种架构形式。它们可以以应用程序甚至操作系统中本地库的形式实现，就像所有现代操作系统中都包含 DNS 解析器一样；也可以由第三方将 DID 解析器作为托管服务来提供，通过 HTTP 或其他协议（称为绑定）响应 DID 解析请求；也可以是混合形式。例如，本地 DID 解析器可以将部分或全部 DID 解析过程委托给预先配置好的远程托管 DID 解析器，如图 8.9 所示。这种方式类似于本地操作系统中的 DNS 解析器通常查询由因特网服务提供者（ISP）托管的远程 DNS 解析器来执行实际的 DNS 解析工作。

图 8.9　示例：本地 DID 解析器查询远程 DID 解析器，后者随后根据适用的 DID 方法检索 DID 文档

当然，在 DID 解析过程中，对中间服务的依赖会引入潜在的安全风险和出现中心化的潜在因素，每一个因素都会影响 SSI 堆栈中依赖 DID 的其他层的安全和信任属性。因此，只要有可能，DID 解析就应该直接集成到启用 DID 的应用程序中，这样应用程序就可以独立地验证 DID 解析结果是否正确（也就是说返回的 DID 文档是正确的）。

8.2.4　DID URL

DID 本身是强大的标识符，但它们也可以用作构造基于 DID 的更高级 URL 的基础。这类似于在网络上使用的 http: 和 https: URL:，它们不仅可以由域名组成，还可以由附加在域名上的其他语法组件组成，例如可选路径、可选查询字符串和可选片段，如图 8.10 所示。

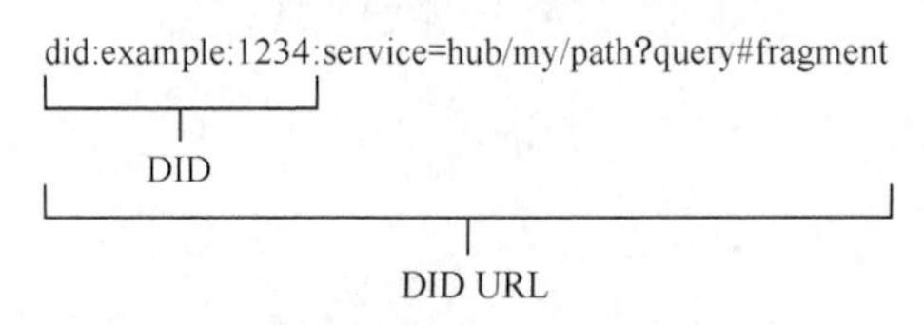

图 8.10　DID 和 DID URL

通过网络 URL，这些其他语法组件可以识别域名权限下的任意资源，DID 也是如此。因此，即使 DID 的主要功能是解析为 DID 文档，但它也可以作为一组 DID URL 的根授权，而这些 URL 为其他 DID 相关资源启用了标识符空间。

DID URL 可以用于各种目的，有些是众所周知且标准化的，而其他的则取决于 DID 方法或应用程序。有关 DID URL 及其含义的示例，请参见表 8.1。

表 8.1　DID URL 及其含义的示例

DID URL	含义
did:example:1234#keys-1	带片段的 URL。标识相关 DID 文档中的特定公钥。这类似于带有片段的 http: 或 https:URL 可以指向 HTML 网页中的特定书签
did:example:1234;version-id=4	带有 DID 参数（version-id）的 DID URL。标识相关 DID 文档的以前版本，而不是最新版本。当 DID 文档的内容已经更新，但需要稳定引用特定版本时，这很有用
did:example:1234;version-id=4#keys-1	这个 DID URL 是前面两个示例的组合。它标识相关 DID 文档的特定早期版本中的特定公钥
did:example:1234/my/path?query#fragment	带有路径、查询字符串和片段的 DID URL。DID URL 的含义和处理规则不是由核心 DID 标准定义的，而是依赖于使用 DID URL 的 DID 方法和应用程序
did:example:1234;service=hub/my/path?query#fragment	带有 DID 参数（服务）的 DID URL。标识相关 DID 文档中的特定服务（在本例中是中心服务）。其余语法组件（路径、查询字符串、片段）的含义和处理规则不是由核心 DID 标准定义的，而是特定于中心服务

处理 DID URL 涉及两个阶段。第一个阶段是 DID 解析：调用 DID 解析器来检索 DID 文档。第二个阶段是 DID 取值。尽管解析只返回 DID 文档，但在取值阶段，DID 文档被进一步处理以访问或检索由 DID URL 标识的资源，该资源可以是 DID 文档本身的子集，如前面给出的公钥示例；也可以是由 DID URL 标识的单独资源，如网页。解析和取值，这两个术语是由 URI 标准（RFC 3986）定义的，它们不仅适用于 DID，而且适用于所有类型的 URI 和它们标识的资源。图 8.11 说明了这两个处理阶段的区别。

图 8.11　处理过程：首先解析一个 DID，然后对一个包含片段的 DID URL 进行（解析）取值。处理结果是 DID 文档中的一个特定公钥

8.2.5 与DNS的比较

在解释 DID 的某些方面和其与其他标识符的不同之处时，我们使用了域名和 DNS 作为类比。表 8.2 总结了 DID 和 DNS 之间的不同。

表 8.2 DID 和 DNS 的比较

分布式标识（DID）	域名系统（DNS）
全局唯一	全局唯一
永久化或可重新分配（取决于 DID 方法和 DID 控制器）	可重新分配
机器友好标识符（基于随机数和加密技术的长字符串）	人类可读的名字
可使用由适用 DID 方法定义的不同机制解析	可使用标准 DNS 协议解析
在 DID 文档中表示相关数据	在 DNS 区域文件中表示相关数据
无委托地完全分散命名空间	建立在具有顶级域名（TLD）的中央根注册中心基础之上的层次化可委托的命名空间
受 DID 方法特定的进程和基础设施（如区块链）保护	受信任的根注册系统和传统的 PKI 保护
加密可验证	可使用域名系统安全扩展进行验证
在 DID URL 中用作授权组件	用作 http: 和 https:web 地址及电子邮件地址和其他标识符的授权组件
由每个 DID 方法授权管理（任何人都可以创建一个 DID 方法）	由互联网名称与数字地址分配机构（ICANN）管理
完全在 DID 控制器的控制下	最终由 ICANN 和每个 DNS TLD 的注册操作员控制

8.2.6 与URN及其他永久标识符的比较

DID 可以满足 URN 的功能需求：DID 可以用作永久标识符，始终标识同一个实体，并且永远不会被重新分配。但还有许多其他类型的永久标识符与 DID 不同，它们通常不太适合 SSI 应用程序。表 8.3 列出了 DID 与其他类型永久标识符的比较。

表 8.3 DID 与其他类型永久标识符的比较

分布式标识（DID）	其他类型持久标识符
通用唯一识别码（UUID）	不可解析 不可加密验证
永久 URL（PURL） 句柄系统（HDL） 数字对象标识符（DOI） 文档资源钥匙（ARK） 开放研究人员和贡献者 ID（ORCID）	不是分散的；创建和使用这些标识符取决于中央或层级权限不可加密验证
其他统一资源名	要么不可解析，要么每种类型都有不同的解析过程和元数据不可加密验证

图 8.12 以直观的方式描述了 DID 与当前使用的大多数其他 URI 之间的比较。请注意，DID 不包括用于加密验证的圆，因为它是唯一能提供该属性的标识符。但是，它确实包含了一个圆，表示 DID 没有明确具有的属性：可授权性，即一个标识符颁发机构将子命名空间授权给另一个标识符颁发机构的能力。例如，像 maps.google.com 这个域名，就是由 .com 注册中心授权给谷歌，谷歌又授权给它的地图服务的。

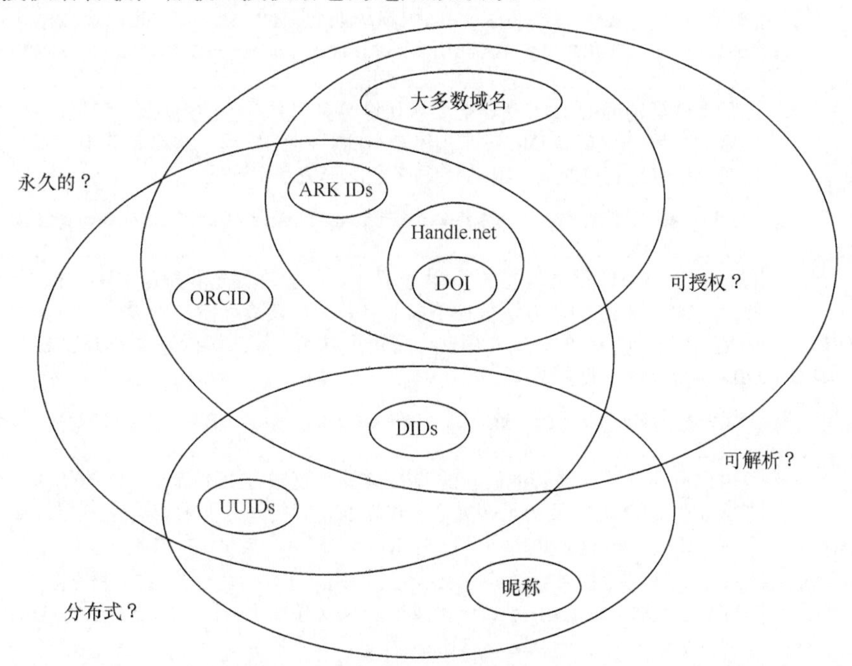

图 8.12　与其他标识符相比，DID 是永久的、可解析的和分布式的（图中没有显示 DID 的加密验证性，因为其他任何标识符都不具备这个特性）

8.2.7　DID类型

尽管第一批 DID 方法与区块链和分布式账本密切相关，但随着 DID 的发展，人们已经开发出了更多类型。2019 年 9 月，在日本福冈举行的 W3C DID 工作组第一次会议上，演示了迄今为止开发的各种 DID 方法，并将其划分几大类，截至 2020 年 8 月开发的 DID 方法如表 8.4 所示。

表 8.4　截至 2020 年 8 月开发的 DID 方法

类别	说明和示例

基于账本的 DID（ledger-based DID）	DID 方法的最初类别包括区块链或其他分布式账本技术（DLT），其目的是建立不受单一权威机构控制的注册中心。此注册中心通常是公开的，并且可全局访问。DID 的创建 / 更新 / 停用通过将交易写入账本来实现，账本用 DID 控制器的私钥签名
	`did:sov:WRfXPg8dantKVubE3HX8pw`
	`did:btcr:xz35-jzv2-qqs2-9wjt`
	`did:ethr:0xE6Fe788d8ca214A080b0f6aC7F48480b2AEfa9a6`
	`did:v1:test:nym:3AEJTDMSxDDQpyUftjuoeZ2Bazp4Bswj1ce7FJGybCUu`

续表

类别	说明和示例

账本中间件（第 2 层）DID（Layer2 DID）	该类别对经典的基于账本的 DID 方法做了改进，在基础层区块链上添加了额外的存储层，如分布式散列表（DHT）或传统复制数据库系统。可以在第二层创建 / 更新 / 停用 DID，不需要每次都进行基层账本交易处理，而是把多个 DID 操作分批纳入单个账本交易，从而提高性能并降低成本
	`did:ion:test:EiDk2RpPVuC4wNANUTn_4YXJczjzi10zLG1XE4AjkcGOLA`
	`did:elem:EiB9htZdL3stukrklAnJ0hrWuCdXwR27TNDO7Fh9HGWDGg`

对等 DID（Peer DID）	这种特殊类别的 DID 方法不需要区块链等全局共享的注册层，而是创建一个 DID，然后只与另一个对等 DID（或相对较小的对等 DID 组）共享。其中一部分的 DID 通过对等协议进行交换，结果在参与者之间形成私用连接 `did:peer:1zQmZMygzYqNwU6Uhmewx5Xepf2VLp5S4HLSwwgf2aiKZuwa`
静态 DID（Static DID）	有一类 DID 方法是“静态的”，也就是说它们允许创建和解析 DID，但不允许更新或停用 DID。这类 DID 方法往往不需要复杂的协议或存储基础设施。例如，DID 可能只是一个“包装”的公钥，用这个公钥可以通过算法解析整个 DID 文档，而不需要 DID 本身以外的任何数据 `did:key:z6Mkfriq1MqLBoPWecGoDLjguo1sB9brj6wT3qZ5BxkKpuP6`

替代 DID（Alternative DID）	业内已经开发了一些其他创新的 DID 方法，这些方法不属于前面的任何类别。这些方法证明 DID 识别架构足够灵活，可以在现有的互联网协议之上分层，如星际文件系统（IPFS，Inter Planetary File System）的 Git，甚至网络本身
	`did:git:625557b5a9cdf399205820a2a716da897e2f9657`
	`did:ipid:QmYA7p467t4BGgBL4NmyHtsXMoPrYH9b3kSG6dbgFYskJm`
	`did:web:uport.me`

8.3 架构层：DID行之有效的原因

我们已经解释了什么是 DID 以及它是如何运作的，现在让我们更深入地了解它行之有效的原因。为什么人们对这种新型标识符有如此大的兴趣？要回答这个问题，我们必须更深入地研究 DID 所解决的核心问题，这些问题与其说是身份问题，不如说是加密技术问题。

8.3.1 PKI的核心问题

PKI 的核心问题不是加密技术本身的问题，也就是说，不是与公钥 / 私钥或加密 / 解密算法有关的数学问题，而是一个加密基础设施的问题：我们如何让公钥 / 私钥加密技术更容易、更安全地供人和组织大规模使用。

这不是一个简单的问题。自从 PKI 这个术语被发明以来，它就一直困扰着人们。原因在于公钥 / 私钥密码学的工作原理。为了理解这一点，让我们来看看基本的 PKI 信任三角，如图 8.13 所示，它表明仅仅考虑公钥 / 私钥对是不够的。你必须看到每个密钥对与其控制权限（控制器）的关系，无论控制器是一个人、一个组织，还是一个东西（如果这个东西有能力生成密钥对并将其存储在数字钱包中）。

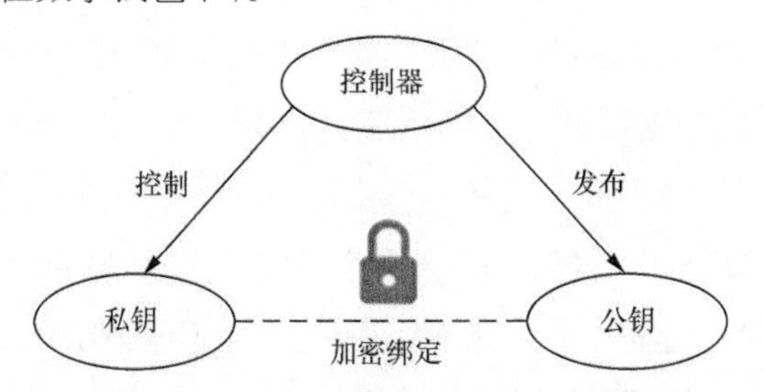

图 8.13　处理所有公钥 / 私钥加密技术核心的基本信任三角

公钥和私钥在数学上是相互绑定的，因此两者都不能伪造。每个密钥只能用于由特定加密算法定义的特定函数集。但是这两种类型的密钥都与控制器有内在的联系。不管采用何种算法，在图 8.14 中都突出显示了这两者的基本作用。私钥必须保留给控制器（或其受托人）独占使用，并且绝不能透露给其他任何人。相比之下，公钥恰恰相反：如果有任何一方想要与控制器建立安全通信，公钥都必须与其共享。这是对控制器的消息进行加密的唯一方法，也是验证来自该控制器的消息的唯一方法。

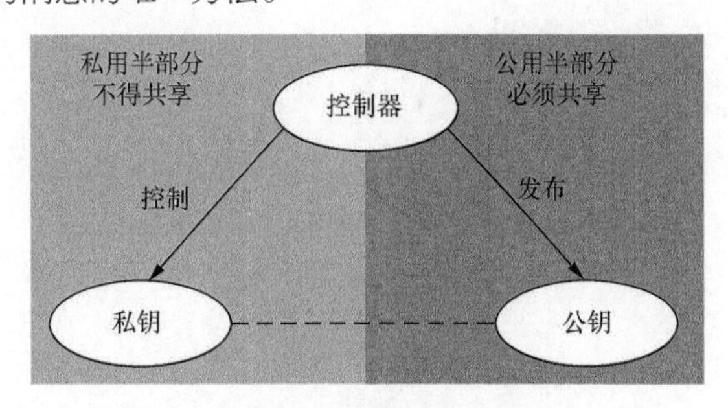

图 8.14　公钥与私钥在 PKI 中的基本作用

尽管保持私钥私用绝非易事，但这并不是 PKI 的核心难题。确切地说，难题在 PKI 信任三角的另一边，如图 8.15 所示。

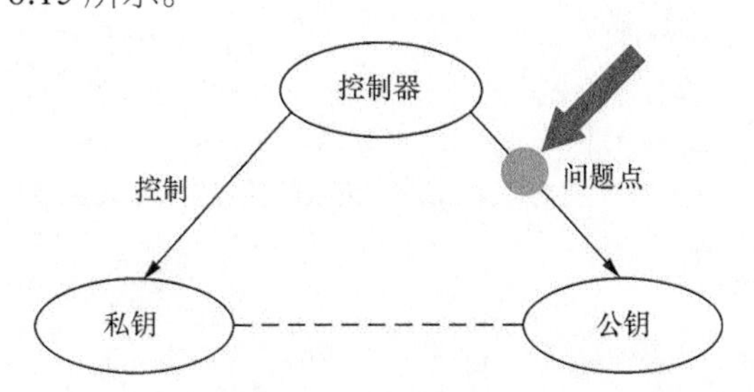

图 8.15　PKI 的核心问题：如何将公钥与控制器绑定

问题很简单，如何将公钥与控制器绑定，以便依赖该公钥的任何一方（依赖方）都能确保他们正在与真正的控制器打交道？毕竟，如果依赖方认定了控制器 A 的公钥，在这种情况下假如能欺骗它接受控制器 B 的公钥，那么，控制器 B 就可以完全模拟控制器 A。加密技术将完美地发挥作用，控制器 B 实施网络犯罪，使依赖方成为受害者，而依赖方在此之前绝不会知晓其中的区别。

因此，依赖方必须知晓你在正确的时间点为正在处理的任何控制器提供了正确的公钥。这确实是一个具有挑战性的问题，因为尽管公钥是纯粹的数字实体，其加密有效性可以在毫秒内得到验证，但控制器不是。它们是真实存在于现实世界中的人、组织或事物。因此，将公钥数字绑定到控制器的唯一方法是再添加一道屏障：控制器的数字标识符。

这意味着真正的 PKI 信任三角形如图 8.16 所示。这个屏障的另一个部分是控制器的标识符，它可以绑定到公钥，这样依赖方就可以确信公钥属于控制器而不属于其他人。

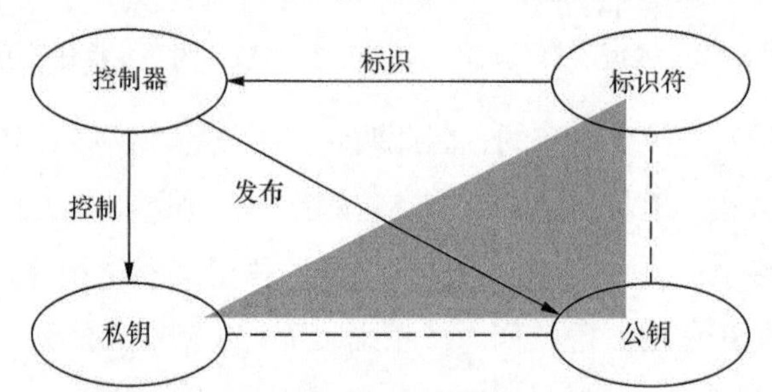

图 8.16　显示了标识符的绑定问题有两个部分

（1）如何将标识符绑定到控制器？

（2）如何将公钥绑定到标识符？

这是 PKI 自 20 世纪 70 年代诞生以来一直在努力解决的两个问题，如图 8.17 所示。在本节的余下部分，我们将研究这两个问题的 4 种不同解决方案。

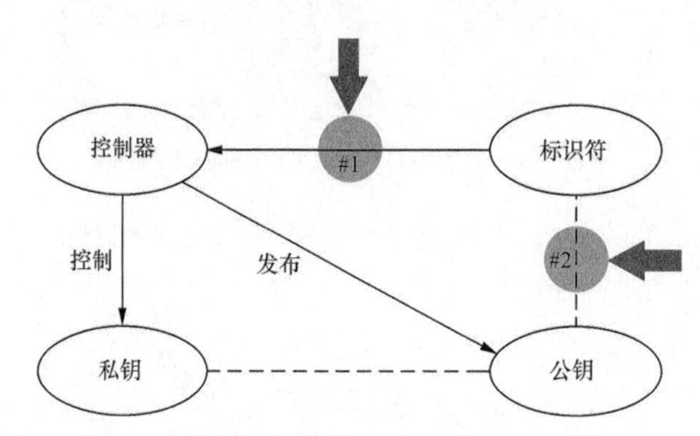

图 8.17　将标识符绑定到控制器时的两个问题点

（1）传统的 PKI 模型。

（2）信任网络模型。

（3）基于公钥的标识符。

（4）DID 和 DID 文档。

8.3.2　解决方案1：传统的PKI模型

第一种解决方案是传统的 PKI 模型，用于颁发数字凭证（Certs）。这是过去 40 年来发展起来的主要模式。最著名的例子可能是 SSL/TLS PKI，SSL/TLS PKI 使用 X.509 证书，为使用 HTTPS 的浏览器提供安全连接（就是你在浏览器地址栏中看到的锁）。

对于第一个问题——绑定标识符与控制器，传统 PKI 解决方案是使用一个最合适的现有标识符，然后遵循行业最佳惯例将该标识符绑定到控制器。表 8.5 总结了传统 PKI 标识符的可能选项，并强调了 X.509 证书中最常用的标识符。

表 8.5　传统 PKI 标识符的不同选项

标识符	强绑定所面临的挑战
电话号码	可重新分配，数量有限，难注册
IP 地址	可重新分配，难注册
域名	可重置、可欺骗、可 DNS 投毒
电子邮件地址	可重置、可欺骗、安全性弱
URL	取决于域名或 IP 地址
X.500 可区分名称	难注册 X.509 证书

URL（基于域名或 IP 地址）的主要优点是可以执行自动测试，以确保公钥控制器也可以控制 URL。然而，这些测试无法检测同态攻击（使用类似的名字或来自不同国际字母的类似字符）或 DNS 投毒。

X.500 可区分名称（DN）的主要优点是，可以通过管理方式验证它是否属于控制器。但是，这种验证必须手动执行，因此总是受到人为错误的影响。此外，注册 X.500 DN 并不容易，一般的互联网用户不太可能办得到。

对于第二个问题——绑定公钥与标识符，传统 PKI 方法在加密技术中似乎很明显：对同时包含公钥和标识符的文档进行数字签名。这就是公钥证书（一种特定的数字凭证）的起源。这个解决方案如图 8.18 所示。

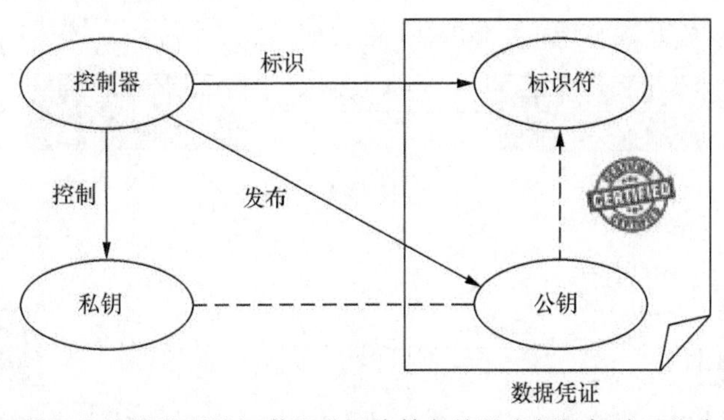

图 8.18　传统的 PKI 利用由某种类型的证书颁发机构签名的数字凭证解决了绑定公钥与标识符的问题

当然，问题是：谁对这个数字凭证进行数字签名？这就引入了可信第三方（TTP）的概念——由依赖方必须信任的人来签署数字凭证，否则 PKI 的整个概念就会崩溃。传统的 PKI 对这个问题答案是：证书认证机构（CA），即由服务提供商（其全部工作遵循一组指定的做法和程序）先确认控制器的身份及其公钥的真实性，然后再颁发数字凭证，最后将两者绑定并用 CA 的私钥签名。

不同的 PKI 系统对 CA 采用不同的认证程序。最著名的程序之一是 WebTrust 方案，该程序最初由美国注册会计师协会开发，现在由加拿大特许专业会计师协会管理。WebTrust 是用于 SSL/TLS 证书的认证程序，该证书显示了浏览器中的安全连接。认证对 CA 来说显然是至关重要的，因为 TTP 本质上就是一个人工过程，它不能自动化，如果可以自动化的话，那就不需要 TTP 了。不幸的是，人会犯错。但是人为错误只是 TTP 的问题之一。表 8.6 列出了 TTP 的其他缺点。

表 8.6　在传统 PKI 中使用 TTP 解决标识符绑定问题的缺点

TTP 的缺点	描述
成本	在信任关系中插入 TTP（必须执行只有人类才能完成的工作）会增加人必须支付的成本
摩擦	引入 TTP 需要信任关系的各方进行额外的工作
单点故障	因为一个漏洞就会危及所有数字凭证，所以每个 TTP 都成为攻击点
标识符更改	如果标识符发生更改，则必须撤销旧的数字凭证并颁发新的证书
公钥更改	当公钥轮换时（大多数安全策略要求定期轮换），必须撤销旧的数字凭证并颁发新的数字凭证

尽管有这些缺点，传统的 PKI 到目前为止一直是解决标识符绑定问题的唯一商业可行方案。但随着互联网的使用率和商业价值的不断上升，网络犯罪率也随之上升，人们对更好解决方案的需求也随之增加。

8.3.3　解决方案2：信任网络模型

Phillip Zimmermann 是优良保密协议（PGP）的发明者，同时他也是公钥 / 私钥密码学的先驱之一，他提出了传统 PKI 模型的替代方案。他为这种模式创造了“信任网络”一词，因为信任网络不依赖于集中的 CA，而是依赖于直接相互了解的个人，所以可以单独签署对方的公钥，有效地创建对等数字凭证。图 8.19 直观地描述了信任“网络模式”的运作方式。

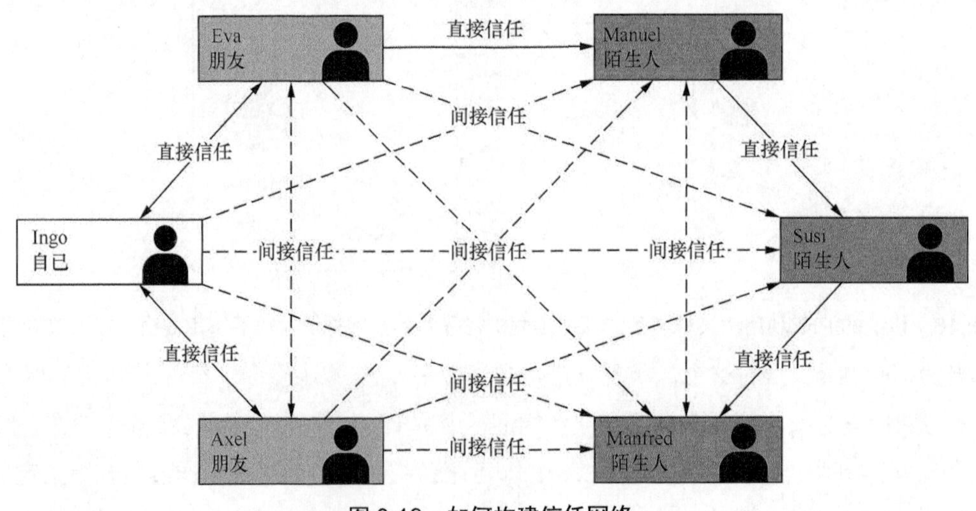

图 8.19　如何构建信任网络

自从“信任网络”被提出以来，业内已经发表了数百篇学术论文，揭露了信任网络模型的问题并提出了改进建议。然而，其面临的主要挑战是，在传统的 PKI 模型中，唯一真正发生改变的是——由谁来签署数字凭证。信任网络把“你信任的人是谁？”（TTP 问题）变成了“你信任的人是谁？而这个人认识你可以信任的另一个人”。也就是说，如何发现要验证的数字凭证的“可信路径”。到目前为止，还没有人开发出一个安全合理、可扩展、可采用的方案来解决这个问题。

8.3.4 解决方案3：基于公钥的标识符

因为传统的 PKI 模型及信任网络模型存在缺点，所以产生了一种完全不同的方法：用另一种巧妙的加密技术取代 TTP，以消除对 TTP 的需求。换句话说，与其试图重新使用控制器的现有标识符（如域名、URL、X.500 DN），然后将其绑定到公钥，不如将整个过程反转，根据公钥为控制器生成标识符（直接生成或通过与区块链、分布式账本或类似系统的交易而生成）。

这种构建 PKI 信任三角的新方法如图 8.20 所示。

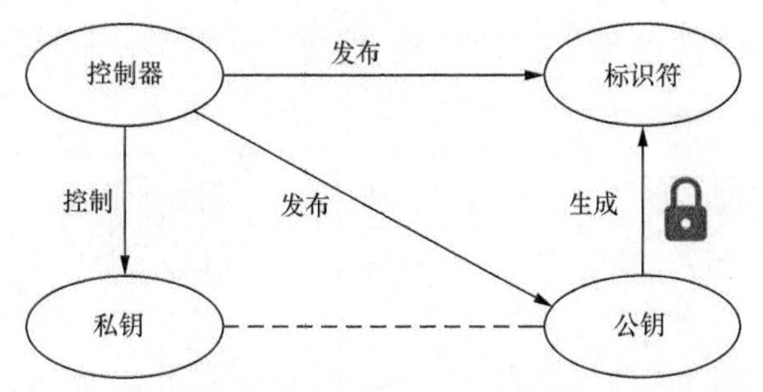

图 8.20　基于公钥的标识符对标识符绑定问题采取了完全不同的方法，即用公钥生成控制器的标识符

用公钥生成全局唯一标识符有两种基本方法。

（1）在交易方式下，控制器使用公钥 / 私钥组合与区块链、分布式账本或其他算法控制的系统进行交易，以生成交易地址。这个交易地址成为标识符，因为它是全局唯一的，并且可证明它由控制器控制。

（2）在自认证方式下，控制器对公钥（以及其他可能的元数据）进行加密操作，如单向散列函数，从而产生一个全局唯一值，根据定义，只有控制器可以证明其控制了该值。

这两种方法之间的显著区别在于它们是否需要外部系统。交易地址需要外部系统，如区块链、分布式账本、分布式文件系统等。这个外部系统基本上用机器运行的 TTP 取代了由人类运行的 TTP（传统 PKI 所需的 CA）。因为后者更安全（没有人类参与）、更分散（取决于区块链的设计和实现方式），成本也更低。

自认证标识符的优点是不需要任何外部系统，任何人都可以在毫秒内使用加密技术对其进行验证。因此，在所有选项中，它们最分散、成本最低。想要了解有关这种方法的更多信息，请参见第 10 章，特别是第 10.8 节，对关于关键事件接收基础结构（KERI）有更详细的介绍。

无论具体架构如何，使用基于公钥的标识符来解决绑定公钥和标识符的问题有两个明显的好处。首先，在这种方法中，把人类从过程中移除了。其次，它还解决了绑定标识符和控制器的问题，因为只有私钥控制器才能证明对标识符的控制。换句话说，使用基于公钥的标识符，控制器控制真实 PKI 信任三角形的 3 个点，因为这 3 个值都是以加密方式生成的，所以生成过程中使用了只有控制器才具备的密钥材料。

尽管基于公钥的标识符看起来很强大，但它们本身也有一个主要的致命弱点：在每次公钥轮换时，控制器的标识符都会改变。我们将在第 10 章对此做进一步解释，密钥轮换（从一个公钥 / 私钥对切换到不同的公钥 / 私钥对）是所有 PKI 中最优的基本安全惯例。因此，基于公钥的标识符不能单独支持密钥轮换，这就大大地阻碍了人们将其作为传统 PKI 的替代方案。

8.3.5 解决方案4：DID和DID文档

如果有一种方法可以一次性生成基于公钥的标识符，然后能够在每次密钥轮换后继续验证它，那要怎么做呢？答案是：输入 DID 和 DID 文档。

首先，控制器根据初始公钥 / 私钥对生成一次基于公钥的初始标识符 DID。接下来，控制器发布包含 DID 和公钥的原始 DID 文档，如图 8.21 所示。

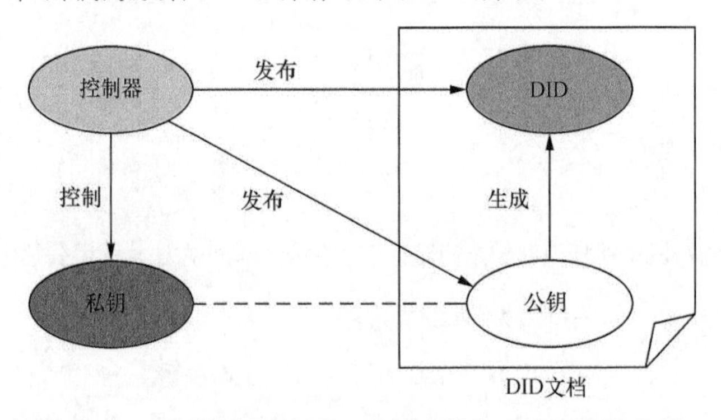

图 8.21 控制器在初始 DID 文档中发布 DID 和初始公钥

此时，任何有权访问 DID 文档的人都可以通过加密方式验证 DID 和相关公钥之间的绑定，可以采用验证交易地址的方法，也可以采用验证自认证的标识符的方法。

现在，当控制器需要轮换密钥对时，控制器创建一个更新 DID 文档并用以前的私钥签名，如图 8.22 所示。请注意，如果使用交易性 DID 方法，控制器必须与外部系统（如区块链）进行新的交易后才能注册更新 DID 文档。但是这个循环中没有人，只要控制器控制相关的私钥，控制器就可以在任何时候执行这个交易。

DID 文档之间的信任链可以被追溯，方法是使用基于公钥的初始标识符对初始 DID 文档进行更新。基本上，每个 DID 文档都充当新公钥的新数字凭证，但不需要 CA 或其他任何基于人类的 TTP 来证明它，如图 8.22 所示。

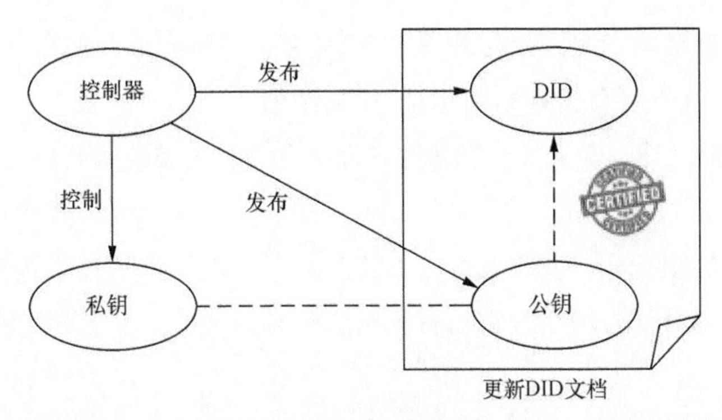

图 8.22 控制器发布包含初始 DID 和新公钥的更新 DID 文档，然后用初始私钥对其进行数字签名，在 DID 文档之间创建信任链

8.4 DID的优点

DID 使我们最终能够广泛地采用基于公钥的标识符，并且仍然享受传统 PKI 的密钥轮换和其他基本功能，同时摈弃了传统 PKI 的缺点。但 DID 的优点不止如此。在本节中，我们将介绍 DID 的 4 个优点。

8.4.1 DID的优点1：监护和控制

DID 提供了一种简洁的方法来标识 DID 控制器以外的实体。传统的 PKI 通常假定数字凭证的注册人（私钥的控制者）是数字凭证所识别的一方。然而，有许多情况并非如此。拿一个新生儿来说，如果新生儿需要 DID 作为出生证的主体，而出生证由可验证凭证签发，但新生儿没有资格拥有数字钱包。新生儿需要父母(或其他监护人)代表他们签发这份文件。在这种情况下，由 DID 标识的实体（DID 主体）显然不是控制器，如图 8.23 所示。

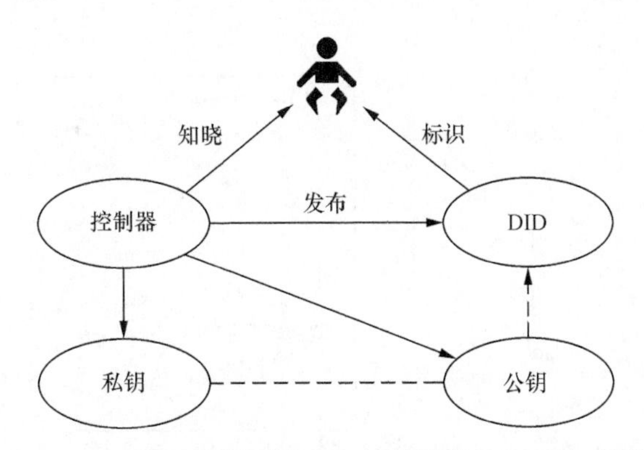

图 8.23 DID 示例：标识不是 DID 控制器的 DID 对象（新生儿）

当然，对于 DID 主体不能成为自己的控制者这种情况，新生儿只是其中一个例子。这样的例子还有很多：年迈的父母、阿尔茨海默病患者、无家可归的人，任何没有数字接入的人。所有这些情况都需要数字监护人的概念，即由第三方代表被称为受监护人的 DID 主体

接受管理数字钱包的法律和承担社会责任。SSI 数字监护是一个非常广泛、深入和丰富的主题，我们将在第 11 章关于治理框架的内容中单独讨论。

然而，数字监护只适用于人类。那么世界上所有的非人类实体呢？它们绝大多数也无法签发 DID。

（1）各种各样的组织——世界上每一个非人类个体的法律实体都需要某种形式的标识符才能在法律范围内运作。现在，它们有商业注册号、税号、域名和 URL；将来，它们会有 DID。

（2）人造事物——事实上，物联网（IoT）中的所有东西都可以从拥有一个或多个 DID 中受益，但相对来说，联网的事物（如智能汽车、智能无人机）很少会聪明到拥有自己的数字代理和钱包来生成自己的 DID（即使能做到，它们仍是由人类控制的）。因此，这些人造实体将获得“数字映射”，“数字映射”可以作为可验证凭证的主体。人们已经为供应链中移动的货物，尤其是跨境货物分配了可验证凭证。

（3）自然事物——动物、宠物、牲畜、河流、湖泊、地质构造，这些不仅有身份，而且在许多司法管辖区内，它们至少有一套有限的法律权利，所以它们也可以从 DID 中受益。

这些代表了需要第三方控制者的实体类别，而这种关系被称为控制者，以区别于人类的监护。有了监护权和控制权，我们现在可以将 SSI 和 DPKI 的好处扩展到每一个可以识别的实体。

8.4.2 DID的优点2：发现服务端点

DID 的第二个优点是能启用“发现”功能，即确定如何与 DID 主体进行交互。为此，DID 控制器在 DID 文档中发布一个或多个服务端点 URL（参见清单 8.1 的示例）。这种三方绑定如图 8.24 所示。

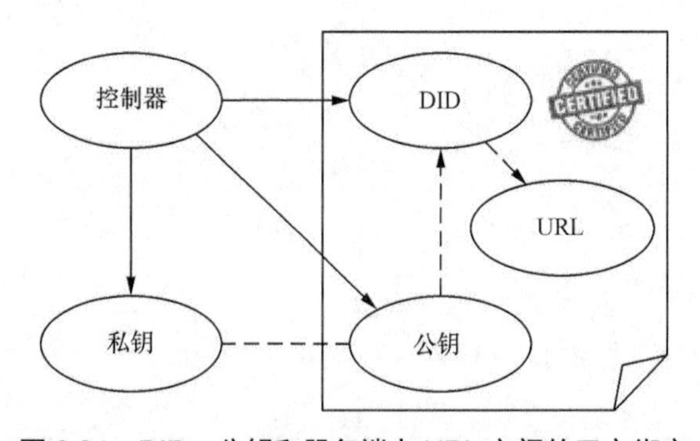

图 8.24　DID、公钥和服务端点 URL 之间的三方绑定

虽然这使得 DID 文档通常可用于许多类型的发现，但对于发现代理端点尤其重要，这些代理端点是远程建立 DID 到 DID 连接（接下来讨论）和通过 DIDComm 协议进行通信（第 5 章）所必需的。可以说，基于 DID 的代理端点 URL 的发现对于 SSI 的重要性，就像基于

DNS 的 IP 地址对于发现网络的重要性一样。

8.4.3 DID的优点3：DID到DID连接

SSL/TLS 是世界上最大的 PKI，因为 X.509 数字凭证中的公钥可用于保护网络服务器和浏览器之间的 HTTPS 连接。换句话说，对安全电子商务、电子银行、电子医疗和其他在线交易的需求推动了 SSL/TLS PKI 的增长。

SSI 也是如此。因为 DID 文档可以包括公钥和服务端点 URL，所以每个 DID 都表示其控制器有机会与其他任何 DID 控制器创建即时、安全、私有、对等连接。更妙的是，DID 可以在新连接需要时立即在本地动态地生成，无须提前从 CA 获得静态公钥证书。事实上，在表 8.4 中，我们引用了一个专门为此目的创建的 DID 方法——对等 DID。

对等 DID 最初由 Daniel Hardman 和 Hyperledger Aries 社区开发，现在由分布式身份基金会的一个工作组进行标准化，对等 DID 不需要区块链、分布式账本或任何其他外部数据库。对等 DID 在 DID 控制器的数字钱包中于本地生成，并使用基于 Diffie-Hellman 的密钥交换协议直接进行对等交换。这在双方之间创建了一种连接，这种连接与传统网络架构中的其他任何连接都不同。表 8.7 强调了 DID 到 DID 连接的 5 个特殊属性。

表 8.7　DID 到 DID 连接的 5 个特殊属性

属性	描述
永久的	除非一方或双方愿意，否则这种联系永远不会中断
私用的	连接上的所有通信都可以通过 DID 的私钥自动加密和进行数字签名
端到端	该连接没有中介，是安全的，不受“DID 到 DID”影响
可扩展的	该连接可用于任何需要安全、私密、可靠数字通信的应用，这些数字通信是通过 DIDComm 协议或双方代理支持的任何其他协议进行的
可信的	该连接支持可验证凭证交换，以便在任何相关背景下建立更高的信任，从而达到任何安全等级

无论在对等 DID（默认）还是公共 DID 之间，DID 到 DID 连接都是第 5 章中 To IP 堆栈第 2 层的核心。这一层的代理使用安全的 DIDComm 协议进行通信，就像网络浏览器和网络服务器通过安全的 HTTPS 进行通信一样。DID 使 SSL/TLS PKI 管道“大众化”，所以现在任何人都可以随时随地进行安全连接。

8.4.4 DID的优点4：大规模设计的隐私性

DID 能够提高互联网的安全性应该是显而易见的。虽然安全对隐私来说是必要的，但这还不够。隐私安全不仅是防止私人信息被窥探或窃取，还确保你选择与之共享私人信息的各方（医生、律师、教师、政府、你从其购买产品和服务的公司）会保护这些信息，未经你的许可不得使用或出售这些信息。那么 DID 对此有何帮助呢？

答案可能会让你大吃一惊。人们的传统标识符由第三方一次性分配：政府身份证号码、医疗身份证号码、驾驶执照号码、移动电话号码。当你将这些数据作为个人数据的一部分共享时，很多不同依赖方能够轻而易举地跟踪并关联你，还能够轻而易举地分享你的信息，并编制关于你的数字档案。

然而，DID 却可以扭转乾坤。你不必与许多不同的依赖方共享相同的 ID 号，你可以在每次与新的依赖方建立关系时生成并共享自己的对等 DID。该依赖方将是世界上唯一知道该 DID（及其公钥和服务端点 URL）的依赖方。而依赖方也会为你做同样的事。

因此，和政府颁发的身份证号码不同，你不只有一个 DID，你拥有数千个 DID，每段关系一个。每个两两唯一的对等 DID 都给你和你的依赖方提供了属于你们自己的永久私用通道，把你们双方连接起来，就像 Philip Zimmermann 最初对 PGP 的设想一样。此通道的第一个优点是，你只需交换由每个私钥签名的消息，就可以自动相互验证。要欺骗或假冒一个已经与你有连接的依赖方，这几乎是不可能的。

第二个优点是，对等 DID 和私有通道为你提供了一种简单、标准、可验证的方式，你可以用这种方式共享已签名的个人数据，即你已向依赖方授予特定权限的个人数据。对你来说，好处是方便控制，一眼就可以看到你与谁分享了什么，为什么分享了。对依赖方来说，好处是获得了新鲜的第一人称数据，这些数据具有加密可验证、GDPR 可审核的许可，同时还具有简单、安全的方式支持 GDPR 授权的所有其他个人数据权利（访问、更正、删除、反对）。

第三个优点是，通过签名数据，我们最终可以保护个人和依赖方免受我们已司空见惯的大规模数据泄露造成的损害。这些个人数据的价值促使攻击者入侵这些数据孤岛，因为攻击者可以利用这些数据入侵互联网上的所有账户。

当这些账户转而使用成对对等 DID 和已签名的个人数据时，除有明确签名权限的依赖方之外，个人数据对其他任何人来说都没有价值了。如果你不能用密码证明你有权使用这些数据，那么这些数据不仅变得毫无价值，而且还"有毒"。仅仅拥有未签名的个人数据就可能成为违法行为。它就像有毒废物一样，公司、组织甚至政府都想尽快摆脱这些东西。

所以现在你明白了为什么 SSI 社区中很多人认为 DID、可验证凭证和 IP 堆栈上的信任给网络隐私带来了巨大变化。虽然我们仍处于实施这一新方法的早期阶段，但它最终可以为个人控制其个人数据的使用提供了急需的新工具。当这种控制与 To IP 堆栈中用于建立和维护数字信任的其他工具捆绑在一起时，就是把隐私这个魔鬼放回了瓶子里，而许多人曾认为这是不可能的。

8.5 语义层：DID的含义

在解释了 DID 的工作原理和原因之后，我们现在转向底层的 DID，探讨它们对 SSI 和互联网的未来意味着什么。

8.5.1 地址的含义

地址本身并不存在，它们只存在于使用它们的网络背景中。每当我们有一个新的地址类型时，那是因为我们有了新的网络类型，需要这个新地址来做一些以前做不到的事情。表 8.8 显示了从历史角度看不同类型网络地址的演变。

表 8.8 从历史角度看不同类型网络地址的演变

起源（年）	地址类型	网络
史前	人名	人际网络（家庭、氏族、部落等）
1750 年之前	通信地址	通信邮件网络
1879	电话号码	电话网络
1950	信用卡号码	支付网络
1964	传真号码	传真网络
1971	电子邮件	互联网（机器友好型）
1974	IP 地址	互联网（机器友好型）
1983	域名	互联网（人性化）
1994	永久地址（URN）	万维网（机器友好型）
1994	网址（URL）	万维网（人性化）
2003	社交网络地址	社交网络
2009	区块链地址	区块链或分布式账本网络
2016	DID	DID 网络

所以 DID 的真正意义可归结为：在 DID 网络上可以用它做什么。

8.5.2 DID网络和数字信任生态系统

就像互联网上的一切都有 IP 地址，网络上的一切都有 URL 一样，在 DID 网络上的所有东西都有 DID。但这回避了一个问题：为什么 DID 网络上的所有东西都需要 DID ？ DID 提供了哪些以前无法实现的新通信网络功能？

简而言之，DID 的发明是为了支持任何数字信任生态系统所需的加密信任和人的信任，信任生态系统建立在 IP 堆栈（详见第 2 章图 2.14）的信任基础之上。

DID 对于堆栈的每一层都是必不可少的，如下。

（1）第 1 层：公共 DID 工具——在公共区块链上发布的 DID；分布式账本，如 Sovrin、ION、Element 和 Veres One；或者像 IPFS 这样的分布式文件系统，这些可以作为所有高层参与者的可公开验证的信任根。它们实际上构成了互联网信任层的基础。

（2）第 2 层：DIDComm——根据定义，DIDComm 是由 DID 标识的代理之间的点对点（P2P）协议。默认情况下，这些是成对的假名对等 DID，按照对等 DID 规范发布和交换，所以它们只存在于第 2 层。然而，DIDComm 也可以使用第 1 层的公共 DID。

（3）第 3 层：证书交换——如第 7 章所述，在签发和验证数字签名的可验证凭证和发现凭证交换协议的服务端点 URL 的过程中，DID 是不可或缺的。

（4）第 4 层：数字信任生态系统——正如我们将在第 11 章讲述的那样，DID 是治理当局（作为法律实体）和治理框架（作为法律文件）的锚点，用以发现和验证各种规模和形态的数字信任生态系统（以及它们指定的参与者）。DID 还支持可验证凭证永久地引用发布该证书的治理框架，并支持治理框架相互引用以实现互操作性。

简而言之，DID 是第一个广泛可用且完全标准化的标识符，明确设计用于构建和维护数字信任网络，这些网络“一直以来”都受到加密技术的保护。

8.5.3 为什么DID不具备人类意义？

很多人曾问，如果 DID 是互联网上最先进的通信技术中最新、最伟大的标识符，为什么它们不能更人性化呢？是因为一个叫作 Zooko 的三角难题，这个难题以 Zooko Wilcox-O'Hearn 的名字命名，Zooko 于 2001 年创造了这个术语（Zooko 在 20 世纪 90 年代与著名加密专家 David Chaum 合作开发了 DigiCash，并创建了 Zcash，Zcash 是一种“加密货币”，旨在利用加密技术为用户提供更好的隐私服务）。三角难题如图 8.25 所示，它表明一个标识符系统最多可以实现以下 3 个属性中的 2 个。

（1）人性化——标识符是来自普通人类语言的语义名称（因此定义为低熵）。

（2）安全——确保标识符是唯一的：每个标识符只绑定一个特定的实体，并且该标识符不容易被篡改和拷贝。

（3）分布式——可以生成标识符并将其正确地解析到所标识的实体。

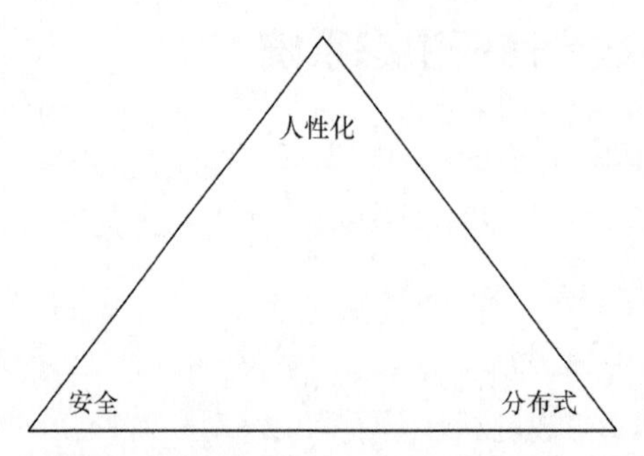

图 8.25　Zooko 的三角难题，它提出一个标识符系统最多可以有这 3 个属性中的 2 个

尽管有些人相信可以解决 Zooko 三角问题，但大多数互联网架构师认为，实现这 3 个属

性中的 2 个要比实现全部 3 个属性容易得多。正如本章所表明的那样，DID 选择实现的 2 个属性是安全和分布式（后者直接体现在“DID”缩写中）。由于有用于生成 DID 的加密算法，因此我们放弃了任何试图使之人性化的尝试。

尽管 SSI 社区意识到，DID 本身不能解决在命名时使其人性化这个问题，但它们实际上可以期待一个颇有希望的、新的解决方案。窍门不是在公共 DID 实用层（ToIP 堆栈的第 1 层），也不在对等 DID 层（第 2 层），而是在可验证凭证层（第 3 层）。换句话说，特定的可验证凭证类可以为 DID 主体确定一个或多个可验证名称，为这些证书中的名称创建可搜索的证书注册中心，这样我们就可以共同构建一个命名层，它在语义上比当前 DNS 命名层更丰富、更公平、更可信、更分散，如图 8.26 所示。

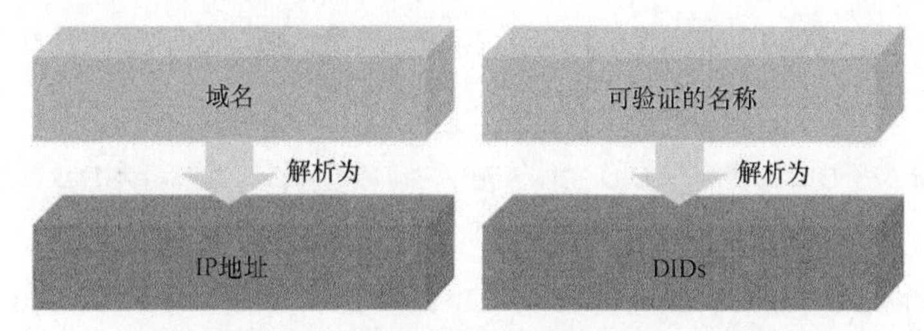

图 8.26　人性化命名的 DID 主体的可验证凭证可以在机器友好的 DID 上分层，就像人性化命名的 DNS 在机器友好的 IP 地址上分层一样

不再需要把这个可验证的命名层任意地划分为顶级域名称注册中心，而是可以为任何种类的 DID 主体捕获任何语言中任何类型丰富的名称：人、组织、产品、概念等。此外，对于个人、公司和产品来说，其名称的真实性可以由各种发行商以分散的方式证明，在这种情况下要实施欺骗或网络钓鱼将比在今天纷繁复杂的互联网上难上一个数量级。

8.5.4　DID标识了什么？

我们之所以把这个问题留到最后，是因为从语义的角度来看，它是最深刻的。简单的答案就是 W3C DID 核心规范中所说的：“DID 标识 DID 主体。”这是完全正确的，不管主体是什么，如人、组织、部门、物理对象、数字对象、概念、软件程序等，或任何有身份的东西。

可能出现混淆的地方是由 DID 解析而来的 DID 文档。DID 是否要将 DID 文档标识为资源？

经过多次辩论，W3C DID 工作组的回答是“否”，正如 DID 核心规范的附录所述：

> 确切地说，DID 标识 DID 主体并解析为 DID 文档（通过遵循 DID 方法指定的协议）。DID 文档不是独立于 DID 主体的资源，也没有独立于 DID 的 URI。相反，DID 文档是一种构件，由 DID 控制器控制的 DID 解析而来，用于描述 DID 主体。

该附录还包括图 8.27，它对这一结论做了直观的说明。

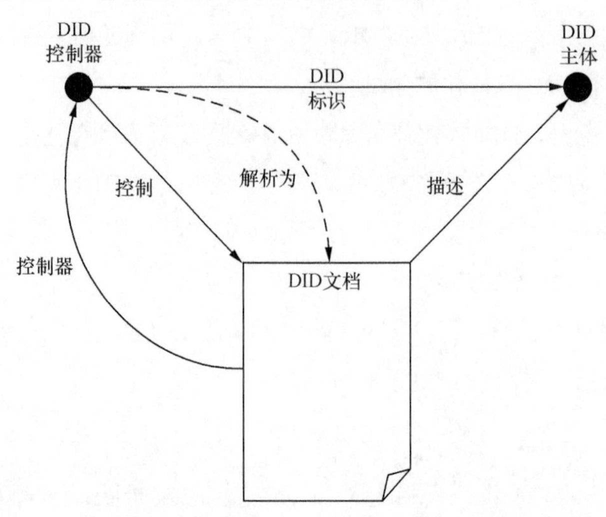

图 8.27　DID 总是标识 DID 主体（无论它可能是什么）并解析为 DID 文档。DID 文档不是独立的资源，也没有独立于 DID 的 URI

请注意，在图 8.28 中，DID 控制器和 DID 主体显示为独立的实体，这可能是在需要数字监护或控制权时的情况，正如本章前面所讨论的那样。图 8.28 显示了 DID 控制器和 DID 主体是同一个实体的常见情况。

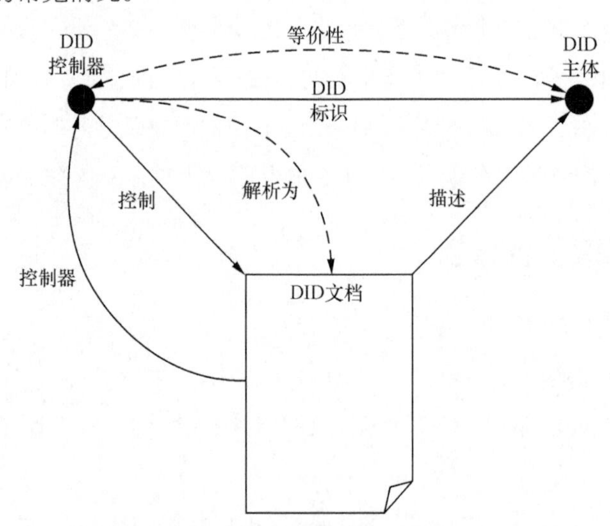

图 8.28　与图 8.28 相同，只是 DID 控制器和 DID 主体是同一个实体

关于 DID 实际标识的语义的最后一点很重要，因为它强调了 DID 标识的另一个关键特征：DID 可以用于标识任何类型的资源，无论该资源是在网络上还是在网络外，但总是对该资源进行相同的描述：DID 文档。这提供了一种通用的可加密验证的资源标识方法，而不需要依赖于任何中央机构。

尽管这是本书中最长的章节之一，但如果你已经读到这里，那么现在你会对我们为什么将 DID 称为"分布式的数字信任基础设施的原子构建块"有了更深刻的理解。"它们远不止是一种新型的全球唯一标识符。DID 依靠加密技术生成和验证，改变了互联网的基本权力动态。规模法则把一切都拉进位于互联网核心的巨头们的重力井之中，然而 DID 却将权力推到了最边缘——个人数字代理和数字钱包那里，在那里生成 DID 并创建 DID 到 DID 连接。这种哥白尼式的反转创造了分布式的新时空：在这个宇宙中，各种实体都可以自我主权，并使用 IP 之上的 4 层信任堆栈作为对等方进行交互。

因此，在下一章中，我们将向上移到堆栈的第 2 层，了解数字钱包和数字代理，数字钱包和数字代理对于生成 DID、形成 DID 到 DID 连接、交换可验证凭证和处理分布式密钥管理必不可少。

第9章 数字钱包与数字代理

Darrell O'Donnell

我们在第2章中介绍了SSI的两个基本构件——数字钱包和数字代理。虽然基本概念比较简单，但细节却可以写成整整一本书。本章的依据是Darrell O'Donnell于2019年冬天开始撰写的关于数字钱包状况的持续更新报告。数字钱包和数字代理技术发展得太快了，达雷尔从那时起就开始在全球范围内谈及这个不断发展的行业。有些初创公司、大公司和政府开始采用SSI，达雷尔为许多企业或组织提供建议并与其合作，帮助其根据需要建立基本功能和高级功能，所以他特别适合撰写这个主题。达雷尔是一位企业家、投资者兼技术专家，专业从事SSI、数字钱包和数字代理的实施和支持工作。

如果看一下我的钱包，里面的大部分东西都与支付无关。如果苹果或谷歌想更换我的钱包，这意味着他们必须更换我的驾驶执照、会员卡、铁路优惠票、旅行保险、医疗保险文件、献血证、汽车协会会员卡……嗯，你懂的。但从长远来看，它更有价值。

——Dave Birch，《福布斯》

数字钱包和数字代理对于SSI的作用就像浏览器和服务器对于网站的作用一样，它们是让整个基础设施运作的基本工具。就像浏览器和服务器交换网页一样，数字钱包和数字代理交换可验证的数字凭证（VC）（数字钱包和数字代理也可以使用DIDComm协议来交换其他任何形式的加密可验证数据，参见第5章）。

数字钱包的概念听起来很简单，但当你把安全性、隐私性、密码学、功能性、可移植性和可用性等所有要求加在一起时，它就变成了一项庞大的工程。构建功能全面的SSI钱包属于设计和开发工作，其工作范围类似于构建功能全面的浏览器。这个领域发展得太快了，所以要想了解当前SSI数字钱包项目清单，请参见维基百科中关于SSI的页面。

在本章中，我们将介绍以下内容。

（1）什么是数字钱包，数字钱包通常包含什么？

（2）什么是数字代理，它通常如何与数字钱包合作？

（3）数字钱包的使用场景示例。

（4）数字钱包与数字代理的设计原则。

（5）数字钱包与数字代理的基本剖析。

（6）终端用户数字钱包与数字代理的标准功能。

（7）备份和恢复。

（8）钱包与代理的高级功能。

（9）企业钱包和代理。

（10）监护和委托的特殊功能。

（11）“钱包大战”——即将到来的开源、开源标准及专有数字钱包和数字代理之间的战争。

请注意，“密钥管理”这个主题与数字钱包密切相关，具有一定的深度，我们将在下一章单独讨论它。

本章将不涉及以下专题。

（1）“加密货币”钱包。

（2）支付和价值交换。

（3）个人数据存储（PDS）和安全数据存储（SDS）（又名身份中心和加密数据保管库）。

9.1 什么是数字钱包，通常包含什么？

应该说，目前数字钱包这个词还没有一个被大家普遍接受的定义。数字钱包的定义至少有五六种，采用哪种定义则取决于你谈及的是 SSI 社区哪个特定部分。但大家似乎都同意，数字钱包的首要定义如下。

> 数字钱包由软件（及可选硬件）组成，使钱包的控制器能够生成、存储、管理和保护密钥、机密和其他敏感的私人数据。

换句话说，数字钱包及数字代理（参见下一节）是参与 SSI 的个人、组织和事物的控制节点。

有趣的是，存储在数字钱包中的“其他敏感私人数据”的内容可能与人们选择放在实物钱包中的内容一样，都是多种多样的。一些正在应用或正在计划中的 SSI 数字钱包实施项目包括以下内容。

（1）分布式标识（DID：对等 DID、上下文 DID、任何关系的公共 DID）。

（2）你所持有的可验证凭证。

（3）实物证书的数字副本（如 PDF 文件），如护照、驾驶执照、出生证明、文凭及其他尚未转换为可验证凭证的证书。

（4）名片和其他个人联系方式。

（5）各类个人资料。

（6）简历、履历表和其他传记资料。

（7）通常在密码管理器中保存的数据，如用户名、密码和其他数据。

同样，此列表不包括与“加密货币”、数字令牌或其他形式的价值交换相关的数据，因为目前这些属于更专业的“加密货币”钱包的领域。然而，许多人认为 SSI 钱包和“加密货币”钱包正在发生冲突，并将在未来合二为一。关于这方面的更多内容，请参见第 17 章。

9.2 什么是数字代理，它通常如何与数字钱包合作？

在第 2 章中，我们将实物钱包和数字钱包进行了比较，并使用了这样的比喻：实物钱包本身不做任何事情；相反，总是需要“人”，即钱包的主人把凭证放进钱包，然后再拿出来证明主人的身份。而有了数字钱包，钱包主人则需要软件来管理这些交互。这个软件模块被称为数字代理。

关于“代理”一词，SSI 社区仍然没有明确的术语解释。

（1）一些 SSI 供应商没有区分数字钱包和数字代理功能，只是将他们的整个应用程序称为数字钱包或移动钱包。在这种情况下，你可以认为他们将代理功能内置到了钱包中。

（2）而另外一些 SSI 供应商所采取的方式则相反，他们认为数字代理是主要的产品。在这种情况下，钱包被视为代理的一项功能。

（3）最重要的是，“代理”一词在软件和网络世界中有无数的用途和含义。例如，网页浏览器和电子邮件客户端在技术上都称为“用户代理”。“智能代理”是计算机科学的另一个类别，可以涵盖从数字恒温器到自主无人机等任何事物。整个“代理”群体可以组合成复杂的自适应系统，其紧急行为比各部分的总和还要多，如第 19 章所述。

在本章中，我们对代理的定义如下。

> 数字代理对于数字钱包的作用，就像操作系统对于计算机或智能手机的作用一样。数字代理是一种软件，让人们能够进行通信、存储信息并跟踪数字钱包的使用情况等操作。

这意味着数字代理通常代表实施控制的个人或组织（我们称之为控制器）执行以下功能。

（1）请求从钱包生成密钥对和 DID。

（2）发起并协商 DID 到 DID 连接，形成新的关系。

（3）请求颁发可验证凭证，接收颁发的证书，并将其存储在钱包中。

（4）接收验证方的要求（验证方要求提供源自证书的一个或多个声明的证明），然后请求控制器同意释放证明，计算所需的证明（包括任何必要的数字签名），并将证明交付给验证方。

（5）接受通过连接的通知消息，使用控制器的筛选规则，如有必要，则通知控制器并处理任何由此产生的操作。

（6）将数字签名的消息从控制器发送到控制器的一个或多个连接。

（7）应控制器的要求将数字签名用于文档或构件。

9.3 示例场景

为了更深入地探讨数字钱包和数字代理的各种功能，我们以实际场景——商务旅行为例，在这个场景中经常用到实物钱包。在商务旅行中，从头到尾，你通常要在以下情况下使用实物钱包中的信息。

（1）预订航班、酒店。

（2）通过机场安检。

（3）出示登机牌。

（4）租车和会议登记。

（5）交换名片。

如果你把数字代理看作代理人，做了大部分工作，把数字钱包看作实物钱包的替代品，那么你很容易想象这种情况的全数字版本。假设你的智能手机上安装了代理和钱包，则每个步骤的数字版本如下。

（1）预订航班和酒店——在每个网站上，你都用手机扫描二维码。你的代理会提示你获得建立私人点对点连接的权限（将这个新连接与你现有的网站账户关联后，你就可以使用你的数字代理和钱包“登录”网站，而无须任何用户名或密码）。当你完成预订后，代理会提示接收预订的数字凭证。当你单击“是”时，代理会将预订证书直接存储在你的数字钱包中，为你的旅行做好准备。

（2）通过机场安检——将手机轻贴 NFC 设备，代理会提示你从可接收的政府身份证书中共享所需的信息。你单击“是”，安全代理验证你的照片，你就可以走了。

（3）出示登机牌——当你排队登机时，在离登机口 3 英尺（1 英尺≈ 0.305 米）时，你的手机会连接蓝牙低功耗（BLE）设备。数字代理（而不是登机口代理）提示你共享飞机预订证书。你单击“是”，面部识别扫描仪将你的脸与你的航班预订信息进行比较。如果全都吻合，你就可以登机了。

（4）租车和会议登记——这些基本上都是相同的方式：扫描二维码后，代理会提示你分享必要的证件证明，你单击“是”，等待证明被验证，将你的生物识别特征（比如你的照片）进行匹配，然后完成登记程序。

（5）交换名片——当你在某个会议上遇到你想与之交换名片的人，你们二人中的一位打开自己的数字钱包应用程序，单击菜单显示二维码。另一位扫描这个二维码。这个过程也可以通过蓝牙、NFC 和其他边缘网络协议进行。双方的代理立即协商一个私用的 DID 到 DID 连接。然后，双方的代理会提示其控制器通过此新连接共享名片。选择名片后，就完成了交换名片。你们现在都有了直接的个人连接，没有中介，而且你们想让这种连接持续多久都可以。关于这种人与人之间的连接场景，我们在第 3 章中做了更详细的介绍。

注：在新冠肺炎疫情和未来可能出现的类似情况下，我们前文所描述的交易能做到 100% 非接触。在没有直接身体接触的情况下业务还能照常进行，这是 SSI 的真正优势。

9.4 SSI数字钱包和代理的设计原则

这种为 SSI 设计的新型数字钱包和代理不同于以往任何形式的数字钱包（以前有很多种）。主要是为了与本书中讨论的 SSI 理念相兼容，SSI 钱包和代理需要遵循本节的设计原则。

9.4.1 可移植和默认打开

正如我们在第 2 章中解释的那样，如今绝大多数的智能手机都内置了数字钱包。尽管苹果和谷歌等供应商允许第三方设计可用于其钱包的证书，但它们仍然是由单一供应商控制的专有钱包 API，这些钱包中所包含的证书无法移植到其他数字钱包。

从 SSI 的角度来看，这就和购买实物钱包一样具有同样的意义，这个钱包有它的规则，限制你可以放什么、不能放什么。当然，你绝不会容忍这种情况。

因此，与 SSI 兼容的数字钱包的首要设计标准是，它们必须为 DID、加密密钥、可验证凭证和用户控制的其他任何内容实行开源标准。这使得控制器能够享受真正的数据可移植性，即能够在任何时间将钱包中的所有内容从不同的供应商转移到不同的钱包，甚至建立自己的钱包。

这也意味着来自不同供应商的多个数字钱包和代理应该能够代表同一个控制器进行完全互操作，无论该控制器是拥有多个设备（如智能手机、平板电脑、笔记本电脑）的人，还是拥有来自多个供应商的不同操作系统和应用程序的组织（更不用说使用不同设备和操作系统的不同人）都可以做到这一点。

一些数字信任生态系统要求只使用经过认证和认可的设备，虽然这些要求可能会限制可移植性（关于该主题的更多信息，请参见第 11 章），但这些限制可能只适用于需要较高可信度的情况（如批准大额资金转移、为公司签署法律文件等）。

9.4.2 先同意再行动

第二个核心设计原则是，鉴于数字钱包中内容的敏感性和价值，数字代理绝不应采取未经其控制器授权的行动。这并不意味着在每次进行交易时，为了获得同意，代理必须中断控制器行动。可以把代理设计为记住其控制器的策略和偏好，并在控制器的同意下自动采取某些行动。举一个常见的例子，这是已经在银行业广泛实行的做法，就是自动支付某些账单。账户所有者设置规则后，银行的后端系统每月自动支付某些账单。

对于很多常规事务，数字代理按同样的方式处理。然而，对于任何非常规的事情，如形成新的关系或执行新类型的交易，代理必须请求控制器的明确同意。SSI 基础结构的最佳功能之一是，数字代理和钱包可以生成一个控制器同意操作的可审计日志。因此，在企业对消费者（B2C）的交易中，企业和消费者都可以拥有自己的可加密验证的事件日志。这使得企业能够使用数据保护法规，如《通用数据保护法规》（GDPR），同时使消费者能够跟踪他们共享敏感个人资料的时间和地点，从而更方便地根据需要监视、更新或删除这些资料。

9.4.3 隐私设计

以前的设计原则已经提出一些隐私设计原则，这些原则最初由 Ann Cavoukian 在担任加拿大安大略省信息和隐私专员期间定义，并在 2010 年国际隐私专员和数据保护机构大会上通过。当我们在纷繁复杂的万维网上探索时，数字钱包及其代理算得上是我们最值得信赖的工具之一，鉴于此，建议实施者遵循以下 7 条原则。

（1）要主动，不要被动；要预防，不要补救。

（2）把隐私设为默认设置。

（3）把隐私嵌入设计中。

（4）功能全面：要正和，不要零和。

（5）端到端的安全机制——全程保护。

（6）可见性和透明度——保持开放。

（7）尊重用户隐私——以用户为核心。

正如我们在第 5 章中所讨论的那样，SSI 的总体架构允许通过设计实现隐私功能，这种设计规模前所未有。具体而言，SSI 可以提供以下内容。

（1）加密保护的私人存储——尽管现在有些人使用密码管理器，但还有很多人无法安全地存储和保护他们在网上共享的个人数据。这就是为什么仅仅拥有（或窃取）对这些数据的访问权就可以冒充某人进行身份盗窃。SSI 数字钱包最终给了我们一个标准场所，在那里能安全地锁定私用的个人数据，这些数据只有经我们同意才可以被使用。

（2）隐私保护连接——数字代理可以通过交换对等 DID 和 DID 文档形成私人对等连接，因此我们不必依赖中介来维护和监控通信关系。

（3）端到端加密——消息和数据的交换可以从钱包到钱包（或从 DID 到 DID）进行加密，因此只有被授权方才能查看。

（4）加水印的个人资料——用可验证凭证共享的数据具有可加密验证的相关许可证明。这就完全改变了数据服务商及其他方面的情况，因此任何人如果使用了未标记的个人数据（未经相关许可的数据），都必须证明他们有合法的使用理由。

（5）共享治理框架——当今的隐私政策主要是为了保护企业按照他们的定义使用个人数据的权利。权力关系很不对称，所以，如果消费者需要企业提供的产品或服务，那么基本上无法说“不”。第 11 章详细讨论的 SSI 治理框架为建立更广泛的隐私和数据保护规范提供了一个新工具，因此，共享的治理框架给企业带来了更多的公众监管压力，迫使企业在隐私和数据保护措施中“做该做的事”。

9.4.4 设计安全

数字钱包必须安全地存储和保护钱包的内容。这些内容是数字王国的钥匙。如果攻击者闯入或窃取了数字钱包的内容，就可能会造成非常严重的破坏。

幸运的是，我们可以使用 SSI 架构中基于安全的设计特性创造一个非常不平衡的竞争环境，让这个环境对好人有利，具体如下。

（1）安全硬件——数字钱包的设计人员和开发人员可以利用专门的硬件组件（智能手机中的安全隔区、计算机中的可信执行环境、服务器中的硬件安全模块），这些组件的设计明确地用于安全存储、保护数字密钥和其他敏感数据。

（2）SSI 的分布化设计——通常，数字钱包将遍布网络的边缘，在那里它们最难受到攻击。此外，闯入一个数字钱包只会让攻击者获得有限的密钥和秘密，也只能危及一个控制器，而无法获取大量个人数据，也就达不到一举冒充数百万人的目的。

（3）私用的 DID 到 DID 连接——这些连接是单独授权的，通过交换数字凭证来验证其真实性，并在默认情况下进行端到端的信息加密。这意味着能让攻击者试图发起攻击的入口点要少得多，尤其是与开放电子邮件地址相比要少得多。

（4）使用精心设计的治理框架——SSI 可以使用精心设计的治理框架，在数字信任生态系统的所有成员（供应商、发证方、持证方、验证方、审核方等）中传播和实施最佳的安全措施。

（5）用数字代理作为自己的监视器——每个数字代理都可以作为自己本地安全相关活动的监视器，监视可能发生的违规迹象，应用“多只眼”的安全原则检测攻击，同时协调整个数字信任生态系统的响应机制。

9.5 SSI数字钱包和代理的基本剖析

图 9.1 展示了典型的 SSI 数字钱包和代理的概念架构。顶部方框显示主要代理功能，底部方框显示由代理调用的主要钱包功能。

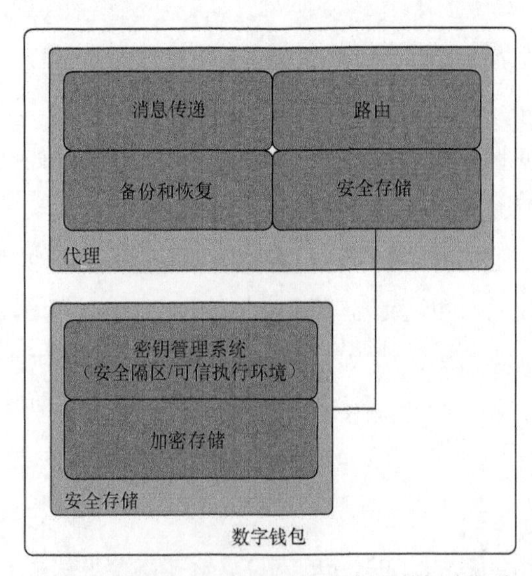

图 9.1　典型的 SSI 数字钱包和代理的概念架构

在如何划分钱包和代理的功能方面，尽管具体实施项目可能有所不同，但总的来说将涵盖表 9.1 中所列的领域。

表 9.1　SSI 数字钱包和数字代理的核心功能

组件	功能
代理	消息传递——在某些方面，代理的功能类似于专门的电子邮件或聊天应用程序：它代表控制器发送和接收数据、结构化消息和推送通知。它也可以是以下几个方面的任意组合：严格定义的协议消息（例如，对等 DID 或可验证凭证交换所使用的消息）、由任何一方定义的结构化消息及通用的安全消息； 路由——一些代理，特别是那些代表企业或机构的代理，作为中介，使用 DIDComm 等协议为其他“代理到代理”的消息提供路由，这些协议是为多代理路由而设计的。DIDComm 起源于 Hyperledger Aries 项目，目前 DIDComm 工作组正在对其实行标准化。支持尊重隐私的多代理路由，DIDComm 明确支持加密消息的“俄罗斯套娃”式嵌套； 备份和恢复——考虑到在数字钱包中存储的数据的价值和敏感性，在绝大多数情况下，钱包都必须支持可靠的备份和恢复方案，以防钱包和代理软件和 / 或硬件丢失、损坏或遭到黑客攻击 安全存储——代理的这个组件通常通过钱包提供的安全 API 调用钱包的服务
钱包	密钥管理系统——每个数字钱包的核心是如何处理密钥的生成、更换、撤销、存储、签名和保护，以及相关秘密，如在零知识证明中使用的链接秘密。关于这一点的更多信息，将在第 10 章中介绍； 加密存储——钱包的另一个主要功能是保护钱包中的密钥、秘密和其他私有数据，这些由控制器选择存储在钱包之中。根据钱包的大小和类型，保护的形式可能多种多样，例如，移动电话上的安全隔区，由可信执行环境管理的安全存储，或有服务器和云托管钱包上的硬件安全模块

关于 SSI 数字钱包的标准，请参见 Transmute 公司的 Orie Steele 于 2020 年 8 月提交给 W3C 证书社区工作组的通用钱包规范草案。

9.6　终端用户数字钱包和代理的标准功能

除表 9.1 所述的基本特性和功能外，本节还列出了个人用商业级数字钱包通常提供的其他功能。

9.6.1　通知和用户体验

无论应用程序被称为数字钱包还是数字代理，或者两者兼而有之，人们都普遍认为它是管理 SSI 用户体验的关键组件。SSI 是否真正实现了“自主管理身份”，需要用实践来检验。

（1）用户是否对他们的证书及这些证书可能包含的敏感个人数据（身份数据、健康数据、财务数据、家庭数据、旅行数据）有充分的了解？

（2）用户是否信任钱包、代理软件和硬件的供应商？

（3）用户是否信任证书发证方？

（4）用户是否信任证书验证方？

（5）用户是否信任供应方、发证方和验证方所处的治理框架和信任标记？

（6）用户是否信任他们正在建立的对等连接？

（7）用户是否感觉完全受控于整个体验？在这种情况下，用户是否对使用互联网、数字身份及个人数据的隐私、安全和保护的信心会显著（或极大地）增加。

当然，要检验“自主管理身份”的实用性，还要看最终用户对钱包和代理应用程序的行为是否感到满意，特别是在以下方面。

（1）它使用起来有多么方便和直观？

（2）它如何谨慎地在安全性、隐私性和易用性之间取得平衡？

（3）当需要引起用户注意时，它通知用户的频率和准确性如何？中断是否合适？

当涉及像数字钱包这样高度安全的应用程序时，最后一个问题尤为重要。iOS、Android、MacOS 及 Microsoft Windows 等移动和桌面操作系统已经有了复杂的通知系统，只有在必要或相关时才会通知用户（微软在 Windows10 中添加了太多新的安全通知，以至于用户要么忽略、要么关闭所有通知，这让微软吃尽了苦头）。但即使是这些，配置或调整也具有挑战性。如果数字钱包和代理应用程序要赢得用户的尊重和信任，它必须非常敏感，只提供用户必须看到的通知（出于法律原因，如 GDPR)、应该看到的通知（出于安全原因，如认证）和希望看到的通知（为了价值交换或为了更好地控制他们的个人信息）。

9.6.2　连接：建立新的数字信任关系

SSI 架构将数字代理与数字钱包配对，因为存储在钱包中的密钥、秘密和证书本身不起任何作用。它们的全部目的是代表其控制器建立和维护数字信任关系。

控制器将采取的最频繁的动作之一是扫描二维码，使用 NFC 或 BLE 设备，单击链接或者激活他们的代理，与人、组织或事物形成新的 DID 到 DID 连接。例如，在我们的全数字商务旅行场景中，旅程中的每一步都涉及与航空公司、汽车租赁公司、酒店、会议注册商等创建新连接（如果尚不存在连接的话）。

幸运的是，数字代理使这个过程成为简单、标准的操作，不需要加密技术、密钥管理或任何潜在的复杂性知识，只需扫描二维码或单击链接，批准新连接，并决定在特定交互中交换什么证书。连接双方都享有如下这些好处。

（1）你的代理和钱包将自动记住连接。这就像让助手自动将你遇到的每个新人添加到你的地址簿一样。

（2）这个连接你想持续多久就持续多久，不会因为对方搬迁、改变地址或以某种方式失去联系而中断。SSI 连接只有在一方或双方不再需要时才会结束。

（3）连接没有中介。连接方之间没有社交网络、电子邮件提供商或电信公司。

（4）所有消息都是端到端加密的。这个新的通信信道对连接的各方来说是完全安全和私有的。

（5）你可以在任何需要的场景使用连接。SSI 连接没有第三方服务条款。它完全属于连接双方，他们可以将其用于他们想用的任何应用程序。

9.6.3 接收、提供和呈现数字凭证

一旦建立了连接，标准的下一步是双方单向或双向交换证书，即发布新证书（第 2 章图 2.4 中信任三角的左下角）或验证发布的证书（第 2 章图 2.4 中的右下角）。

这两个过程都是双方代理之间精心编排的“舞蹈”，这些“舞蹈”会根据所使用证书格式的不同而有所不同。一般来说，证书签发过程是按照以下方式进行的。

（1）发证方要求持证方接受必需的身份验证后才有资格获得新证书。

（2）一旦验证，则持证方请求发放新的证书，或者发证方提供新的证书。

（3）不管怎样，发证方都同意签发证书，同时持证方同意接收证书。

（4）发证方的代理和持证方的代理遵循特定的协议步骤，以所需的格式签发证书。

（5）在协议结束时，持证方的代理将签发的证书下载到持证方的钱包中。

证书验证过程按照以下步骤进行。

（1）持证方请求与提出验证要求的验证方进行某些交互（如请求访问非公开网页）。

（2）验证方要求持证方出示证明（如向持证方出示可以用智能手机扫描的二维码）。

（3）持证方的代理处理证明请求，并确定持证方的钱包是否包含满足证明所需的证书和声明。如果确定满足要求，则提示持证方共享证明。

（4）持证方同意共享证明。

（5）持证方的代理人准备出示证明并将其发送给验证人的代理。

（6）验证方的代理在证明响应中使用发证方的 DID 和证书定义（以及由相关可验证数据注册表提供的所需的其他任何信息）来验证证明。

（7）如证明属实，持证方可获准连接。

这个过程中的一个重要变化是在证书使用 ZKP 加密技术的时候。在这种情况下，持证方的代理和钱包可以支持复杂的选择性披露功能。这意味着验证方只看到证明请求所需要的准确信息。例如，如果验证方只需要知道持证方超过 21 岁，持证方就可以证明这一事实，而不必透露持证方的实际年龄或出生日期。

对基于 ZKP 的可验证凭证的支持是 SSI 代理和钱包的关键的功能区别之一，W3C 的《可验证凭证数据模型标准》对基于 ZKP 的可验证凭证提供明确支持。早在 2018 年的 Hyper-ledger Indy 和 Aries 的开源项目中，这项功能开始发挥作用，但现在正逐步扩展到其他 SSI 数字钱包和 VC 项目。

9.6.4 数字凭证的撤销和过期

一旦实体证书被颁发给一个人并存储在他的钱包里，撤销证书的唯一实用方法是给它一

个到期日期。如果证书需要在到期日期前被撤销，比如驾照因违反交通规则被撤销，护照因公民身份改变被撤销，验证方检验撤销状态的唯一方法是联系发证方。

有了数字凭证、代理和钱包，我们就有了更好的解决方法，如下所列（按使用偏好由低到高的顺序）。

（1）验证方可以通过在线 API 与发证方进行核查。这是最不可取的方案，因为它仍然需要整合验证方与发证方，并且需要发证方托管具有较高可靠性地唤起 API。

（2）发证方可以使用区块链或分布式账本等第 1 层的可验证数据注册表（VDR）撤销。这解决了验证方需要与发证方整合的问题，验证方只需要与 VDR 整合，同时也解决了发证方需要托管自己撤销 API 的问题。然而，传统的撤销注册表可能会泄露有关已撤销证书的隐私信息。

（3）最能保护隐私的解决方案是在使用 ZKP 加密技术的 VDR 上维护一个撤销注册表。这样，验证方能够近乎实时地检查证书的撤销状态，但这种方案仅允许验证方在持证方出示证明时才能检查证书。否则，撤销注册表不会显示关于哪些证书已被撤销的任何信息。

同样，更新和验证凭证撤销状态的所有复杂工作都由发证方、持证方和验证方的代理自动处理。

9.6.5 身份验证：登录

正如第 4 章所解释的那样，自动身份验证是 SSI 的主要优势之一。截至目前，从我们在本章所讨论的问题来看，应该很容易理解我们的代理和钱包最终如何减轻用户名和密码的负担，也就是说基本上不需要“登录”了。

他们只是为你做了这项工作。代理在第一次创建新连接时协商的对等 DID 成为你的“用户名”，而通过连接发送的消息上的数字签名成为你的“密码”。

注：在加密技术上，使用与对等 DID 相关联的私钥生成的数字签名比任何密码都可靠得多。

因为这是多因素身份验证（MFA），所以它需要你的数字钱包和至少一个个人身份识别码（PIN）或密码解锁。如果验证方需要更高级别的保证，确保真的是你，那么它还会要求提供以下内容。

（1）生物特征（如指纹、人脸），用来打开你的数字钱包。

（2）钱包中一个或多个可验证凭证的证明。

（3）活体检测（如录制一个短视频），以证明作为持有钱包的人是证书的持证方。

所有这些众所周知的 MFA 技术已经被合并纳入联合身份标准中，如 OpenID Connect 和 FIDO。SSI 钱包和代理将 MFA 标准化和自动化，就像智能手机将记忆和拨打电话号码的过程自动化一样。随着 SSI 应用的普及，手动输入用户名和密码登录网站的过程将会像拨打旋转号盘电话机（一个数……一个数……一个数）一样成为过去。

9.6.6 数字签名的应用

就像你的代理和钱包可以对信息进行数字签名来验证你一样，它们可以签署绝大多数需要你签名的任何数字对象。基本步骤如下。

（1）你与请求签名的一方（验证方）建立连接。

（2）验证器通过连接向你发送需要你签名的对象（如结构化消息、PDF 文档、JSON 文件），根据数字对象的不同，你可以直接签名，也可以在代理和钱包验证散列后给该对象的散列签名（参见第 6 章）。

（3）你的代理提示你批准签名请求。

（4）你的代理调用你的数字钱包，根据适当的 DID 和私钥生成签名。

（5）你的钱包将签名返回给代理。

（6）代理将签名返回给验证方。

请注意，这种数字签名过程比大多数“电子签名”服务（如 DocuSign、HelloSign 和 Pandadoc）强上一个数量级。通常，这些服务不使用以加密方式生成的数字签名；相反，它们使用手写签名的数字传真。后者在大多数司法管辖区法律下是被合法接受的，但它们没有与基础数字文档加密绑定。

9.7 备份和恢复

此时此刻应该很清楚了，好用的数字钱包将很快变得与实物钱包一样有价值，甚至更有价值。那么，如果你把它弄丢了或者它被偷了，被黑客攻击了，被破坏了，怎么办？

具有讽刺意味的是，一个精心设计的数字钱包应该比一个实物钱包更安全，能更好地防止丢失，但前提是钱包主人采取了必要的恢复和备份步骤。

9.7.1 自动加密备份

任何商业级别的 SSI 钱包都应该带有自动加密备份功能。在初始设置步骤建立了你的恢复密钥后，你的代理将自动并持续地在你选择的位置维护你钱包的加密备份副本。通常，它意味着副本放在了云端，要么是在通用的基于云的存储服务上（如 Dropbox 或 Google Drive），要么是在钱包或代理供应商的专门加密备份服务器上。

注：与许多加密钱包不同，SSI 钱包需要备份文件和恢复密钥。之所以需要备份文件，是因为钱包可能是唯一存放某些数据的地方。

这样，如果你的钱包出了什么事（例如，设备丢失、被盗、损坏或破损），则可以恢复到你最近一次操作时的内容。通常采用下面讨论的方案之一进行恢复。

9.7.2 离线恢复

第一种方案是简单地将恢复密钥的副本存储在一个安全的离线位置（冷存储），当你需要恢复密钥时，可以在那个位置找到，如图 9.2 所示。

首先，你必须将恢复密钥隐藏在一个只有你或你信任的委托人才能访问的安全地方（否则，可能有人会在未经你许可的情况下用它们来窃取你的数字钱包）。

其次，在首次存储恢复密钥后多年甚至几十年，你都能找到它们（即使是银行的保险箱，在长期闲置后也很难进入）。

最后，你需要确保你的恢复密钥保持完整。例如，如果你将它们存储在冷存储设备上（如 USB 密钥），那么最好不会出现硬件故障。如果你把它们存储在纸上，如打印的二维码或手写的密码，那么你必须防止打印的东西随着时间的推移而褪色或在意外中被摧毁。这就是为什么一些专家建议将恢复密钥刻在钛或其他防火金属上。

图 9.2 典型的离线恢复技术：二维码和硬件冷存储设备

请记住，如果你的恢复密钥丢失或损坏，则没有其他方法来恢复你的数字钱包。对于 SSI 来说，没有可称为“密码重置”的服务，也没有更高的权威机构可供申诉密码。如果有，它就不算是自主管理，因为那终究是由其他人来控制的。

9.7.3 社交恢复

第二种方案被称为社交恢复，因为它依赖于一个或多个可信的连接来帮助你恢复密钥。在这种方法中，代理和钱包不是脱机打印或保存恢复密钥（或其他方法），而是使用称为密钥分片的加密技术将恢复密钥分成几个片段。必须将这些片段 N 个中的至少 M 个（如 3 个片段中的 2 个）重新组合在一起，才能重现原始恢复密钥。然后，为了保护片段，你的代理加密通过你与每个选定的受托人（你信任的人或机构）的连接共享片段，并在你需要恢复时将其返回给你，且只返回给你，如图 9.3 所示。

社交恢复的主要优势如下。

（1）它不需要存储或记住离线恢复密钥的位置。

（2）只要你可以联系足够多的受托人，并说服他们相信确实是你，恢复过程就可以完全在线进行。

（3）你可以定期调整你的受托人，在任何特定的时间代表你最信任的连接。

（4）你的代理可以定期提醒我哪些是你的受托人（也会提醒他们受托于你），以便在你需要恢复密钥时更容易操作。

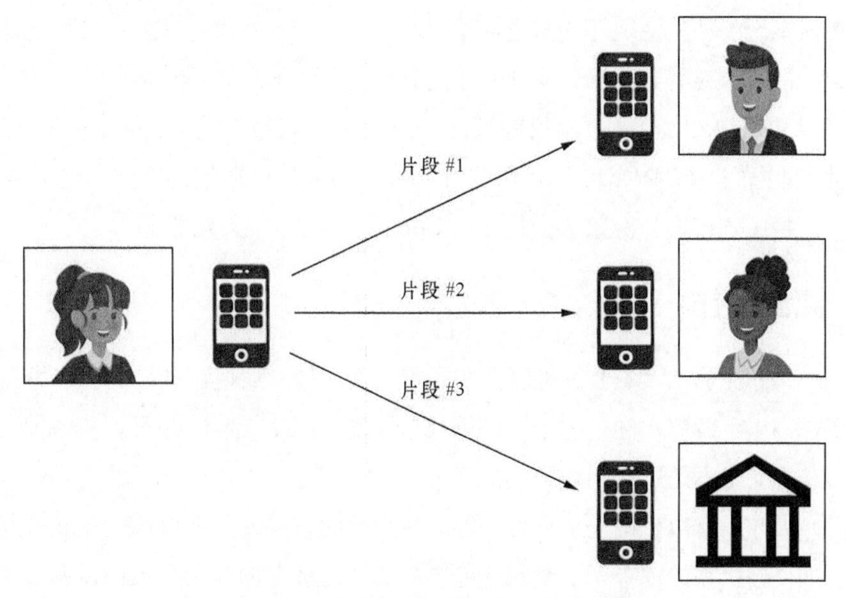

图 9.3　使用社交恢复共享分片恢复密钥

社交恢复的弊端如下。

（1）当你需要恢复时，必须有足够数量的受托人可以解密并共享它们的碎片。

（2）某个顽固的对手可能会利用社交工程攻击你的受托人，这个对手希望欺骗他们共享足够的碎片来组装你的恢复密钥并窃取你的加密备份。

9.7.4　多设备恢复

一般来说，第三种恢复方案是最简单的。如果你在多个设备上安装了数字钱包，就可以选择这种方案。这种方案本质上是自我恢复，因为它的工作方式就像社交恢复一样，只是使用你自己的系列设备来执行。如果你的一个设备丢失或损坏了，就可以使用其他设备将恢复密钥的备份碎片共享到新设备。

9.8　钱包和代理的高级功能

本节涵盖更复杂的功能，我们希望在本书出版后的几年内能在市场上看到这些功能。

9.8.1　支持多种设备和钱包同步

支持多种设备是许多现代应用程序（如 Slake、Face-Book、iMessage）甚至操作系统（Apple Keychain、iCloud）具有的标准功能，因为它们希望在所有设备上提供一致的用户体验。通常通过云服务在应用程序同步每种功能来实现这一点。

同这些应用程序一样，如果数字钱包可以在所有设备上无缝操作，将会更加有用。然而，由于安全要求，实现同步非常具有挑战性。完全同步通常是不太可能，出于合理的安全原因，私钥根本无法从其他硬件的安全模块复制。并且，一些高可信度证书可能需要将钱包绑定到特定设备，这就需要重新颁发证书才能将其移动到不同的钱包。

开源项目和钱包 / 代理供应商目前正在研究实现不同钱包同步协议，同时实现数字钱包的便携性和互操作性。DKMS 项目最先开始这一领域的早期架构工作，这促进了 Hyperledger Indy，并在分布式身份基金会的 DIDComm 工作组中继续推进。

9.8.2 离线操作

今天，如果你在加拿大的偏远地区开车开得太快，加拿大皇家骑警的一名警官让你靠边停车，并要求你出示驾照，你只需把手伸进钱包里把驾照交给警察即可。在这种情况下，有没有互联网连接完全不是一个问题。

但是，如果你只有数字钱包，且唯一能出示驾照的方式就是你得通过互联网连接，那么问题来了。如果你所在的地方无法联网或者你的流量套餐在加拿大行不通，那么骑警该如何验证你的电子驾照呢？

这并非假设情况。许多国家和美国几个州的政府机构已经发布了电子驾驶执照征询方案，要求在没有互联网连接的情况下可以验证电子驾照。许多边缘网络协议（如蓝牙和 NFC）都支持这一功能，因此唯一的障碍是标准化和互操作性测试。

9.8.3 验证验证方

不论是何种新技术，只要带来新的重大惠益，必然会带来新的风险。随着自主管理身份在市场上受到欢迎，欧盟委员会等监管机构担心的一个风险是，验证方可能会滥用 SSI 数字钱包和数字代理的权力，迫使持证方共享某些证书或声明，从而快速、轻松地获取信息，只有这样才可以接受服务。

描述 ToIP 栈的征求意见文档（RFC）指出了以这种方式胁迫的风险。

> “自主管理身份”的概念假定当事人可以自由进行交易，共享个人和机密信息，并在另一方的请求被认为是不合理甚至非法的情况下退出交易。实际上，情况往往并非如此……一个例子是臭名昭著的 cookie 墙，网站的访问者要么选择“接受所有 cookie”，要么进入没有出口的迷宫。

该 RFC 接着解释了防止这种胁迫的基本策略。

> 可对治理框架进行认证，以便针对不同类型的胁迫实施一项或多项可能的反制措施。如果是机器可读的治理框架，可以自动实施一些反制措施，确保用户不会违背其自身利益被迫采取行动。

该 RFC 首选的反制措施已众所周知，即“验证验证方”。它是一种治理框架政策，要求在治理框架下授权验证方提出特定的证明请求。持证方的代理甚至可以在请求持证方同意共享证明之前验证该授权——通常采取的办法是，通过核实验证方的公共 DID 是否包括在由治理机构维护的可验证数据注册表中。如果核实发现“验证验证方”不相符，代理不仅可以拒绝继续操作，还可警告持证方可能存在欺诈，甚至自动向治理机构举报它存在违规行为。

这项技术并非新发明。如今，全球信用卡网络都有类似的保护措施。例如，只有获得授权的万事达卡商户网络才能申请使用万事达卡付款。但是有了 SSI，这种保护可以扩展到任何类型的可验证数据交换。它可以直接支持不同司法管辖区的数据保护法规。

9.8.4 合规和监测

验证验证方只是代理可以监测是否遵守法规或遵守治理的一类而已。作为受信任的数字助理（假设控制方确实信任代理），代理可以监测其他行为、条件和操作。

（1）适用的治理框架——证书是否在控制方信任的治理框架下颁发？如果是新的治理框架，代理可以验证治理机构的善意吗？还有谁在使用或认可治理框架？

（2）敏感性数据——验证方是否要求特别敏感的数据？如果是，原因是什么？见第 9.8.6 节，了解代理如何识别此类请求。

（3）收据跟踪——代理可以自动对交易收据进行分类、存储和监测，以帮助分析你的活动。Quicken 和 Mint 等个人理财软件已经做到了这一点。Apple Health 和 CommonHealth 等个人健康监测软件也是如此。企业代理可以进行监测，确保员工或承包商进行的交易符合适用于其角色的政策，如购买权限、采购类别和支出限额。

代理和钱包还可以维护可加密验证的审核日志，以便在出现问题时进行取证分析。在某些情况下，特别是在企业环境中，代理可能与独立审计代理保持联系，并将定期交易报告发送给独立审计代理，钱包可能直接由监管机构托管。

9.8.5 支持安全数据存储（保管库）

现实世界中的钱包（或口袋）对其携带的容量设限，同样，数字钱包的设计也是如此，目的是存储和保护数量相对有限的敏感数据。它们通常不会用来存储一个人一生中的财务记录、税务记录、病例（X 光、CAT 扫描）、教育档案、日记、文件等。

但你应该可以将利用数字锁和密钥存储所有这些记录，这样做有点类似你将这些文件安全地保存在防火文件柜、家庭保险箱或银行保险箱中。这样的安全数据存储在 SSI 圈中有许多名称，名称如下。

（1）个人数据存储。

（2）个人云。

（3）存储库（或身份存储库）。

（4）保管库（或加密数据保管库）。

不论采取什么样的名称，这些名称一般指的是相同的基本设计：只有控制方才能访问存储的电子文件（通常存储在云中），因为内容是用控制方数字钱包中的私钥加密的。安全数据存储工作组正在为分布式身份基金会的互操作安全数据存储制定标准和开源实施措施。

9.8.6 模式和覆盖

存储在数字钱包中的证书以基本模式为基础，这些模式定义了凭证中每个声明（属性）的语义和数据类型。但是，数据语义丰富而又复杂。以某一个层面举例：声明的名称是用什么语言写的？你能用不同的语言描述这个名称吗？如何在不使基本模式定义变得非常复杂的情况下对其进一步描述？

解决这个问题的答案是一种称为“模式覆盖”的架构。如图 9.4 所示，模式覆盖是对基本模式的描述，它可以添加丰富的描述性和上下文元数据，而不会使基本模式复杂化。

输入和语义工作组正在 ToIP 基金会对这种覆盖架构进行标准化。支持模式覆盖的数字钱包和代理将使发证方、持证方和验证方更容易识别、描述和管理他们需要的凭证和声明。引用本章前面的一个示例，某个监管机构或行业监督组织可以发布模式覆盖，描述特定凭证中包含的数据的隐私敏感程度。代理和钱包可以使用此覆盖就有关请求警示验证方，并就共享此类高度隐私敏感数据的问题向持证方发出警示。

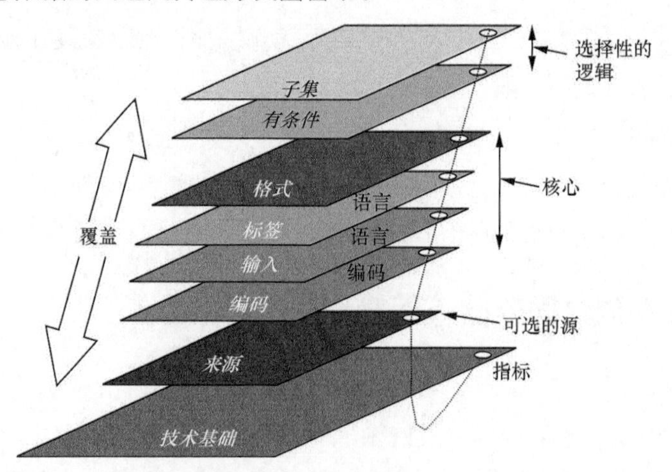

图 9.4 不同的数据生产商和消费者可以开发多个模式覆盖，以提供描述单个数据集的丰富元数据

9.8.7 紧急情况

政府机构和医疗机构发布了指导方针，介绍了在发生意外、心脏病或过敏反应等医疗突发事件时，人们应该能够在自己的实物钱包中轻松获得哪些信息。这同样适用于我们的数字

钱包，原因如下。

（1）如果急救人员可以访问数字钱包中的紧急信息，将使此类数据更容易、更快地获得。

（2）通常可用信息可能比实物钱包中可用的数据更丰富、更新。

（3）可以对数字钱包进行配置，使急救人员能够访问持证方的其他病例，这些病例可能会更有帮助。

（4）这种数字钱包可以让急救人员快速联系到紧急联系人，同时尊重他们的隐私。

出于所有这些原因，苹果钱包等专有智能手机钱包已经支持紧急模式。例如，本章的作者提供了有关花生过敏的信息，任何人只要能接触到他的手机就可以获得这条信息。

然而，这些信息非常有限，而且对谁可以访问该设备没有限制。相比之下，如果真实的患者可以证明这一事实（例如，使用代理可以验证的标准应急人员凭证），那么代理就可以发布更多信息。

9.8.8 保险

哪里有风险，哪里就有保险。使用数字钱包、代理和凭证存在以下风险。

（1）如果钱包或代理软件的供应商疏忽或包含恶意。

（2）数字凭证的发证方出错或者他们的系统遭到黑客攻击。

（3）数字钱包的持证方被黑客入侵或被盗，并可能因此被用来实施犯罪，或者他们的信用评分被毁。

这 3 种风险都可以通过不同形式的保险来使其降低。

（1）钱包和代理软件供应商可以为产品责任投保。

（2）发证方可以为发放的凭证出现错误或发证方的系统受到损害投保。

（3）持证方可以为其数字钱包被盗或丢失以及相应的损害投保。

当然，为这些类型的保险申请和签发保单可以通过数字凭证来操作。如果房主或企业等投保方的购险史已经过可加密验证的审核，那么在因火灾、盗窃、自然灾害等造成损失而需要提交索赔的不幸事件下会非常有帮助。

9.9 企业钱包

“钱包”一词会让我们首先想到的是用于个人使用，但参与 SSI 的每个实体都需要一个数字钱包。尽管组织是由人运营的，但法理上要求组织的法律身份（及其数字身份）必须与个人分开。即使是独资企业（由个人经营的企业）在法律上也必须与所有者的个人身份分开。

因此，每个组织，不论规模大小，都应该有自己的独立企业钱包。虽然企业钱包需要具备我们讨论的所有标准功能，但它们也需要具有本节介绍的特殊功能。

9.9.1 委托（权利、角色、许可）

在 SSI 中，委托是指一个身份控制方允许另一个控制方代表其执行某些行动。例如，年迈的父母可能会将管理父母银行账户的权限委托给某个成年子女。有了可验证凭证，可以使用委派证书来完成。有关更多信息，见第 9.10 节。

虽然个人可以选择是否委托别人代管其私人代理和钱包，但组织别无选择，必须进行委托。企业钱包必须能够将特定交易的权限委托给在组织中担任特定角色的特定个人。这类功能通常由许多企业中的目录系统以及 IAM 系统管理，适用于使用 SSI 和数字凭证的工作。

SSI 除其他优势外，使用数字凭证进行委托将使跨公司和跨国界安排和以电子方式执行具有法律约束力的交易变得更容易。正在明确开发一些可验证凭证生态系统以支持此功能。全球法人机构识别编码基金会（GLEIF）正在开发 vLEI，这是法人机构识别编码（LEI）的可验证凭证版本。

任何类型的组织都可以获得数字 LEI，以验证其法律身份。组织可以向其员工、董事和承包商颁发委派证书，以便它们能够证明其被授权行事的特定角色，并以特定身份代表组织对文档进行数字签名。

9.9.2 规模

数百万或数十亿的个人钱包和代理可能同时处于活动状态，但各自在网络边缘自己的计算设备上运行，因此吞吐量和规模问题与互联网和云计算今天面临的问题没有什么不同。然而，企业钱包和代理则是另一回事。在这里，你可以让数十万名员工同时主动验证或提供企业证书，而不是由一个人执行身份验证或交换证书。因此，潜在的钱包、代理和机构需要在这样的规模下发挥作用。有关这一主题的更多信息，见第 10 章，特别是第 10.8 节。

9.9.3 专门钱包和代理

每个设备可能只有一个钱包和代理为个人提供服务，即使代理可能会对特定类型的连接或证书交换采取专门行动。但企业可能需要针对特定任务组优化专门钱包和代理。

（1）会计和财务——对采购、发票、收据和费用跟踪的管理可能会创建自己的小型专业代理行业。例如，每个员工的代理可能都会连接到公司费用代理，以便自动跟踪、报告和报销费用。

（2）业务——正如第 4 章所述，SSI 将有利于业务流程自动化。通过将员工和承包商代理连接到业务流程代理，可以安排许多业务流程并使其实现自动化，业务流程代理应用必要的商业规则并帮助管理代价高昂的异常情况。

（3）合规性——使用审计和报告代理，可以简化记录和监测交易使其符合法规要求，并且某些情形可以实现自动化。

（4）新闻——当组织的不同部门能够更快地共享相关的可信信息时，组织就会蓬勃发展。随着钱包和代理的发展，它们参与的关键事件（如“签署合同”“收到采购订单”）可以通过比传统系统整合要求更宽松的整合流程实现立即共享。

9.9.4 凭证吊销

IAM 系统的典型挑战之一是为数百万员工管理数千个系统中的数百个权限，然后在员工或承包商的状态发生变化时快速更新这些权限。有了 SSI，这种复杂性可以大大降低。企业可以发布可撤销的可验证凭证，每个系统或应用程序都可以依赖它们作为验证方。当员工或承包商的状态发生变化时，可以近乎实时地撤销相关凭证，而无须了解有关验证方依赖这些凭证的任何信息。

9.9.5 特别安全考虑因素

如果个人钱包包含掌控个人王国的密钥，想象一下，如果企业钱包出现重大安全漏洞可能会造成的损害。价值数百万或数十亿美元的企业资产可能会受到威胁——更不用说企业声誉了。

好消息是，像银行金库一样，企业钱包是从头开始构建的，支持必要的安全级别，以保护这些宝贵资产。

（1）多重签名授权政策——根据特定交易的敏感程度，可能需要来自不同员工、管理人员或董事的多重数字签名。

（2）信任保证框架——大多数企业会根据一个或多个治理框架的规定运营企业钱包和代理。这些通常包括一个信任保证框架，要求许多行业标准的安全实践，如 ISO 27001 认证（ISO/IEC 27001），以及期间检验和重新认证。

（3）渗透率测试——企业可以付钱给白帽黑客专业人员来发现和修复漏洞，而不是等待问题浮出水面。

（4）自动监测和自我审计——企业代理可以使用自身复杂的监测和自我检查工具，这些工具利用人工智能和机器学习来检测异常并预测问题。

（5）设备认证——一些企业使用案例将仅支持已经过认证以满足特定安全 / 隐私标准或治理框架的某些设备或数字钱包，特别是对高可靠性的使用案例而言。

9.10 监护和委托

正如我们在本章开头所说，数字钱包是 SSI 基础设施中每个参与者的控制纽带。尽管这一工具功能强大，但它将直接使用 SSI 的权限限制为拥有数字访问权限和使用该技术的合法能力的个人。SSI 要服务所有人，它必须为没有数字访问权限或没有良好的身体、精神或经济能力来使用数字钱包和代理的个人服务。这些人需要另一个人或组织作为其数字监护人。

数字监护首先是一种法律和监管结构，因此在第 11 章中有更详细的介绍。我们在本节只涵盖数字监护的两个技术方面。

9.10.1 监护人钱包

就大多数意图和目的而言，受监护的数字钱包在功能上与传统的 SSI 数字钱包相同。区别之处在于，钱包的控制方是监护人，而不是钱包中证书对象的相关个人，后者被称为受抚养人。当监护人代表受抚养人请求证书时，或者当证书被代表受抚养人提交给验证方时，这是监护人维护受抚养人的 SSI 权利。

需要这种模式的情况数不胜数，如父母代表婴儿或幼儿行事；代表年迈父母的成年子女；代表身体或精神疾病的患者的监护人；代表无家可归者的非政府组织等。

以下是有名的监护人钱包。

（1）它们通常在云中托管。这使得监护人委托人更容易使用监护人证书访问钱包。专门托管监护人钱包的服务称为监护机构。

（2）它们使用生物识别技术来验证是否存在受抚养人。这是一种防止滥用的保护措施，这种生物识别技术还将钱包及其内容与特定的人有力绑定。然而，至关重要的是，任何此类生物识别技术的存储和管理都应遵循按设计保护隐私的原则，以防止生物识别技术被窃取或被用于对付抚养人。

（3）它们通常使用监护人证书进行控制。这允许特别授权的监护人委托人，如家庭成员或非政府组织的雇员，代表受抚养人采取行动，但必须使用他们自己的 SSI 钱包和代理进行强有力的身份验证后才可以。

（4）它们通常在严格的治理框架下运行，包括特殊的安全性、隐私性、便携性和审计要求，以防止假冒和滥用。

具有讽刺意味的是，设计完美的监护人钱包与企业钱包有许多共同功能，因为控制企业钱包的一组董事、员工或合作伙伴本质上是作为“监护人委托人”，只是具有不同于实际监护人的法律行为能力。

9.10.2 监护人委托人和监护人钱包

监护人可以是个人，如子女的父母，也可以是组织，如帮助无家可归者的非政府组织。就个人而言，监护人不一定有监护证书——一种由法律机构颁发的证书，如正式指定个人为监护人的政府机构。如果是组织，监护证书通常是数字监护的先决条件，某种监护治理框架规定必须提供。

当一个组织充当监护人时，代表受抚养人采取的实际行动是由作为该组织的代表个人采取的。授权这些监护人委托人的最佳方式是使用本章前面介绍过的委托证书。这样，代表受抚养人采取的每项行动都可以加密验证，因为这些行动是由代表授权监护组织的授权代表采取的。

9.11 认证和资质认可

如何知道是否可以信任某个数字钱包或数字代理应用程序？由于这些应用程序会保存和交换高度私密的个人隐私数据，无论是对营销人员还是犯罪分子而言，这些数据都具有很高的价值。因此，用户希望得到某种保障，保证设计和安排安全，从而确保其信息不会泄露或被违规共享。

同其他类别的安全硬件和软件（如智能卡和硬件安全模块）类似，针对这类要求的标准解决方案是实施认证和资质认可计划。对于特别敏感的应用，如银行或医疗保健，为了自身安全，可能别无选择，只能使用经认证的钱包和代理。

然而，这提出了有关用户选择权、自主管理和公平竞争等严肃问题。谁负责制定认证标准（往往倾向于行业巨头参与者）？谁负责对认证机构进行认证（通常情况下，这些程序会很慢和烦琐）？需要进行多少审查（聘请可信赖的第三方审查应用程序是否有安全或隐私漏洞，这可能会非常昂贵）？

最重要的是，要求 Bubba 钱包的开发人员 Bubba 支付 5000 美元以此来对其应用程序进行认证，这是否公平？如果需要 5 万美元呢？ 25 万美元？或更高的费用，又当如何？认证费用如果非常高，是否会扼杀 SSI 数字钱包领域的必要创新？

最后，谁来提供终端用户可信任的数字“批准印章”，如何知悉数字钱包和数字代理的硬件或软件已成功通过认证，并且此后没有被篡改过？这些问题拉开了钱包之战的序幕。

9.12 钱包之战：不断发展的数字钱包和数字代理市场

> 苹果公司最近在“已验证身份声明”的一般领域注册了许多专利，这些声明显然引起极大关注……我认为这些应用程序非常重要，苹果公司希望通过包括 iPhone 在内的设备控制提供和验证“身份”的途径，这向业界发出了一个信号，钱包之战即将白热化。
>
> ——戴夫·伯奇，《福布斯》，2020 年 8 月 29 日

在现代（后网络）互联网的早期发展阶段，两个时期引人瞩目：两次浏览器战争时期。1995—2001 年，网景浏览器被互联网浏览器（IE）取而代之，即使反垄断也未能拯救网景，IE 最终占据了主导地位。2008 年，谷歌浏览器的推出再次改变了这一领域。截至 2019 年年初，谷歌浏览器及其基于 Chromium 引擎的兄弟浏览器的使用率占网络浏览器的 70% 以上，而其他主要浏览器的使用率不足 10%。甚至微软也放弃了自己的引擎，2020 年 Edge 浏览器开始采用 Chromium 作为内核。

网络浏览器的创收很少，但研发却已经投入了数十亿美元，目的是维持浏览的基本功能及变现机制，以支持商业互联网。这样做的原因很简单：网络浏览器是必不可少的互联网工具，人们使用哪个供应商的浏览器浏览网页最多，就会提高哪个供应商在市场上的话语权。

而数字钱包的类似之战正在风起云涌——这场战争可能会让网络浏览器的角力黯然失色。即将到来的钱包之战涉及以下 3 个方面。

（1）哪些参与者试图影响或控制你的钱包（和代理）？

（2）他们试图影响和控制钱包的哪些方面？

（3）他们如何控制和影响？

9.12.1 参与者

在任何大变革中，其中最重要的一点是了解主要参与者有哪些，它们试图实现什么目的。在钱包之战中，参与者众多。

（1）各国政府和国家。

（2）科技公司巨头——绝大多数科技巨头严重依赖目标明确的广告，同时支持尊重所有人的隐私。在日常网络活动中，人们越来越多地使用数字钱包和数字代理，科技巨头可能无法运用监控技术瞄准我们。于是，它们调整适应，想要打造对其有利的战场。

（3）电信公司——电信业务日益商品化，电信公司已沦为纯粹的数据管道提供商，同时他们也在寻找竞争优势，同客户建立直接（业务）关系已经让他们开始获益。

（4）设备和操作系统制造商——苹果、安卓、三星、华为等设备（以及这些设备的操作系统）制造商地位超然。它们可获取最低控制点，根据需要利用专用硬件（可信操作环境）支持加密、密钥管理和数据可用性。此外，它们还提供应用程序访问这些功能所需的 API 层。

（5）金融机构和支付网络——目前的实物钱包和早期专用数字钱包（苹果钱包、谷歌支付等）的核心是让支付更便捷，同时获取关于我们在哪里花钱的一些有价值的数据。支持 SSI 的数字钱包成为数字关系和交流的常用工具，而这只会激励竞争，可能会让这些参与者在日益丰富的数字生活中发挥更大的作用。

9.12.2 哪些方面

本节介绍数字钱包和数字代理的一系列功能。钱包之战可能为围绕某些超战略功能展开。

（1）安全和加密——基础硬件（可信赖的操作环境）和操作系统至关重要。实现最高级别安全可能需要借助用于特定用途（如数字通行证、支付令牌），且经过认证和资质认可的硬件组件。

（2）第三方插件——数字钱包和数字代理可通过点对点方式提供许多服务，不需要任何中介或第三方。然而，在许多情况下，第三方可增加价值或者插入第三方插件可起到帮助作用，即使严格意义上并非必要。它们是控制点和影响点。

（3）支付——支付领域已臻成熟，有待夯实。“旧科技”支付提供商（万事达、维萨、美国运通、中国银联）和“新科技”（Stripe、Square、贝宝、苹果支付、支付宝、微信支付）竞相争夺“钱包龙头”，这种竞争趋势在数字钱包领域会愈演愈烈。

（4）认证和资质认可——正如上一节所讨论的那样，确定是否可以信任“Bubba 的钱包”成为许多治理框架的关键考虑因素（见第 11 章）。钱包行业已经非常成熟，对于某些高度安全的连接、证书及获取数字通行证或进行大额支付等交易，我们可能别无选择，只能使用经认证的钱包和代理。

（5）一体化——今天，许多人选择智能手机，这是因为它们与数字生活的许多其他方面（笔记本电脑、智能手表、云存储、电子邮件、日历、联系人、智能助理等）密不可分，这同样适用于选择数字钱包和代理。

（6）可移植性和自主管理——数字钱包和数字代理之间竞争的焦点。正如本书多次指出的那样：“如果不可移植，就谈不上自主管理。”数字钱包供应商希望增加特殊功能，吸引人们使用其钱包，但如果它们试图限定人们只能选择使用这些功能，就会失去这一优势。

9.12.3 如何控制和影响

同浏览器之战一样，钱包之战采取的战略和战术五花八门。有的一目了然，有的则隐于幕后，直到很久后方能显现，其中几个战略如下。

（1）标准——从事标准研究工作的人都很清楚，开源标准可轻而易举被作为武器。要做到这一点，可采取许多策略：将标准推向市场，延缓速度，贬低功能，称与普通标准没什么不同，没什么用等。即使提出标准是出于好的出发点，过早标准化也可能会造成问题，对 SSI 等新技术而言尤其如此。如图 9.5 所示，标准和协议的发展需要时间。

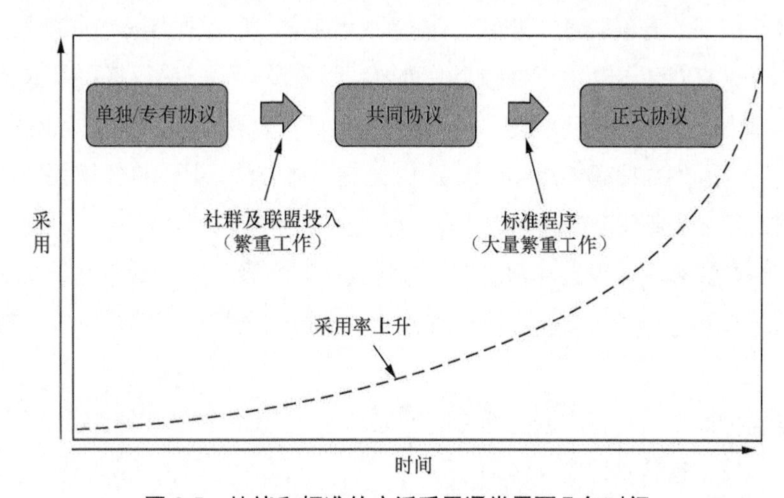

图 9.5　协议和标准的广泛采用通常需要几年时间

（2）监管——我们的生活离不开身份和金钱，自文明诞生以来，政府就参与其中，这一点不会随着数字钱包而改变。有时某些角色可能合情合理。难点在于划定界限确定哪些适当，哪些越界。

（3）开源项目——由于开源变得越来越普遍，因此为达目的，参与者开始巧立新项目或将现有项目改头换面。研究一下那些赞成者和吹捧者的动机，他们是否都在为互联网的有益发展贡献一己之力？是否有其他目标？这些目标与你的目标是否一致？

（4）“免费软件”和有限的功能——免费工具已成为互联网的家常便饭，但是，正如我们所知，天下没有真正免费的午餐。无论是浏览，还是数据，都需付费。有了数字钱包和代理，交易会因此变得有别于网站和数字广告。通过 SSI 我们会惊奇地发现数字钱包和数字代理供应商能够为我们提供哪些实惠。

（5）便利性和实用性——最终，提供最佳用户体验，体现最大价值的数字钱包和数字代理可能脱颖而出。谁推动用户体验？人们的体验是否完全一致，这可能是赢得钱包之战的亮点所在。

本节大篇幅介绍数字钱包和代理，其中的关键要点如下。

（1）从概念上看，SSI 数字钱包与实物钱包非常相似 [持有的凭证（证书）不同]，并且其功能更加智能化。

（2）每个数字钱包对应着一个数字代理：软件模块在钱包、用户和其他代理之间的互动中充当协调者。

（3）SSI 数字钱包与前几代数字钱包的不同之处在于，其采取了别具一格的设计原则，包括默认可移植和开放、默认驱动、隐私设计和安全设计。

（4）SSI 数字钱包的基本结构包括 4 个主要代理功能（信息传递、路由、备份和恢复以及安全存储）和 2 个安全存储功能（加密存储和密钥管理系统）。

（5）大多数 SSI 数字钱包的标准功能包括通知和用户体验，接收、提供和提交数字凭证，吊销和终止证书，身份验证（登录），应用数字签名，以及操作备份和恢复。

（6）备份和恢复对于 SSI 数字钱包至关重要，因为没有上一级权威可以依靠。它们必须包括自动加密备份功能和用于恢复丢失、被盗、损坏或被黑客攻击的钱包的多个办法，例如，离线恢复方法（如二维码或冷存储设备）；社交恢复方法，其中恢复密钥经加密粉碎，并与信任的连接共享；或者多设备恢复方法。

（7）SSI 数字钱包领域发展非常迅速，即将具备的高级功能包括支持多设备、支持多语言、离线操作、反胁迫和数据安全、合规性监测、支持安全数据存储、应急数据访问和保险选项。

（8）数字监护需要可托管在云上的专门管家钱包，并配备特殊功能，如生物识别验证、委托证书及自动执行监管政策以防止滥用。

（9）由于数字钱包和数字代理处理的数据高度敏感，并有可能被黑客攻击或滥用，针对性的认证和资质认可计划势在必行。最大的问题是，这些计划的推进是否契合开放、公平、竞争的市场。

（10）互联网发展进入下一个变革性阶段，SSI 数字钱包有望像浏览器一样具有战略意义，这意味着似曾相识的众多竞争对手和战术将再次决战钱包之战。注意：自主管理是决胜之根本。

数字钱包的核心功能——密钥管理，它非常重要，我们将其作为第 10 章的主题。

第10章 分布式密钥管理

Dr. Sam Smith

第 9 章探讨了 SSI 数字钱包和数字代理这个主题。但数字钱包的核心功能——密钥管理较为深奥，值得单独用一章来论述。本章的作者是 Sam Smith 博士，他不仅是 SSI 领域最多产的思想家和作家之一，也是密钥事件接收基础设施（KERI）的提出者。1991 年，Sam 获得杨百翰大学（Brigham Young University）电气与计算机工程博士学位，之后在佛罗里达大西洋大学任教10年，评为正教授。退休后成为全职企业家和战略顾问。他在机器学习、人工智能、自动驾驶车辆系统、自动推理、区块链和分布式系统等领域发表了 100 多篇科研论文。

第 9 章给出了数字钱包的总体定义："数字钱包由软件（和可选的硬件）组成，钱包的控制者能够生成、存储、管理和保护加密密钥、秘密和其他敏感的隐私数据。"

数字钱包是 SSI 中每个参与者的控制核心。这种控制的核心是密钥管理，它涉及与加密密钥的生成、交换、存储、使用、终止 / 销毁及轮换 / 替换相关的一切，其中包括加密协议、密钥服务器和安全存储模块的设计。密钥管理还包括人工程序，如组织政策、用户培训、认证和审计。

本章涵盖以下内容。

（1）为什么无论采取什么形式，数字密钥管理都很难？

（2）常规密钥管理的标准和最佳做法。

（3）密钥管理架构的起点——信任根。

（4）分布式密钥管理带来的特殊挑战。

（5）可验证凭证、分布式标识和 SSI 为分布式密钥管理带来的新工具。

（6）基于账本 DID 方法的密钥管理。

（7）基于对等 DID 方法的密钥管理。

（8）具有 KERI 的完全自主的分布式密钥管理。

最后一节介绍了 KERI，它概括了 KERI 的技术体系结构，这是本书出版时分布式密钥管理最全面的解决方案之一。

10.1 为什么无论采取哪种形式，数字密钥管理都很难？

如果不了解密码学和公钥 / 私钥基础设施，人们常常会好奇为什么对密钥如此大惊小怪。管理数字密钥不就是类似于管理实物钥匙吗？通常我们会给实物钥匙配上钥匙环或钥匙链等小装置。

实物钥匙和数字密钥虽然很相似，但实际上两者的差异巨大。

（1）数字密钥有可能被远程窃取。窃取实物钥匙需要实际接触到存放钥匙的地方或者接触到钥匙携带者。而如果数字密钥的保护措施不力，则可能被网络远程窃取。即使保护得当，数字密钥仍然可能通过旁道攻击被窃（但这很难做到）。

（2）个人可能无法判断数字密钥是否被盗。如果实物钥匙被盗，很容易就能发现（除非窃贼能够快速配钥匙并进行替换——这是真正的挑战）。但是，如果攻击者能够获得数字密钥，他们甚至可以在你毫不知晓的情况下（几毫秒内）就完成复制。

（3）数字锁更难撬开。除窃取实物钥匙外，还有一种办法是撬锁。对于汽车或房屋等许多实际资产来说，这是完全可行的，但破解超强加密保护的数字锁则几乎是不可能的。

（4）数字密钥可以带来的价值可能远远高于在现实世界中带来的价值。通过实物钥匙保护的大多数资产（汽车、房屋、银行金库）的价值与为资产提供的物理安全强度成正比。但对于数字资产而言，一个简单的密钥有可能关系数十亿美元价值的“加密货币”“数字货币”或其他形式的数字资产。

注：要保护价值可观的数字资产，应使用多重签名，这是因为它的安全等级要远高于数字资产的规模。例如，据称目前没有关于使用 Gnosis multisig Ethereum 钱包的案例，但一些钱包保管着数十亿美元的资产。

（1）如果数字密钥丢失或被盗，不可替换，这是关键所在。即使提供充分的物理安全保护，实物钱包也可能被破坏。但是，数字资产可通过超强加密技术（甚至是量子安全）提供保护，理论上，它可以在剩余的时间里（或者至少在接下来的几千年里）经受宇宙中一切计算能力的攻击。因此，与实物钥匙相比，数字密钥更为宝贵，几乎无可比拟。2019 年，《华尔街日报》估计，有 1/5 的“数字货币”丢失，因为私钥无可挽回地丢失了。在我们写这些文字的时候，丢失的“数字货币”价值超过 1000 亿美元。

（2）凭借 SSI，数字密钥将成为“数字生活的密钥”。而实物钥匙就很难这样说。实物钥匙无疑非常重要，它关乎你的汽车、房子、办公室和保险箱。但如果丢了整套钥匙，只需几天或几周就可以将它们全部换掉。但如果丢失了 SSI 数字钱包中的所有密钥（并且没有恢复方法），数字生活可能会因此停滞数月。

总而言之，控制数字密钥及数字钱包中的其他内容，这可能是 SSI 架构中最关键的一个元素。

10.2 常规密钥管理的标准和最佳做法

幸运的是，数字密钥管理并非新事物，在这方面我们有几十年使用传统公钥基础设施及使用“加密货币”密钥和钱包进行数字密钥管理的经验。此外，由于密钥管理对于网络安全基础设施非常重要，NIST 等研究机构就此主题提出了广泛建议，其中最著名的建议有如下几条。

（1）《美国国家标准与技术研究院特别出版物 800-130：加密密钥管理系统（CKMS）设计框架》，全书 112 页，为密钥管理方面的每个主题提供了全面指导。

（2）《美国国家标准与技术研究院特别出版物 800-57：密钥管理建议》，美国国家标准与技术研究院正在持续更新这个由以下 3 部分组成的系列出版物。

① 第 1 部分　概述。

② 第 2 部分　密钥管理组织方面的最佳做法。

③ 第 3 部分　特定应用程序密钥管理指南。

以下是《美国国家标准与技术研究院特别出版物 800-57》第 2 部分第 2 节中的一些指南示例。

> 密钥泄露会危及密钥保护的所有信息和程序。因此，客户端节点必须能够信任密钥或密钥组件来自可信来源，并且它们的机密性（如果需要）和完整性在存储和传输过程中均受到保护。
>
> 如果是秘密密钥，那么通信组中的任何成员或该组中任何一组成员之间的任何链路上的密钥泄露，均会危及使用该密钥的小组共享的所有信息。因此，必须避免使用来源未经认证的密钥，保护传输中的所有密钥和密钥组件，并且只要受这些密钥保护的任何信息需要保护，就要保护存储的密钥。

最新版《美国国家标准与技术研究院特别出版物 800-57》第 2 部分第 2.3.9 节包括以下关于集中式与分布式密钥管理的指南。

> 密钥管理系统本质上既可以是集中式系统，也可以是分布式系统。对于公钥基础设施而言，公钥不需要加以保护，因此无论操作规模大小，分布式密钥管理都能够有效开展工作。对称密钥的管理，尤其是对于大规模操作而言，通常采用集中式结构。

针对密钥管理的不同方面，制定了许多标准和协议。例如，《美国国家标准与技术研究院特别出版物 800-57》第 2 部分第 2.3.10 节包含一份由 IETF 针对密钥管理提出的 14 条请求评论清单。《美国国家标准与技术研究院特别出版物 800-152》包含加密密钥管理系统的设计、实施或采购要求，这些要求符合美国联邦政府标准。

结构化信息标准组织自 2010 年以来拟定的密钥管理互操作性协议。该协议已成为集中式密钥管理服务器互操作性的行业标准，企业通常会使用这类服务器，目的是使大量应用程序和服务的密钥管理实现标准化和自动化。

10.3 密钥管理架构的起点——信任根

无论密钥管理架构是集中式、联合式还是分布式，都发端于信任根（也就是信任根或信任锚）。信任根是信任链的起点，这是因为它是信任链中唯一不需要派生信任的点（通过某种方式进行验证）。而信任被假定为信任的根源，验证者需要自然而然地认同信任根。

在 X.509 标准等传统的公钥基础设施架构中，信任根通过一种称为根证书的特殊数字凭证来表示。依赖方（也称为信任方）必须拥有根证书的副本，才能进一步验证信任链。这就是大多数计算机和移动操作系统会提供内置根证书列表的原因。火狐（Firefox）和谷歌（Chrome）等浏览器也是如此。这意味着用户下意识地信任软件或浏览器制造商及根证书的颁发机构。

SSI 给密钥管理带来巨大变化，原因就在于它首先给出了一组关于信任根的不同假设，如图 10.1 所示。

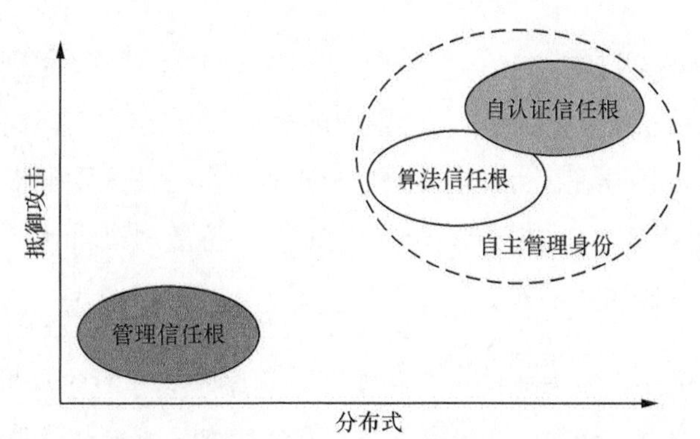

图 10.1 SSI 首先给出了关于信任根的不同假设，SSI 使用算法或自认证信任根，而不是管理信任根

（1）管理信任根用于传统的公钥基础设施：证书颁发机构的工作人员按照严格程序（认证业务规则），确保机构所颁发的数字凭证的质量和完整性。管理信任根其本身的信任基于服务提供商的声誉，该声誉由其在行业内多年积累而成，并由认证证书证明。

（2）算法信任根（也称为事务信任根）依托计算机算法，意在创建一种安全系统，其中没有任何一方能够单独控制，但各方一致赞同可共享数据源。算法信任根的实例包括区块链、分布式账本技术及 IPFS 等分布式文件系统。所有算法信任根均依托于加密技术，但信任要求远不止这些。信任的基础包括整个系统的声誉，例如，参与者的数量和规模、项目史、账本运行时间、是否存在任何安全问题及分叉的前景（或历史）。

（3）自认证信任根（也称为自主信任根）完全基于安全随机数字生成和密码技术。在 SSI 中，这意味着使用数字钱包就可以生成 DID。最安全的自认证信任根使用安全处理器（Secure Enclave）或可信处理模块等特殊硬件来生成密钥对和保存私钥。自认证信任根的信任基于规范、硬件和软件的测试、认证和声誉。

3 种信任根之间的差异如表 10.1 所示。

表 10.1　3 种信任根之间的差异

特点	管理信任根	算法信任根	自认证信任根
集中 / 单个故障点	是	否	否
要求人参与验证	是	否	否
要求外部各方参与	是	是	否

简而言之，要实现向 SSI 和分布式密钥管理的范式转变，就意味着从管理信任根转向算法信任根和自认证信任根。管理信任根本质上是集中式的，容易受到人为错误的影响。算法信任根和自认证信任根能够部分或完全实现自动化和分布式管理，两者之间的唯一区别在于第三方发挥的作用。

10.4　分布式密钥管理带来的特殊挑战

集中式密钥管理虽然已有数十年经验，但分布式密钥管理这个主题相对较新。2016 年 12 月，DID 的第一个版本（见第 8 章）作为圈内规范发布，在这之前人们几乎一无所知。DID 是分布式的，又可以加密验证，因此需要采取分布式解决方法来管理相关的公钥 / 私钥。随着对 DID 的关注日益增强，美国国土安全部在 2017 年将密钥管理研究合同授标给 SSI 供应商 Evernym，合同内容概述如下。

> Evernym 通过项目“区块链技术在尊重隐私身份管理方面的应用”，正在开发分布式密钥管理系统，它是一种与区块链和其他分布式账本技术一起使用的加密密钥管理方法，意在推动在线身份验证和核证。在分布式密钥管理系统中，所有参与者最初的“信任根”均是分布式账本，它支持一种新形式的根身份记录即分布式标识。

DKMS，即分布式密钥管理系统（相对应的是 CKMS，即加密密钥管理系统）。在为期两年的研究项目中，Evernym 召集了一组密码技术工程师和密钥管理专家，编写了一份文件《分布式密钥管理系统设计和架构》，这份文件已作为 Linux 基金会 Hyperledger Indy 项目的一部分发表。文件引言部分指出：

> DKMS 是一种旨在与区块链和分布式账本技术结合使用的新的加密密钥管理方法，没有中心化机构。分布式密钥管理系统颠覆了对于传统公钥基础设施架构的核心看法，即公钥证书将由中央或联邦证书颁发机构颁发。

本文件第 1.3 节指出，分布式密钥管理系统意在提供以下优势。

（1）不会出现单一故障点——分布式密钥管理系统使用算法或自认证信任根。

（2）互操作性——分布式密钥管理系统可使任何两个身份所有者及其应用程序能够交换密钥并建立加密对等连接，而无须依赖专有软件、服务提供商或联盟。

（3）可移植性——分布式密钥管理系统可帮助用户避免只能选择分布式密钥管理系统兼容的钱包、代理或机构。在提供适当安全保护的情况下，用户可利用分布式密钥管理系统协议，在分布式密钥管理系统兼容的程序之间移动钱包中的内容（尽管不一定需要实际加密密钥）。

（4）弹性信任基础设施——分布式密钥管理系统整合了分布式账本技术的所有优点，可分布式访问可加密验证的数据。此外，它还有一个分布式信任网络，任何对等体均可以在其中交换密钥，建立连接，并从任何其他对等体发出 / 接收可验证凭证（分布式密钥管理系统设计与架构在加密密钥管理系统发明之前就已经公布。不过，它与加密密钥管理系统的分布式密钥管理架构完全兼容，详情见本章最后部分）。

（5）密钥恢复——与针对具体应用程序或具体域提供的密钥恢复解决方案不同，借助分布式密钥管理系统，应将强大的密钥恢复功能直接植入基础架构，包括代理自动加密备份、分布式密钥管理系统密钥托管服务和密钥的社交恢复功能，例如，通过在可信赖的分布式密钥管理系统连接和代理之间备份或分割密钥来实现（有关 SSI 数字钱包和代理在密钥恢复中的作用的更多信息，见第 9 章）。

而要实现这些优势，分布式密钥管理系统需要战胜以下挑战。

（1）决不能有任何“更高的权威机构”可依靠。如果最终可以依靠一个中央权威机构，则一个系统将变得简单得多。而在分布式密钥管理系统中，没有“密码重置”选项。如果可寻求外部机构更换密钥，意味着这个机构可以一直得到你的密钥——或者其系统可能被侵入，然后破解你的密钥。因此，分布式密钥管理系统的设计必须从一开始就为密钥持有者提供安全保障。

（2）分布式密钥管理系统不能来自一家公司，甚至不能来自一个联合体。它必须完全基于任何开源项目或商业供应商均可采用的开放标准，这一点非常类似于 W3C 可验证凭证和分布式标识标准，后者已成为 SSI 的基础，它没有采取现下 Apple iMessage 和 Facebook Messenger 等一些流行聊天产品的专有方法。

（3）分布式密钥管理系统不能规定每个人使用的单个密码算法或密码套件。很多问题可通过大家都认同的同一种密码技术来解决，而对于分布式密钥管理系统来说，有太多的选择，而且这个领域的发展日新月异，因此不能局限于单一类型的密码技术。分布式密钥管理系统必须能够适应密码算法和协议的演变发展。

（4）分布式密钥管理系统的密钥和钱包数据必须能够在不同供应商的不同技术之间实现转移。SSI 圈内常说，“不能实现可移植，就谈不上自主身份。”此外，可移植必须通过正式的互操作性测试来证明，而不仅是营销口号。

（5）分布式密钥管理系统不能假定终端用户具备任何专业知识或技能。同现代浏览器和电子邮件客户端一样，支持分布式密钥管理系统的数字钱包和代理的使用必须非常方便，甚至更加方便。最重要的是，不能要求终端用户理解密码学、区块链、SSI、甚至公钥/私钥的概念。

对于这些要求，一些开发人员可能会摊手表示无能为力。然而，越来越多的架构师、密码学家和可用性专家并未满足于此，而是再接再厉，深入互联网基础设施寻找解决方案，最终实现人人均可使用，就像今天的电子邮件和网络一样。

10.5 可验证凭证、DID和SSI为分布式密钥管理带来新工具

SSI依托于分布式密钥管理，同时带来新的工具，使分布式密钥管理成为可能。本节我们列出了可验证凭证（见第7章）、DID（见第8章）及数字钱包和代理（见第9章）的具体贡献。

10.5.1 将身份验证与公钥验证分离

除分布式信任根外，分布式密钥管理系统得以实现的主要创新是，DID能够将DID控制者公钥的验证与其他身份属性（如控制者的合法名称、URL、地址、政府身份证号等）的验证区分开。在传统的公钥基础设施中，需要证书颁发机构颁发的X.509数字凭证将这两个步骤绑定在一起，如图10.2所示（选自第8章深入阐述DID如何工作）。

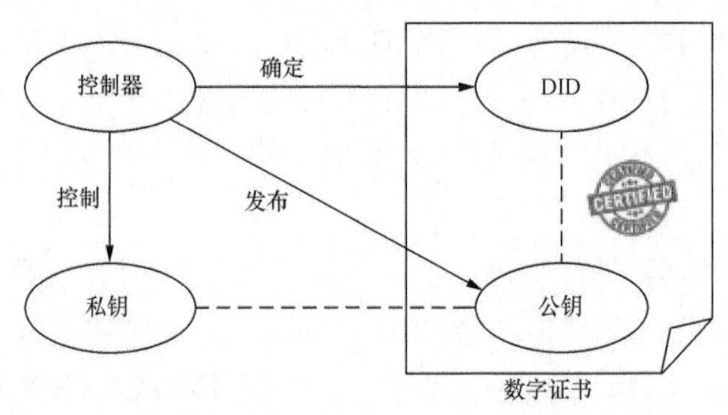

图10.2 传统基于公钥基础设施的数字凭证如何绑定实体的身份确认与实体公钥的验证

借助SSI，使用算法信任根或自认证信任根就可以从公钥/私钥对生成DID。这意味着DID控制者通过使用其私钥对自己的DID文档进行数字签名，能够始终证明他们控制着自己的DID，如图10.3所示（见第8章）。

如果DID方法使用的是自认证信任根，在DID控制者的保护下，可完全在其数字钱包或其控制的其他一些密钥生成和签名系统中完成密钥生成和轮换。如果DID方法使用的是算法信任根，则需要与外部可验证数据注册表如区块链进行事务处理。不过，在这两种情况下，这些均可由DID控制者的代理自动执行，无须人工操作。取消人工环节带来两大惠益：这

些步骤的成本几乎可以为零，并且可以生成和使用 DID 的规模显著增加。这使得 DID 控制者可根据需要拥有足够多的 DID，且不会有任何阻碍。

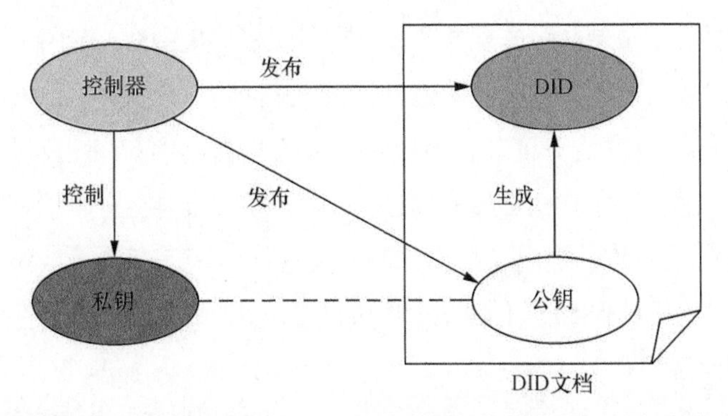

图 10.3　DID 使身份控制者能够通过对其 DID 文档进行数字签名来证明自己的公钥，而无须中介

注：第 8 章更详细地介绍了随机数字生成和加密算法如何形成无限数量的公钥 / 私钥对和 DID，并且不会错乱，这是分布式管理系统形成的根本。

10.5.2　使用可验证凭证证明身份

如果 DID 和 DID 文档能够解决密钥验证带来的挑战，使可验证凭证发挥最大所长：向第三方证明 DID 控制者的真实身份属性。验证者必须由此在真实世界中建立商业或社会信任。

此外，通过将身份验证与公钥验证分开，身份验证属性发证方的数量和多样性会大幅增加，为 DID 控制者和验证方提供了更广泛的选择，并且会降低每个人的成本。

10.5.3　自动密钥轮换

第 8 章还深入解释了 DID 如何帮助解决另一个核心密钥管理问题，即自动密钥轮换。DID 是一个不可变的标识符，因此，所有 DID 方法（特殊类别除外）要做的是，通过更新相关的 DID 文档，说明 DID 控制者如何变更与 DID 相关的公钥 / 私钥对。即使是不同方法的 DID，它们必须遵循相同的原则：DID 控制者不需要依赖任何外部管理员就可以完成密钥轮换。

10.5.4　通过线下和社交恢复方法自动加密备份

SSI 数字钱包不能向更高一级申请重置密码或替换密钥，这意味着备份和恢复功能必须直接内置于架构中。如第 9 章所述，要实现这一点，可将备份和恢复功能直接嵌入数字钱包和代理，或者针对具体的 DID 方法，使用特殊密钥恢复功能，或者同时使用这两种办法。将复杂的分布式密钥恢复架构内置到 KERI 的更多信息见第 10.8 节。

10.5.5　数字管家

借助集中式密钥管理系统，公司或政府运营的密钥服务器可以为具有不同能力水平的大量用户提供服务。分布式密钥管理提供的解决方案需要覆盖更多人。这里提到了 SSI 基础设施的关键要素——数字管家，第 11 章将更详细地介绍这个要素。

令人啼笑皆非的是，如果从较高层次来看，数字管家与集中式密钥管理系统高度相似。而从后台来看，它们却截然不同。数字管家通常托管人们所依赖的单个云钱包，称为依赖者。数字管家通常由官方机构颁发监管证书，授权它们发挥监管作用；它们反过来向工作人员或承包商颁发授权证书，授权他们采取行动。最后，数字管家通常在一个治理框架下运作，该框架对其作为信息受托人的角色提出了严格的法律要求。由于任何个人或组织都可以作为数字管家，并且数字监管使用与 SSI 其他部分相同的开放标准和架构，它将控制和管理数字密钥的能力扩展到自己无法操作的人。

10.6 使用基于账本DID方法的密钥管理（算法信任根）

所有 DID 方法均依赖于信任根，如图 10.1 所示，这是证明信任链基于公钥 / 私钥对的起点。密钥对通常是在安全硬件中使用一长串随机数字生成的，但大多数 DID 方法并不仅依赖于这种信任根（它们不是自认证的），而是需要第二步：使用私钥对分布式账本或区块链系统中的事务进行数字签名，以“记录”DID 和初始关联公钥。记录创建后，账本就成了 DID 的算法信任根。

这意味着验证方必须与账本核对，目的是验证目前使用的公钥和 DID 文档中与 DID 相关的任何其他内容。换句话说，验证方必须信任以下几点。

（1）共识算法和具体账本的操作：能够防御 51% 的攻击、任何其他形式的破坏或攻击。

（2）用于访问账本记录的解析器安全。

（3）解析器（或验证方）用来验证解析结果的初始记录。

“数字货币”和以太网这类大型、成熟的公共区块链取得了成功，此外，从这些账本中验证查找结果的机制众所周知，人们普遍将这些视为强大的算法信任根。此外，对于许多 DID 来说，这些最好能够公开解析和验证。因此，毫不奇怪，截至 2021 年年初，在 W3C DID 规范注册中心注册的 80 多种 DID 方法中，95% 使用的是基于算法信任根的 DID 方法。

但是，基于账本的 DID 方法也有几个缺点。

（1）依赖另一方或网络——尽管最终形成的信任根仍用于生成 DID 和更新账本上 DID 文档的密钥对，但基于账本的 DID 方法要求 DID 控制者依赖的分布式账本及其相关的治理机制必须是可信的。在某种程度上，DID 控制者可依靠账本难以破坏，并且随时可用，虽然风险可能变得很小，但并非是零风险。

（2）不可移植——如果账本或其管理出现问题，或者如果 DID 控制者想使用其他 DID 方法，不可移植性（“账本锁定”）——基于账本的 DID 被“锁定”到特定的账本，无法移动。

（3）可能与《通用数据保护条例》的“被遗忘权”发生冲突——虽然相关组织（或事物）

使用的 DID 没有问题，但根据欧盟《通用数据保护条例》，供个人使用的 DID 和公钥被视为“隐私数据”，因此受擦除权的约束，通常被称为“被遗忘权”。对于不可改变的公共账本来说，这个问题可能很严重，这是因为这些账本混合着所有用户的事务，因此，在不破坏其他所有用户账本的完整性的情况下，给定 DID 的事务可能不可移除。

注：关于这个问题的深入讨论，见 Sovrin 基金会白皮书。

10.7 使用对等DID方法的密钥管理（自认证信任根）

一旦 DID 和分布式密钥管理系统开始运作，一些安全架构师就会意识到，虽然基于账本的 DID 有许多优势，但从技术上讲，不一定必须使用账本才能获得 DID 的这些优势。由于最终的信任根是源于公钥 / 私钥对的随机长串数字，并且这种信任根只存在于 DID 控制者的数字钱包中。因此，这些架构师发现在许多情况下，自认证的 DID 和 DID 文档完全可以在数字钱包中生成，并直接进行对等交换（后面将更深入介绍自认证标识符）。

这促使了对等 DID（did:peer）的发展：这个方法是 Daniel Hardman 于 2018 年首次发布“对等 DID 方法规范”中提出的。截至 2020 年 8 月，该规范已有 15 位编辑参与，并已加入分布式身份基金会的标识和发现工作组，目的是推进标准化。概述引用如下。

> 有关分布式标识（DID）的大多数文献说明 DID 是植根于公开的真相数据的标识符，如区块链、数据库、分布式文件系统或类似事物。这种开放性让任意一方均可将 DID 解析为某一端点和密钥。对于许多用户来说，这一特点非常重要。而人、组织和事物之间的绝大多数关系提出的要求更为简单。当 Alice（公司 / 设备）和 Bob 想要互动时，确切地说，世界上只有两方关心：Alice 和 Bob，没有其他方需要解析他们的 DID，仅仅是 Alice 和 Bob 有这种需要而已。在这些情况下，对等 DID 完美无缺。

在很多方面，对等 DID 是公共的、基于区块链的 DID。对等 DID 方法规范接着列出了对等 DID 的以下优点。

（1）没有交易成本，基本上可以免费创建、存储和维护。

（2）规模和性能完全取决于参与者，而不是基于任何集中式系统的能力。

（3）它们不存在于任何集中式系统中。

（4）只有具有特定关系的双方知晓，因而大大减少了因第三方数据控制者或处理者而引发的对个人数据和隐私规定的担忧。

（5）不受制于任何特定的区块链，放下技术包袱。

（6）可以被映射到其他 DID 生态系统的命名空间中，对等 DID 在一个或多个其他区块链中的意义可以预测，解决了区块链分叉抢夺 DID 所有权的问题。

（7）由于避免了依赖集中式数据源，对等 DID 不会像其他大多数 DID 方法那样要求经常在线，因此非常适合需要分布式对等架构的情形。在整个生命周期内均可创建和维护对等DID，无须依赖互联网，也不会降低信任度。因此，它们与本地优先和线下优先软件的特点和架构思维高度契合。

对等DID的密钥轮换和密钥恢复关系所有对等体，作为对等DID的控制者，它们将其对等DID文档的更新版本传给另一个对等体，这是对等DID方法规范第4节中定义的对等DID协议要实现的目的。它提出了对等体须执行的DID CRUD（创建、读取、更新和停用）操作的标准。

（1）彼此创建/注册对等DID和DID文档。

（2）读取/解析对等DID。

（3）为密钥轮换、服务端点迁移或其他更改更新对等DID文档。

（4）停用对等DID，结束对等体关系。

对等DID不再需要算法信任根，这是因为它们直接基于用于生成初始密钥对的自认证信任根，不必依赖网络。由于任何精心设计的SSI数字钱包都可以提供这一功能，并保护由此生成的私钥，对等DID不再需要依赖外部。它们完全"可移植"，可以像互联网本身一样分布和可扩展。这种设计也有利于抵制审查，这是分布式技术界中许多人非常看重的一个属性。

注：互联网的TCP/IP仍然依赖于联邦化标识（IP地址）和路由表，最终生成由互联网名称与数字地址分配机构管理的集中式根。对等DID没有集中式根。

对等DID唯一的缺点是不能被公开发现和解析。如果有一种DID方法，能够只依赖于自认证信任根，也能最佳兼顾两者：可公开发现/可解析的DID和对等DID，又会发生什么呢?

10.8 利用密钥事件接收基础设施实现完全自主的分布式密钥管理

如图10.1所示，从安全角度来看，理想的信任根（优于管理和算法信任根）是一种不一定依赖网络的自认证信任根。实施得当，则既可以最大限度地实现分布式管理，又能最大限度地抵御攻击。每个DID控制者的钱包都可以充当自己的自认证信任根，这些钱包可放到网络上的任何地方——最好是放在最难被远程攻击的边缘设备上。

对等DID方法（前面曾讨论过）使用一种简单型的自认证标识符来应用这种架构。这种自认证标识符可使用一个或多个加密单向函数的应用程序从公钥/私钥对中生成（见第6章）。现在将自认证标识符绑定到该密钥对，只有私钥的持有者才能证明对自认证标识符的控制权。

例如，许多其他区块链同样使用的是基于公钥标识，"数字货币"用户如何证明对"数字货币"地址的控制就是如此。区别之处在于，自认证标识符不需要区块链或任何其他基础设施来验证是否绑定了公钥。拥有自认证标识符和公钥的任何人仅靠密码技术就可验证是否绑定，这就是自认证的意义。

下一步是使整个 DID 方法实现自认证，即不仅是初始的自认证标识符，还包括之后的所有密钥轮换。这是 KERI 的灵感来源。在 KERI 架构中，可编辑公钥 / 私钥对的所有使用或更改历史，从而普遍为自认证标识符和相关公钥 / 私钥对之间的绑定提供自认证证明。使用 KERI 架构，自认证标识符对其在哪里注册或被发现一无所知——它完全可移植，并且可以为来自同一控制者的其他自认证标识符生成命名空间的根（有关自认证标识符如何发挥作用的详细信息将在后面进行介绍）。

作者认为，KERI 是第一个提出完全自治、可移植且可加密验证标识的标识和密钥管理系统，该标识根据需要可以是公共的或私有的。虽然这听起来可能类似于最开始的“优良保密协议”（PGP），但 PGP 密钥共享基础设施需要由人通过密钥签名方手动设置和维护。钥匙轮换同样需要手动完成，且耗时耗力（并且容易出错）。通过 KERI，我们终于可以在 25 年后使用分布式基础设施和区块链启发的密码工程实现 Phil Zimmermann 的愿景。KERI 的目标是成为首个可适用于任何基本数字钱包或密钥管理服务器的分布式密钥管理架构，并在所有服务器上实现互操作。基于 KERI 的 DID 方法保留了所有特征。因此，从 SSI 的角度来看，KERI 能够为 DID 和分布式密钥管理系统提供最大限度的自主管理权，包括任何基于共享账本的选项。

本节首先概述 KERI 架构的七大优点，然后解释它的基本架构。一份长达 140 页的技术白皮书对 KERI 进行定义，分布式身份基金会标识和发现工作组正在使白皮书符合标准。

10.8.1 自认证标识作为信任根

如前所述，KERI 架构的起点是自认证标识符。第 8 章介绍了自认证标识符，因为它是 DID 的子类别，主要依赖自认证信任根，直接从公钥 / 私钥对中为控制者生成标识符，不需要任何管理员或算法信任根。自认证标识符基本概念如图 10.4 所示。

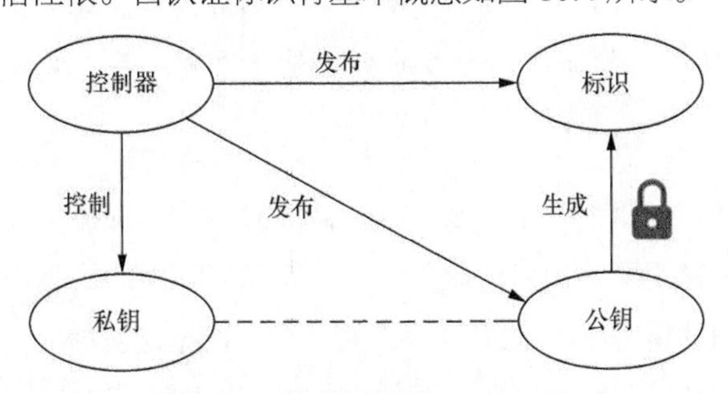

图 10.4 自认证标识符基本概念

标识符是自认证的，因为给定相关联的公钥，任何人都可以使用单向函数（如散列函数）立即验证标识符是否通过公钥 / 私钥对生成。图 10.5 显示了控制者如何通过指示数字钱包生成一个大的随机数（使用 IETF RFC 4086 中描述的安全熵源）开启这一程序。数字钱包随即生成一个加密密钥对。最后，数字钱包从密钥对中衍生得到标识符。随即得到的自认证标识符与公钥绑定，仅使用密码技术就可立即验证——不需要账本、管理员或任何其他外部数据源。

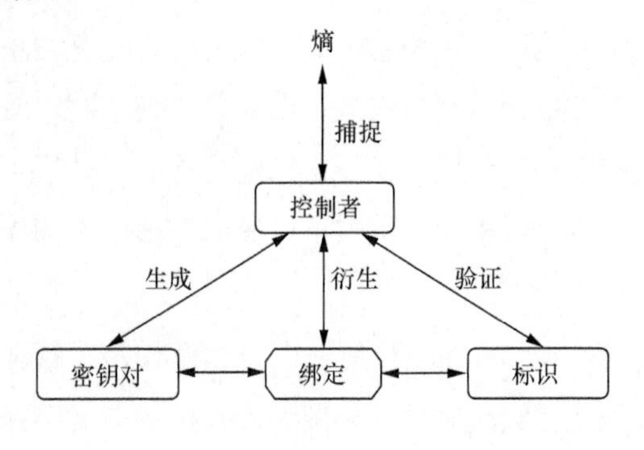

（a）生成自认证标识符的过程

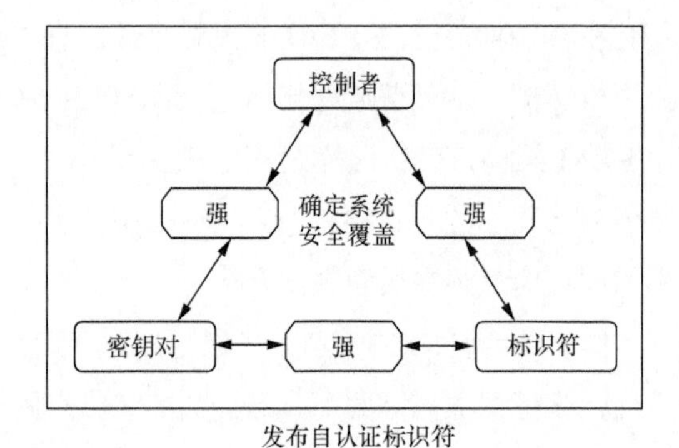

（b）控制器、加密密钥对和自认证标识符之间的最终绑定

图 10.5　自认证标识符

自认证标识符是 100% 可移植的标识符，因为控制者可“带它们到任何地方”，并证明控制，而除密码和控制者数字钱包的安全性以外，验证者不需要相信任何东西（对等 DID 是自认证标识符的一个子类，它们同样具有完全可移植性的特点）。

因为 KERI 的所有其他能力都依赖于自认证标识符的完整性和强度，因此，相关技术论文定义了自认证标识符的几个具体子类型（基本、自寻址、多重自寻址、委托自寻址和自签名），以及它们的语法结构、派生代码、初始说明和自认证信任根内的生成算法。

10.8.2　自认证密钥事件日志

KERI 的名字并非来自架构的核心自认证标识符，而是源自它如何处理分布式密钥管理中最困难的问题：密钥轮换和恢复。KERI 技术文件将此方法做如下概述。

> KERI 利用了这样一个事实，即只有私钥的控制者可以创建和命令密钥进行可验证操作等事件。只要保留一份完整的、可验证的事件历史副本，就可以确定控制权限的出处。

借助 KERI，与自认证标识符关联的密钥对的每次轮换都会生成一个新的密钥事件。KERI 协议规定了密钥事件信息的确切结构，每条密钥事件信息都包含一个序列号。除第一个密钥事件信息（初始事件）之外，每条密钥事件信息还包括前一个密钥事件信息的摘要（散列）。随后，控制者用新的私钥对新的密钥事件信息进行数字签名，形成密钥事件接收文件。

由此形成有序的密钥事件接收序列（链），称为密钥事件日志，任何人均可像验证区块链事务序列那样，采取同样的方式进行验证，而无须形成算法信任根。图 10.6 显示了密钥事件日志中的一系列密钥事件信息。密钥事件日志中的每条密钥事件信息（除了第一条）都包括序列号和之前密钥事件信息的摘要，同区块链类似，形成防篡改的有序序列，而无须形成算法信任根。

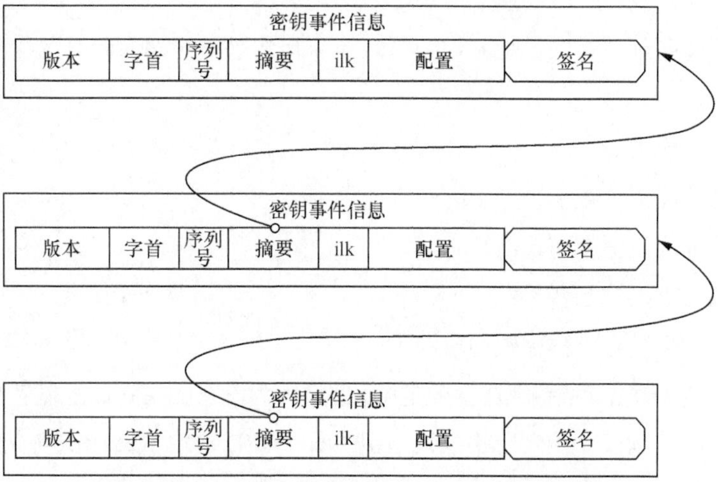

图 10.6　密钥事件日志中的一系列密钥事件信息

10.8.3　密钥事件日志证人

KERI 的一大创新是，除控制者之外，其他方也可以对密钥事件信息进行数字签名。这些当事方之所以被称为证人，是因为他们正在“见证”控制者对密钥事件信息进行数字签名，这同见证某个人在纸质文件上签名一样（法律规定遗嘱和抵押贷款等重要文件通常会有这类要求）。

如图 10.7 所示，KERI 协议规范了证人从控制器接收密钥事件信息的方式。证人如果可以验证密钥事件信息，随即可添加自己的签名，从而创建其自身密钥事件日志的单独副本。

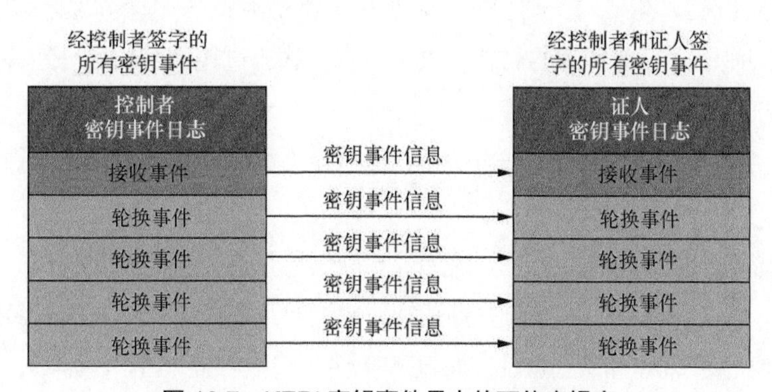

图 10.7　KERI 密钥事件日志的可信度提高

相对于控制者的主要自认证信任根，每个证人成为次级信任根。在某种程度上，验证者信任证人，将其作为密钥事件信息的独立数据来源，证人增加会提高密钥事件日志的可信度。同样，这同人们见证“墨水笔”在一份有形文件上签名的流程一样。如果有一个证人可以证明他们何时何地见证签名人在文件上签名，那简直太棒了。而如果有 4 个证人能够证明他们在文件上签名，那就更棒了。

10.8.4 预轮换简单、安全、可扩展，可防止密钥受损

密钥管理系统必须应对的挑战不仅包括轮换密钥，还包括如何面对各种可能的方式来防止私钥泄露。

（1）设备丢失或被盗。

（2）自认证信任根（数字钱包）存在安全漏洞。

（3）对自认证信任根旁道攻击。

（4）社会工程攻击控制者。

（5）敲诈勒索控制者（软磨硬泡攻击）[1]。

在分布式密钥管理中，私钥泄露会更危险，这是因为没有比密钥的控制者更高的机构。因此，失去对私钥的控制权，相当于将依赖私钥的所有 DID 或自认证标识符交出去。

出于这个原因，KERI 使用一种称为预轮换的技术，在核心架构中植入保护装置，防止私钥泄露。简而言之，从初始事件开始并在每次密钥轮换事件中继续，控制者不仅发布新的公钥，而且发布对下一个公钥（称为预轮换公钥）的加密承诺，这种承诺是以预轮换公钥的摘要（加密散列函数见第 6 章）形式做出的，新公钥的密钥事件信息中包括该摘要，如图 10.8 所示。

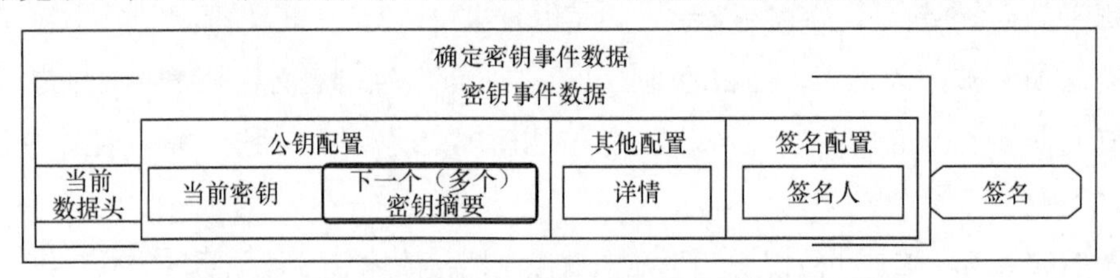

图 10.8 KERI 通过利用密钥对预轮换技术来防止私钥泄露

预轮换使控制器能够为下一次密钥轮换事件预先生成一个全新且不同的公钥 / 私钥对。这意味着即使侵入当前使用的私钥，攻击者也无法通过轮换到新的公钥来接收自认证标识符，因为下一个公钥已经被提交。

攻击者接收自认证标识符的唯一方法是窃取预轮换的私钥。不过，由于许多因素，这种操作极其困难。

（1）攻击者不知道预轮换的公钥，因为发布的信息只有公钥的摘要。

（2）在下一次密钥轮换事件之前，预轮换的密钥对不需要出现在任何签名操作中。

（3）预轮换的密钥对可在安全性非常高的条件下离线存储（空气间隙），因为在下一次密钥轮换之后，它才需要投入使用。

（4）每个预先轮换的密钥对都可以用来在激活服务之前安全地生成下一个密钥对。

（5）只要摘要函数使用量子安全的加密散列函数，预轮换也可以是量子安全的。

1　虽然这个术语最开始只是半开玩笑，但是这个攻击向量破坏性极大，因为在大多数密码系统中，人类用户是最薄弱的一环。

KERI 技术文件第 9.3.1 节概述了这种预轮换架构之所以如此安全的原因。

> 要成功修复许多漏洞的办法是持续监视或探测。在时间、地点和方法方面尽量修复漏洞，尤其在时间和地点只出现一次的情况下，使得修复漏洞很难。因为攻击者要么预测漏洞的时间和地点，不得不持续全面监控所有漏洞。通过在初始事件中声明第一个预轮换，让漏洞窗口尽可能收紧。

但是，如果攻击者破坏了其中一个正在使用的私钥，它们是否可以立即发布其相冲突的密钥事件信息来确认新的预轮换密钥对（攻击者控制着私钥）？而如果控制者已经有一个或多个证人见证控制者之前的密钥轮换事件信息，就不会发生这种情况。这些证人能够识别重复的序列号，并拒绝攻击者之后发布的密钥轮换事件信息（理想情况下，还会通知控制者私钥有可能泄露）。

如果控制者有恶意怎么办？控制者不能发布两条相冲突的密钥轮换事件信息吗？每条信息都有相同的序列号和时间戳，但预轮换密钥对摘要不同。同样，证人（或任何验证方）可能看到这些自相矛盾的事件，并标记为自认证标识符不再可信。

而要更好地理解预轮换的强大功能，可将其与分级衍生密钥的使用进行对比。许多“加密货币”钱包最开始都是生成随机种子。然后，用这个种子衍生出钱包控制的所有公钥 / 私钥对，随着衍生出的密钥增多，种子的值也在增长。种子必须安全存储，它的泄露会导致每个衍生出的密钥对的泄露。KERI 用预轮换技术颠覆了这个过程。预轮换技术并非存储根种子并要永远保护它，而是生成下一个密钥对，在使用前必须安全保存这个密钥对。

预轮换技术是一种强大的密钥管理安全技术。KERI 技术文件对此做了更深入的介绍。

10.8.5 系统独立验证（环境可验证性）

DID 方法依赖于算法信任根（如分布式账本），产生的 DID 只能通过参考信任根才能验证。KERI 技术论文将这种依赖称为账本锁。这类 DID 不能移植到另一个验证源，即不同的分布式账本、分布式文件系统、集中式注册表、对等协议或任何其他潜在的数据源。

相比之下，KERI 完全依赖自认证信任根——控制者的数字钱包。因此，KERI 自认证标识符和密钥事件日志是自认证的，需要来自任何潜在来源的完整密钥事件日志的副本，即控制者本身，或者验证者有权访问的任何证人。如 KERI 技术文件第 12 页所述。

> 密钥事件日志终端可验证，这意味着日志可以由收到副本的任何终端用户验证，无须信任中间基础设施就可验证日志和传输链，从而建立当前的控制权限。因为传输语句的记录或日志的任何副本就足够了，所以，提供副本的任何基础设施可被提供副本的其他任何基础设施替换。

分布式基础设施健全而灵活，其中每个控制者都可以选择其认为必要的证人以提供验证方在任何具体情形中需要的保证水平。这不仅将基于 KERI 自认证标识符和密钥事件日志的 DID 方法从分类账本锁定中解放出来，还让发证方和验证方无须验证数据注册表的管理（如区块链或分布式账本）就可达成一致。KERI 技术文件对“控制权分离”进行了总结。

> 将控制者和验证者之间的控制点分离，这种设计原则消除了全序分布式一致性算法的一个主要缺点，即对提供一致性算法的节点实施共同管理。不再强制共同管理，使控制者和验证者根据其具体需要选择安全等级、可用性和性能级别。

第 2 章介绍 ToIP4 层架构，从这个角度来看，第 1 层的治理和技术可以更简单、更快捷、更实惠和更通用。

KERI 技术文件深入探讨了其环境可验证性基础设施的协议、配置和操作。

10.8.6 企业级密钥管理的授权自认证标识

个人如果要使用，应该能够在其数字钱包中生成和管理所需数量的自认证标识符。不过，逐步过渡到企业应用时，密钥管理的规模和复杂性会大幅增加。正如本书所讨论的那样，企业需要能够轻松而安全地将 DID、可验证凭证及随之而来的密钥管理的使用委托给董事、官员、员工、承包商和代表组织采取行动的其他任何人。

这种委托密钥管理使组织能够从其自身的自认证信任根“生成树”，为代理建立子根，其中每个子根充当其自身的自认证信任根。引用 KERI 技术文件。

> 常见的情形是将签名权限委托给一个新的标识符。签名权限可以由一系列可撤销签名的密钥执行，这些密钥同用于根标识符的密钥不同，它可使签名操作水平扩展。委托操作还可以授权被委托的标识符进行自己的委托，这实现了委托标识符分层，可以为分布式密钥管理基础设施提供通用架构。

根据 KERI 协议，可使用密钥交互作用事件来执行授权，之所以如此命名是因为它不涉及主自认证标识符的生成或轮换，而是用于执行不影响确立主自认证标识符的控制权限的操作。图 10.9 介绍了一条密钥交互作用事件信息，其中包括新授权的自认证标识符的授权印章。KERI 密钥事件可能包括授权事件，其中一个自认证标识符授权给另一个自认证标识符，生成授权树。

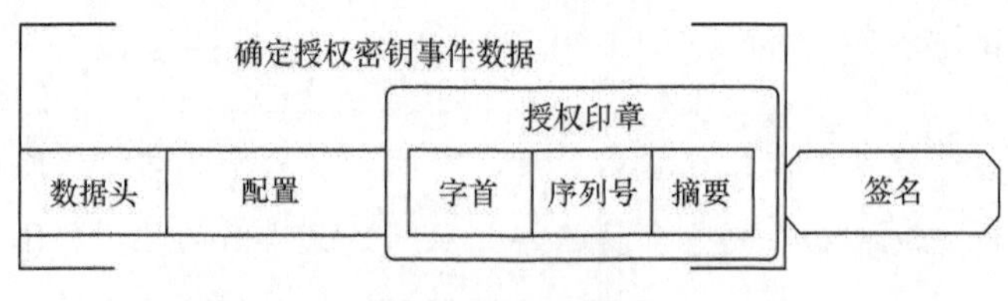

图 10.9 授权树

除授权之外，密钥交互作用事件（及其日志）还可用来跟踪和验证使用密钥对的其他操作，如为电子文档生成数字签名。图 10.10 显示了从一个代理控制器（代理商 C）到另一个代理控制器（代理 D）的一系列密钥交互作用事件。

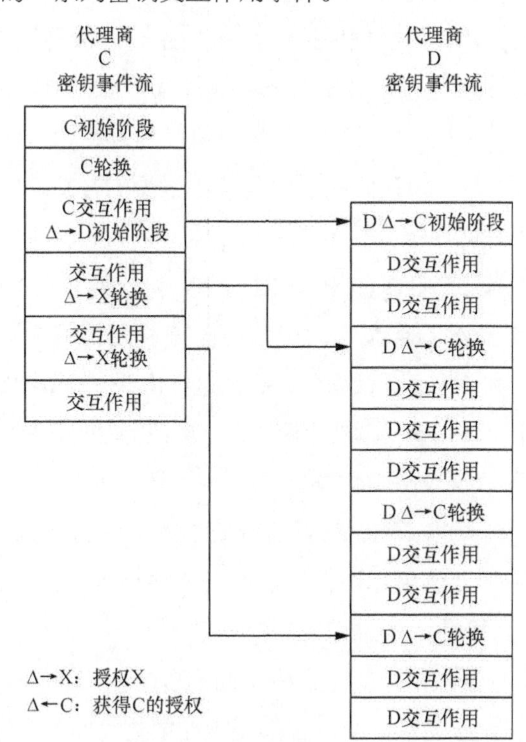

图 10.10　执行初始阶段的一系列密钥交互作用事件，之后获得授权的自认证标识符轮换

获得授权的自认证标识符可使用已获授权且提供适当安全级别的任何自认证信任根。有些可能需要授权硬件安全模块或可信平台模块；其他的可以托管在本地或云中的服务器上；还有一些可能在使用安全区域的边缘设备上才足够安全。

获得授权的自认证标识符还有证人，可以是整个企业共同的证人，也可以是负责特殊类型的密钥或功能的专用证人。KERI 技术文件第 9.5 节介绍了不同的授权模式和部署架构，包括单价、二价和多价，这些模式和架构应该足够强大，甚至可以为大型跨国企业提供服务。

10.8.7　符合《通用数据保护条例》规定的“被遗忘权”

KERI 还为 SSI 中长期存在的二分法提供了解决方案：不可改变的公共区块链，数据可以永久保存，以及个人被遗忘的权利，即欧盟《通用数据保护条例》和其他数据保护法规规定，如果法律规定不再需要存储个人数据时，个人有权从系统中删除私人数据。

根据《通用数据保护条例》，用于识别一个人身份的 DID（无论采用何种 DID 方法）及其相关的公钥均被视为隐私数据（即使 DID 是假的）。因此，将该 DID 及其 DID 文档写入不可变的公共账本（在该账本中不能删除），似乎会产生不可调和的冲突。2019 年，Sovrin 治理框架工作组、Sovrin 管理者（管理 Sovrin 公共许可区块链的节点的组织）、法律顾问和《通用数据保护条例》专家一直在齐心协力解决这个问题，最后编写了一份 35 页的文件，其中提出了 SSI 不应与使用公共区块链来保护 SSI 的权利相冲突（“创新必须合规：数据保护条例和分布式账本技术”；Sovrin 基金会，2019 年）。

然而，由于欧盟委员会和其他数据保护监管机构尚未就此事做出直接裁决，这个领域仍然存在监管的不确定性（这也是采用 SSI 的潜在障碍）。因此，提出明确的替代方案无疑会非常受欢迎。

KERI 提供了这种选择。正如我们在前面几节中强调的，KERI 自认证标识符和密钥事件日志的主要信任根既不是区块链，也不是分布式账本，而是自认证信任根——仅适用于数字钱包。如果将区块链等算法信任根作为 KERI 证人，则仅能充当备选的次级信任根。

如果密钥事件日志是针对不存在《通用数据保护条例》相关问题的公共组织（《通用数据保护条例》仅适用于个人的隐私数据），那么这种次级信任根也可以被接受。然而，如果控制者是个人，且自认证标识符和密钥事件日志被认为是隐私数据，那么显而易见的解决方案是，不要使用不可改变的公共账本作为证人。还有其他方案供证人选择：分布式数据库、复制目录系统、具有自动故障转移的云存储服务。这些系统允许删除存储的数据。由于 KERI 允许在不影响其他自认证标识符的情况下删除自认证标识符的密钥事件日志，证人很容易遵守被遗忘权。并且，该过程可以完全实现自动化，因为控制器可以发出单个 KERI 协议命令，指示所有证人执行删除命令。简而言之，KERI 可以消弭《通用数据保护条例》规定和 SSI 之间的紧张关系，使双方都能实现预期目标。

10.8.8 KERI标准化和KERI DID方法

KERI 比 DID 更为宽泛，它可用于任何类型的自认证标识符，相关协议规定了支持 KERI 分布式密钥管理架构所需的所有密钥事件信息类型。这就是分布式身份基金会的一个工作组正在推进 KERI 实现标准化的原因。

从根本上讲，KERI 可兼容 DID 架构，因此也可以作为自己的 DID 方法或其他分布式 DID 方法中的一个选项。定义一个 KERI DID 方法是分布式身份基金会的行动项目之一，计划使用以下 DID 方法名称。

did:keri:

此外，计划将支持 KERI 纳入基于超级账本 Indy 的公共许可区块链的 DID 方法中。在这种情况下，基于 KERI 的自认证标识符就会成为一个子命名空间，可以使用以下语法在任何 Indy 区块链上提供支持。

did:indy:[network]:[method-specific-id]

did:indy:[network]:keri:[scid]

其中 network 特定指基于超级账本 Indy 的账本的标识符，[method-specific-id] 指非 KERI DID 的标识符，[scid] 是基于 KERI 的自认证标识符。

这种前向兼容的方法得以使任何 Indy 网络纳入 KERI 自认证标识符，然后返回包含 KERI 接收密钥事件的文件。其他 DID 方法也可以包括 KERI 的前向兼容性，通过采取同样的方法为 KERI 自认证标识符专门保留一个子命名空间。

10.8.9 互联网的信任生成层

KERI 技术文件中的这段引文总结了其信任架构。

> 在发布时，自认证标识符就在标识符和密钥对之间建立了普遍唯一的强密码绑定，因此，除创建密钥对并因此持有私钥的控制器之外，可能没有其他可验证的数据来源。

密钥事件接收基础设施对分布式密钥管理做出了重大贡献，它可使任何地方每个控制者使用的每个数字钱包作为自己的自认证信任根。由于 KERI 没有对任何设备、系统、数据库、网络或账本提出任何特殊要求才能充当 KERI 证人，所有这些都可以成为次级信任根。

KERI 能够使自认证标识符和密钥事件日志实现普遍可移植、可互操作和可验证，这意味着同互联网协议为互联网创建数据生成层一样，KERI 协议也可为互联网提供信任生成层，这一概念意义深远，因此 KERI 技术文件深入论述过这个问题，其本质可以通过图 10.11 和图 10.12 来表示。图 10.11 表明，互联网协议各种协议之间的依赖关系呈沙漏形状。图 10.12 简化了图 10.11，使沙漏形状更加明显。

Micah Beck 在 2019 年的一篇国际计算机协会（ACM）论文中阐述了协议栈设计的“沙漏定理”。定理总结如下。

沙漏模型展现出的形状意在实现这样的目标，即生成层应支持各种应用程序，并且可以使用许多可能的支持层来实现。将沙漏作为设计工具直观地表达出，限制生成层的功能有助于实现这些目标。这种模型在视觉上以沙漏形状组合显示，沙漏的“细腰”代表受限的生成层，较大的上面部分和下部钟形分别表示应用程序和支持层的多样性。

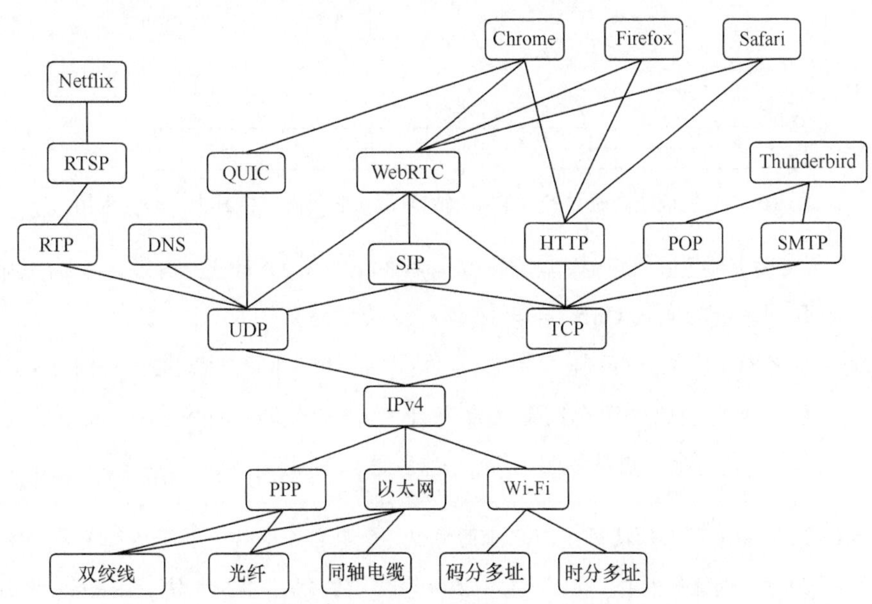

图 10.11 互联网协议套件呈沙漏形状，中间以 IP 为“腰”

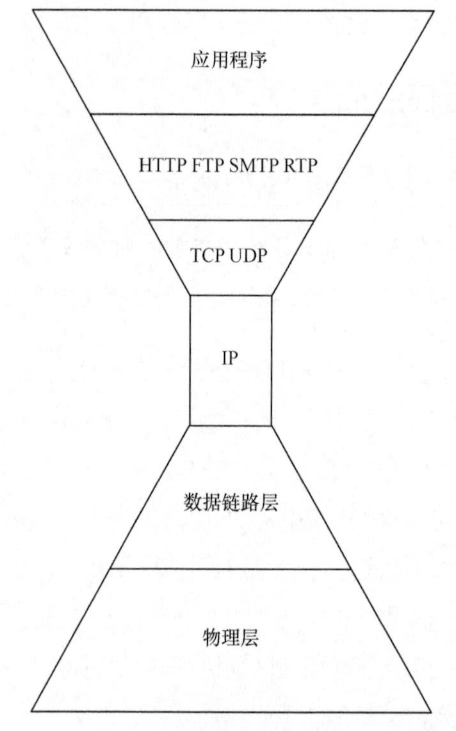

图 10.12　IP 位于沙漏的中间，上下为支持协议

图 10.13 说明了如何将生成层设计得尽可能窄、弱或受限，同时仍然支持其上的应用程序。

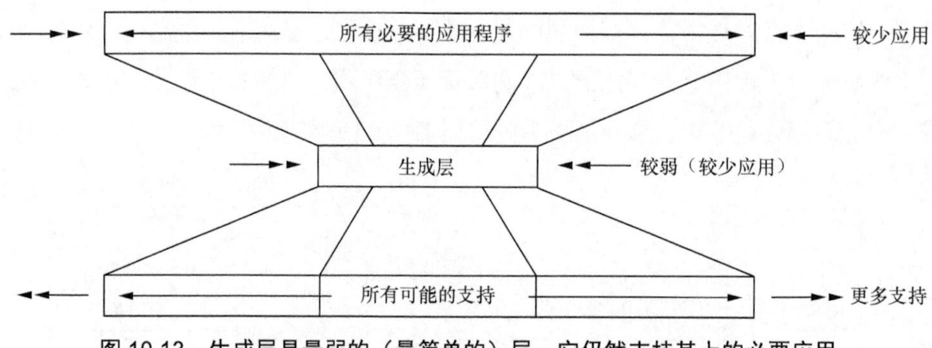

图 10.13　生成层是最弱的（最简单的）层，它仍然支持其上的必要应用

Beck 的论文接着给出了正式模型的定义，解释为什么沙漏定理有效，还给出了沙漏定理在多播、互联网地址转换和 Unix 操作系统中应用的案例。

在此基础上 KERI 技术文件提出了沙漏定理在另一种不同的生成层——信任生成层上的应用。我们无法在现有的数据生成层直接解决 IP 中缺失的安全性问题，这是因为它已运作了 40 多年。但是，我们可以通过添加第二个更高级别的生成层来解决这个问题。

> 因为（信任生成层）必须使用 IP 层之上的协议，所以它不能在 IP 层跨越互联网，而必须跨越其上的某个地方。这就产生了“双腰”或“腰和脖子”的形状，其中（信任生成层）即脖子处。

图 10.14 有了 KERI，我们可以得到一个双沙漏——位于 IP 生成层所支持的应用之上的信任生成层。

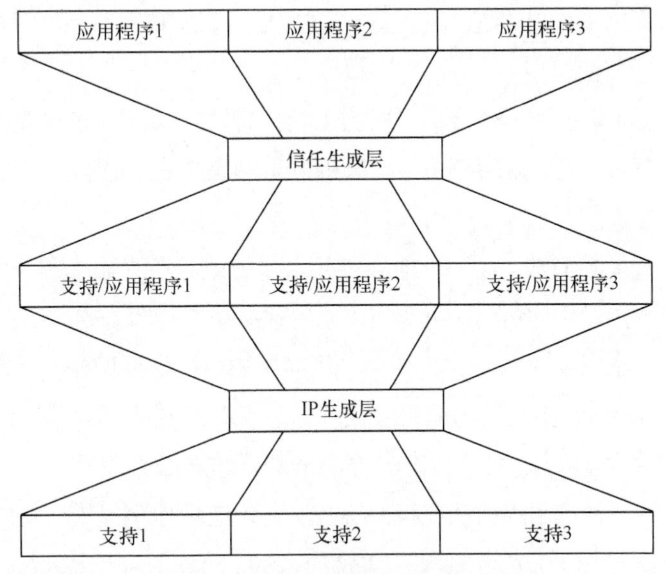

图 10.14 IP 生成层和信任生成层

一个可互操作的信任生成层可在互联网上的任何地方发挥作用，能够让任何两个对等点连接并建立相互的、可加密验证的信任，它与 ToIP 栈的目标完全一致，如第 2 章图 2.14 所示，重点是第 1 层和第 2 层，其中 KERI 可以在第 2 层的数字钱包中实现，公共事业在第 1 层充当 KERI 的证人。

最重要的是，KERI 使我们能够以统一方式实现分布式密钥管理，可在我们每天使用的所有设备、系统、网络和应用程序中应用。可以肯定的是，KERI 基础架构的开发、测试、部署和集成需要时间。但是，如果 KERI 能够为互联网提供一个信任生成层，那么人们会接受它，就像人们接受互联网一样。

10.9 关键要点

本章深入介绍了 SSI 中最深层的主题：分布式密钥管理，关键要点如下。

（1）不管采用哪种形式，加密密钥管理都很难，这是因为数字密钥是非常小的字符串，必须小心加以保护。如果数字密钥丢失、被盗或损坏，则基本上不可替代。

（2）已经制定常规密钥管理的标准和协议，包括 NIST 的主要出版物和结构化信息标准促进组织（OASIS）的密钥管理互操作性协议。

（3）实现向分布式密钥管理的范式转变即意味着从管理信任根转向算法信任根或自认证信任根。后两者不再依赖对人的信任，或者需要组织确认新的或轮换的密钥。

（4）新的权限伴随着新的责任——密钥管理责任直接落在了自主管理者的肩上，这是因为有了 SSI，无须求助更高的权威。

（5）这需要分布式密钥管理系统。该系统最初是 Evernym 根据美国国土安全部的合同于 2018—2019 年设计的，是一个供应商中立的开放标准，它使数字钱包能够在不同供应商、设备、系统和网络进行移植。

（6）DID、可验证凭证和 SSI 带来了新的工具，有助于实现分布式密钥管理，包括使用证明身份的可验证凭证、自动密钥轮换、自动备份和恢复方法，以及数字监护，将密钥验证与身份验证分离开来。

（7）目前，绝大多数 DID 方法（95%）使用区块链或分布式账本作为算法信任根，但这些 DID 是账本锁定的（不可移植），可能与《通用数据保护条例》的被遗忘权有冲突。

（8）对等 DID 不使用账本——它们使用一种简单的自认证标识符，且完全依赖于自认证信任根（数字钱包），并直接在对等网络中共享，每个对等网络都可以验证它们。它们还具有高度可扩展性并提供隐私保护。它们唯一的缺点是不能被公开发现。

（9）KERI 使用一种通用的自认证标识符方法，为应用程序提供完整的分布式密钥管理基础设施，这种解决方案比 DID 更通用。本章的 KERI 部分涵盖了七大特点和优势。

（10）KERI 能够提供普遍可移植、可互操作、可验证的自认证标识符和密钥事件日志，这意味着 KERI 协议可以像互联网协议为互联网创建数据生成层一样，为互联网建立信任生成层。这非常适合 ToIP 栈的第 1 层和第 2 层。

本章介绍了本书最深入的技术主题之一，接下来的章节将深入探讨 SSI 技术。耐人寻味的是，第 2 部分的最后一章并非论述这项技术，而是论述一种不同的“代码”，我们需要与技术一起解决数字信任的人的方面：治理框架。

第11章 SSI治理框架

Drummond Reed

在第 2 章中，我们介绍了治理框架的基本概念，治理框架堪称 SSI 架构的核心构件。在本章中，我们将更深入地探讨 SSI 技术与业务、法律和社会现实相融合方面，治理框架所发挥的特殊作用。在阅读本章时，请记住 SSI 是一项前沿技术，而 SSI 治理框架更处于 SSI 的前期。因此，在生产中我们可以用来作为范例的治理框架仍然相对较少。然而，在 SSI 社区中，很多人认为治理框架将是 SSI 成功的关键部分。关于治理框架在分布式数字信任基础设施中的作用，ToIP 基金会是第一个对此有明确关注的行业机构。本章将使用 ToIP 堆栈和该领域的其他举措来解释不同的治理框架如何与 SSI 架构的每一层相关联。毫无疑问，在未来几年内，这一主题将迅速发展；我们的目标是以本章为起点，帮助任何想要探索这一领域或想为之做出贡献的人。

11.1 治理框架和信任框架：一些背景

“治理”这个概念与人类社会一样古老。在当今世界，这是政府、公司和其他任何人类组织的工作，但是“治理框架”的概念是新的。从技术基础设施的角度来看，ISO/IEC 38500 标准将“治理”定义为“指导和控制信息技术（IT）当前和未来使用的系统”。更具体地说，在数字身份行业，这可以专门作为身份治理框架。

在身份治理圈子里，这也被称为信任框架，这一术语经常与治理框架交替使用。

Nacho Alamillo 是 Alastria 区块链生态系统的首席信任官，他定义的信任框架如下。

> 无论是在具有法律约束力的协议中，还是在具有强制性的国家或法治管辖范围内，信任框架的存在是为了描述整个信任社区数字信任运作的政策、程序和机制。在绝大多数的情况下，信任框架的起点都是建立在共同政策框架的法律基线上，共同的政策框架构成了信任框架的核心。

信任框架最初应用于公钥基础设施，特别是用于支持交叉认证和证书颁发机构的网桥模型。随着联邦身份系统（见第 1 章）的出现，信任框架的应用越来越多，在这类系统中，组织者需要就联邦成员（特别是身份提供者）的运作规则达成一致。这些规则自然而然地分为如下 3 类。

（1）管理谁可以加入联邦系统的商业规则、成员成本、运营成本、业务模型等。

（2）管辖权、成员资格、责任、保险等法律规则。

（3）为实现互操作性需要哪些标准、系统和协议的技术规则。

Dazza Greenwood 是一名律师、数字身份顾问兼麻省理工学院媒体实验室的讲师，他为这种“堆栈”政策创造了术语培根、生菜、西红柿（BLT，Bacon，Lettuce，Tomato）三明治，如图 11.1 所示。

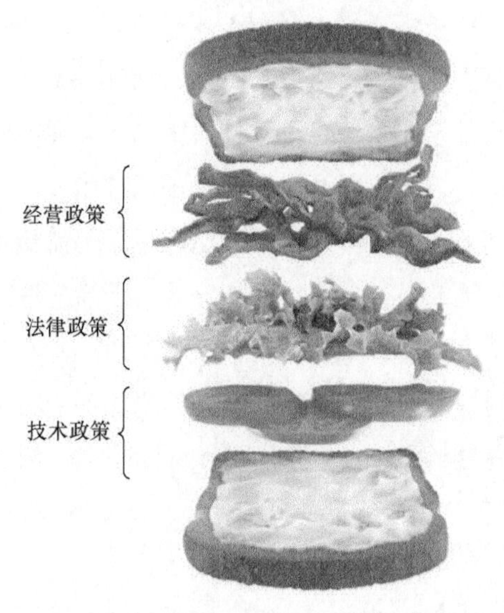

图 11.1　用 BLT 三明治形容治理框架的通用三部分结构

21 世纪初期，联合身份系统已经发展到需要开始对其进行标准化和推广的地步。2009 年，当奥巴马在美国执政时，他提议与私营企业合作建立一个信任框架，在这个框架下，美国政府机构可以开始接收来自银行、社交网络、保险公司和医疗保健提供商等私营身份提供商的联合身份。由于没有任何现有行业协会是为此目的而设计的，OpenID 基金会和信息卡基金会联合起来，创建了一个新的国际非营利组织——开放身份交换组织（OIX）。

在接下来的 10 年中，OIX 主持开发了政府、行业的许多信任框架，包括电信、医疗保健和旅游，共同的主题是定义一套规则，在这些规则下可以运行特定的联邦身份和数据共享网络。但从 2015 年开始，身份社区受到了一种新型网络的启发，这种新型网络轰轰烈烈地登上了全球舞台，它就是区块链网络。正如我们在第 1 章中解释的那样，一些数字身份架构师开始预测区块链如何在下一步超越联邦身份系统，即采用分布式数字身份基础设施方法，不再需要依赖集中式身份供应商，于是 SSI 诞生了。

然而，权力下放并不一定意味着减少治理。尽管在 SSI 中并非每个人都同意这一观点（见第 15 章），但在 2018 年 2 月的一篇博客中，Sovrin 基金会的创始主席 Phil Windley 是这样阐述这一论点的。

> 分布式系统中一个讽刺的点是，它们需要比大多数中心化系统更好的治理。集中式系统通常以一种特定方式进行管理，因为中心控制点可以很容易地告诉所有参与者该做什么。然而，分布式系统必须在多方之间协调，而所有各方都根据自己的利益独立行事。这意味着，必须事先阐明和商定参与及互动规则，并且要明确激励、抑制、后果、过程和程序。

简而言之，这就是治理框架。这个术语本身植根于区块链技术，随着区块链网络的发展，治理模式成为不同区块链项目的主要特征之一。因此，当第一个区块链网络出现时，就明确设计用于支持分布式标识，相比“信任框架”，SSI 社区更喜欢“治理框架”这个术语，原因之一是治理信任三角与可验证凭证信任三角十分匹配。

11.2 治理信任三角

在第 2 章中，我们介绍了可验证凭证的基本信任三角（第 2 章图 2.13 的上半部分）。然后，为了显示基于可验证凭证的信任网络如何扩展到任意规模，我们又添加了治理信任三角（图 2.13 的下半部分）。

尽管治理信任三角的概念比较新，但它恰恰是世界上几个最大的信任网络所使用的结构。当我们在图 11.2 中为其中一个网络填写名称时，这一点就更清楚了。

以下说明了万事达卡网络示例中的两个信任三角是如何协同工作的。

（1）万事达卡是权限治理组件，它制定了管理信用卡、借记卡及万事达卡网络上其他证书发行和接受的规则和政策，包括登录、支付授权、退款、责任等，它还设置了安全、隐私、数据保护和其他合规政策的要求。最后，它详细说明了在网络上运行所必需的技术、测试和认证。

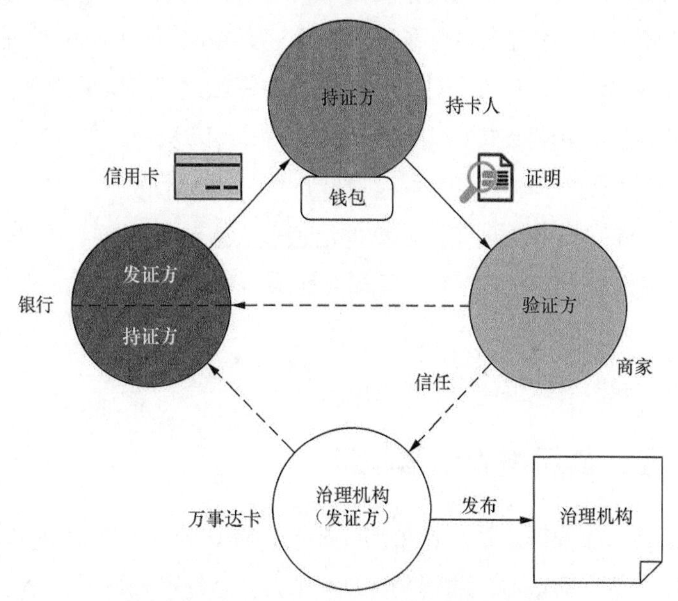

图 11.2　万事达卡和 Visa 等全球信用卡网络是很好的例子，说明了当今治理框架如何使信任网络能够在全球范围内扩展

（2）银行、信用社和其他金融机构是网络上证书的发证方。

（3）持卡人是证书持证方。

（4）商家是证书的验证方——在本例中，是为了获得支付授权。

注：Dee Hock 是 Visa 的创始人兼最初的首席执行官，他是《万里挑一》(由 Berrett-Koehler 出版社于 2005 年出版；最初书名为《混序时代的诞生》) 的作者，这本书具有突破性，论证了我们目前的组织结构正在让世界衰退，以及“混序”组织（混沌 + 秩序）如何作为分布式世界的一部分成为未来的方向。

在当前商业世界中，信用卡网络是治理框架很好的通用示例，但是在 SSI 中，治理框架可以变得更加专业化。我们将展示如何将治理框架应用于 ToIP 堆栈的每一层，以此来说明这一点。

11.3 IP信任治理协议堆栈

在第 2 章的最后，为了说明如何将 SSI 的基本组成部分结合起来形成互联网综合信任层架构，我们介绍了 ToIP 堆栈（第 2 章图 2.14）。关于治理，从这个图中可以得到如下 3 个关键启示。

（1）治理占了堆栈的一半。大多数堆栈，如作为互联网基础的 TCP/IP 堆栈，完全由协议和 API 技术组件组成。虽然 ToIP 堆栈包括技术堆栈，但技术只占了整个堆栈的一半。当涉及在全球信任社区内部和跨界建立信任时，治理同样重要——许多人会认为治理更重要（这最后一点是在 ToIP 基金会建立 ToIP 治理堆栈工作组的主要原因。工作组的工作是为堆栈的所有 4 层的治理框架定义标准模型和模板）。

（2）技术信任与人的信任是分离的。为了获得人的信任而对设计、部署机器和协议方法所做的治理，完全不同于人和组织为了彼此信任而对必须采取的行为所做的管理。堆栈的前两层使用了加密、分布式网络和安全计算，为技术信任奠定了坚实的基础。最上面的两层添加了只有人类才能判断的组件：有真实世界属性的 VC，以及为了支持数字信任生态系统而产生和使用的 VC 应用程序。

（3）这 4 层中的每一层都需要不同类型的治理框架。治理框架不是“一刀切”——这是 SSI 社区重要的学习内容。4 层中的每一层都有结构性的角色和过程，这需要为该层量身定制政策。

下面将解释每一层所面临特殊的治理挑战。

11.3.1 第1层：公用设施治理框架

在堆栈的最底层，治理框架适用于公用设施的运作，公用设施提供 VDR 服务，而堆栈的更高层需要依赖这些服务。我们可以将 VDR 视为一个分布式数据存储仓库，根据所使用的技术架构（区块链、分布式账本、分布式文件系统、分布式目录系统或对等协议），VDR 可以采取多种不同的形式。

第 1 层公共效用的治理所需要的角色和过程取决于 VDR 的架构。

（1）公有区块链没有正规治理框架，它们能有效地治理网络，依赖的是择优选用开源项目及对开源代码库版本的选择。对于“数字货币”社区的许多最传统的参与者来说，“让集中式组织为网络定义规则”这一概念违背了区块链所代表的所有原则。然而，尽管“数字货币”被设计成点对点的现金系统，但有些人认为，要想运行完全分布式的身份网络，现在的技术尚未成熟。

（2）公有区块链由区块链代码中的算法所治理，该算法将投票权与投票者持有相关代币的规模联系起来（例如，Stellar、Cosmos 和 Neo。以太坊也有向权益证明转移的明确目标）。然而，建立在这些区块链之上的项目，如欧洲区块链服务基础设施（EBSI），正在构建基于欧盟法律文书的正式治理框架，如电子标识、认证和信任服务。

（3）公有许可区块链使用的是在开源的公共流程下开发的正式治理框架，如 Sovrin 和其他基于 Hyperledger Indy 的区块链。Sovrin 治理框架于 2017 年 6 月首次发布，目前已进入第三代开发阶段。

（4）像 Veres One 和 Hedera 这类混合区块链结合了有许可和无许可模式的各个方面。例如，在 Veres One 上，任何人都可以运行区块链节点，但网络和商业模式的变更由社区团体和理事会管理。

（5）像 Quorum 这类私有区块链由其成员运营，供自己使用。它们的治理框架可能是公开的，也可能不是公开的。

区块链和分布式账本并不是在第 1 层提供 VDR 的唯一选择。其他选择包括分布式文件系统（如 IPFS）、密钥事件日志（如 KERI 所使用的密钥事件日志）和分布式散列表（DHT，Distributed Hash Table）。

注：并非所有的 VDR 都是分布式的。对于某些可信社区来说，依赖中央注册中心、目录系统或证书颁发机构是可以接受的。

纯粹的无许可网络支持者会认为，真正的分布式网络不需要治理框架，因为数学和加密技术可以在一定程度上确保治理到位。

根据治理模型的不同，第 1 层的标准治理角色可以包括以下几部分。

（1）维护者——区块链代码的开发者。

（2）管理员——许可链节点的运营方。

（3）交易作者——任何使用区块链发起交易的人。

（4）交易背书人——可以授权交易到许可区块链的各方。

ISO 23257 标准草案《区块链和分布式账本技术——参考架构》描述了区块链权限治理

组件作为 DLT 管理者的作用。

> 鉴于 DLT 系统本质上是分布式的，多个节点通常由多个组织拥有和操作，因此需要一个角色来管理整个 DLT 系统，并保持 DLT 系统能够执行为其建立的任务。

标准草案还列出了 DLT 管理者的典型活动，活动有如下几种。

（1）根据适用的法律法规制定 DLT 政策。

（2）与利益相关者交流政策。

（3）解决冲突和管理变更。

（4）界定共识机制的政策。

（5）为可以参与 DLT 网络的节点定义政策，其中包括最低安全要求。

（6）与 DLT 供应方合作。

（7）与 DLT 节点运营方合作，确保监控和治理得到实施。

11.3.2 第2层：供应方治理框架

第 2 层的治理与第 1 层不同，因为治理的不是公共效用，而是数字钱包、代理和机构的能力。第 2 层主要需要为以下角色建立基础安全、隐私和数据保护要求及互操作性测试和认证计划。

（1）提供兼容硬件的硬件开发人员。例如，安全隔区、可信执行环境和硬件安全模块。

（2）提供兼容钱包、代理、安全数据存储等的软件开发人员。

（3）为个人、组织和监护人托管云钱包和代理的机构。

对硬件和软件的安全需求相对来说比较好理解，并且可以接受严格的一致性测试。但是云中托管的数字钱包和代理需要一种新型的服务供应商——代理，这是以前所没有的。严格地说，代理机构并不是必需的，代理可以直接点对点地连接。然而，当不能进行点对点连接时，代理机构可以提供代理到代理的消息路由和队列及钱包备份、同步和恢复服务。

所有这些服务都与钱包持有人的活动密切相关，因此第 2 层治理框架预计将涵盖机构的安全、隐私和数据保护要求。此外，为了支持数字监护服务，有必要提供专门的机构服务。监护人（无论是个人还是组织）需要能够代表依赖方托管和管理云钱包，依赖方是指任何根本没有能力管理自己数字钱包或代理的人（如体弱者、婴幼儿）。由于监护人代表依赖方充当信息受托人，所以数字监护人的法律义务和责任需要在第 2 层治理框架中明确规定。

11.3.3 第3层：证书治理框架

第 3 层是我们从技术信任过渡到人类信任的场所，因此这一层的治理框架看起来更加熟悉。原因很简单，数字凭证的证书信任三角和治理信任三角与物理证书非常相似。现在，我们管理物理证书的许多政策框架（如信用卡、驾照、护照、医保卡）只要做相对较少的修改就可以用于数字版本。有关这一层的标准角色和政策类型，请参见表 11.1。

表 11.1 第 3 层治理框架的标准角色和政策类型

角色	政策类型
发证方	资格和登录 安全、隐私、数据保护 有签发资格的证书和声明 身份和属性验证程序 保证等级 证书撤销要求和时限 业务规则 技术要求
持证方	资格和登录 钱包和代理认证 反欺诈、反滥用
验证方	安全、隐私、数据保护 举证请求限制（反胁迫） 数据使用限制 业务规则
证书注册中心	安全、隐私、数据保护 接收 保留 删除 可用性 灾难恢复
保险人	保单种类 资格 投保限额 费率 业务规则

第 7 章详细讨论了发证方、持证方和验证方的角色。但是证书注册中心的概念不是 W3C 可验证凭证数据模型规范的一部分，而是加拿大不列颠哥伦比亚省数字身份小组构想的一个新的第 3 层角色。他们意识到 W3C 可验证凭证数据模型的加密架构可以为分布式数字信任基础设施提供强大的新组件，如图 11.3 所示。

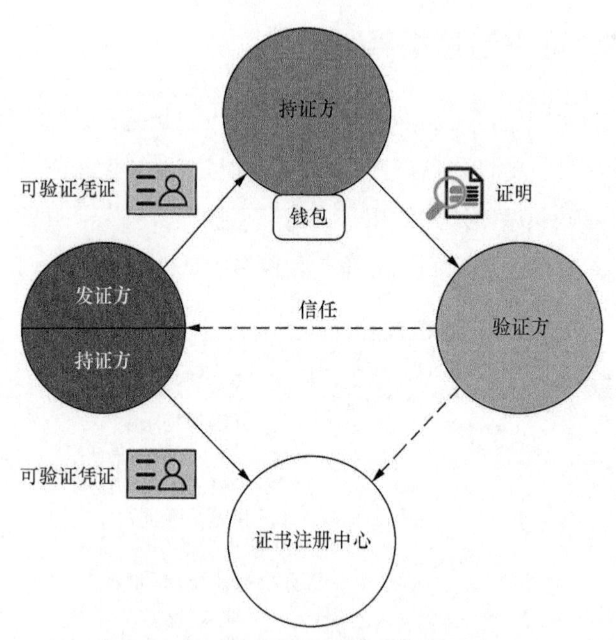

图 11.3 证书注册中心是分布式数字信任基础设施中一个强大的新组件，因为它们可以作为 VC 的可验证目录

你可能会想，图 11.3 中签发给顶部持证方的 VC 和签发给底部证书注册中心的 VC 之间有什么区别。答案是，这是签发给两个不同持证方的同一份 VC。

换句话说，证书主体无论是谁，无论是什么东西，证书中描述证书主体的声明数据是相同的。唯一的区别是 VC 的持证方。在图 11.3 的顶部，持证方是证书主体（或监护人、代理人）；在图 11.3 的底部，持证方是证书注册中心，其任务是发布证书，以便任何合格的验证方都可以搜索、发现和验证证书。

显然，证书注册中心并不适合所有类型的证书——你不会将其用于驾驶执照、护照或其他敏感的个人信息。但对于公共信息（例如，大多数司法管辖区要求公开发布的企业注册和许可证）来说，证书注册中心是提供这种服务的最好方式。例如，加拿大不列颠哥伦比亚省政府的证书注册服务名为 OrgBook，在不列颠哥伦比亚省注册的每一个企业的注册和许可证都是通过它来发布的。

证书注册中心的秘密在于，颁发给真实持证方的 VC 和颁发给证书注册中心的 VC 的 DID（或 ZKP 证书的链接机密）不同，这就是为什么证书注册中心不能冒充真正的持证方。但是，为了发现和验证，证书注册中心可以提供加密证明，证明它也是证书的真实持证方。而且，这种加密证明不能被证书注册供应方外部或内部的攻击者篡改，因此这是一种非常理想的安全属性，在分布式系统中更是如此。

在一些治理框架中，另一个标准第 3 层的角色是保险公司。只要有风险，就会有保险。如果发证方犯了错误或其系统被黑客攻击，那么，一些发证方会用保险来抵消这种风险，从表面上看，他们的风投对验证方更有吸引力，因为验证方如果知道他们信赖的证书被伪造，或被黑客攻击，或发生错误，他们会有追索权。

11.3.4 第4层：生态系统治理框架

ToIP 堆栈的顶层是应用层。本层治理框架的目的是为整个数字信任生态系统奠定基础，系统中包括国家、行业（金融、医疗保健、教育、制造、旅游）或任何类型、任何规模的其他信任社区。ToIP 基金会对数字信任生态系统的定义如下。

> 数字信任生态系统是在 ToIP 堆栈第 4 层的应用程序治理框架下拥有权利和责任的各方集合。

第 4 层生态系统治理框架的范围最广。

（1）它可以指定适用于堆栈的其他每一层的需求，例如，在该生态系统中运行的应用程序在安全和隐私方面的需求，包括第 3 层证书、第 2 层钱包和代理及第 1 层的效用等。

（2）它可能跨越多个权限治理组件。与现实世界的生态系统一样，数字生态系统通常是由委托人可信社区建立起来的，每个可信社区都有自己的权限治理组件和治理框架。因此，生态系统治理框架代表了所有其他权限治理组件和框架之间的合作标准。

（3）它可能跨越其他 ToIP 第 4 层的生态系统。生态系统还可以包含生态系统。例如，由治理框架 [如泛加拿大信托框架（PCTF），见第 11.9 节] 界定的加拿大国家生态系统可以界定适用于省级生态系统的政策；而这些政策转而可以界定适用于市级或县级生态系统的政策。

因为生态系统治理框架在应用程序层运行，所以它管理最直接接触人类的元素，即在这些生态系统中运行的人和组织。SSI 和整个 ToIP 堆栈的最终目的是使这些人能够轻松地形成数字信任关系，并在网上自信地做出信任决策。因此，生态系统治理框架涉及以下领域。

（1）互操作性——每个数字信任生态系统的首要目标是使其中的应用程序能够相互交流，并安全地共享用户想要共享的数据。多年来，我们一直专注于如何在技术上实现这一点。但是当我们解决这些技术难题时，剩下的问题是法律、商业和社会阻碍。这就是生态系统治理框架可以发挥作用的地方。

（2）委托和监护——很多人即使自己可以管理数据，也不想去做。这就是为什么我们雇用专业人士和服务供应商来做这件事，如银行家、律师、医生、会计师等。其他人无法直接使用 SSI 数字钱包和代理，因为他们缺少体力、精力、经济或法律能力。为了使我们能够轻松、有效和安全地将责任委托给我们信任的其他人来为我们管理这些事务，我们需要建立法律、技术和商业规则。

（3）可传递的信任——有了 SSI 技术和治理框架，我们可以将在某个背景下开发的信任能力释放，而让其在另一个背景下得到认可和应用。对于实物证书来说，这种情况每天都会发生，例如，因为你有驾照和两张主要的信用卡，所以汽车租赁公司决定租给你一辆车。在 SSI 出现之前，这在网上几乎是不可能做到的。数字信任生态系统将改变这一切，在生态系统内的应用程序可以很容易地与网站之间建立可传递的信任，如旅游网络或学校系统。

（4）可用性——如果 SSI 不易用，且不能供任何不具备专门知识的人安全地使用，那么所有的 SSI 将毫无价值。生态系统治理框架可以界定可用性准则，规定或激励人们使用这些准则，并提供认证程序，验证其遵守情况。

（5）信任标志——在现实世界中，人们将信任与信任标志所代表的品牌联系在一起。这就是为什么万事达卡（Mastercard）和维萨（Visa）等全球信任网络会为名称及标志的广告活动投入数十亿美元。世界各地成千上万的主要品牌也是如此。因此，生态系统治理框架最明显的功能之一就是定义它们的信任标志，同时还制定了获取和使用这些标志的规则。他们的目标应该是把一个人做出数字信任决策时所需要的一切都整合在一起。

对于生态系统治理框架来说，标准角色比低层角色更普遍。它们可以包括以下内容。

（1）成员目录（也称为信任登记中心或信任列表）——目的是在生态系统的成员之间建立可传递的信任，最重要的功能之一是确认某个特定实体是生态系统的成员，因此受到其治理框架的条款和责任要求的约束。成员目录服务发挥了作用，可以通过多种方式实现，从传统的集中式目录服务到联合注册中心，再到完全分布式的账本。而所有这些方式都可以在前一节中定义的证书注册中心来发挥作用。

（2）认证机构——如果可信标志是生态系统治理框架有意义的工具，那么它们必须行之有效。为了达到这个目的，治理框架为实体定义了任何特定角色的认证标准。然后由认证机构监督其评估并发布结果（当然是采用 VC 来发布）。

（3）审计员——审查特定实体实施的政策、实践和程序，以确定它们是否符合治理框架的要求，是否有资格获得认证，这是专业审计员的工作。

（4）审计评审员——此角色负责审批审计员。这项工作可以由权限治理组件直接完成，但是生态系统规模越大，就越需要将这一职能外包给审计机构。这是 WebTrust 在 SSL/TLS 协议（浏览器中的锁）使用的 X.509 数字证书中所扮演的角色，也是像 Kantara Initiative 这样的组织在其他数字信任框架中所扮演的角色。

11.4 权限治理组件的角色

在所有治理框架中都有一个标准角色，即权限治理组件，负责开发、维护和执行治理框架。那么，谁能成为权限治理组件呢？

（1）各级政府——法律法规已经属于治理框架，因此建立 SSI 治理框架是任何级别政府职能（包括国际、国家、州、地区、地方）的自然延伸。所有这些框架都嵌套在第 4 层的生态系统中，并且自然而然地具有第 3 层的证书。

（2）行业联盟——这些联盟存在于许多行业中，用来解决行业中任何一个成员都无法单独解决的问题。整个行业的治理框架工程，特别是在生态系统层，堪称完美示例。

（3）非政府组织（NGO）——非营利组织通过消除利润激励，在建立信任方面发挥着特殊的作用。这也特别适用于治理框架。

（4）公司和企业——公司及其员工、客户、合作伙伴、供应商和股东形成了一个天然的可信社区，这是治理框架的天然家园。

（5）大学和学校系统——各种教育机构及它们共同组成的网络是天然的 SSI 权限治理组件，因为学习系统的主要成果之一是学习者可以在余生使用的证书。

（6）在线社区——治理机构不一定是正式的法律实体，也不一定要受特定管辖范围约束。网上正在形成一些新型虚拟组织和社区，这些组织和社区可以定义自己的治理框架。

关键的一点是，现在有了 SSI 治理框架，促进数字信任的治理是任何辖区、任何规模的社区中的任何人都可以使用的工具。

谁来管理权限治理组件？这是所有治理系统的一个经典问题，答案是："只要对可信社区有用的事物都可以。"这个问题没有固定答案，根据类似的经验，只会有越来越多最佳实践。然而，有一种实践从一开始就很明确：治理机构自身的治理结构和政策应该作为其治理框架的一部分公布（见第 11.6.1 节）。

11.5 治理框架可以解决哪些具体问题？

治理框架不是关于意图的抽象文档，它们是一组规则、政策和规范，旨在帮助解决可信社区的一系列特定问题。

11.5.1 权威发证方和经核实成员的发现

大多数受众在了解数字证书时问的第一个问题是："我如何知道我是否可以信任证书的发证方？"这是第 3 层和第 4 层治理框架的主要目的之一。

我们举个例子。假设你是一位雇主，你想雇用一名在特定领域有大学学历的员工。申请人向你出示她的毕业证书的 VC 证明。你的数字代理验证了 VC 上的数字签名是由发证方的 DID 提供的。但你怎么知道发证方是一所真正的、经认证的大学呢？没有哪个雇主知道世界上所有经认证的大学，更不用说所有大学的 DID 了。

答案是，VC 还包含发布 VC 所依据的治理框架的 DID。雇主的数字代理现在可以使用该 DID 来回答两个问题。

（1）该 DID 是否来自雇主信任的教育证书管理机构？

（2）那么，代理是否可以验证该治理框架的成员目录，包括发证方 DID？

如果以上两个问题的答案都是"是"，雇主就满意了。如果第一个问题的答案是"否"，雇主的数字代理可以尝试回答第三个问题。

（3）该 DID 是否包含在雇主信任的另一个教育证书治理框架的成员目录中？

这个问题非常重要，因为它确切地说明了可传递的信任是如何运作的。比如说，有两个不同的教育证书数字信任生态系统，一个用于澳大利亚，另一个用于新西兰，它们可以决定交叉认证，即双方承认对方有权指定其管辖范围内经认证的教育机构。每个生态系统在其成员目录中作为对方生态系统的成员出现。现在，如果雇主在新西兰并信任新西兰教育治理管理机构，但申请人拥有澳大利亚某所大学的学位，由于新西兰和澳大利亚教育治理框架之间具有可传递的信任，雇主仍然会从雇主数字代理那里获得批准。

DID 可以双向生效。如果你得到一个 DID，则可以解析它并询问其代理这个 DID 是哪个治理框架的成员。你还可以从治理框架的成员目录开始，发现已验证成员的 DID。

11.5.2 反胁迫

SSI 的基本原则假定，双方可以自由地进行交易，分享个人和机密信息，并在认为对方的请求不合理甚至非法时离开。在实践中，情况往往并非如此。正如 Oskar Van Deventer 在《自主管理身份——好的、坏的和丑陋的》中所说，这就像一个古老的笑话：

> “你会给一只 800 磅（1 磅≈ 0.45 千克）重的大猩猩什么东西？”
> “它要求的任何东西。”

这种 800 磅重的大猩猩的例子是大型技术提供商。网络交易的典型客户端 - 服务器性质加强了这种权力不平衡,（客户端）浏览器背后的人感到自己被迫将个人数据交给服务器，否则他们就无法访问产品、服务或位置。有一个例子是臭名昭著的 cookie 墙，网站的访问者要么“接受所有 cookie”，要么“进入没有出口的迷宫”。

治理框架可以针对不同类型的胁迫实施对策。

（1）要求验证方是生态系统中被验证的成员。这要求验证方对遵守治理框架的隐私和反强制政策负责。

（2）要求证明请求具有来自验证方的不可否认的数字签名。这样，持证方就可以在法庭上证明验证方的行为。

（3）要求建立匿名投诉机制或监察员。如果在服务中构建了治理框架，而持证方代理则可以使用该服务报告验证方的不良行为，这种方法可以对这种行为起到强大的威慑作用。

在机器可读治理框架的情况下，其中一些对策可以由用户的数字代理自动实施，保护用户不被强迫采取违背其自身利益的行动。不同的治理框架可能会在充分自我主权和严格控制之间选择不同的平衡点，这取决于所涉及的利益和适用的立法。

11.5.3 认证、认可和信任保证

关于治理框架中的各种参与者，另一个常见问题是：“我怎么知道他们在按规则办事？”换句话说，无论治理框架设计得多么完善，你如何知道扮演每个角色的参与者是否遵守为该

角色指定的政策？

正如下一节所解释的那样，大多数治理框架都包含一个用于此目的的关键组件，它是信任保证框架。它是一个建立了政策的单独文件，根据这些政策，每个角色的参与者都可以被审计、监控并经认证符合规定。它还规定了选择、认证和监督审计员或审计评审员的规则。因为这就回答了这样一个问题：“谁在监督监察者？”所以，这可能是治理框架最重要的要素之一。

11.5.4 保证级别（LOA）

身份和其他信任决策通常不是二元的，它们是一种判断。任何时候的判断都不是简单的“是或否”答案，你可以选择 LOA。

LOA 最常用于表示发证方的信心程度，即对证书中的一个或多个声明是真实的并属于预期主体的信心程度。例如，一家银行可能 99% 确定账户持证方的账户中超过 10000 美元，但仅 80% 确定它拥有账户持证方的当前通信地址。

LOA 是数字身份中非常深入的话题，因此它可以成为证书和生态系统治理框架中的重要因素。在这里，可以为单个 VC、系列 VC 或整个数字信任生态系统建立 LOA 标准（有关数字身份中 LOA 的更多信息，请参见 NIST 的《美国国家标准与技术研究院特别出版物 800-63-3：数字身份的指导方针）。

11.5.5 业务规则

下一个最常见的问题是“我如何赚钱？”，任何治理框架要想有效，成员都需要激励措施来制定、实施、运作和遵守它。在某些情况下，这些激励措施可能完全是外部的，如遵守法规或人道主义目标。但即便如此，权限治理组件和成员也希望成本和负担得到公平分配。当然，面向商业的治理框架要求明确的商业动机与市场力量保持一致。

（1）因此，商业规则是治理框架的关键部分。

（2）谁来支付基础设施的分摊费用？怎么支付，何时支付？

（3）框架内有哪些可用的收入来源？谁收取什么费用，何时收取？

（4）收入分成吗？怎么分配？

（5）如何定价？

（6）对不遵守规定的行为是否有处罚或罚款？

（7）治理机构如何可维持？会员要付会员费、许可费、收入分成、税费吗？

通常，权限治理组件越早解决这些问题，治理框架就越成功。

11.5.6 责任和保险

还有其他问题暴露出来：“如果出了问题怎么办？谁会被起诉？赔偿多少钱？”这些问

题对于任何产生有价值事物的努力都是至关重要的。信任的真正价值，通过公司资产负债表上的“商誉”项目就知道了。

因此，治理框架的另一个标准特征是关于责任限额和分配的政策。

11.6 治理框架的典型要素是什么？

尽管有许多方法来构建治理框架，但 ToIP 治理堆栈工作组已经为与 ToIP 兼容的治理框架开发了一个元模型，该元模型由图 11.4 所示的模块组成。

- 主文档
  - 导言
  - 目的
  - 范围
  - 宗旨
  - 核心政策
  - 修订
  - 扩展
  - 受控文件一览表
- 受控文件
  - 术语表
  - 风险评估、信任保证和认证
  - 治理规则
  - 业务规则
  - 技术规则
  - 信息信任规则
  - 包含性、公平性和可存取性规则
  - 法律协议

图 11.4 由 ToIP 基金会的治理堆栈工作组开发的治理框架元模型

这些模块的作用如下。

（1）使利益相关者更容易关注他们感兴趣的或与其相关的具体政策。

（2）允许将每个政策模块的治理委托给权限治理组件内具有相关主题专业知识的特定委员会或工作组。

（3）允许单独对政策模块进行版本升级，而不需要对整个治理框架进行“叉式升级”。

尽管模块的内容可能有很大的不同，但这些模块对于 ToIP 堆栈的所有 4 层的治理框架来说是相同的。

11.6.1 主文档

如果把治理框架想象成一个网站（实际上，大多数人可读的治理框架都发布在网络上），那么主文档就是“主页”。它是导航该框架所有组件的起点。在 ToIP 元模型中，主文档包含表 11.2 中列出的标准部分。

表 11.2　治理框架主文档的标准章节

章节	目的
导言	总体背景、上下文和动机
目的	任务说明——通常只有几句话
宗旨	高级别准则，可对具体政策进行评估以确保其一致性
核心政策	通常适用于整个治理框架的政策（政策模块中包含专用政策）
修订	管理如何修改或修正治理框架本身的政策
扩展	管理如何将在同一 ToIP 层或其他层的其他治理框架进行扩展合并的政策
受控文件一览表	治理框架中所有受控文档的列表，以及每个文档的状态、版本和位置

11.6.2　术语表

精确地描述数字身份可能具有挑战性，因为这些概念可能是模糊的、混乱的，甚至受语言的约束（如在俄语中，“自我主权”概念没有合适的术语）。因此，数字身份的技术规范和治理框架都受益于经过充分研究和记录的术语表。请参见《分布式身份基础术语表计划》《Sovrin 术语表》（Sovrin-Glossary-V3）和《ToIP 概念和术语工作组》。

好消息是，一旦在术语表中定义术语，使其具有技术、法律和政策解释所需的精确度，就可以在治理框架的所有需要引用这个术语的文档中共享该术语。而且一旦在一个治理框架中很好地定义了一个术语，就可以在其他治理框架中通过对原始来源的固定引用来重新使用这个术语。

11.6.3　风险评估、信任保证和认证

这类模块包括评估和管理风险的政策，以及如何根据治理框架对各方进行认证。此类别的受控文档应包括以下内容。

（1）风险评估。

（2）风险处理计划。

（3）信任保证框架。

正如本章前面所定义的那样，信任保证框架是一个模块，它规定了如何对可信社区成员进行审计、监视和认证以确保其合规性。审计员使用信任保证框架进行治理框架可能要求的正式评估，从而可以对不同角色的不同成员进行鉴定、认证（或再认证）和认可。

11.6.4　治理规则

这些模块专门用于权限治理组件本身的治理。这可能因治理机构的法律形式和治理框架的性质（算法、人工管理、混合）而有很大差异。治理规则通常体现在非营利组织或联盟的章程、细则和运营政策中。

这一部分至关重要，因为对治理框架的信任不可能比对负责任的权限治理组件的信任更强。要特别注意“治理框架”本身变更的规则（修正或修订过程）。为了反映可信社区不断变化的利益相关者、需求和价值观，信任保证框架规定了发展治理框架的容易程度、公平程度和公正性。

11.6.5 业务规则

任何一层上的任何类型的基础设施都需要花费金钱来开发、管理和维护，这就是世界上绝大多数区块链项目都使用某种形式的“加密货币”或数字令牌为成员提供激励的原因。SSI基础设施也是如此。任何治理框架的标准组成部分都是管理谁向谁支付什么样的业务规则，以激励所有成员或参与者参与和维持权限治理组件，以便其能够继续维护和改进基础设施。

11.6.6 技术规则

关于技术规范，ToIP 基金会建议权限治理组件不要“推出自己的”技术，因为这样通常不利于互操作性（想象一下，如果每个网站都告诉你“它采用什么方法”构建网络浏览器会怎么样）。准确地说，这正是 ToIP 基金会、分布式身份基金会、W3C 证书社区组、MyData 联盟和其他行业联盟的目的：开发开放的标准规范和供应商中立的技术组件，权限治理组件可以从中选择满足其可信社区要求所需的内容。这将最大限度地提高互操作性和可传递的信任，同时最大限度地降低供应商设置陷阱的可能性。

具体来说，ToIP 技术堆栈的目标是将权限治理组件需要做出的选择标准化，旨在实施其政策，所采取的方式是最大限度地提高 ToIP 与其他 ToIP 兼容治理框架的互操作性。理想情况下，技术政策只是治理框架所需的可选 ToIP 标准规范的简单配置文件。

11.6.7 信息信任规则

这些是管理信息安全、隐私、可用性、机密性及处理完整性的政策，这些术语由美国注册会计师协会（AICPA）为服务组织定义（2017 Trust Services Criteria for Security, Availability, Processing Integrity, Confidentiality, and Privacy）。此类别中的受控文档通常包括以下内容。

（1）安全和访问控制。

（2）隐私及数据保护。

（3）信息可用性和鲁棒性。

（4）信息保密。

（5）信息处理完整性。

（6）信任标志和公示规则。

（7）争端解决。

对于某些行业，许多要求已经由法规规定或由行业标准符合性认证程序（如 ISO/EIC27001 或 SOC-2）所涵盖。

11.6.8 包含性、公平性和可存取性规则

这些政策规定了框架不区别对待合格参与者的方法，并为所有人提供公平的访问机会，其中还包括专门针对数字无障碍的能力，如 W3C 的《网络内容无障碍指南》。在相关的范围内，这些政策还应该涉及数字监护和控制的问题（本章后面将进行介绍）。

11.6.9 法律协议

并非所有治理框架都需要法律协议。它取决于框架工作的设计、法律架构和权限治理组件（见第 11.8 节）。然而，如果框架明确规定了成员在特定角色中的权利和义务，那么框架自然会为此目的将标准的法律协议纳入其中。纳入法律协议是为了协助遵守法规，特别是在安全、隐私、数据保护和包容方面。

通常，这种协议的形式是成员和权限治理组件之间的合同，它们包括双方的权利和义务。治理框架的总体结构通常可以简化这些协议，因为法律合同的许多标准组成部分，如“鉴于”条款、术语定义和相关业务规则等，在框架的其他部分中都做了定义，并且可以通过引用被纳入。权限治理组件的典型操作要求是执行、归档、监控，并在必要时终止其与参与成员的协议。

11.7 数字监护

在本章中，我们几次触及数字监护的特殊重要性。尽管实施监护肯定存在技术方面的问题，但与治理方面相比，这些问题就显得微不足道了。这些问题包括适用于数字监护人的法律、商业和社会政策及其对依赖方的责任。以下关于监护权的定义摘自《Sovrin 治理框架》第 2 节（Sovrin-Governance-Framework-V2-Master-Document-V2），其原因是显而易见的。

监护

没有能力直接控制个人身份数据的人（依赖方）应有权指定另一个有此能力的身份控制人（独立机构或组织）担任依赖方的监护人。如果依赖方没有能力直接指定监护人，仍有权指定监护人代表依赖方行事。依赖方有权通过要求完全控制依赖方的身份数据而成为独立的人。监护人有义务及时协助这一过程，前提是依赖方能够证明其具有必要的能力。不得将监护与委托、冒充混为一谈。Sovrin 治理框架下的监护权应在适当的语境中映射为各种法律释义，包括法定监护、委托书、接管、生前信托等。

简而言之，对于监护人来说，最终没有技术机制来防止依赖方被监护人利用或冒充。这也反映了现实世界中的监护具有同样的脆弱性。

注：正如前一节所讨论的那样，为数字监护而设计的治理框架属于特殊的类别，因为它们将监护人的义务定义为信息受托人。监护是一个新的、迅速扩展的法律领域。欲了解更多信息，你可以访问电子自由基金会（EFF）关于该主题的网页，也可以阅读耶鲁大学法学院宪法和第一修正案奈特教授杰克•M. 巴尔金（Jack M.Balkin）于2015年所著的基础论文《信息信托和第一修正案》。

这就是为什么在说到治理框架时，监护是一个特例，并且很可能会因此产生专门用于此目的的治理框架。有些治理框架可能直接来自政府，有些来自红十字会或世界银行ID4D项目等国际非政府组织还有一些来自致力于无家可归、阿尔茨海默病等问题的专门非政府组织。

11.8 法律执行

SSI治理框架的另一个常见问题是，“它们在法律上可强制执行吗？或者，它们只是关于可信社区成员的善意的声明，如果有人违反了它们的政策，它们是不是并没有实际的权力？”

正如我们在本章前面指出的，答案取决于可信社区的需求和治理框架的设计。当然，如果治理框架规定了法律协议，为执行特定角色的成员创建了特定的合同义务，那么它就与其他任何合同一样，在合同法下具有法律效力。例如，Sovrin治理框架（将在第11.9节中讨论）包括3个角色的法律协议。

（1）操作Sovrin账本节点的管理员（Sovrin-Steward-Agreement-V2）。

（2）将交易写入账本的交易作者（Transaction-Author-Agreement-V2）。

（3）通过对交易数字签名进行授权的交易背书人（Transaction-Endorser-Agreement-V2）。

2018年欧盟GDPR启动后，为了说明作为数据控制者或数据处理者的三方监管义务，这三项协议都必须仔细修订。因此，在第二代Sovrin治理框架中又添加了两项法律协议。

然而，只要涉及数字权利的法律执行力，权力的不对称就是一个真正的问题。在需要捍卫自己权利的个人和侵犯其权利的公司或政府之间，谁拥有更多的法律专业知识和资源呢？这是一场不公平的较量。事实上，在大多数情况下，这甚至不是一场较量，因为个人不能（或不敢）下场。

SSI治理框架带来了新的工具，让竞争环境变得更公平，并鼓励可信社区中的每个人做正确的事情。

（1）透明的、社区范围内的政策——隐私政策在提供真正的隐私保护方面效果甚微，原因之一是每个网站都有自己的政策。2008年，隐私专家阿莱西亚 • M. 麦克唐纳（Aleecia

M.McDonald）和洛莉•费思•克兰纳（Lorrie Faith Cranor）发表了一篇论文，论文中提到，如果美国的每一位互联网用户把他们使用的所有网站的隐私政策都读一遍的话，平均每人要花200 多个小时，这样一来，美国每年将损失 7810 亿美元的生产力。设计良好的治理框架可以为隐私、安全、数据保护和其他适用于所有成员的数字信任政策建立统一的基准，从而提高整个可信社区的信心。

（2）社区监督和声誉激励——尽管社交媒体存在缺陷，但它为市场上的参与者保持良好声誉产生了强大的新激励效果。设计良好的治理框架和基于社区的监测和报告机制可以利用同样的激励机制，激励其成员遵守规则。

（3）集体行动——当前两个工具不够时，治理框架工程可结合具体法律，支持成员采取集体行动打击违法者。在设计中加入防止滥用的适当保障措施则可能对阻止违反规则的行为非常有效。

一些 SSI 专家认为，SSI 为跨信任边界共享加密可验证声明奠定了基础，这令信誉系统的效果和可扩展性更好，因此不需要法律强制执行治理框架。这一预测是否会得到证实，我们将拭目以待。

11.9 示例

SSI 治理框架处于 SSI 的前沿，因此还没有太多生产示例可供参考。表 11.3 总结了一些与 SSI 兼容的治理框架。

表 11.3　与 SSI 兼容的治理框架示例

示例	描述
Sovrin 治理框架（SGF）	本章中已经多次提到，这是明确为 SSI 设计的最成熟的治理框架。第一个版本由 Sovrin 基金会于 2017 年 6 月发布，SGF V2 于 2019 年 12 月发布，第三代现在正在由 Sovrin 治理框架工作组开发，它将 SGF 分成两个与 ToIP 兼容的治理框架：Sovrin 效用治理框架和 Sovrin 生态系统治理框架。SGF 以知识共享的方式授权，因此信任社区可以将其用作自己治理框架的基础
Veres One 政府	Veres One 是一个混合区块链网络，具有无许可和许可两个方面。它由五方体系进行管理：Veres One 社区小组、理事会、咨询委员会、节点和维护者
CCI 治理框架	这是新型冠状病毒肺炎证书倡议规则工作组的成果。第一个版本于 2020 年 6 月交付，第二个版本正在开发中
Lumedic 卫生网络治理框架	这个 SSI 治理框架是第一个专门为以患者为中心的医疗 VC 的交换而设计的
泛加拿大信托框架	虽然该框架不是专门针对 SSI 的，但这是全球最成熟的国家治理框架，其最新版本经过专门修订，纳入了 SSI 的关键架构设计原则

SSI 治理框架的数量从 2021 年开始快速增长。据本书作者所知，一些正在进行的工作如下（ToIP 治理堆栈工作组在 SSI 和 ToIP 的治理框架上市时对这份清单做了维护）。

（1）芬兰（findy）、德国和加拿大的 ToIP 第 1 层网络。

（2）欧盟正在建立国家 SSI 治理框架——欧洲自我主权身份框架（ESSIF）、eSSIF-Lab 及新西兰的数字身份信任框架。

（3）GLEIF 和国际物品编码组织（GS1）共同开发了生态系统治理框架，GLEIF 将其用于组织身份，GS1 将其用于全球供应链。

请注意，其他许多与区块链相关的项目也具备治理框架，这些治理框架也有望将 SSI 纳入进来。例如，企业以太坊联盟（EEA）和 Corda 网络。

截至本书出版时，SSI 治理框架的好范例只有几个，但还有更多的范例正在开发。

第3部分 多中心化的生活模式

像大多数其他指数级技术栈一样，SSI 站在巨人的肩膀上。在第 12 章和第 13 章中，我们解释了 SSI 是如何建立在两个基本支柱上的。

◎开源软件。

◎密码学的解放力量推动的密码朋克运动，促进了区块链技术的发展。

奠定了这一基础后，我们在第 14 ～ 17 章中探讨了这对于现代社会技术内外的其他方面意味着什么，包括以下内容。

◎全球和平运动。

◎分布式的技术和社会趋势，以及这些趋势所根植的信仰体系。

◎全球 SSI 界的演变（比你想象的大）。

◎身份和金钱的交集（也比你想象的大）。

第12章 开源软件如何帮助您控制SSI

Richard Esplin

> 所有互联网基础设施都在很大程度上依赖于开源代码软件，仅仅是因为这个基础层必须依赖它，用 Doc Searls 和 David Weinberger 的话来说，“没有人拥有它；人人都能使用它；任何人都可以改进它。”在SSI中，开源扮演了更加重要的角色。为了解释这一点，我们采访了 Richard Esplin，他在最大的开源内容管理系统（CMS）公司 Alfresco（2020 年被 Hyland 软件公司收购）工作 8 年之久，负责销售、营销和产品管理业务，他目前担任 Evernym 公司的产品管理总监。

1984 年，科技记者 Steven Levy 出版了他的第一本主要著作《黑客：计算机革命的英雄》。他用“黑客”的最初含义来赞美那些技术先驱，他们的独创性和智力游戏性展现了积极影响（正如第 13 章更详细的解释，当这些黑客的标签被贴在恶意闯入计算机系统的人身上时，这会冒犯黑客；黑客称他们为破解者）。在这本书的发布会上，参会者对软件技术的未来进行了辩论。据报道，Stewart Brand 说过：

> 一方面，信息是昂贵的，因为它是如此有价值。正确的信息在正确的地方会改变你的生活。另一方面，信息是免费的，因为获取它的成本变得越来越低。所以让这两点进行互争[1]。

这种紧张关系一直存在于技术领域，并严重影响着我们的数字身份。软件行业强烈希望构成我们数字身份的信息商业化，以此获得巨大的回报。这种对利润的追求遭到了一些激进分子和技术专家的抵制，他们鼓励分享修改软件所需的源代码，以便用户能够了解软件的运行方式并对其进行控制。

根据人们使用软件的动机，软件开发方法有不同的名称。那些认为共享源代码是符合道德义务的人称其为开源软件，因为它有助于人们的自由。“自由”一词旨在强调使用软件的自由和代码的开放性，经常与“免费”一词作对比。免费软件确保用户能够自由使用数字工具，也有助于增加技术供应商的责任感。使用“开源软件”的人通常关注提供源代码访问带来的好处：更快的创新、更高的质量、更广泛的协作，以及可在市场上提高竞争力。

为了充分理解 SSI 及其对社会的影响，需要了解免费软件和开源软件运动的重要性。如果

1 Joshua Gans使用事件的录音更正了这句话，因为Levy的话对行业的影响力大，因此我采纳了他的引用。

你已熟悉这些概念，可以学习下一章，继续深入了解分布化如何塑造 SSI 世界。

12.1 免费软件的起源

软件应该共享的认识可以追溯到计算技术开始之初。20 世纪初，计算理论被视为数学的一个分支，习惯于公布计算结果的政府和学术研究人员开发了数字计算技术。20 世纪 50 年代，人们可以购买通用计算机硬件[1]，但软件并未被视为一个独立的产品，用户通常交换代码，就像交换他们机器的其他技术信息一样。

技术用户组随着行业的发展而发展，例如，IBM 用户于 1955 年创建了 SHARE。正是在这种环境下，美国电话电报公司（AT&T）贝尔实验室创建了开创性的操作系统 Unix，由于其与美国政府达成反托拉斯和解协议，AT&T 被禁止将该产品商业化，该实验室将 Unix 连同源代码一起分配给学术机构。这种研究、修改和共享增强操作系统技术的文化促进了 Unix 的使用，使其产生了广泛影响。最终加州大学伯克利分校免费发布了 Unix（BSD），其中包括源代码。

随着行业的成熟，业余爱好者开始在工作之余尝试使用软件。自制计算机俱乐部培养了像 Steve Jobs 和 Steve Wozniak 这样伟大的硅谷企业家，他们的想法使苹果软件诞生了。这些计算机俱乐部也是共享软件出现的著名场所，促使“微软”创始人、年轻的比尔•盖茨（Bill Gates）在 1975 年发表了一封“致业余爱好者的公开信”，他在信中认为业余爱好者所说的“共享”实际上是窃取，会阻止商业软件行业的成功。从那时起，大多数软件行业通过限制软件的分发和对源代码的访问来提高软件的价值。

一些人通过加大分享力度来回应限制。一位名叫 Richard Stallman 的软件工程师在麻省理工学院读研究生时，对在人工智能实验室的同事被一家公司雇用一事感到很沮丧，这家公司拒绝继续与他合作。他认为这种缺乏合作精神的公司既令人讨厌，又不道德。作为回应，他专注于复制公司的产品，并将其作为免费软件发布。当他配合工程师团队成功完成工作时，他扩大了自己的野心，并在 1983 年宣布计划创建一个所有 Unix 的免费副本，命名为 GNU（GNU' Not Unix 的递归首字母）。

要实现创建一个鼓励共享和合作的免费 Unix 兼容操作系统的目标，需要进一步创新。1985 年，Stallman 创建了免费软件基金会，通过集资来协调管理并赞助和宣传免费软件项目。通过基金会的工作，Stallman 确定了程序用户必须拥有的 4 项基本自由。

（1）无论出于什么目的，都可以自由运行程序。

（2）研究程序如何工作和改变程序的自由，使其根据用户意愿进行计算。访问源代码是实现这一目标的先决条件。

1　曼彻斯特大学的费兰蒂马克1型（Ferranti Mark 1）计算机于1951年2月交付，被计算机历史博物馆认为是第一台商用通用计算机。

（3）重新分发副本的自由，以便帮助他人。

（4）将修改后的版本分发给他人的自由。这样可以让整个社区有机会从修改的版本中受益。访问源代码是实现这一目标的先决条件。

即使软件通过中介机构接收，Stallman仍希望保证用户使用免费软件的自由。1989年，他设计了一个工具，通过巧妙地使用版权法和软件许可证来保证用户使用免费软件的自由——这一技术与其他人用来阻止软件共享的技术相同。

版权法限制未经作者许可进行软件复制，作者许可通常以规定使用条款的软件许可证的形式出现。Stallman的软件许可证、GNU通用公共许可证（GPL）要求软件的任何副本都包括源代码。此外，如果开发人员选择将该代码包含在另一个程序中，那么组合后的程序只能根据GPL的条款合法分发。Stallman对这种巧妙使用版权法的方式贴上商标以要求共享版权。

到1991年，GNU项目包含了功能性操作系统的大部分组件，但它仍然缺乏内核，内核负责与硬件接口连接并编排所有程序。同年，赫尔辛基大学学生Linus Torvalds买了一台新的英特尔386个人计算机，并编写了一个内核以练习。通过将他的内核与GNU工具相结合，有可能为个人计算机组装一个功能性的Unix兼容操作系统。Torvalds在前网络时代的互联网上分享了他的内核，以测试它是否有助于用户对系统进行改进。他感到惊讶的是，世界各地的人都在使用他的成果，并提出了改进建议。

这种新的操作系统被称为Linux，尽管称之为GNU/Linux会更准确（正如免费软件倡导者喜欢强调的那样）。为了管理大量的贡献数据，以及在开发过程中受益于GNU工具，Torvalds在开发一周年时将许可改为GNU GPL。随着时间的推移，Torvalds已经很清楚，他选择这个许可并不是为了将其作为一个关于免费软件道德的政治声明，而是因为共享源代码是一个更好的工程方法。

12.2 用开源吸引企业

为了解释为什么共享源代码会有更好的产品，早期Linux贡献者和自封的黑客人类学家Eric Raymond区分了“自上而下”的开发模式与类似“集市”的竞争模式。两者都能产生经济价值，但由于集市上的每个人都“挠自己的痒”，集市从思想的竞争中受益，并适应参与者的需求。该项目还受益于一大群开发人员的不同观点，因为对一个人来说复杂的事情对另一个人来说可能很简单，或者，正如Raymond说，“只要眼睛足够多，所有的漏洞都显而易见”。除这些实用的优点之外，许多开发人员认为集市的个人驱动协作开发模式比大教堂式的工程更有趣。

Linux并不是唯一一个从开放式开发模型中受益的软件项目。伊利诺伊大学香槟分校的国家超级计算应用中心（NCSA）发布了一个免费程序，允许人们在全新的万维网上发布信息。尽管 NCSA 并不打算继续开发，但代码是可用的，其他开发人员仍有动力改进它。他们自己组建了一个名叫 Apache 的团队，在几年内，Apache HTTP 服务器成为互联网上最流行的网络服务器。

到 20 世纪 90 年代中期，像红帽和 SUSE 这样的新公司试图将蓬勃发展的免费软件生态系统商业化。这些年轻的企业发现，由于发展的反文化风格，很难解释他们新兴的商业模式。商业领袖通常认为免费软件不能出售——“免费”指的是价格。

不管怎样，免费软件运动在 1998 年开始受到商界关注。首先，网景通信公司宣布将发布其网络浏览器的源代码，该浏览器最终演变为火狐浏览器。然后，IBM 宣布将助力于 Apache HTTP 服务器。最后，甲骨文公司宣布将其旗舰数据库移植到 Linux。这些公告将免费软件推向了主流，并使免费软件品牌被企业所接受而免费软件成为会议上的共同话题。

到 1998 年年底，大多数开发人员都在使用“开源”这个术语，远见研究所创始人 Christine Peterson 提出了这一术语。开源倡议作为一个法律实体而成立，负责持有商标和仲裁哪些软件许可证有资格为用户的自由使用权提供足够的保护。开源倡议比免费软件基金会批准的许可证范围更为广泛，容纳了各种商业模式，然而，企业和消费者仍然有信心，在批准的开源许可下分发的软件将保护 Stallman 描述的 4 项基本自由。

尽管许多开发人员立即接受了“开源”这一商标，但 Stallman 代表了一个重要的派别，因其没有充分强调免费，他们拒绝使用这个术语。用 Stallman 的话说，“虽然任何其他名称的免费计划今天都会给你同样的免费体验，但想要永久免费首先要让人们重视免费的价值”。正如本书中提到的许多观点一样，在所有的社区中都存在这些分歧——这就是必须仔细设计治理系统的原因（见第 11 章）。

12.3 开源在实践中如何运作

旅行者 1 号空间探测器于 1977 年 9 月发射，并于 2012 年 8 月 25 日离开太阳系。尽管探测器在 1980 年 11 月飞越土星完成了主要任务，但预计其传输数据的时间将持续到 2025 年。为了让 NASA（美国国家航空航天局）继续接收来自旅行者 1 号空间探测器的数据，探测器的天线必须一直指向地球。由于姿态控制推进器已经退化，2017 年 11 月，该团队决定近 40 年来首次使用轨迹校正机动推进器，该推动器与他们已设计的目标有所不同。

为了完成这一任务，工程师们必须研究原始源代码。幸而这次演习获得了成功，这将使 NASA 能够在比以前预期更长的几年中继续接收旅行者 1 号空间探测器的数据。

NASA 对探测器中软件的控制有两个重要的好处。第一，NASA 可以研究、了解软件；第二，NASA 可以修改这一软件，满足不同于它最初设计的用例的需求。

NASA 在设计访问欧罗巴卫星的探测器时汲取了这些经验教训，选择了一个开源的内容管理系统来建模探测器各组件。系统设计者虽然没有想到这一用例，但却认识到它的优势。除能够研究和修改代码，NASA 还希望与其他人合作开发解决方案。NASA 不太可能为了这一个小需求找外援，但不到一年，一家航空航天公司联系了 NASA，希望寻求合作。这是开源的又一次胜利！

这个例子展现了许多现代技术企业推销开源解决方案的一些原因。购买者认为开源解决方案可以防止供应商垄断技术，且其成本更低，创新更快，并且更加安全。当软件免费时，这些好处便可能实现，当然，这由软件发布时使用的许可证决定。

如前所述，Linux 在由 Richard Stallman 制定的 GNU GPL 下发行。该软件许可通过限制选择使用 GPL 代码的开发人员来保护下游用户的 4 项基本自由。如果开发人员选择重新分发受益于 GPL 软件的程序，开发人员不能选择相应程序的许可证——必须根据 GPL 重新分发，任何原始知识产权的源代码也必须共享。这种“病毒”性质解释了 2001 年微软的首席执行官称 Linux 为“癌症”，因为它正在向下游产品扩散。然而，重要的是要认识到，已使用 GPL 的个人和组织并没有重新分发（扩散）软件。在这种情况下，GPL 对其他知识产权并没影响。

Apache 团队在修改伯克利 Unix 发行版使用的许可证时选择了一种不同的方法。Apache 团队允许接收者对源代码做任何想做的事情，包括将软件合并到限制下游用户自由的专有产品中。它类似于美国将软件专用于公共领域的概念，但对不同法律管辖范围内的作者和用户有一致的保护。这种不受限制的使用允许商业利益个体参与协作开发，而不放弃对其业务模型的控制。

开源定义的创建者 Bruce Perens 总结了开源许可的 3 种基本方法，这些方法将满足大多数目标。

（1）“礼物”许可，如 Apache 许可，通过对其广泛采用来促进标准的传播。

（2）“与规则共享”许可，如 GPL，确保人们在收到相同条款下共享。

（3）“两者之间”许可，如 GNU 较小通用公共许可（LGPL）要求人们共享他们对程序的修改，但不发布合并该程序的大型成果。该许可包含在专有程序中，但仍然鼓励共享。

Perens 后来认识到另一种模式——“基于时间”的许可，如商业源码许可（BSL），这是一种限制性许可，在未来的某个时候会转换为开源许可。这使得商业开发人员在为用户提供开放源代码保证的同时，可以收回他们的开发成本。

虽然开源许可允许软件自由，但开源的大部分优点都需要社区开发。Apache HTTP 服务器在技术历史上非常重要，Apache 团队最大的创新是它采用了民主的过程来协作开发软件。随着 Apache 团队逐渐发展成为 Apache 软件基金会，其治理模式逐渐成熟，允许有任何背景的贡献者与其合作，而不需要控制软件项目的单个实体参与，即使参与者有相互竞争的商业利益。这对于避免供应商垄断技术尤为重要。

在第 11 章中，你可以看到 SSI 解决方案在开源社区采用的模型之上添加了治理层。这些治理框架采用了相同的做法来建立信任、调整激励措施和解决冲突。这开始被称为“开放治理”。

最后，开源的好处还取决于开放标准的采用。这些标准允许用户在需求随时间变化时在软件包之间迁移，并允许与选择其他软件包的用户进行互操作。SSI 解决方案的大多数开发人员已经将他们的工作建立在 W3C 的两个开放标准之上：可验证凭证数据模型 1.0 标准，用于如何格式化和数字签名可互操作的可验证凭证（见第 7 章）；以及 DID 核心规范，用于如何创建、读取、更新和删除 DID 及其相关的 DID（见第 8 章）。

12.4 开源和数字身份

数字身份解决方案的基本目标是在个人和组织之间建立信任。著名的安全研究员和公共利益技术学家 Bruce Scheier 确定了社会用来强制实施可信行为的 4 种方法，它们分别为道德、声誉、法律和技术系统。为了维护我们的权利，我们需要有权利去分析在系统中使用的代码和算法。

虽然开源软件保护的权利对操作系统、网络浏览器甚至航天工程很重要，但它们对我们的数字身份更加重要。世界变得更加紧密相连，我们的身份系统对自身生活就变得越来越“至关重要”。为了降低完成任务的成本，政府、企业和慈善机构推动使用数字身份系统。通常，设计这些系统是为了保护公司的利益，而不是作为个人的用户权利。源代码保密助长了这一滥用现象。

找到这类问题的真实例子很容易。脸书创始人 Mark Zuckerberg 在 2019 年宣布，“未来是私有化的”。这一明显的政策变化是对公众广泛抗议的回应，因为公众了解了脸书的专有算法是如何使用的。在其他违法行为中，脸书系统因以下原因受到人们的批评。

（1）未经同意操纵用户情绪。

（2）与剑桥分析公司共享用户数据，用于政治用途。

（3）窃取电子邮件联系人数据。

同样，美国消费者信用报告机构 Equifax 也遭受过一系列数据泄露，最终导致 2017 年 1.43 亿美国人的私人信息被泄露。Equifax 缺乏透明度，使公众无法了解正在收集关于个人的哪些信息，这些信息与谁共享，以及他们的安全系统有多差。

当系统使用专有源代码、秘密算法和不可知保密措施时，政府程序同样容易被滥用。为建立生物识别和身份信息集中数据库，印度的 Aadhaar 项目因以下原因受到批评。

（1）未减少腐败。

（2）排除社会弱势成员。

（3）在不适当的情况下被要求识别。

（4）被不当访问。

所有这些结果都与该方案的崇高目标相矛盾。

本章说明了 SSI 解决方案必须是开源的原因。每个身份持有者必须有合法权利检查提供他们数字身份的软件，而且还能与可以修改该软件的社区进行合作。因为这些系统使用开放标准，身份所有者的自治范围得到了进一步扩展。行使我们作为个人和公民的权利不是偶然的，为了享受自己作为公民和消费者的权利，我们必须保证政府和供应商提供可以控制的数字系统。

以开源开发推进软件自由、免费的运动促成了 SSI 的出现和演变。第 13 章将探索密码朋克是如何在此基础上建立的，它们创造了“数字货币”和其他早期 SSI 解决方案使用的其他区块链技术。与免费软件一样，其运行背后的哲学与它们的技术创新同样重要。

第 13 章 密码朋克：去中心化的起源

Daniel Paramo，Alex Preukschat

Daniel Param 是一位经验丰富的账户和业务开发主管、数据科学家和工程师。Daniel 曾是机器学习的客户主管和贝尔直升机公司的业务发展经理，他在区块链技术和共享经济领域创建了几家初创公司。他拥有得克萨斯大学阿灵顿分校航空航天工程硕士学位。

第 12 章介绍了免费软件和开源的结合是如何影响 SSI 的。在本章中，我们解释 SSI 如何站在密码学巨人的肩膀上。这些 20 世纪 70 年代的密码学先驱激发了一场被称为密码朋克的运动，随后激发了基于区块链和分布式账本技术的“数字货币”和“加密货币”运动。了解密码朋克及其独特的动机将有助于了解更大的分布式趋势、Web 3.0 和 SSI。

13.1 现代密码学的起源

Steven Levy 在他 2001 年里程碑式的著作《密码学》中解释了 50 多年来密码学在美国是如何发展的。最初由美国国家安全局（NSA，National Security Agency）“垄断”的局面，以学术界领导对这种垄断的逐步剥夺而告终——许多“数字货币”“加密货币”和区块链先驱都参与了这个社区。

注：《密码学》的主要作者和许多撰稿人认为该书曾发挥了关键作用。

Levy 所写故事的主角之一是 Whitfield Diffie。当 Diffie 对密码学产生兴趣时，他很快意识到 NSA 垄断了最先进的密码学技术，在大学里只学习非常基础的技术。Levy 讲述了 Diffie 和他的数学家老板 Roland Silver 的一段对话，当时是 20 世纪 60 年代，他们都在波士顿的 Mitre 公司工作。

一天，Diffie 和 Silver 沿着靠近铁轨的 Mass 大道散步时说出了他关心的事情：密码学对人类的隐私至关重要！

因此 Diffie 决定在全国范围内寻找信息，以了解更多关于密码学的知识。他用 David Kahn1967 年出版的一本名为《破译者》的书作为指南，这本书是当时可用的为数不多的资源之一，NSA 还曾试图阻止它的出版。引用 Levy 在书中写的第 1 章。

当 Diffie 完成《破译者》时，他已不再依赖别人来解决密码学的重大问题。他自己也热情洋溢地参与问题解决。

经过几年的研究，Diffie 最终在斯坦福遇到了 Martin Hellman。两人决定一起合作创造更好的密码算法。他们在 20 世纪 70 年代早期发展了公钥密码学的核心概念。正如第 6 章更详细地解释的那样，这是所有现代数字安全基础设施的核心密码学。这就是你每次看到浏览器地址栏中的“锁”时所使用的——你的 Web 会话是使用 SSL/TLS 标准（HTTPS）中的公钥 / 私钥加密技术来保护的。

注：SSL1.0 标准的合著者 Christopher Allen 是 SSI 的先驱之一，他写了具有开创性的文章——《通往 SSI 的道路》。

在读了 Diffie 和 Hellman 关于公钥密码学的报告后，Ralph Merkle 联系了他们。基于他们的对话，Hellman 设想了最早的公钥 / 私钥交换协议之一，他将其命名为“Diffie-Hellman 密钥交换”。你可能已经猜到了，这就是那个发明了区块链结构和其他公共区块链中使用的梅克尔树的梅克尔（详见第 6 章）。

麻省理工学院的三位教授 Ron Rivest、Adi Shamir 和 Leonard Adleman 受到 Diffie-Hellman 的启发，第一次创建了公钥密码学。

他们发明了一种实用的方法（基于素数分解）来创建 Diffie 和 Hellman 设想的单向函数。1977 年 4 月，他们发表了《获取数字签名和公钥密码系统的方法》（*A Method for Obtaining Digital Signatures and Public-Key Cryptosystems*）。在申请了一项美国专利后，三位教授于 1982 年共同创立了 RSA Security 公司，后来简称 RSA。它成为全球最成功的安全公司，最终在 2006 年以 21 亿美元的价格出售给 EMC 公司。

在 20 世纪 90 年代开发简单公钥基础设施时，Ron Rivest 意识到加密凭证可以用作授权令牌，允许其承载者安全地访问服务。现在，授权系统可以关注你能做什么，而不是你是谁。这颗种子后来成长为 SSI 核心的加密可验证凭证——尤其是那些使持有者能够有选择地共享身份数据，而不必公开所有数据的凭证（有关可验证凭证和零知识证明的更多信息参见第 7 章）。

Phil Zimmermann 受到了麻省理工学院团队的启发，但因缺乏免费、开源的加密软件而感到沮丧，他于 1991 年创建了第一个版本的 PGP，它可以被大众使用。他将其发布到互联网上，作为开放源代码输出到世界任何地方。PGP 收获了相当多的追随者，这是向密码学民主化迈出的重要一步。

13.2 密码朋克运动的诞生

Bruce Bethke 于 1980 年创造了赛博朋克（Cyberpunk）一词，并于 1983 年出版了同名短篇小说。可以说，与这个术语联系在一起的最著名的作家是 William Gibson，因为他在 1984 年创作了著名小说《神经漫游者》。赛博朋克主要是一种文学运动——一种在 20 世纪 80 年代具有准反文化特征的流派。

但是，当 1992 年，一群对通过开发工具来保护他们的自由和隐私感兴趣的人开始通过电子邮件列表交流时，该文学流派进入了现实世界，或者至少是网络世界。在他们第一次见面时，他们决定称自己为密码朋克。赛博朋克是指一个以夸张的方式捍卫言论自由、信息自由和通信隐私的人。

密码朋克的起源最早可以追溯到 1992 年之前。1986 年，Loyd Blankenship 以笔名"导师"，在美国的一个牢房里手写了一份名为《黑客的良心》的宣言，也被称为《黑客宣言》。这篇文章因为第一次清晰地阐明了"黑客"和"黑客主义"的动机而成为传奇。（几年后，Blankenship 还开发了一款名为"GURPS 赛博朋克"的角色扮演游戏，但被美国特勤局没收。）

Blankenship 和其他一些黑客认为这个"职业"是有价值的，而且可以说是很人道的。这是一项结合了手艺和智力的活动，并且从不接受暴力。从最纯粹的意义上讲，黑客热衷于创造和开发世界上最复杂的机器。他们坚信，技术有责任"做点什么"来改造某些东西。出于这种原因，他们互相分享用来改进和发现技术问题解决方案的思想、代码和建议。

这一运动通过密码朋克邮件列表发展壮大，到 1997 年，该列表已有 2000 多名订阅者。不管在任何地方，它都是进行数学、密码学、计算机科学和涉及隐私及加密的政治等方面技术讨论的最活跃和最权威的论坛之一。1993 年，Levy 在《连线》杂志上写了一篇题为《密码叛军》的关于密码朋克的文章，阐明了其本质。

> 这个房间里的人们希望有这样一个世界，在这个世界中，只有当个人选择透露他们的信息足迹时，才能追踪到其信息足迹。只有一种方法可以实现这一愿景，那就是广泛使用密码学。

密码朋克邮件列表的创始人之一 John Gilmore 后来成为 EFF 的创始人，EFF 是数字世界中捍卫隐私和个人自由的非营利组织之一。

13.3 数字自由、"数字货币"与去中心化

密码朋克为捍卫数字隐私和自由而探索的核心思想使他们中的一些人进入了"数字货币"的领域。Wei Dai、Nick Szabo 和 Hal Finney 等后来启发了中本聪。

所有数字价值交换的解决方案都依赖于密码学，不仅是为了安全，也是为了分散控制。Diffie 很早就认识到隐私和分权之间的内在联系，当时他还在麻省理工学院。麻省理工学院的计算机系统，称为兼容分时系统（CTSS），是最早使用分时的系统之一，分时是一种

使多个用户同时在机器上工作的方式。这需要某种方法来保护每个人的隐私信息。CTSS 通过为每个用户分配密码来执行此操作，这是他们解锁自己文件的“钥匙”。正如 Levy 在《密码学》中讲述的那样：

> 密码是由一个人，即系统操作员分发和维护的。从本质上讲，这个中央权威人物控制着每个用户的隐私。即使他在保护密码方面非常诚实，但它们存在于一个集中的系统中，这一事实本身就为妥协提供了机会。外部当局对这一信息有明确的了解，只需向系统操作员出示传票。“那个人会出卖你，”Diffie 说，“因为他没有兴趣违抗命令去监狱保护你的数据。”
>
> Diffie 相信他所说的“权力分散的观点”。他认为，通过创建适当的加密工具，你可以解决这个问题——将数据保护从无私的第三方转移到实际用户，即隐私实际上处于危险之中的用户。

Diffie 的设想听起来就像现在 SSI 正在实现的——通过分散的数字钱包，我们每个人都可以控制自己的身份、数据、关系及自己的钱的密码密钥。

13.4 从密码学到“加密货币”再到凭证

在本章中，我们已经表明，从公钥密码学的创建到密码朋克，到“加密货币”，再到 SSI 社区，共同的主线是在数字时代为人们提供更多保护隐私的工具。

密码朋克运动的影响仍然很大，不仅对“数字货币”，对以太坊等区块链生态系统也是如此——以太坊是由 Vitalik Buterin 等领导人共同创建的，他们经常称自己为密码朋克。“数字货币”、以太坊和其他区块链社区中的这些“现代密码朋克”都认识到 SSI 的基本需求，这是他们构建分布式经济愿景的一部分。

第14章 SSI社区的起源

Infominer 和 Kaliya Young

SSI 源于一场长达 10 年的运动，该运动被广泛称为“以用户为中心的身份”。Kaliya Young 是其中最杰出的先驱之一，他于 2005 年与 Doc Searls 和 Phil Windley 一起发起了互联网身份大会（IIW）。自那以后，互联网身份大会每年举行两次，几乎成了互联网数字身份每一项重大创新的诞生地。SSI 的发展吸引了像“信息矿工”这样的新人，信息矿工是一位多产（匿名）的 SSI 作家和策展人，由 Kaliya（她一直支持将更多的人才引入社区）指导。他们共同创建了网络 Identosphere。在这一章中，他们两人描述了 SSI 社区从其起源到现在的迷人演变。显然，随着时间的推移，这需要更新，但我们希望本章能为你提供一个广泛的视角，了解 SSI 来自哪里以及为什么它能获得如此多的关注。

SSI 一词源于 Devon Lofretto 2012 年的一篇博客，该博客的标题为“主权来源当局”。从那时起，SSI 已经成长为一个由社区、组织、工具和规范组成的生态系统旗帜，旨在让用户控制他们的数字标识符和个人信息。追求 SSI 是一场社区意识和组织的旅程，建立和促进使用增强用户能力的工具和框架是一项世界逐渐感兴趣的事业，这项事业包含了与导致互联网本身发展相同的一些核心价值观。

14.1 互联网的诞生

从一开始，互联网底层的系统就依赖一个集中的互联网号码分配局（IANA）来分配用于互联网操作的标识符。互联网号码分配局已将权力移交给其他中心化的机构，如互联网名称与数字地址分配机构（ICANN）和证书管理局。

注：参见 1990 年征求意见稿“因特网活动委员会推荐的关于分配互联网标识符分配的策略和因特网活动委员会推荐的策略更改为互联网‘已连接’状态”。

从 1972 年到 1989 年，“Jake” Elizabeth Feinler 担任了斯坦福研究所网络信息系统中心的主任。她的团队为美国高级研究计划署管理网络信息中心（NIC）服务，因为该中心为国防数据网（DDN）服务，后来成为互联网。

> Jake 是计算机历史博物馆的一名志愿者，IIW 于 2006 年开始举行会议。看到我们在那里的第一次会议议程，她问这是不是互联网名称与数字地址分配机构的会议，并留下来分享了她的团队创建第一个命名空间系统会议的情况。
>
> ——Kaliya Young

起初，互联网需要中心化机构在线管理标识符的分配。机构持续以这种方式运作，部分原因是一旦获得授权，各组织就不愿意放弃这种权力，此外，另一原因在于在创造广泛接受和可互操作的分散解决方案方面还存在许多其他挑战。但是互联网总是被设计成去中心化的样式，现在密码学先驱们已经为它开辟了道路，使其变得更加去中心化。

14.2 失去对我们个人信息的控制

在第一批讨论用户如何失去对个人信息使用方式的控制的人当中，少不了盲签名发明者 David Chaum。Chaum 提出的解决方案包括为交易的每一方创建一个独特的数字假名。正如他所描述的那样：

> 在不久的将来，设计的大规模自动交易系统可以保护隐私和维护个人和组织的安全。

Chaum 明确表示，这样的系统可以让用户控制自己的身份，而不是使用第三方创建的标记，因为用户别无选择，只能委托第三方管理他们的个人信息。

Chaum 的工作激励了一代人去开发潜力，创建新的密码系统和隐私保护应用程序。

在 Chaum 之后不久，Roger Clarke 出现了，他提出了“数据监视”这个术语。1988 年，他对其定义如下：

> 通过应用信息技术对人们的行为或交流进行系统的监控。

Clarke 表示需要通过法律手段来保护个人隐私，并指出信息技术专业人员需要努力创建保护用户隐私的应用程序。

14.3 PGP（Pretty Good Privacy）

第二次世界大战后，许多政府机构禁止分发安全的加密方案。例如，在美国，加密被视为弹药，出口属于非法行为。因此，企业被要求对国际产品使用弱加密，出于实际的商业原因，这意味着他们经常不得不对其国内产品使用同样的弱加密。

丧失个人隐私权的风险日益增长，为了应对这一问题，Phil Zimmerman 于 1991 年创建了 PGP。

PGP 的发布标志着历史上强加密技术第一次向公众开放。PGP 的公钥加密和 Zimmerman

的“信任网络”概念为 SSI 奠定了早期基础。不幸的是，PGP 以难以使用而闻名，因此它未能在个人通信加密中得到广泛采用。然而，PGP 的早期流行表明，在 20 世纪 70 年代初，激励密码学和计算机科学学术界的相同价值观仍然存在，它同样激励着新技术和新事件的创新发展。

14.4 国际星球事务会议

2000 年 5 月，第一届国际星球事务会议在旧金山举行，主题为全球生态和信息技术。这个会议和围绕它发展起来的社区为后续众多事情的开展奠定了基础。从第一次会议开始的对话一直以非正式的形式持续到 2001 年，这是一个寻求创建和维护“一个数字通信平台，作为公共利益公用事业运营”的组织，当时被称为 LinkTank。

在国际星球事务会议召开不久之后，2000 年 7 月公众信任组织成立了，旨在促进个人对数字身份和基于可扩展资源标识符（XRI）和可扩展数据交换（XDI）的个人数据的所有权，这是 OneName 公司为结构化信息标准促进组织提供的开放标准。

2001 年，由 Owen Davis 和 Andrew Nelson 领导的“身份公域”与可扩展名字服务组织联手，将 XRI 和 XDI 作为互联网标识层的基础。他们与 Cordance 和 Neustar 合作创建了可扩展名字服务，该服务试图在人们和新的数据共享网络之间加入信任元素。它有一个用于人类可读名称的集中的全球注册表：iNames，iNames 可以与 iNumbers 的名称空间配对，iNumbers 是一个永不回收的标识符。

注：Cordance 在 XRI 和 XDI Oasis 技术委员会的指导下创建了该技术。Neustar 为一家电信公司，最初负责维护北美电话区号、前缀的目录和数据库系统。

14.5 扩展的社会网络和身份公域

2003 年，Ken Jordan、Jan Hauser 和 Steven Foster 出版了《增强的社会网络：在下一代互联网中建立身份和信任》，它诞生于 Planetwork 和 Linktank 的一个想法。《增强的社会网络：在下一代互联网中建立身份和信任》试图在互联网的体系结构中建立一个永久的在线身份——让用户完全控制自己的身份。

在 2004 年 6 月的星球事务会议之后，Kaliya Young 开始在身份公域工作，担任社区建设者。她与 Paul Trevithich 和 Mary Ruddy 领导的社会物理小组的 Doc Searls 和 Phil Windley 合作，将分散在全国各地志同道合的人联系在一起。

这个社区专注于以用户为中心的身份，在 2004 年秋季的数字身份世界会议上，这些人首次聚集在一起。这次会议创建了一个邮件列表讨论组。同年 12 月，Doc Searls 邀请了一些身份领导人一起出现在“吉尔摩帮派”播客上，这就是“身份帮派”名字的起源；在 Doc Searls 的鼓励下，许多人开始写博客，讨论关于以用户为中心的身份。

14.6 身份法则

在这些博客作者中，微软的首席身份设计师Kim Cameron出版了《身份法则》。他提议建立一个系统，能让用户完全控制个人信息，决定如何披露个人信息，并只与有正当需要的各方共享。他还假设，个人应该很难在服务之间进行关联，而与此同时，身份技术应该在身份提供者之间进行互操作。

在Kim的博客、其他博客和社区邮件列表之间，可以分享想法和有实现这些想法的技术途径。在所有这些截然不同的领导者中，Paul Trevithich率先创建了“身份帮派词库”。

14.7 IIW

2005年秋天，邮件列表讨论组在伯克利的山坡俱乐部组织了一次湾区的社区聚会，被称为IIW，由Kaliya Young、Doc Searls和Phil Windley共同提出。

第一天是一个常规形式的会议，介绍了8个不同的以用户为中心的ID系统/范例。第二天，Young促成了一个“非会议网络”，支持与会者共同创建议程。这正是Yadis(另一个数字身份互操作系统)诞生的地方。Yadis由Johannes Ernst领导，这是一个去中心化系统，以实现当时主导身份方案之间的互操作性。

14.8 增加对用户控制的支持

在接下来的几年里，IIW推动创建了不断支持用户控制身份的技术，有起初的OpenID、O-Auth、跨域身份管理系统（SCIM）、信息卡，以及后来的快速身份在线、用户管理访问（UMA）和OpenID Connect。2010年，Markus Sabadello开始了“多瑙河项目”，致力于创建一个基于XDI的个人数据存储，该存储始终由用户控制。从那时起，一系列新兴公司开始致力于研究个人数据存储、以用户为中心的身份和其他管理个人数据和标识符的工具。2011年，Young成立了个人数据生态系统联盟，将它们联系起来。

尊重网络大约在同一时间成立，其架构师包括Drummond Reed、Markus Sabadello和Les Chasen。他们的目标是为个人数据的安全管理创建一个云环境。尊重网络的成员受获奖的尊重信任框架的5项原则管辖。

> 这5项原则可以用“5P”来概括：许可（Permission）、承诺（Promise）、保护（Protection）、可移植性（Portability）和证明（Proof）。

14.9 重新启动信任网络

2014 年，Digital Bazaar 公司的 Manu Sporny 提议在 W3C 上成立一个凭证社区小组，以探索为去中心化凭证系统创建共同标准。这标志着分布式身份新时代的开始。

2015 年秋季，Christopher Allen 宣布了一项新型“设计研讨会”活动，专门讨论区块链技术如何实现以用户为中心的身份认同这一长期追求的目标。第一个活动被称为重新启动信任网络（RWoT，Rebooting the Web of Trust）。这些设计研讨会支持小组在一起集中工作几天，组成协同工作的关键部分。

RWoT 的参与者致力于编写白皮书、规范、代码片段——所有这些都围绕创建下一代、分布式、基于信任网络的身份系统。RWoT 的第一次讨论内容为预读与会者提交的近 50 份专题论文，最终编制了 5 份完整的白皮书。

（1）Kaliya、John Edge、Drummond Reed 和 Noah Thorp 撰写的 *Opportunitites Created by the Web of Trust for Controlling and Leveranging Personal Data*，这篇开创性论文的开头内容为：

> 今天，分布式的信任网络一如既往地重要。现在是时候扩展这些网络，让每个进入数字网络的人都可以使用，从一些边缘化人物到非正规或无管制经济的成员，迫切需要参与到原本享有特权的经济和社会中，但他们的进入面临着技术、经济和政策障碍。

（2）Christopher Allen、Arthur Brock 等撰写的 *Decentralized Public Key Infrastructure*。正如开篇所述，这为区块链技术最重要的用途之一奠定了基础：

> 今天的互联网将在线身份的控制权交到了第三方手中。本文描述了一种可能的替代方法：DPKI，它将在线身份的控制权返回给它们所属的实体。

到目前为止，ConsenSys 已经开始致力于 uPort，这是一个基于以太坊和 IPFS 的 SSI 解决方案，最初 Christian Lundkvist 在 DevCon1 上有所描述（2015 年 11 月）。

14.10 可持续发展议程和ID2020

联合国《2030 年可持续发展议程》于 2015 年发布，其中包括 17 项可持续发展目标。可持续发展目标第 16 条包含“让所有人都能诉诸司法”。为此，世界银行创立了“数字 ID 发展”项目（ID4D），以“利用数字标识作为统一系统的一部分，更好地向人们，特别是穷人和弱势群体提供服务和福利”。ID4D 的早期工作在很大程度上与集中的身份管理范式和向国家提供工具的供应商保持一致。

在了解到“保护面临性暴力风险的儿童的最大问题之一是缺乏出生证明或身份”后，使用区块链向那些没有能力获得官方认可身份 SSI 的人发布 SSI 的可能性启发了 John Edge。他帮助开启了第一次 ID2020 峰会，这一活动在纽约联合国总部举行，活动目标与可持续发展目标第 16 条相一致。ID2020 是一个非营利性的公私合作伙伴关系，为没有任何官方认可身份的人寻求解决方案。

Christopher Allen 是 ID2020 组织的一员，他发表了《通往自主管理身份的道路》(*the Path to Self Sovereign Identity*)，概述了“身份原则”，该原则基于卡梅隆的“身份法则”、尊重信任框架和可验证凭证工作组。

第二次举行的重启信任网络研讨会联合了 ID2020，由微软主办、Kaliya Young 协助。这次研讨会完成了最初的 DID 白皮书。这次会议的显著成果如下。

（1）Drummond Reed 和 Les Chasen 编写的《对 DID 的要求》。这一文章的灵感来自 XDI 注册工作组的原则，以寻求最大限度的互操作性、分散性、中立性和主权身份。该文章首次讨论了一系列关于制作符合 W3C 凭证社区组目标的具体 DID 系统。

（2）Samuel Smith 和 Dmitry Khovratovich 编写的 *Identity-System-Essentials*。这是 Evernym 最初的白皮书，它是一家完全专注于 SSI 的初创公司。

除写文章讨论身份系统的需求之外，Evernym 还开始研究一种公共许可的 SSI 区块链，该区块链后来发展成为 Sovrin 账本。

14.11 早期国家利益

2016 年春，美国国土安全部向 4 家专注于“区块链技术在身份管理和隐私保护方面的适用性”的公司授予了 10 万美元的小企业创新研究支持。其中包括一份给 Digital Bazaar 的合同，以研究为分布式账本制定灵活标准的可行性，以支持 DID 和可验证凭证，以满足美国国土安全部用例的需求；还包括一份给 Respect Network 的合同，以研究和开发分布式数字身份符的分散注册和发现服务，并与公共区块链整合。

2016 年 8 月，加拿大数字身份和认证委员会发布了“泛加拿大信任框架概述”，该概述是一种合作方法，用于定义可在加拿大所有省份和其他地方工作的互操作数字身份。上面写道：

> 信任框架由一套商定的定义、要求、标准、规范、过程和准则组成。这套商定的细节使其他组织和司法管辖区执行的身份管理过程和授权决定能够以标准化的信任程度作为依据。

14.12 MyData与机器学习小组

MyData 成立于 2016 年 8 月，旨在为促进个人控制个人信息权利的国际行动提供法律结构。2016 年 9 月，Phil Windley 宣布成立 Sovrin 基金会，为使用 Evernym 开发的公共许可账本的代码库的互联网创建分布式身份层。不久之后，Evernym 收购了 Respect Network，开启了一场强大的联合。

到目前为止，机器学习小组已经与麻省理工学院大约合作了一年，为区块链证书开发一个开放标准。Chris Jagers、Kim Hamilton Duffy 和 John Papinchak 主导的 Blockcerts 原型于 2016 年 10 月发布。

Joe Andrieu 在提交给旧金山第 3 届 RWoT 研讨会的“SSI 的无技术定义”中继续讨论了 SSI 的原则。

> 为了资助、共同开发并最终部署一个全球自主解决方案，以实现联合国可持续发展目标，谨慎的做法是首先制定一个独立于任何具体技术的明确要求程序。

根据联合国可持续发展目标第 16 条，Andrieu 详细说明了 SSI 的 3 个核心特征。

（1）用户应该控制自己的身份信息。

（2）应尽可能广泛地接受这些证书。

（3）成本应该尽可能低。

14.13 可验证声明工作组、DIF和Hyperledger Indy

2017 年 4 月，W3C 批准了可验证声明工作组章程。工作组由 ConsenSys 的 Daniel Burnett 和数字身份专家 Matt Stone 领导，目的是为机器可读的个人信息制定一个标准，由网络上的第三方验证。可验证凭证可以是任何形式的数字签名数据，包括银行信息、教育记录、医疗数据和其他形式的个人可识别的机器可读数据。

在 2017 年全球领先的区块链会议上，微软、uPort、Gem、Evernym、Blockstack 和 Tierion 宣布成立 DIF。基金会的目标是为一个开放、基于标准的分布式身份生态系统合作开发基础组件，为人员、组织、应用程序和设备服务。

2017 年 5 月，Linux 基金会的“超级账本”计划宣布将 Sovrin 代码库引入其区块链技术的开源工具和框架中。这个新项目被命名为 Hyperledger Indy。最后，在 2017 年 7 月，Digital Bazaar 开始努力创建公共无许可区块链 Veres One，适合支持分布式身份网络。

14.14 加大国家对SSI的支持力度

2017 年 7 月，鉴于 Respect Network 和 Digital Bazaar 自初步供资以来所完成的工作，美国国土安全部的小型企业创新研究基金为第二阶段合同向每家公司额外授予 749000 美元。

（1）Evernym 的合同是“基于《国家标准与技术研究所特别出版物 800-130，一个用于设计密钥管理系统的框架》，为区块链技术设计和实现一个分布式密钥管理系统”。

（2）Digital Bazaar 的合同是“开发一个灵活的软件生态系统，结合适合分布式账本技术、数字凭证和数字钱包，以解决国土安全企业各种各样的身份管理和在线访问用例”。

2013 年，在数字身份创新方面有着悠久历史的加拿大不列颠哥伦比亚省推出了带有三盲后端数据库的公民服务卡。2017 年 9 月，它宣布了建立工具的详细计划，以支持通过可验证组织网络（VON, Verifiable Organizations Network）为该省的企业创建可公开验证凭证。

14.15 以太坊身份

Jolocom 始于 2002 年，是一个帮助公司之间交流和共享信息的项目。2017 年 8 月，Jolocom 宣布致力于创建基于以太坊的 SSI 应用程序和智能钱包。

2017 年 10 月，Fabian Vogelsteller 开始了 ERC 725 标准的创建工作，制订了可由多个密钥控制的代理智能合约。ERC 735 是一个相关的标准，用于向 ERC 725 身份智能合约添加声明并从中删除声明。这些身份智能合约可以描述人类、群体、对象和机器。

14.16 世界经济论坛报告

2018 年年初，世界经济论坛（WEF，World Economic Forum）发布了《已知旅行者——释放数字身份的潜力，实现安全无缝的旅行》，这推动了没有中心化能力但需要用数字身份的分布式账本的使用。它还强调了 Sovrin、uPort 和 Blockcerts 作为 SSI 技术的例子，这些技术与供应商无关并支持用户控制。

2018 年 5 月 25 日，《通用数据保护条例》（GDPR）被欧盟颁布。自 2015 年以来，这项立法将客户数据的所有权从组织转移到个人，并适用于任何与欧洲公民做生意的人。为了保持兼容，身份系统必须在设计上和在默认情况下支持隐私。《通用数据保护条例》使数据保护立法首次成为现实，而且高度符合 SSI 原则。

2018 年 9 月，世界经济论坛发表了《数字世界中的身份：社会契约的新篇章》：

> 它概述了我们到目前为止所学的知识，内容包括关于以用户为中心的含义及如何在实践中维护它。它试图为领导人提供一个共同的工作议程：一份需要合作的短期优先行动的初步清单。

14.17 支持SSI账本的第一个生产政府demo演示

2018 年 9 月 3 日，ERC 725 联盟成立，以推动发展支持 SSI 的以太坊标准。几天后的 9

月 10 日，不列颠哥伦比亚省政府的可验证企业网络投入生产。该网络使公共组织更容易申请凭证，简化了凭证的颁发，并“使凭证的验证在世界任何地方都更加标准、可信和透明”。

同样在 2018 年 9 月，微软发布了《分布式身份：拥有和控制你的身份》，这是一份关于加入多元化社区，为个人和组织构建开放、可互操作、基于标准的 DID 解决方案的白皮书。

14.18 SSI Meetup

2018 年年初，Alex Preukschat 在 Evernym 的初步支持下，创建了 SSI Meetup，它是一个开放、独立、合作的社区，可以帮助世界各地的 SSI 传播者。SSI Meetup 会定期主持网络研讨会，这些研讨会附带大量的信息图形，为了便于共享，并预先为它们标记了知识共享许可。SSI Meetup 已经成为 SSI 社区广泛共享的教育资源。

14.19 W3C官方标准

2019 年 9 月，W3C 可验证凭证数据模型 1.0 规范的最终批准成为 SSI 发展过程中最重要的里程碑之一。对 SSI 社区来说，这预示着世界正式开始承认 SSI 成为互联网数字身份的新模式。无独有偶，在同一个月，官方宣布成立 W3C DID 工作组，该工作组有一个为期两年的章程，以将 DID 提升到 W3C 官方标准的同一水平。DID 是自网络诞生之初采用 HTTP 和 HTTPS URL 以来，第一个进入 W3C 完整工作组标准化过程的标识符。

14.20 只是开始

SSI 社区的人认为，对那些寻求创建互联网范围的身份层的人来说，潮流已经真正转向。除了《通用数据保护条例》的监管支持，分布式身份系统目前正在开发，以满足美国国土安全部、加拿大政府、芬兰名为 Findy 的公共 / 私营伙伴关系、德国名为 SSI4DE 的类似国家项目和联合国可持续发展目标的需要。微软、IBM、万事达、思科和埃森哲等公司已经与 EEA、Hyperledger 和 Sovrin 基金会等区块链联盟联手，创建可以为全球范围内的人、组织和事物服务的 SSI 网络。

我们的社区正在积极发展。深入探索和了解更多我们多样化社区的最好方法是参加社区的活动，在那里人们正在积极共同创建这些系统。互联网身份大会每 6 个月在加州山景城举行一次，RWoT 每年在全球范围内举行两次。

还有其他几个定期会议将 SSI 作为重要主题，主要包括以下几个。

（1）MyData——建立一个全球性的社区，由想要控制自己数据的人和致力于实现这一目标的公司组成。

（2）ID2020——帮助为世界上没有合法身份的人带来可持续的数字身份。

（3）Identity North——为对加拿大数字身份和数字经济感兴趣的个人和组织举办的一系列活动。

（4）欧洲身份会议——欧洲历史最悠久、最受尊敬的数字身份会议。

第4部分
SSI如何改变商业

我们先是从历史、技术和社会学的角度探讨了 SSI，然后在第 4 部分切入正题。第 15 章的作者是一位经验丰富的 SSI 从业者，他介绍了在如何以最佳方式向企业决策者解释（和推广）SSI 方面汲取的经验教训。

第 16 章至第 18 章由业内专家撰写，他们提供了 SSI 如何渗透、转变并惠及其细分市场的具体示例。

◎物联网。

◎动物看护和监护变得一目了然。

◎ SSI 为医疗保健供应链提供推动力。

最后，我们以第 19 章和第 20 章作为结尾，这两章是由政府数字身份领域的几位世界顶尖专家撰写的。他们解释了 SSI 如何为加拿大［通过《泛加拿大信任框架》（PCTF）］和欧洲联盟［通过 eIDAS（电子身份识别、身份验证和信任服务）框架和欧盟 SSI 框架］的公民和企业改变身份基础设施。

第15章 阐述SSI对企业的价值

John Phillips

为了实现SSI的真正潜力，我们要能够说明SSI对各大组织和人的意义。我们需要提供一个令人信服的、合情合理且真实的表达来阐释SSI，以便我们的听众能够自己看到它的价值，这将与SSI的支撑技术一同助力SSI走向成功。本章可以更好地向商界领袖们传达SSI的价值。这对技术人员很重要，他们可以利用这些想法更好地理解业务目标。作者John Phillips（来自460Degrees，总部位于澳大利亚）从自身经验谈起——他是世界上SSI价值的传播先驱之一。幸运的是，Phillips在国际空间机构开始了他的职业生涯，他有机会到许多国家生活。如今他激情满满，正努力提升数字信任度。

在与位于澳大利亚墨尔本市的斯威本科技大学一群本科生工作的过程中出现了一个关键点，这有利于帮助我们理解SSI的内涵。我们对毕业班的设计课题提出了一个挑战，即他们的毕业设计（他们学位的最后一个主要项目）——为墨尔本人民设计SSI和数字钱包。这个项目花掉了学生们第二学期的大部分时间，学生们分组进行设计，学生们的主意棒极了。项目结束时，我们从这次经历中学到的东西并不比学生们少。

在早期的讨论中，一名学生分享了她试图向她的父亲解释SSI时遇到的困难。她的父亲50多岁，是澳大利亚人，在这片土地上工作了大半辈子。“他就是不理解！你能怎么跟我爸这样的人解释这事？”

讨论会结束后，我们都在思考这个问题的最优解。我们尝试过很多方法解释SSI（这不是我们第一次面临这样的挑战），并开始翻阅我们在办公室的创新思维工艺草案里的条目。我们举了一个人们熟悉的故事为例（租用一处房产），并使用泡沫数字、手写卡片、信封和冰棍来让它变得更生动。

在接下来的几天里，无论我们走到哪里都随身携带这些工具，并给每一个和我们一起喝咖啡或开会的人展示。经过不断的练习，我们把这个故事讲得越来越好。我们发现，因为“工艺套件”的特性，这种方法收效尚可——人们理解了我们的意思。对话会变得活跃起来，人们拿起这些工具，一边问问题，一边摆弄它们。在我们与学生的下一次会议上，我们兴奋地向他们展示了我们解释SSI的新方法——一种甚至可以用来与退休的剪羊毛工解释此事的方法（我们希望如此）。

与这些学生一起工作的经历、他们提出的难点和问题，以及我们自己与商界合作的经历，让我们意识到需要一种更简单、更有吸引力、更能够使不同受众接受的方式来解释 SSI。这是 SSI 社区需要解决的一个基本问题。不管在技术上 SSI 有多么巧思，它只有在我们能够说服人们和各大组织使用它的情况下才会获得成功——确切地说，我们能够说服组织或单位能接受它。

正如斯威本科技大学的学生所观察到的那样，理解 SSI 并不是一件容易的事情。它的技术和背后的逻辑是丰富和复杂的。理解它的设计原理、工作机制和适用范围都需要时间。我们不能期望每个人都深入了解 SSI 的所有技术层面，我们也不应该这样做。

那么，我们能够让 SSI 获得足够的认可度，并最终获得成功吗？这个难题的答案是了解 SSI 对组织和人员在其生活和市场背景下所扮演的角色——也就是 SSI 对他们的价值。

接下来的几节将进一步阐释我们是如何通过一系列实验，了解 SSI 哪些时候有效，哪些时候无效。本章最后提出了在特定情况下解释 SSI 的建议。

15.1 我们如何才能最好地向员工和组织解释SSI

我们来解释一下技术。毕竟，当你理解它的时候，这是相当酷的——如果我们能解释得足够好，其他人肯定也会这样认为。

15.1.1 失败实验1：用技术领先

大多数 SSI 转换者通常从探索技术开始，因为这是他们的核心专业知识。我们解释了数学、软件、标准和所有使 SSI 工作的部分。这种解释对大多数人来说在一个简短的会议上是难以理解的，也没有澄清对他们来说“为什么”要用 SSI，它如何让他们的生活和业务变得更好。

技术优先的方法只能在少数情况下对少数人起作用。当然，这项技术有效是至关重要的——而且有证据表明其他人可以进行同行评审。然而，当我们想要与个人和组织讨论 SSI 提供的机会时，大多数时候他们没有时间或技术背景来理解底层技术。

注：对那些已经深入了解 SSI 的人来说，你最好回想一下第一次了解该技术花了多长时间。

以下两个关键原因说明了用技术领先不是最好的方法。

（1）势不可当。通过解释技术来解释 SSI，就像试图通过描述定义 TCP/IP 套件中 RFC 文档来解释互联网一样。大多数人只想知道使用浏览器可以让他们做什么，而不是 RFC 2616（HTTP 的 RFC）是如何工作的。

在过去的几年里，许多优秀的工程师为开发 SSI 框架做了大量的工作——而且这些工作还在继续。你不能指望你的观众在你解释 SSI 的价值的几分钟内“明白其含义”。

（2）无关紧要。考虑一下你的观众。在现场，探索 SSI 的组织通常由不同的人员构成，如技术人员、营销人员、产品负责人和业务主管，这些人有不同的爱好和经历，且每个人都有一个关于数字身份和数字信任的个人心理模型，以及它们存在的技术和商业环境。此外，他们有一个共同的观点，这个观点建立在他们自己处理数字身份的方式和对组织的信任基础上。

对大多数观众来说，技术部分充其量是一种消遣。他们希望这项技术能起作用，否则，他们不会花时间去研究它，但他们对该技术如何解决他们的问题更感兴趣。

15.1.2 失败实验2：用哲学引领

我们可以通过自主管理身份的原则和哲学来解释 SSI，而不是通过技术，因为它们是如此的丰富有趣，并反映了 SSI 的真实起源和本质。我们相信 SSI 可以让世界变得更美好，它可以保护隐私，并保护我们免受资本主义弊端的影响，这真的很重要。

当我们开始讨论这些时，我们发现自我、主权和身份这些词充满了个人的含义和解释，对每个人来说往往是完全不同的。这些术语中的每一个都可能是整个哲学或人文课程的主题（许多 SSI 的追随者花了相当多的时间寻找替代术语，以便更好地描述 SSI 的本质，而没有如此强烈的隐含意义——或者至少可以减少偏离或曲解 SSI 的风险）。

我们的经验是，绝大多数的组织认为 SSI 的哲学很有趣，但几乎可以肯定与他们的主要兴趣无关，即 SSI 给他们的组织带来的好处。在试图解释 SSI 为什么能成为全球利益的一股力量之前，先关注以上问题。试图在一个简短的会议中解释 SSI 背后的哲学和该术语的含义，有可能会延误和破坏可以使其被采用的对话。

注：还有一个次要风险。我们许多被 SSI 吸引的人都对这项工作及其给我们生活带来的意义充满热情。如果我们花太多时间专注于这一点，那么我们可能会被视为理想主义者和完美主义者，而不是务实的并且专注于其商业价值的人。

因此，如果我们希望 SSI 能像我们认为的那样成功，我们需要关注它给每个被采纳者所带来的利益，同时还需保持对 SSI 原则和哲学的忠诚。

15.1.3 失败实验3：通过演示技术来解释

这种方法很有吸引力，因为我们在“证明”我们所谈论的东西是存在的、有效的，但其结果并不一定让人满意。

所有的演示都是必要的简化。他们必须使用存根网站或模拟交互。因此，怀疑论者通常不会信服，因为你还没有完成让技术在生产中发挥作用。

另一个可能更奇怪的原因是，展示这项技术没有像我们希望的那样给人留下深刻印象，因为人们希望这项技术能够发挥作用。因此，当它真正发挥作用时，并不会令人惊讶。毕竟，如果它不起作用，我们就不会给他们看了，对吗？

此外，SSI 的部分力量在于，它背后起支持作用的数学和通信协议中的魔力无形地发生了。这就是它的美妙之处，也是它可用的原因。例如，通过检测代码并在分布式账本上显示正在读写的内容（和没有读写的内容）来显示这种魔力，可能会使技术看起来很复杂。

简而言之，演示在某些时候可以发挥作用，但首先你的观众需要被它可以带来的好处所激励。然后他们需要知道当你演示的时候去哪里寻找这些技术，所以你必须叙述他们实际上看不到的部分。

15.1.4 失败实验4：解释（世界的）问题

在 SSI 从业者中，一个公认的事实是，我们生活的数字世界在隐私和信任方面存在的问题日益增多。身份盗窃、为黑客设置的“蜜罐”、个人识别信息的有毒存储、隐私侵蚀等概念在主流媒体中越来越常见。这些问题是促进 SSI 发展的一些驱动因素。

我们希望与我们谈论 SSI 的人和组织至少在某种程度上理解这些问题，我们当然可以在讨论中提高他们的意识。然而，说白了，这极有可能与当前的谈话无关。虽然我们希望帮助实现一个和平、安全和支持隐私的未来，但这并不在许多组织的战略目标清单上（除非与你交谈的对象是像联合国这样的组织）。

当然，有一些方法可以让这个元素对观众有意义。例如，我们可以关注组织对客户数据的使用及其对黑客设置的“蜜罐”。我们可以讨论 SSI 如何增强企业与其客户及合作伙伴之间的数字信任。我们可以谈论降低风险，以及公司如何变得更合规。但这些都是企业的问题，有时也恰好反映了世界的问题。

15.2 向其他领域学习

幸运的是，我们可以从许多其他领域获取灵感妙想，帮助我们向人们和组织解释 SSI 的价值。一些主要来源如下。

（1）教学——显然，我们要做的具有教学元素，并且有大量的研究和材料可以依靠。

（2）以人为本的设计——大学和 IDEO 等组织有很多关于这个主题的资源。

（3）讲故事（专业）——人类天生就能理解和记得故事或轶事。通过一个故事结构进行解释，让这个主题对于观众来说更容易理解和记忆。

（4）推介资料——另一个容易获得的大量建议和模板的核心是如何向观众解释（即推销）你的新颖而又美妙（可能有专利）的想法，以试图说服他们投资。

（5）咨询流程——所有咨询公司都有这样或那样的流程，介绍它们如何向付费客户解释它们的工作成果。细节也许不同，但目的殊途同归，解释一个问题，并提出要采取的行动方案。一个经典的例子是《金字塔原理：写作和思考中的逻辑》（Barbara Minto；普伦蒂斯·霍尔出版社，2008 年）。

（6）行为经济学——越来越多的职场人士和从业者正在研究人们为什么做出这样的

决定，以及影响做出这些决定的因素有哪些。Daniel Kahneman、Amos Tversky、Richard Thaler、Dan Ariely 等人围绕我们是多么“行为怪诞”（用 Ariely 的话说）的主题提出了理解模型。

（7）专业推销流程——我们不应该羞于承认我们在推销 SSI 理念。身价高、筹码多的销售专业人员遵循“体面”推销的框架，在这种框架中，建立并维护信任关系，并且推销并非是一劳永逸的活动。这意味着要花时间探索我们所能提供的事物（SSI）对我们与之打交道的组织或个人是否有益，并真诚地深入了解该人或该组织如何以最佳方式采用 SSI。

15.3 那么，我们应该如何以最佳方式解释SSI的价值？

前文讨论以书面形式、演示文稿等解释 SSI 的方法，从这些方法获得的经验教训有助于我们更好地理解如何在业务情景中解释 SSI 的价值。最终，Swinburne 的设计学员帮助我们将这个挑战视为一个设计问题。换言之，考虑为你想与之打交道的企业，“设计”你对 SSI 的解释。

利用设计框架，我们能够确定有必要关注的重要元素如下。

（1）感同身受。了解你的受众——他们的市场、他们的业务和所在组织中的人。你看到都有哪些人？他们的职业和个人兴趣可能有哪些？他们可能会对什么样的问题 / 机会感到困扰和感兴趣？

（2）确定问题。选择你认为他们可以通过 SSI 解决的问题，以及他们可以提供的机会。用能引起你的听众共鸣的简单术语来定义这些。使用设计思维“我们如何能够……”结构。

（3）形成概念。设想如何解决你发现的问题。测试这些办法的实用性和相关性。它们对业务是否有意义？它们是否解决了一个值得解决的问题，还是实现了值得拥有的结果？相对于回报，投资看起来合理吗？

（4）选择。选择最有意义的想法，最好是与你的销售对象公司的人（或对公司非常了解的人）一起进行预测试。

（5）原型。选择材料，并构建你需要的元素。这些可能是展示平台、工艺用品、软件、视频或你可以解释想法的其他方式。

（6）测试。与组织中的人一起尝试这种方法，从他们做出的反应中汲取经验教训，并重新审视早期阶段。

（7）启动。与你打算与之探讨的企业分享（并且从这一步汲取经验教训）。

在这些阶段中，从每个阶段吸取经验教训后，可能需要重新审视之前的假设。制定最佳方法，解释 SSI 如何为特定业务增加价值，这是一个反复的过程—— 一步到位不太可能。

15.4 故事的力量

根据我们的经验，可采取统一方法向专业人士和企业解释 SSI 的价值：讲故事。通过进行有计划的叙述，使用人们可以从专业和个人角度联系起来的轶事，并使整个过程个性化、具有相关性，并且对他们的业务有意义。

为什么是讲故事？因为我们大多数人与生俱来都会听故事。讲故事伴随着人类的生活，我们的成长和生活背景离不开讲故事。对我们大多数人来说，故事比一系列事实或忠告更容易让人记忆深刻。

我们建议使用故事架构，即使是商业故事。故事通常有这样一个弧线。

（1）（在某个时间点）情况就是这样……

（2）……然后发生了这件事……

（3）……所以现在我们面临这个挑战 / 机会……

（4）……如果我们采取这些步骤……

（5）……我们能实现这个目的 / 目标。

天赋异禀的讲述者可以改变这些点的顺序，给出未来启示，使故事情节曲折、出乎意料，并且在叙述故事背景之前往往妙语连珠；但是对我们大多数人来说，按部就班遵循这个顺序最容易。

注意，我说的是故事，不是用例。是的，一个用例可以是一则故事（如果把它们作为故事来讲述，然后给它们提供上下文和意义会更好）。然而，大多数用例枯燥乏味，非个性化，除了讲述者，任何人都不感兴趣。安排“角色”并不能让你的用例成为一则故事。而给你的角色配上背景故事和情境，为用例设计情节并加上寓意，就会变成一则故事。

15.5 Jackie的SSI故事

这是我们和斯威本科技大学的学生一起工作时开发的一个例子，这成了我们在视频中捕捉的故事。

故事由 3 个部分组成。

（1）现实世界的物理证书（通过共享证书让对方知道证书中的信息）。

（2）SSI 使未来的世界更美好成为可能。

（3）当前的数字世界——充满了隐藏的和不那么隐藏的问题。

我们通常用道具亲自讲述这个故事，但由于这是一本书，我们将在此使用该故事的卡通版本。

15.5.1　第1部分：当前的物理文档世界

当前的物理文档世界如表 15.1 所示。

表 15.1　当前的物理文档世界

	我们的故事介绍了一个生活在澳大利亚墨尔本的虚构角色 Jackie，她刚刚开始自己的职业生涯。最近她在离市区较近的地方找到了一份新工作。她目前住在一套合租公寓里，但她想搬到离城市更近的地方，离自己新工作的地方更近
	Jackie 找到了一个很好的公寓并想把它租下来，该公寓由高评级的租赁公司提供
	高评级租赁公司告诉 Jackie，她需要完成一个租赁申请并提供身份证明。Jackie 阅读了申请说明，并看到她需要有一份 100 分的核查——这个核查是澳大利亚政府检查身份的标准，于是 Jackie 回到自己的住处去找相关证明材料
	Jackie 很幸运：她有驾照和出生证明。她把出生证明放在家里的抽屉里，把驾照放在钱包里
	Jackie 可以选择在任何时候与任何人共享这些文档，而无须发行者知道。每份文件都注明了是谁签发的，签发给谁（在本例中是 Jackie)，以及所证明的关于持有者的信息。 Jackie 决定用她的驾照、出生证明和一张工资单来完成一份 100 分的核查
	Jackie 向她的新雇主要了一份工资单，因为她没有副本。 当她拿到工资单时，她会将其与其他文件一起扫描，并通过电子邮件将副本发送给高评级租赁公司

续表

	高评级租赁公司存储了一份 Jackie 发表的文件，并开始对其进行核实。 坚持住：这个过程听起来有点恐怖。 Jackie 通过电子邮件发送了敏感文件，高评级的租赁公司安全性又有多高呢？高评级租赁公司有关于很多人的大量敏感信息，不仅仅是 Jackie。无论现在还是在可预见的未来，这些信息都是安全的吗
	文件验证过程需要几天时间才能完成。最后，高评级租赁公司打电话给 Jackie，告诉她验证已经完成，她的申请已经被接受，她可以租公寓了
	在高评级租赁公司的办公室，Jackie 支付了损坏押金（也称为保证金），并给该公司她的银行账户详细信息，以直接借记，并签署了租赁协议。 相应地，高评级租赁公司给了 Jackie 一份协议副本，并把新公寓的钥匙交给了她
	第 1 部分到此结束

15.5.2　第2部分：SSI世界——类似于当前的物理世界

在第 1 部分中，我们看到 Jackie 用她拥有的文件来证明自己的身份，租下了新公寓。这就是现在我们很多人生活的世界。在第 2 部分中，我们将了解这个过程在支持 SSI 的世界中是如何工作的，如表 15.2 所示。剧透提醒：它像现在的世界，但又比现在的世界更好。

为了让故事变得简单，并更快地了解寓意，我们将展示如果 Jackie 有一个装有几个凭证的 SSI 数字钱包，她会有什么经历。

表 15.2　SSI 世界——类似于当前的物理世界

	Jackie 拥有的每个数字凭证都很像她在第 1 部分中拥有的物理版本的证书。证书上写着是谁签发的，签发给谁（在本例中是 Jackie)，以及签发者证明了 Jackie 的哪些特征。 她将这些凭证保存在自己选择的数字钱包中，并可以在她想要的时候将它们展示给她选择的人。她可以分享整个证书，也可以只分享相关部分。她甚至可以证明她有证书，而不用分享其中任何细节
	首先，在她钱包里放上她的出生证明和驾照。 这一次，高评级租赁公司告诉 Jackie，她可以在网上完成申请，并可以在几分钟内收到确认信息，而不用几天时间。不过，她仍然需要完成 100 分的核查（SSI 不改变法律，也不需要改变）。 Jackie 使用高评级租赁公司创建了一个独特的、安全的 SSI 连接，并开始申请过程
	她的钱包收到了来自高评级租赁公司的证明要求，并告诉她，她有所需 3 样东西中的 2 样。但她还需要第 3 样：就业证明。 Jackie 联系了她的新雇主，并要求他们给她发送一份 SSI 可验证的凭证（是的，当她找到工作时，这可能会发生，但我们要展示 Jackie 如何在需要时获得新的凭证）
	一旦她从雇主那里得到就业证明，她就有了回应高评级租赁公司要求的所有凭证。她用钱包回应证明请求，并确认她想要使用的 3 个凭证
	高评级租赁公司收到 Jackie 的证明回应，并可以立即验证它所包含的凭证。4 项重点检查如下。 （1）是谁签发的证书？ （2）是签发给 Jackie 的吗？ （3）Jackie 是否修改了相关证书？ （4）发行人撤销该证书了吗？ 请注意，我们在这个过程中展示了人物，因为故事需要角色！当然，需要有人出具 Jackie 的证书——这是让证书更可信的部分

续表

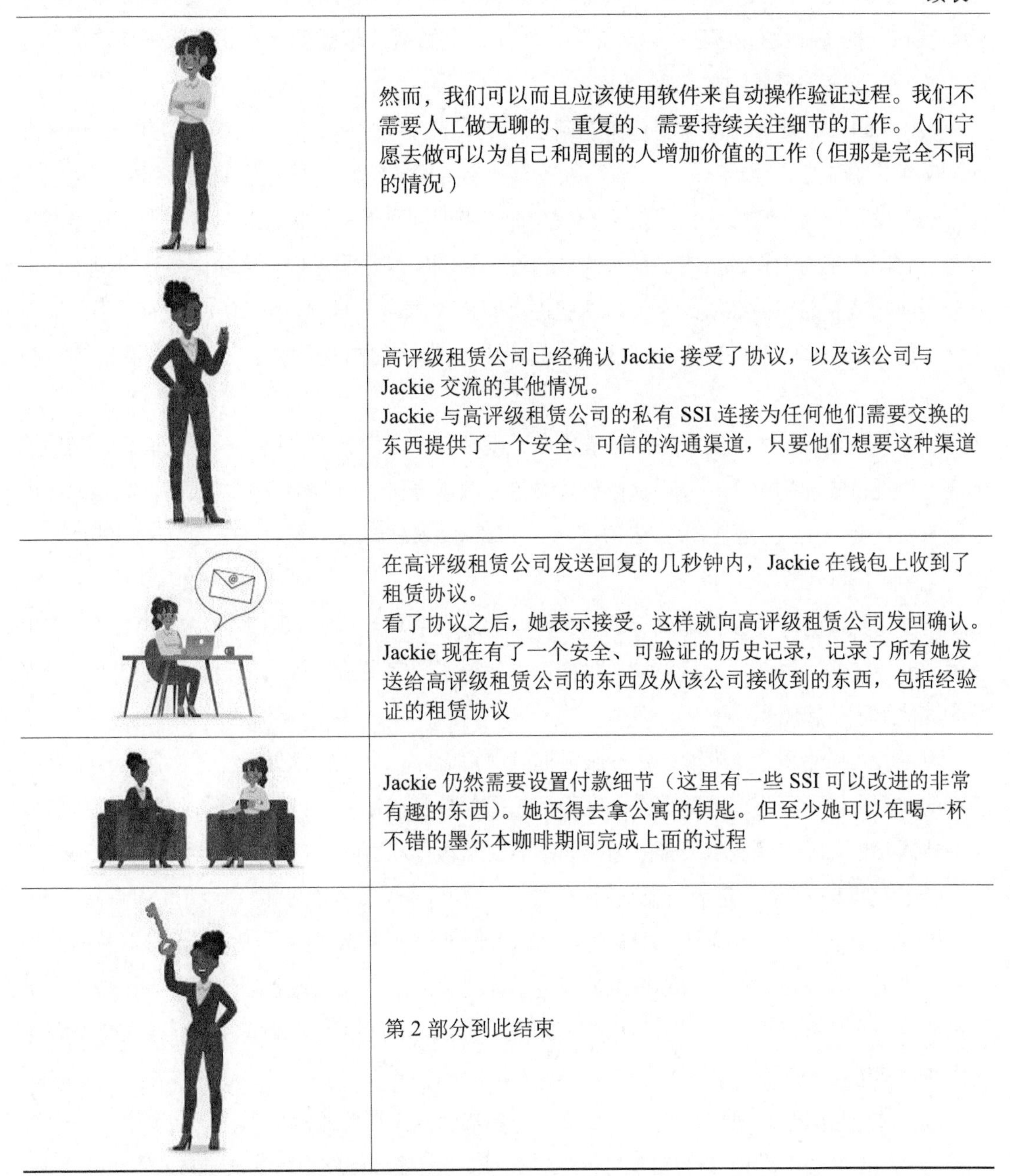

	然而，我们可以而且应该使用软件来自动操作验证过程。我们不需要人工做无聊的、重复的、需要持续关注细节的工作。人们宁愿去做可以为自己和周围的人增加价值的工作（但那是完全不同的情况）
	高评级租赁公司已经确认 Jackie 接受了协议，以及该公司与 Jackie 交流的其他情况。 Jackie 与高评级租赁公司的私有 SSI 连接为任何他们需要交换的东西提供了一个安全、可信的沟通渠道，只要他们想要这种渠道
	在高评级租赁公司发送回复的几秒钟内，Jackie 在钱包上收到了租赁协议。 看了协议之后，她表示接受。这样就向高评级租赁公司发回确认。 Jackie 现在有了一个安全、可验证的历史记录，记录了所有她发送给高评级租赁公司的东西及从该公司接收到的东西，包括经验证的租赁协议
	Jackie 仍然需要设置付款细节（这里有一些 SSI 可以改进的非常有趣的东西）。她还得去拿公寓的钥匙。但至少她可以在喝一杯不错的墨尔本咖啡期间完成上面的过程
	第 2 部分到此结束

15.5.3 第3部分：当前众多数字身份模型有什么问题

在第 1 部分中，我们看到 Jackie 用她拥有的文件来证明自己的身份，租下了新公寓。在第 2 部分中，我们展示了 SSI 如何为 Jackie 和高评级租赁公司提供了一个熟悉但更好的租赁过程。在第 3 部分，我们将讨论当前许多数字身份模型存在的问题。

目前，在世界上大多数国家，我们用于身份识别的主要文件是物理文件。对我们大多数人来说，像护照、驾照、教育和培训证书、疫苗接种记录和其他与身份相关的记录是我们存储在钱包、抽屉和文件柜里的物理文件。然而，我们越来越需要在线访问服务和产品，为此，我们需要某种形式的数字身份。

假设 Jackie 需要一个数字身份来访问多个组织的在线服务。为了获得数字身份，她需要找到某种身份服务提供商—— 一个可以发布数字身份的组织，虽然任何在线组织都可以创建在线身份，但为了有效，该身份需要被其他组织识别和信任。信任的程度取决于提供商的声誉、它们使用的流程及持有的法律和社会许可。数字身份服务提供商可以是政府机构、商业公司或非营利组织。在澳大利亚，这些提供商是政体的（如 MyGovID）、政府认可的商业实体（如 AusPost Digital ID），以及社会 / 商业实体，如金融机构和科技公司（苹果、谷歌、脸书、亚马逊、微软等）。

基本过程是，首先你向身份服务提供商（发行商）提供关于自己的一系列信息，然后提供商对你进行需要的检查，最后提供商为你签发数字身份。有时检查要求很高，需要你提供公民身份证明、出生证明、银行账户证明等；有时你只需要证明有可支配的电子邮件地址或移动电话号码即可。

要求和验证的证明级别是决定数字身份与你的联系有多紧密的因素，也决定了当你使用它时它能传递多少信任，一旦你从提供商那里获得了数字身份，就可以与接受它作为身份证明的其他组织一起使用。

现在，如果使用 SSI 模型，身份服务提供商将给你一个可验证凭证，其中包含一系列已验证的数据，你可以将这些数据存储在自己选择的数字钱包中。你可以选择何时对何人使用这些数据，也可以选择显示多少数据，而不需要颁发者知道你正在使用该凭证。

但这不是 SS 模型，它是一个遗留数字身份，包含一个遗留标识符。

这些遗留系统——无论是集中式的还是联邦式的——为你提供了一个标识符，并提供了一种方法来证明该标识符是为你提供的。这个证明可以是密码，或者理想情况下，是几个不同东西的组合（多因素）。当你每次使用该标识符时，接收组织（验证者）都要求身份服务提供商对其进行验证。

这就是隐私问题。现在，发行者和验证者都知道你正在使用的标识符。在多个空间中使用相同的标识符会引入相关性风险，就像今天在网络上跟踪网络饼干（cookie）的问题一样。

标识符经过身份验证后，接收组织将在其数据库中查找，以查看你的标识符可以访问哪些服务和资源。验证者需要记住所有关于你的信息，因为他不能通过其他方法知道你，也不被允许在它的系统上访问你。这对验证者来说是一个负担——对你们双方来说都是一个风险，因为如果个人数据被黑客攻击，你可能被冒充，身份信息被盗。

道德的身份服务提供商会尽力不看或不去了解你在做什么。他们以数字方式“遮住眼睛”（故意忘记连接细节），并承诺在短时间内（比如每 30 天）忘记所获取的一切信息。其他一些身份服务提供商可能并不这么想，原因很简单，他们的商业模式激励他们收集关于你的数据，这样他们就可以把数据卖给其他人。

但不管是不是好意，身份服务提供商的问题是，他们无法不参与其中。因此，无论他们是主动认证还是被动链接你的数据线索，你的隐私都处于严重的暴露风险之中。

这就是为什么我们不喜欢任何类型的"共享身份"模型，无论是集中式的、联邦式的还是混合式的。只有转移到 SSI 模型，在该模型中处于循环中的唯一一方始终是你个人，我们才能最终拥有安全性和隐私性。

15.6 公寓租赁SSI记分卡

在本书第 4 部分的每一章中，我们都使用了第 4 章设计的 SSI 记分卡。对于记分卡中 5 个类别（概要、业务效率、用户体验和便利性、关系管理和监管合规）的每个类别，各章节作者均评估了 SSI 的影响是变革型的、积极的、中性的还是负面的。

在这一章中，我们使用了 Jackie 租公寓的故事。我们评估认为，SSI 在用户体验和便利性及监管合规方面具有变革意义。它还将对概要、业务效率和关系管理类别产生明显的积极影响（如表 15.3 所示）。

SSI 记分卡的颜色编码如下。

变革型	积极	中性	负面

表 15.3 SSI 记分卡：公寓租赁

类别	关键惠益
概要	作为订立租赁协议的一部分，常见做法是获取宝贵身份证件的完整副本（电子或纸质），这给房东带来了风险，也给租赁机构带来了烦琐负担。SSI 可以尽可能降低这种风险，并最大限度地增强信任
业务效率	SSI 使得能够在需要最少、安全和可验证信息交换的情况下，更快、更有效地达成租赁协议，使租赁者和房东双方均可节省成本和精力
用户体验和便利性	在竞争激烈的市场中，对租赁者而言，能够实时申请和处理租房申请的结果可能关乎他们获得真正中意的公寓或与之失之交臂
关系管理	在租赁交易中，各方均需要长期信任对方。因此，拥有安全专有渠道，不依赖于电子邮件地址、电话号码或任何其他可能会随时间变化的联系数据，会有所帮助。此外，各方之间的所有通信都是安全的，并提供了可验证的线索
监管合规	在某些 SSI 模型司法管辖区，可能需要更改法规，以便可验证凭证可以被视为合法证件，并且允许数字证件交换作为实物证件的替代品。不过，总体而言，SSI 的影响将有助于帮助房东和租户证明他们确实遵守法规，并且监管机构能够验证这种合规性

第16章 IoT机遇

Oscar Lage, Santiago de Diego, Michael Shea

IoT 世界与互联网的其他领域一样面临着相同的挑战，即缺乏可验证的身份来确定什么东西可以与谁相连接。这给 IoT 设备的运营商和公众带来了重大的安全和隐私风险。尽管 IoT 设备的数量在不断增加，但除非能够解决与这些设备身份相关的安全和隐私问题，否则它们为商业和社会创造的价值将受到严重削弱。本章概述了 SSI 范例在 IoT 空间中的应用如何弥补这些安全漏洞，并为 IoT 提供一个弹性身份层。本章的作者包括 3 位 SSI 和 IoT 基础设施的积极贡献者，他们分别是 Oscar Lage，Tecnalia 技术研究中心的网络安全主管；Santiago de Diego，Tecnalia 技术研究中心的网络安全研究员；Michael Shea，丁格尔集团的总经理。

16.1 IoT：安全连接万物

IoT 极具多样性。笼统地说，IoT 包括任何可以连接到网络（通过任何传输媒介）、流式数据和接收远方通信的设备。IoT 覆盖了工业系统、楼宇自动化、家庭自动化、医疗保健、农业、采矿、移动和可穿戴设备等。现代生活中的绝大多数领域都会触及 IoT。

结构上，IoT 系统由集线器（或控制器）和设备组成。设备可以是传感器（例如，温度计、闭路电视）或制动器（例如，灯、门锁）。标准的 IoT 系统可能包含多个集线器（或控制器）和数百（或数千）个设备。在大多数情况下，集线器或控制器托管在云环境中（例如，亚马逊网络服务，微软的公有云平台）；然而，他们也可以是本地部署的系统。

从安全和隐私的角度来看，在高度互联的世界中，我们最好假设所有网络都将不断受到攻击。尤其是 IoT 系统，由于其安全信誉较差，已经成为黑客瞄准关键基础设施的切入点。2019 年，针对 IoT 设备的网络攻击次数增加了 300%。2019 年上半年，攻击次数首次突破 10 亿，达 29 亿次之多，较 2018 年下半年增长 3.5 倍。

2020 年 6 月，JSOF 研究实验室宣布，在特里克股份有限公司（Treck, Inc.）开发的一个被广泛使用的低级别 TCP/IP 软件库存在多个零日漏洞。这 19 个名为瑞波 20（Ripple20）的漏洞袭击了数百万 IoT 设备，这些漏洞还包括多个远程代码执行漏洞。易受攻击的软件库在卡特彼勒、思科、惠普（HP）、惠普企业（HPE）、英特尔（Intel）、罗克韦尔（Rockwell）、施耐德电气（Schneider Electric）和数码网络（Digi）等公司的 IoT 设备中使用。这些公司的所有设备都极易受到网络犯罪分子的远程攻击。

注：零日漏洞是一种计算机软件漏洞，即便是研究漏洞修补的技术人员也无法解决这一问题（包括目标软件的供应商），这一漏洞正在野生环境中疯狂蔓延。

当网络中的设备数量成百上千时——网络上的每一个设备都是潜在的攻击载体——识别和更新所有的设备是一项艰巨的任务。实现设备的配置、密钥循环和撤销权限的自动化才能使网络管理员有机会跟上攻击者的步伐，以保持网络安全。

2019 年 IDC 市场研究公司估算，全球在物联网相关设备和服务上的支出为 7450 亿美元，并预测未来五年的 CAGR 为 17.8%。虽然这一信息对物联网行业的参与者来说非常振奋人心，但报告也提到，在过去几年中该行业未能达到预期的增长率。IDC 认为，该行业表现不佳的主要原因有两个。

（1）对网络安全和物联网的持续关注。

（2）达到建立转型所需的投资回报率的困难程度。

我们相信 SSI 可以成为推动物联网产业的动力之一，并助其充分发挥潜力。

16.2 SSI如何帮助物联网

SSI 不能解决物联网领域的所有安全和隐私问题。然而，将 SSI 集成到物联网生态系统中可以解决以下问题。

（1）稳健且可共同操作的身份和认证。

（2）隐私和信息保密。

（3）数据起源和完整性。

SSI 的第一个重要贡献是 DID 和 DID 文档。它们可以提供以下内容。

（1）与物联网设备建立可信连接所需的标识符和身份验证机制。

（2）设备以标准化方式提供的可验证服务列表。

（3）安全的私有连接，用于在设备和控制器（或其他对等设备）之间交换数字签名信息。

第二个主要贡献来自 VC。它们可以提供以下内容。

（1）一种标准的授权机制，任何设备都可以通过它维持来自传感器的数据起源或处理制动器命令。

（2）更为丰富的数据模型用于数据处理和披露。

（3）具有通过零知识证明或语义模式进行选择性披露的能力，以实现数据模型的可扩展功能，但这两者都不具备传统的 X.509 证书。

DID 和 VC 的结合可以提高识别身份的可信度——这是物联网缺失的元素，可以高度确认身份信息。

（1）来自物联网传感器的数据流可以追溯到可验证源，使组织能够证实来源并维护可靠的数据供应链。

（2）远程设备将确切把握它们收到的命令来自何处。

（3）通过硬件更新可以很容易地验证其来源和可信度。

16.3 SSI和物联网的商业前景

SSI 是技术领域的一个重要突破；然而，它的卖点通常在于其技术优点，而没有联系到它所能解决的业务问题上（请参阅第 15 章，获得更多指导，了解如何向企业解释 SSI）。物联网中采用 SSI，我们应该强调以下商业利益。

（1）SSI 允许物联网设备的所有者和用户成为他们自己的信任根源，这样可以消除依赖、弥补漏洞和减少与第三方相关的成本。

（2）识别设备或循环密钥的成本可以下降到原来的几分之一，并且可以在风险极低的情况下添加或删除设备。

（3）SSI 的高可信度身份意味着物联网中由安全问题引起的担忧、中断或时延将会减少。

（4）安全的 DID 至 DID 连接和可验证凭证交换意味着数据来源可靠且有保障，也意味着用机器学习算法来处理这些数据会获得更好的效果。

随着 SSI 在物联网市场越来越具有吸引力，预计我们将会看到支撑这些商业前景的硬数据。

16.4 一种基于SSI的物联网架构

为了帮助你更形象地认识到这意味着什么，我们为物联网创建了一个基本的 SSI 参考架构。让我们从了解参与构建基于 SSI 的物联网生态系统的成员及其数字代理开始。

（1）制造商：生产物联网设备。

（2）认证机构：向制造商发出验证凭证的实体机构。

（3）验证者：验证凭证的人、设备或实体机构。

（4）可验证的数据注册表：每个人都可以访问的受信任的第 1 层注册表（参见第 2 章）。

第一步，初始化，这是物联网设备与制造商和认证机构连接的地方。在这些步骤中进行的所有通信都使用安全信道（传输层安全、数据电报传输层安全、DID 通信安全），如图 16.1 所示。

（1）设备生成密钥对、DID 和 DID 文档。请注意，设备需要一个安全元素或可信任的执行环境来保护自己的密钥。

（2）一次性令牌由生产商制造，并在制造过程中并入设备当中，以便设备能够与制造商进行认证。

（3）该设备形成一个连接，并通过一次性令牌与制造商共享其分布式数字身份以确保安全。一旦初始化完成，制造商就能够识别物联网设备的分布式数字身份，同时让两者具有永久性连接。

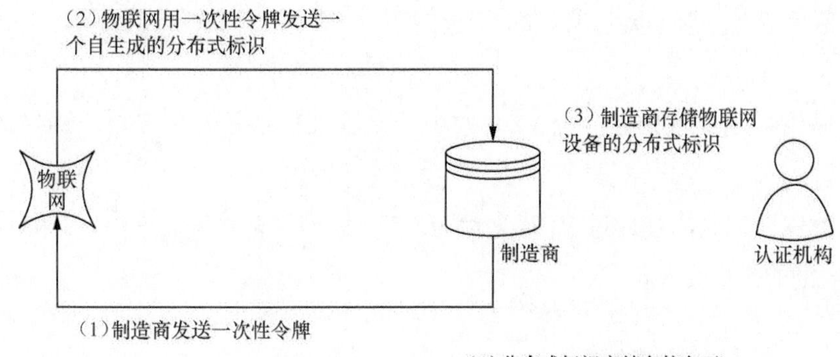

图 16.1　初始化过程中，物联网设备生成密钥对、DID 和 DID 文档，并安全地与制造商进行注册

（4）制造商创建自己的 DID 和 DID 文档，并将它们登记在 VDR 中：第一层区块链、DLT 或其他数据库。

在第一阶段，认证机构尚未参与。

图 16.2 显示了发行可验证凭证的第二阶段。

（1）制造商连接到认证机构，认证机构进行尽职调查，然后向制造商颁发可验证凭证 C。制造商的代理将凭证 C 存储在钱包中。

（2）制造商生成唯一凭证 C2，并与凭证 C 相连接，再向每个物联网设备发出凭证 C2。制造商现在既是凭证发行人也是持有者。

（3）制造商将每个设备的 DID 和 DID 文档写入 VDR。

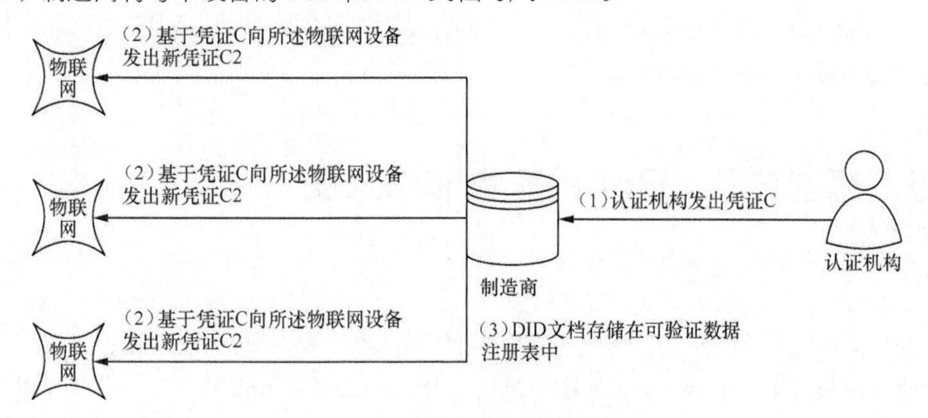

图 16.2　认证机构颁发质量证书

如果认证机构将来需要撤销认证证书，它将更新 VDR 中的撤销登记表（见第 7 章）。撤销登记表可以让验证者轻松快速地检查凭证状态，而不必经过颁发者。

现在让我们引入另一个参与者来扩展这个场景：验证者。验证者可以是人、另一个物联网设备或组织。图 16.3 显示了一个场景，其中验证者是物联网网络的控制器，制造商希望在该网络上注册设备。

（1）设备请求在物联网上注册，因此物联网控制器要求物联网设备提供身份认证证书。

（2）物联网设备回复需要可验证的描述信息，包括 C2 证书的一系列要求并由物联网设备签字。

（3）物联网控制器首先会检查 VDR 中公钥来验证数字签名，这些公钥与认证机构的 DID 相关联。

接下来物联网控制器会通过 VDR 来检查 C2 凭证的撤销状态。最后，物联网控制器验证来自 C2 凭证的指令要求。

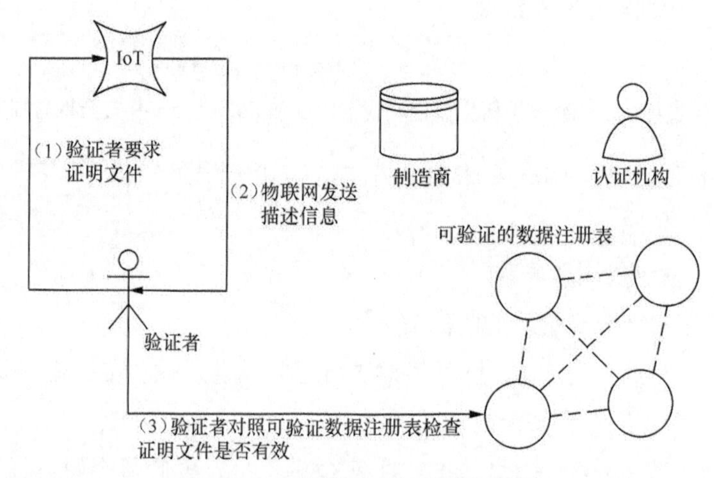

图 16.3　不同主体之间的验证过程

值得注意的是，在实际验证过程中，既不需要认证机构也不需要制造商——只需要出具原始凭证。物联网设备能够以密码方式向物联网控制器证明其身份，VDR 是物联网控制器在验证过程中唯一需要咨询的服务。

16.5　悲剧故事：Bob的车被非法入侵

想象一下这个并非完全虚构的情景：

> Bob 刚刚开上他的新车。他和搭档 Carol 打算出去聚餐庆祝。Bob 把车停在一个无人看管的停车场。当 Bob 和 Carol 正在享用晚餐时，Evan 闯入 Bob 的新车，将车中的集成全球定位系统（GPS）替换为一个完全相同的系统，该系统向 Evan 报告 Bob 汽车的当前位置。现在，Evan 可以随时知道 Bob 在哪里。在跟踪 Bob 几个月后，Evan 知道了 Bob 的住处、Bob 每天的开车路线，以及 Carol 的住处。Evan 准备实施针对 Bob 的邪恶计划。

现在，让我们将 SSI 物联网参考模型应用于这一情景。这一次，让我们假设 Bob 的汽车操作系统包括 SSI 验证，确保汽车中的每个组件或子系统都来自可信来源。当在汽车中安装新组件时，初始化程序要求操作系统向该组件发送身份证书证明。

该组件必须通过可接受的证明做出答复。操作系统检查证明的加密完整性，然后使用空中下载程序在 VDR 中查找制造商的 DID，以获得验证证明所需的公钥。如果这两个验证都获得通过，并且组件的身份得到确认，那么操作系统将与组件交换对等 DID，以便后续通信可以使用只有双方知道的安全专用通道。

在这个故事的新版本中，被操纵的 GPS 组件将在多个层面失效。第一，它不会让原始 GPS 的对等 DID 重新建立与操作系统的安全通信信道。第二，当被操纵的 GPS 接收到证书初始化请求时，它既没有 DID 也没有获批制造商提供的必要证书。因此，操作系统不会接受被操纵的 GPS——并且会向 Bob 发出警告，提醒有人在篡改他汽车的操作系统。

16.6 奥地利电网

虽然类似 Bob 这种情形可能只是设想，但管理电网遇到类似情形却不稀奇。这是一件复杂而严肃的事情。电网由电力生产商、输电运营商、配电运营商和消费者（住宅和工业）组成。例如，奥地利电网的运营商奥地利电网公司（APG）负责确保向所有利益攸关方可靠地输送电力。这意味着要实时管理进出电网的电力，同时要保持整个电网的频率稳定。

2020 年年初，APG 和能源网络基金会宣布了一项概念证明，以使 APG 的小规模分布式能源资源（DER）公司能够参与奥地利电网公司。支持小规模能源生产（例如，家庭太阳能）是战略目标的一部分，旨在将奥地利置于现代电网数字化的前沿，提高电网的应对能力，推动奥地利电网公司实现到 2030 年 100% 可再生电力的目标。

从历史上看，DER 识别过程要在每级电网进行，这增加了 DER 和电网运营商的财务成本，并显著延迟了投入运作过程。因此，非常有必要为 DER 创建一个高度可信的身份证书，这个证书可以被所有利益攸关方信任和共享，从而消除电网去中心化的一个关键障碍。

利用 SSI，当与电网相互作用时，每个 DER 可以出示其身份可验证凭证。当加入电网时，DER 的可验证凭证可以被加密验证。然后，电网运营商可以接受或拒绝具有更高可信度的 DER。

一旦建立了 SSI 模型，就可以进一步加以改进，例如实施奖励模型，激励 DER 参与电网。该奖励系统也可以使用区块链技术来实施，区块链技术使用相同的 SSI 管理方案，使用 DID 来识别电网参与者，并且将对等 DID 连接作为用于转让和兑换奖励的安全专有通道。

16.7 物联网SSI记分卡

大多数人关注 SSI 对与他们打交道的人和组织的价值。然而，SSI 带来的惠益同样适用于整个物联网行业。本章我们讲述了这样一个故事，替换组件如何劫持汽车 GPS 系统，以及如果制造商对组件使用 SSI 高度可信的身份模型，如何防止这种情况发生。然后，我们提出了基于 SSI 的物联网架构的通用提案，并以实例展示如何将其应用于现实世界，如奥地利电网公司。除了更强的安全性和隐私性，我们相信，SSI 还可以为物联网参与者和物联网带来创新型的新奖励模式，帮助增加物联网使用量及其提供的价值。

对于物联网，我们评估认为，SSI 将对业务效率和监管合规具有变革意义，还会对概要和关系管理产生明显的积极影响（见表 16.1）。SSI 记分卡的颜色编码如下。

变革型	积极	中性	负面

表 16.1 SSI 记分卡：物联网

类别	关键惠益
概要	目前，与物联网相关的安全、隐私和互操作性问题正在阻碍市场的发展。解决这些问题可为物联网设备的制造商、所有者和用户带来巨大价值
业务效率	分布式身份验证、授权和工作流管理将大大造福管理物联网设备的组织。这将极大地减少公司对身份中心的需求，形成更高效、更安全的生态系统。SSI 对于这种情景具有变革意义，因为它可以重新定义验证过程。此外，它可能是创造新机器经济的一个关键因素，学术领域一直在讨论这个主题
用户体验和便利性	为用户体验带来的主要惠益体现在安全性和设备监测。当所有物联网设备能够被识别身份并对其行为负责时，可以向用户发送更清晰的信号，增加他们对系统的信心
关系管理	以 SSI 架构为支持的 DID 到 DID 连接是通过相互认证建立信任和简化物联网设备管理的理想选择。永久连接还简化了未来的物联网交互，使忠诚度和奖励计划更容易实施，从而进一步鼓励使用物联网
监管合规	在包含物联网设备的生态系统中，数据身份、安全性、隐私和保护必不可少。远程设备特别容易受到攻击者的攻击。在关键的基础设施中，情况甚至更加危险。由于此类基础设施往往严重依赖监管，因此基于 SSI 的物联网方法在该领域具有变革性意义

第17章 动物看护和监护变得一目了然

Dr. Andrew Rowan, Chris Raczkowski, Liwen Zhang

SSI 带来了变革机会，它不再局限于供人类使用的标识和证书范畴。本章的作者是分布式数字身份应用于动物领域的思想领袖。Rowan 博士 40 年来兢兢业业，一直致力于促进动物福祉，长期担任的职务包括塔夫茨康明斯兽医学院动物和公共安全中心主任、国际人道协会首席执行官和美国人道协会首席科学官等。Liwen 在丹佛大学社会工作研究生院人与动物关系研究所完成了研究生课程，并在中国和加拿大帮助创办了动物福利非营利组织。Chris 是一位激情洋溢的企业家，20 多年来参与创办和领导关注亚洲、欧洲和北美可持续发展的公司，包括以 SSI 为导向的公司。三位作者还是各种宠物的忠实守护者！他们的目标是实现全球范式转变，我们可以期冀，到那时以人类或组织作为监护人的动物拥有合法的数字身份证书，并承认它们是独特的个体，在数字社会中的地位可验证。

事实确实如此，人类总是有种强烈的需求，希望给那些对我们来说非常重要和具有价值的实体赋予名称、打上标识。而我们往往会忽视或无视那些我们没有或不能轻易赋予正式身份的事物。本书清楚地向人们说明了身份和价值之间的联系。然而，合法身份的重要性远远超出了我们以人为中心的界限。现在我们有机会赋予动物以可信的合法身份。这样做可以帮助人们更好地认识到动物在人类社会乃至共同世界中的地位和内在价值。

17.1 Mei和Bailey入场

Mei 是一位能力出众的成功人士，一天她走在街上，看到一位男子牵着狗在公园遛弯，十分开心。她想起自己的狗去世已经快一年了，她觉得是时候收养一个新的毛茸茸的家庭成员了。下周她将前往动物收容所，寻找一只狗做新的生活伴侣。

说来也巧，一周前，一位名叫 Carlos 的年轻人在其公寓后面的小巷里发现了一只无家可归的狗。Carlos 捡起了这个邋遢的小家伙，然后将它带到当地的动物收容所。就这样，生命和幸福通过数字身份碰撞交汇，对人类和动物而言皆是如此！

17.1.1 Bailey获得SSI

这只邋遢的狗在被送到动物收容所后，先被清洗干净，然后动物收容所开始启动收容程序，将它注册成为社会的一名正式成员，这意味着它将获得自己的数字身份证书（见第 7 章）和数字钱包（见第 9 章）。这种情况怎么会发生在一只狗的身上呢？只需要几分钟就能弄明白，事情非常简单。一名动物收容所技术人员使用平板电脑上的应用程序为这只狗拍了几张照片，添加上它的新名字 Bailey，然后签发了一份数字证书，并将其上传到一个安全的基于云的数字钱包中。

Bailey 现在是社会的一名正式成员了！它的第一个数字身份证书使用了安全加密技术，这与其周围人们使用的数字证书技术相同。当然，作为一只狗，Bailey 无法管理自己的钱包——它甚至没有智能手机装这个数字钱包！但这无关紧要——它的新监护人，即动物收容所，可以替它管理它的数字钱包和证书。

在这项简单但很重要的任务完成后，Bailey 会获得更多社会信任。为了让 Bailey 成为更受尊敬的社会成员，它需要一些其他的证书来证明自己健康良好，是合法的个体。Bailey 完成了收容所的收容程序，包括疫苗接种、健康检查、绝育、无线射频识别（RFID）身份芯片植入和政府登记。如图 17.1 所示，动物收容所的技术人员为 Bailey 的钱包添加了一个数字证书，用于执行这些操作。所有这些证书现在都存放在 Bailey 的数字钱包里，它已经准备好被收养了！

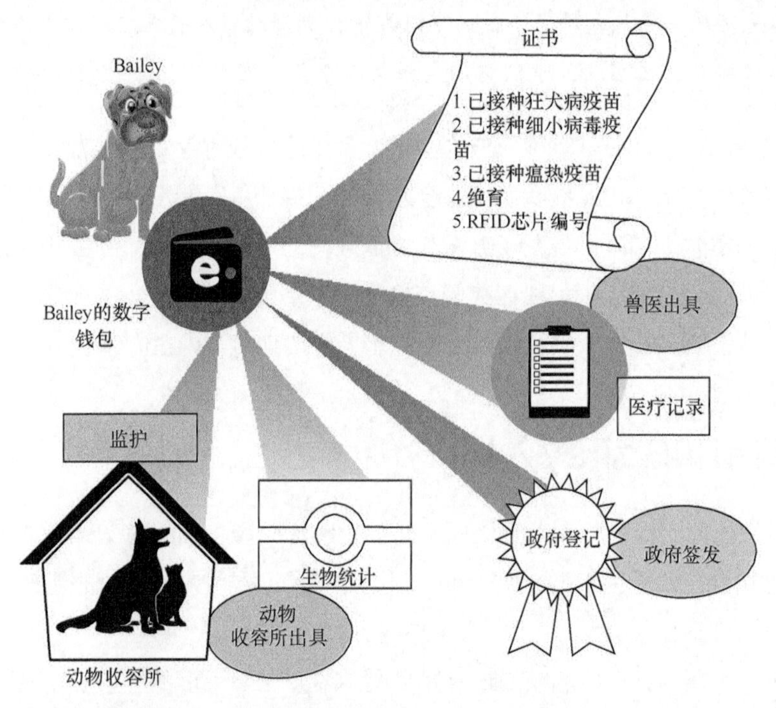

图 17.1　Bailey 的数字身份证书既不属于动物收容所，也不属于任何其他机构，而是属于 Bailey 自己！每个证书都以加密方式与它的数字钱包连接

17.1.2　监护权转让

在 Bailey 到动物收容所几天后，Mei 造访了动物收容所，她一眼就看上了 Bailey！那

一刻，Mei 和 Bailey 已成为家人。现在只需要完成一些数字证书交易就可以将他们的关系正式确定下来。

收容所的工作人员仔细评估了 Mei 是否适合做 Bailey 的合格监护人。一旦 Mei 获得认可，收容所的工作人员就会在短短几分钟内将 Bailey 的数字钱包的监护权转让给 Mei，这个过程如图 17.2 所示。

图 17.2　Mei 在收养 Bailey 时就与收容所建立了 SSI 连接，收容所使用该连接将 Bailey 的数字钱包和监护权转让给 Mei

虽然 Bailey 的钱包和证书仍然属于它自己，但 Mei 现在是 Bailey 的新监护人。她有权力和责任管理 Bailey 的数字钱包和证书。Bailey 和 Mei 愉快地走出动物收容所，一起开始了他们的新生活。

17.1.3　Mei和Bailey度假

时光荏苒，转眼 Mei 和 Bailey 一起度过了几个月的幸福时光。一天，Mei 决定离开这座大城市外出度假一周。她为 Bailey 找到了一个非常棒的寄宿家庭，她知道 Bailey 会在那里舒适地生活一周。因为 Mei 和 Bailey 都有可验证的数字证书，为 Bailey 在寄宿家庭预订房间同为人预订酒店房间一样简单。如图 17.3 所示，只需在手机上点击几下，Mei 就可以向寄宿家庭出示所要求的证书，以证明 Bailey 已在政府登记和接种疫苗。寄宿家庭能够在几秒内通过加密方式验证这些证书。

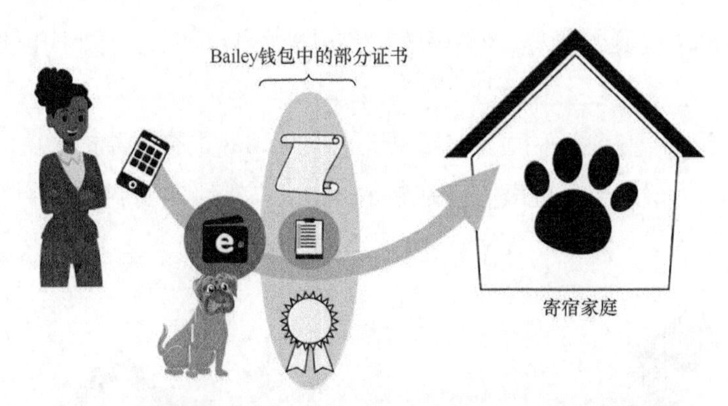

图 17.3 为了向寄宿家庭证明 Bailey 符合入住要求，Mei 向寄宿家庭出示了 Bailey 钱包中的证书证明。在几秒内，寄宿家庭就可验证凭证是否是由规定的发行机构数字签名

Bailey 入住寄宿家庭时，它的数字证书再次提供了便利，这是核心所在。虽然寄宿家庭已经知道 Bailey 携带了必要的证书，但他们怎么知道这个就是 Bailey 呢？通过对 Bailey 的 RFID 芯片进行简单的扫描，并对照 Bailey 被收容时动物收容所拍摄的照片进行验证，很容易就可以从生物统计学上确认它就是 Bailey 数字钱包中证书所确认的同一只狗。不到两分钟办理入住手续就轻轻松松完成了，然后 Mei 去了机场。

当 Mei 在飞机座位上坐好后，她突然发现自己忘了把 Bailey 的处方药交给寄宿家庭。因为 Bailey 的耳朵稍微有点感染，涂药后很容易就能治愈。但如果不用药的话，Bailey 的耳朵就会变得更严重。幸运的是，作为 Bailey 数字钱包的监护人，Mei 只需要将 Bailey 处方电子证书的验证发送给寄宿家庭，如图 17.4 所示。

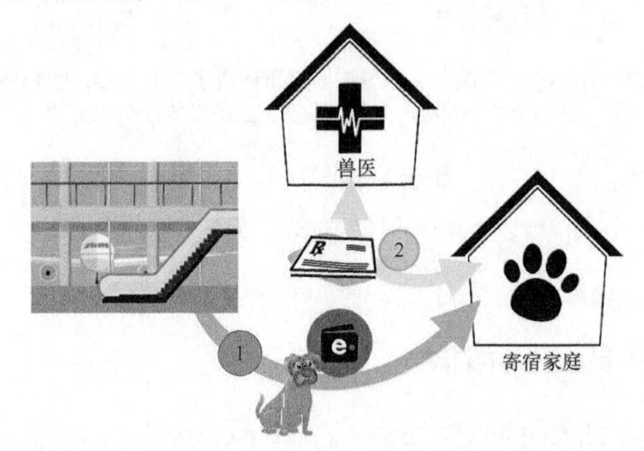

图 17.4 第 1 步，Mei 作为 Bailey 的监护人，用 Bailey 的数字钱包向寄宿家庭发送 Bailey 的药品处方凭证的证明。第 2 步，寄宿家庭将处方凭证连同 Mei 的取药授权一起发送给兽医

有了凭证证明和 Mei 的数字签名授权，寄宿家庭很容易购买和管理药物。如果没有 Bailey 的数字证书，几分钟就能轻松解决的小事儿也会变得很难。

17.1.4 一场暴风雨导致的分离

度假回来后的一个周末，Mei 让 Bailey 到她四周有栅栏的后院去玩，然后自己去书房完成一个紧急的工作项目。当时她全神贯注于工作，却没有注意到一场突如其来的午后风暴正在迅速逼近。Bailey 非常害怕打雷，类似这样的暴风雨天气，Mei 总是陪伴在它的左右。

突然，闪电照亮小院外面，并伴随着阵阵惊雷。Bailey 受到惊吓，它冲向栅栏，异乎寻常地一跃而起。一瞬间，它越过栅栏，跑进了一条由于暴风雨瞬间变得漆黑一片的小巷。

过了一会儿，Mei 冲到了后院，发现哪里都找不到 Bailey，她意识到发生了什么事，于是跳进汽车，开始在大雨滂沱的晚上寻找 Bailey。

大雨、闪电和雷鸣包围着 Bailey，它跑得越来越快。Bailey 在小巷里追踪着奇怪而熟悉的气味跑了 10 分钟，跑得筋疲力尽，再也跑不动了。它躲进了臭烘烘的垃圾箱旁的一个小棚子。

与此同时，Carlos 将自己的车开进了车库。下车时，他在垃圾桶旁发现了那只小狗。它看起来有些眼熟，Carlos 示意这只狗进车库。

Bailey 歪着头，好奇地看着这个人。它认出了这个人！在它看到一个表示欢迎的动作时，它小心翼翼地跟着那个人进了他的家。

17.1.5 指尖上失而复得

Carlos 很困惑。这只狗看起来与他很久以前送到动物收容所的那只是同一只，但它显然更健康，也更好养。虽然他没有宠物，但 Carlos 记得他在寄养 Bailey 的收容所曾看到一张海报，那张海报是宣传关于给宠物一个数字身份的。他记得上面说，使用一款简单的智能手机应用程序，可以更容易找到丢失宠物的监护人。于是他登录动物收容所的网站，在应用商店里找到了一款免费应用程序的链接，然后将其下载到了他的智能手机上。按照一些简单的指示，Carlos 拍了几张 Bailey 的照片并上传。

由此开始了如图 17.5 所示的一系列步骤。首先，通过这个应用程序 Carlos 安全地将照片上传到基于云的图像处理服务器上，服务器为像 Mei 这样的宠物监护人提供服务。在那里，人工智能图像识别算法（类似脸书和其他互联网巨头使用的算法）迅速将这些图像与 Carlos 家附近的特定宠物监护人联系起来。过了一会儿，Mei 的智能手机响了。当她把车停在一条雨水冲刷过而又漆黑的街道上时，她的心悬了起来。她打开她的数字钱包应用程序，看到一条信息，询问她是否愿意接收一条可能关于其走失的狗的通知。她含着泪，单击“接受”，然后看到了亲爱的 Bailey。

数字钱包和证书的加密魔力再次上演，使得这种互动不仅可能，而且还可以匿名进行，几乎毫不费力。Carlos 在分享一只丢失的狗的图像时，可以不向陌生人透露关于他本人的任何信息。Mei 能够在不暴露身份的情况下接收到一只狗的图像。双方同意后，Mei 就可以给 Carlos 发送匿名信息，表示她认为这就是她丢失的那只狗。Mei 给 Carlos 发了一份她的政府登记证明，其中包括 Bailey 的照片，请她确认它是否是她的那只狗。Carlos 给出了肯定的答复。这一切都发生在几分钟内，Carlos 和 Mei 都不需要透露任何关于他们自己的私人信息。

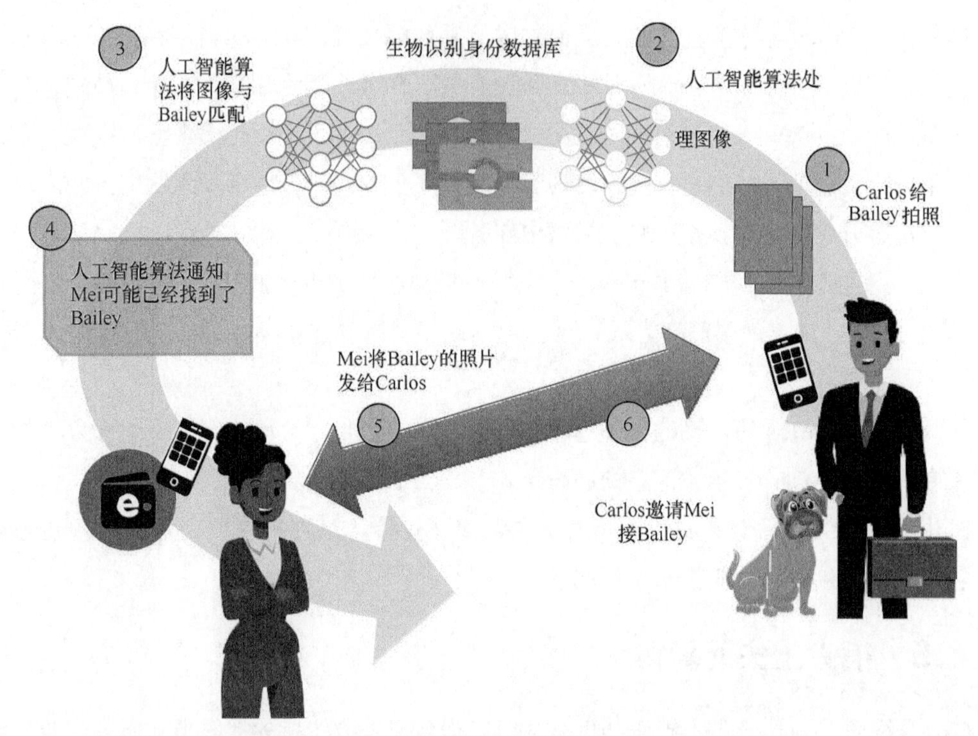

图 17.5 寻找丢失狗的步骤：① Carlos 用智能手机应用程序给 Bailey 拍照并上传。② 基于云的图像分析服务器将图像与生物识别宠物身份的数据进行对比。③ 为 Bailey 进行匹配。④ 系统向作为 Bailey 的监护人 Mei 发送通知。⑤ Mei 可以安全地以匿名方式与 Carlos 交流，证明她是 Bailey 的监护人。⑥ Carlos 与 Mei 安排了一次会面，将 Bailey 交还给她

然后，Mei 给 Carlos 发了一份加密证明，证明她是 Bailey 的监护人，并询问她可以在哪里接 Bailey。在此之前，Carlos 和 Mei 甚至都不知道对方的名字，因为他们的数字钱包能够以加密方式保护他们的身份，并且只共享他们各自所需信息的证明。在他的智能手机应用程序验证 Mei 的监护证书后，Carlos 就把他的名字和当地一家咖啡馆的地址发给了 Mei，并建议他们 20 分钟后在那里见面。

Mei 来到了咖啡馆。她一下车，Bailey 就看到了她。Mei 邀请 Carlos 喝茶，感谢他的善举。让他们感到惊奇万分的是，数月前，Bailey 在他们不知道的情况下将他们的生活联系在一起，而这得益于数字证书和数字监护的力量。

17.2 数字身份为动物和人开启福祉的机遇之门

Mei 的故事展示了数字身份证书如何在日常生活中改善了她和 Bailey 的生活。但这只是冰山一角而已。在许多其他情况下，数字监护为动物带来了美好希望，如下所示。

（1）随着宠物生物识别和数字证书的大规模采用，对任何丢失的动物而言，通过几张智能手机拍摄的照片就可以将它与其监护人再次建立联系。

（2）可为濒危野生动物（例如犀牛）的整个种群分配数字证书、钱包和监护人。捐赠者可以直接向这些动物的数字身份钱包捐款，以便负责任的监护组织可以帮助管理它们。捐赠者可以从监护人那里了解安全、可验证的最新信息，并跟踪其资金如何用于支持和保护这些动物。

（3）人性化管理动物的农民可以为其农场上的动物创建数字钱包和身份。第三方监察员可根据其检查动物生活条件的结果，向这些钱包签发可验证凭证。这些证书可跟随动物、动物相关产品乃至供应链，最终使消费者能够验证这些农场动物的相关信息，例如，奶酪来自可持续和人道养殖的山羊。

在这些情况下，将数字身份证书精准链接到实体动物至关重要。多年来，已采取各种举措，通过植入 RFID 芯片或其他设备来识别野生生物、养殖生物和宠物。但是，在实施这些举措时并没有同时以简单、安全且尊重隐私的方式来使用这些物理识别方法的价值。

有了 SSI 和可加密验证的数字证书，再加上支持数字监护所需的其他软件和治理框架（见第 11 章），我们最终可以实现 RFID 和其他识别技术对各种动物的全部价值。为这些动物创建数字钱包后，我们就可以存储和共享保护这些动物健康所需的证书。

17.3 SSI帮助动物再次确认自身内在价值

本章开始介绍数字身份为动物提供的机会。动物依赖人提供监护，无论何种情形，都可以为需要监护的人开发相同的 SSI 基础设施（见第 9、10 和 11 章的监护部分）。所有人具备值得信赖、私密和安全的数字身份，我们就有可能让人类社会更进一步，实现真正尊重包括动物在内的所有个体的内在价值和地位。

17.4 宠物和其他动物的SSI记分卡

表 17.1 评估了 SSI 和数字监护对宠物和其他动物的好处。它以颜色区分，列出了以下潜在影响。

变革型	积极	中性	负面

表 17.1　SSI 记分卡：动物身份

类别	关键惠益
概要	为动物提供可验证数字身份，将为动物和人类带来巨大惠益。为动物监护人钱包签发标准化数字身份证书，将使动物的内有价值合法化，并提高它们在人们眼中的社会地位。这种证书还可以促进动物监护人和宠物服务组织之间的社会联系和商业活动，从而为动物和人类的健康和幸福带来新的机会
业务效率	为动物提供 SSI 有助于简化和改善动物与人类社会互动的许多方面。特别是，数字证书对于动物相关服务具有变革意义，因为它们可以在很大程度上取代许多纸质证书和人工验证流程，使动物所有权、赞助、护理和管理实现全新的商业模式成为可能

续表

类别	关键惠益
用户体验和便利性	Mei 和 Bailey 的故事提供了若干例证，表明数字证书的各种应用将改变动物所有权和监护权的方式，实现了用户与宠物服务提供商无摩擦互动，使所有权转让变得更加容易和安全，并简化了流程
关系管理	为动物提供 SSI，不仅提供了新的商业便利和机会，还将激励和促使建立动物监护人和动物关爱组织全球相连社区。当世界开始接受动物应该像人类一样拥有数字身份时，动物的社会地位就会提高，这将改善人类、动物和我们所处环境
监管合规	为动物提供 SSI，可采用与人类所采用的完全相同的基础技术和标准，因此也可为监管带来同样的惠益。具体而言，它将大大简化动物监护人为动物登记、维护其疫苗接种和健康证明、转让所有权以及管理和共享任何其他必要记录的流程

第18章 SSI为医疗保健供应链提供推动力

Daniel Fritz，Marco Cuomo

对许多行业来说，跟踪和监测全球供应链中货物的流动情况是重要的优先事项，有时监管也会提出这项要求。总部位于瑞士的制药公司诺华公司的创新领导者 Daniel Fritz 和 Marco Cuomo 概述了其所在行业的供应链如何转型，以及这种转型如何激励世界各地的其他供应链企业领导者使用 SSI 技术。

SSI 将改变供应链的运作方式，这不是一个供应链是否会转型的问题，而是何时转型的问题。对于产品和客户身份识别及交易，采取通用、可信且保护隐私的方法将减少复杂性，并且可节约成本和时间。一旦 SSI 得到广泛采用，将促进新的业务模式，为参与者增加价值，并为当地社区和环境带来惠益。对单个行业而言，供应链的端到端可信赖且透明无疑会大有裨益。如果 SSI 能够为若干行业带来惠益，其影响不仅仅是带来惠益——它可能带来范式转变，加速一场工业革命。

那么什么是供应链呢？供应链指的是“用于通过信息、物流和现金的工程化流动将产品和服务从原材料交付给终端客户的全球网络”。在本章中，我们研究了 SSI 对医疗保健行业供应链的一些明显影响，后者的成本不断增加，且需遵守监管法规要求。这些实例可以作为其他行业的榜样，也可以给读者带来启发，因为每个人都有可能是患者。

18.1 艾玛的故事

我们的女主角艾玛打算前往南美的一个风筝冲浪圣地度过美妙而值得回味的两周假期。在办理海滩酒店入住登记后，她发现自己没有带治疗甲状腺功能亢进的处方药，这让她惊慌失措。在国外向内分泌医生求诊无疑比接下来两周她会代谢紊乱更为糟糕。不过，艾玛记得她在手机数字钱包里存储了原始处方，其作为医生签发的可验证凭证。（在这种情况下，可验证凭证是处方的电子版本。第 2 章介绍了作为 SSI 的一个基本组成部分的可验证凭证，并在第 7 章中做了详细解释。）她的医生解释说，电子处方和病历可以避免人工错误，并简化所有流程——最终有益于艾玛的健康。于是，艾玛重拾信心，开启了她的第一次假期冒险之旅——造访药店！

药房就在街角附近，非常方便，艾玛松了一口气。药剂师非常友好，介绍自己名叫克拉丽斯，她非常乐意为有需要的游客提供帮助，尽管她的英语水平有限。克拉丽斯扫描艾玛的数字凭证，以便验证她的电子处方。结果证实医生的 DID 和处方真实有效。（DID 是 SSI 的另一个重要组成部分，在第 2 章中曾介绍过，并在第 8 章中做了更详细的解释。）

克拉丽斯推荐了两种不同的产品。艾玛认不出品牌，因为包装内容是葡萄牙语。克拉丽斯尝试解释产品，但由于翻译水平有限，大部分解释不到位。艾玛感到非常沮丧，这才想起自己的智能手机上还装有“医学检查”应用程序（见图 18.1）。她打开应用程序，扫描了第一种产品的条形码。应用程序随后进行检测，检测过程中使用了匿名标识，这样应用程序无法追溯到她本人，以保护她的隐私。除了她的医生和药剂师，谁也不能知道她的健康问题。

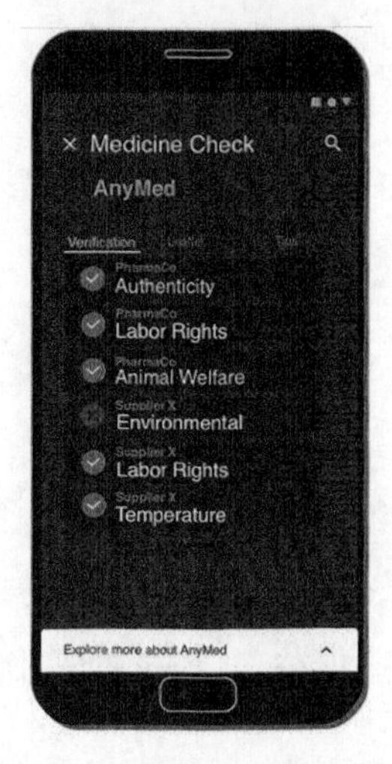

图 18.1　医学检查应用程序。用户可以选择一个特定的供应商来获取更多信息，如制造地点、可持续性政策和经营许可

应用程序立即发回确认信息——证明这款注册产品是正品而不是假冒产品。克拉丽斯表示，条形码中嵌入了独一无二的序列号，制造商也将其注册并作为产品的可验证凭证。艾玛也可以用她自己的语言阅读电子版的病历插页（说明书）。她能够确认这正是她需要的药。这份电子说明书清楚地表明，剂量与她常服的药物相同。该应用程序还表明，作为该产品的可验证凭证发布的电子说明书获得了注册卫生机构的批准。她马上就放心了，那么另一种药物是否效果更好呢？

第二种药物稍微贵一点。应用程序证实药物是正品，同时还提供了其他证书，包括制造商的环境和生产实践认证。还有关于制造商及供应商的信息，如活性药物成分的生产地和生产商。该应用程序还证实，这些认证是有效的，没有被注销。

可持续性对艾玛来说很重要，她对第二种产品的信息的高透明度很是赞赏。她觉得这样了解信息更加全面，于是选择了第二种产品。于是克拉丽斯处理付款，付款是通过艾玛的医疗保险自动完成的，因为医疗保险与电子处方关联在一起。

艾玛决定在她的电子钱包里注册这种药，电子钱包也是她的数字药箱。艾玛可以选择以下标准通知方式。

◎ 提醒她按医生的处方服药。

◎ 产品信息更新时通知。

◎ 在召回特定批次药品的情况下发出警报。

◎ 关于已知药物与她药箱中其他药物相冲问题的信息。

◎ 如何以环保方式处置过量或过期产品的说明。

有了对症药物，知道自己的甲状腺不会有问题，艾玛感谢了克拉丽斯，然后离开了药店。微风开始荡漾——这将是一个美好的假期！

18.2 通过SSI提高供应链透明度和效率

是什么推动消费者做出购买决策？价格、质量、品牌认可度和便利性（想想你最喜欢的可乐或亚马逊的便利性）。但是，消费者现在希望了解产品、服务和供应商的更多信息和证明："这根香蕉真的是有机的吗？为农民提供认证的是谁？是否是转基因产品？是空运还是海运来的？"产品及其供应链的环境、经济和社会可持续性在影响个人和企业的购买决策中发挥着越来越重要的作用。

艾玛的购买决策受到产品透明度提高的影响。对于以可持续方式为产品增值的各方来说，这是双赢，而不仅仅是为艾玛和供应商带来惠益。供应商的员工、他们的家人、所在社区和环境都能从中受益。可验证凭证将通过数字化、实时、便捷、可信的信息，帮助满足人们对透明度日益增长的需求，这些信息将增强人们对其所购之物和提供货物的组织的信心。

自愿和自动向购买者提供证书的供应商，由于提高了产品透明度，买家因此对其增强信任度，供应商的产品和服务的价值因而增加。

公平贸易就是咖啡、蜂蜜和香蕉等产品由于提高透明度而增加价值的一个范例。该组织旨在惠及处于不利地位的生产商，提高消费者的信任度。公平贸易对其成员进行审核，以确保可持续的商业行为，并在其认证产品上贴上公认的标签。但是个人消费者如何追踪所有的认证呢？基于 SSI 的可验证凭证可以使公平贸易的基本理念迅速推广到广泛的商品和服务领域。这就像艾玛对她选择的两种药物进行扫描一样简单，同时也保护了隐私。这可以适用于任何可以用二维码或其他可扫描标识标记的产品。

通常，你从信任的人或公司那里购买东西，否则，你不会付钱给他们。但并非总是那么容易。全球供应链涉及许多组织和地点。在一些行业，如制药行业，现场审计检查供应商的内部系统和政策，以使它们有资格从事相关业务。这可能会向买家保证它们是直接供应商，但供应商又从谁那里采购货物？供应商提供的原料、材料或服务也是可持续生产的吗？

SSI 可以提供必要的透明度，途径是将 SSI 推广到整个采购网络，并动态适应、推动当今营商环境持续不断的变化。它可以让供应链中的每个人在整个价值链中签发和验证凭证。图 18.2 描述了在需要做出购买决策时买方的两难处境。买方会选择直接供应商（第 1 层）的部分供应商和产品不透明的货物吗？或者，买方是否更愿意从供应商（第 2 层、第 3 层和链上的供应商）自愿发布的其可持续商业实践信息的供应商处购买？

图 18.2　多层供应商网络：（左）产品和供应商不透明；（右）完全透明

18.3　以SSI为推动力的工业生态系统效率

艾玛的故事要想实现不是一朝一夕能成功的，需要大家共同努力，并需要改变思维方式（范式转变）。公司、消费者和监管者必须朝着这个目标共同努力。定义公共数据和协议标准，加上有效的治理模式，是实现这种透明度的先决条件。这需要业界致力于同一愿景。

我们不可能为每个品牌开发一个医学检查应用程序——它必须在全球范围内为所有品牌服务。供应商也需要一个通用的标准，比如公平贸易要求。而这种合作的好处对各方来说都是显而易见的。当制造商定义并使用通用标准时，可以为整个行业开发应用程序，软件开发人员之间将会良性竞争，为患者开发最佳应用程序。

想象一个可以阅读和显示来自任何品牌或制造商的电子说明书的移动应用程序。然后，患者将决定哪一种最适合他们。此外，如果所有供应商都可以向潜在客户出示通用证书，而无须填写新表格或进行多余的审核时，他们都会从中受益。业界一致认为，有必要做出改变，即供应链透明将增加产品对消费者的价值。此举值得鼓励。

这种方法如何运作？图 18.3 概述了一个可验证的供应链生态系统。

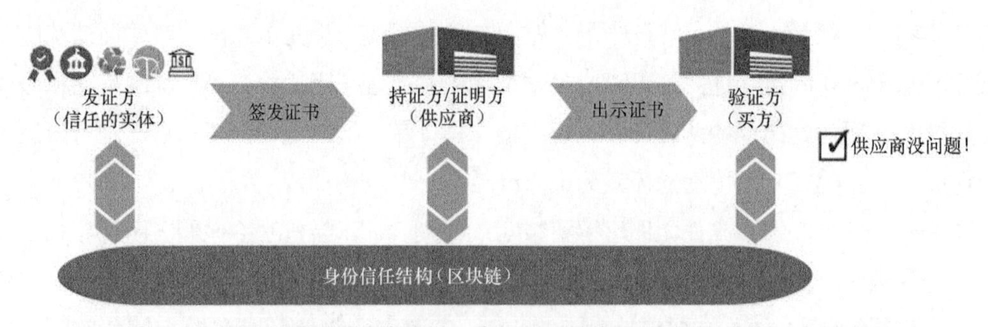

图 18.3　通过促进证书、许可证、审计报告等交换的可验证凭证，供应链生态系统中的透明度和信任度得到提高

产品和供应商认证或证书可以采取审计报告、政府颁发的许可证、机构认证甚至可重复使用的自我证明的形式。基本上，所有需要权威批准或盖章的东西都可以作为可验证凭证。对多个合作伙伴重复使用这些电子证书可以节省所有人的时间、精力和成本，因为整个

流程可以自动化，并且只有在例外情况下才需要人工干预。这种信任关系一旦建立，交易不会产生摩擦，从而提高供应链效率。

供应商通过 SSI 将更快获得从业资格，他们也将因其高透明度而获得回报。生产线上游和下游的其他供应商就会注意到这一点并加以采用，尤其是那些需要做大量准备工作和耗费大量资源来进行现场审计的供应商。

SSI 与可验证凭证和 DID 结合，这项原则使供应商能够严格控制敏感信息的发布，确保信息保密。供应商决定根据何种请求提供什么样的证据，这再次减少工作量并加快了流程。在艾玛的例子中，药品供应商决定自动发布与药品生产和公司劳工政策相关的证据，并根据最新数据实时更新。

最后，去中介化的概念可能会免去某些代理环节，代理的作用将双方聚集在一起，但其不会对产品的价值带来任何真正的改变。一家猎头公司代表招聘公司筛选求职者就如此。招聘公司可以高效地完成这项任务，因为它可以将要求（学位、经验、工作许可）标准化，并自动筛查候选人的资格。淘汰不能带来增值的中间商最终必然会让消费者受益。

SSI 和可验证凭证的这一核心优势几乎适用于任何行业、工作流程或供应链，只要它们将两个相关方聚集在一起。

18.4 不同行业未来的供应链转型：总体情形

在供应链的定义中，工程化的信息流听起来可能非常有组织和高效。但事实却是鲜少如此。全球进出口流程需要大量文件（纸张）！这增加了成本和复杂性，同时让终端客户等待产品，供应商等待结款。

事实上，今天的供应链孤立地分离开来，所有合作伙伴都在其系统中维护自己的一切。这些信息可能包括价格、数量、交货日期、产品规格、操作说明、地点、供应商和客户。如果需要协作和沟通，通常以不灵活的对等方式进行。

有了 SSI，全球网络中的每个人都可以对真相有一个单一的、可信的看法，从而增强协调和协作。信任关系将促进订单管理和贸易合规。由于产品具有全球可追踪的身份，我们可以改善浪费和假冒产品等问题，释放目前由于孤立作战而受限的供应链价值。

18.5 杜绝浪费

由于供应链合作伙伴之间缺乏有效合作，易腐产品可能会在仓库中堆放乃至腐烂。客户最终会为这样的低效流程买单。一份报告估计，每年全球浪费掉的粮食供应有 16 亿吨，价值 1.2 万亿美元。这种浪费还没有包含有害化学肥料和额外运输对环境造成的附加成本。

产品独特且具有可追溯的特性，辅之以其他技术，将大大减少这种浪费。在食品行业，易腐产品可以通过传感器或物联网设备进行识别和跟踪，这种设备也持有可信身份，能够实时监测产品位置和温度。供应链合作伙伴可以缩短发货时间并简化流程，确保产品直接送达消费点。不合格的产品可以在到达消费者手中之前被更换。这对医药和医疗器械等救命产品尤为重要。跨供应链实现单一数据源还能够对流程进行高级分析评估，加速取消非增值的活动。

18.6 身份验证和质量

在许多行业，假冒产品泛滥。在国际商会委托的一份报告中，据估计假冒产品占全球贸易的 2.5%。同一份报告还指出，假冒产品对经济的影响不断扩大，将达到数万亿美元，将导致数百万人失业。假冒产品造成的损害不仅影响经济——它们还会致人死亡。世界卫生组织估计，中低收入国家超过 10% 的医药产品是假冒伪劣产品，每年有数十万人因假药死亡。

消费者能相信他们正在购买（或在线订购）的产品是正品吗？

有了 SSI，供应链中的每个参与者，从原材料供应商到终端客户，都可以证明或验证产品的真伪。这改变了游戏规则，因为它将把权利放在付款人手中，付款人在购买之前可以先检查供应商和产品。例如，通过手机进行快速扫描，购买时进行身份验证可以识别假冒产品，这些产品的背后往往是不良行为体支持的隐秘非法供应链。如果消费者在购买之前识别出假冒产品，消费者就不太可能继续购买，而更有可能购买正品。这样消费者从正品中受益，供应商从更多的业务中受益，这又是一个双赢。

18.7 医药供应链SSI记分卡

凭借 SSI，我们即将进入一种新的供应链范式，在这种范式中，产品、供应商、消费者，甚至传感器和医疗设备等“物”透明，这将带来新的功能，并迅速打破所有行业的供应链秩序，使其变得更出色。在医疗保健领域，从医生办公室到联合国，渐进改善这种秩序成为各级持续辩论的主题。然而今非昔比，许多人现在意识到医疗保健行业的数字化转型是头等大事。当自主管理身份被许许多多志同道合的政府、企业和组织广泛接受和采用时，将加速这一变革，让我们努力将其变为现实。

对于医药供应链，我们将除关系管理以外的所有类别都评估为变革型（见表 18.1）。我们认为关系管理结果积极。SSI 记分卡的颜色编码如下。

变革型	积极	中性	负面

表 18.1　SSI 记分卡：医药供应链

类别	关键惠益
概要	轻松识别假药（减少欺诈）可以让许多买家告别欺诈的销售者，转而到有执照的药店购药，从而为患者提供对症药物，并最终挽救生命。处方药的交易和分配行业受监管，必须在有许可证和有效处方的情况下合法进行，否则将处以数百万美元的罚款。SSI 通过标准化和治理，可以带来一种通用的可扩展能力，可用以验证患者是否有购买、药店是否有销售和经销药物的权利（减少参与和成本）。个性化医疗是未来趋势，直接面向患者的模式可能会取代在线药店（改善电子商务销售）
业务效率	自动身份验证和自动授权将大大简化供应链交互作用，而工作流程自动化和支付将使业务流程实现跨职能和跨企业操作，如自动补货、订购和开票。供应链文件实现数字化，简化订单到现金流程、贸易文件，最终打破供应链参与者之间孤军作战的做法，这种可能性将大大改善当前的不成体系和浪费现象
用户体验和便利性	看看艾玛的故事就知道了。患者和医疗保健提供商的用户体验将真正实现转型。不需要登录和密码，通过自动化的工作流程和支付手段，患者甚至不必离家去看（经过认证的）医生就可以诊断和开具处方，这些将在在线咨询几分钟后完成。其他服务，如电子说明书、数字召回和剂量提醒，由于 SSI 而受到信赖，不需要额外的成本或工作流程
关系管理	如今，中介通过专有平台或技术连接各方。与第三方的互动，无论是供应商、客户、分销商、监管机构还是医疗保健提供商，都是私密的，并且是永久可信赖的，并通过 SSI 进行验证。所有各方都会受益并被激励参与其中，因为他们可以相信他们的机密信息将得到保护
监管合规	SSI 最重要的影响之一也许是对法规的影响。由于能够轻松识别医疗保健供应链情景中的人员、组织、产品和设备，监管机构将能够验证为他们提出的声明是否完整。有关机构（甚至通过算法）可以远程检查向市场投放的药品批次的数据完整性、来源和合规性，这将真正改变医疗保健行业的游戏规则

第19章 加拿大：实现SSI

Tim Bouma, Dave Roberts

身份是大多数政府业务流程的核心，也是人们与政府互动的信任起点。Tim Bouma 和 Dave Roberts 是加拿大政府的高级公务员，他们概述了政府内部的传统身份管理是如何演变为 SSI 的。

本章概述了如何调整和完善 SSI 的内容，使政府职员适应公共部门的环境，从而实现不同级别政府的制度变革。这种制度变革不仅仅需要采用新技术，还需要制定正确的政策、指南和框架，以兼顾合规性、创新性和灵活性的方式推动变革。

加拿大政府于 2009 年发布了首个身份管理政策，十多年来，它一直在与省、地区等合作制定《泛加拿大信任框架》（PCTF）。《泛加拿大信任框架》实现了几个目标：它让不同政府级别的许多数字身份项目实现互操作，并概述了传统身份技术和 SSI 如何共存。

能够采用 SSI 等新兴技术至关重要。《泛加拿大信任框架》意在充分利用 SSI 模式提供的积极的开创性潜力。凭借其独特的治理结构和深厚的身份专业知识，加拿大有能力成为数字身份领域的领导者。希望我们在 SSI 方面的经验和取得的进步能够激励其他国家的政府发展下一代数字身份服务。

19.1 加拿大情景

加拿大既是君主立宪制国家，也是议会民主制国家。加拿大政府的行政权正式赋予女王（“王国”）。虽然政府的每项行动均以王国的名义进行，但这些行动的权力属于加拿大人民，人民由民主选举产生的议员（立法机构）代表。《加拿大宪法》将政府的职责划分为联邦、省和地区管辖，并允许省和地区政府自行决定将其部分责任委托给市政府。

加拿大的政治、社会、经济和技术环境绝非是一成不变的。各级辖区正在重新思考如何向加拿大人提供下一代数字服务。我们也开始启动土著和非土著人民之间的和解之旅。早在 1999 年，政府和因纽特人之间最大的土著土地权利主张协议取得成果，建立了一个新的行政区努纳武特。

这种层次分明和动态变化的治理环境创建了一个身份管理生态系统，该生态系统由多个身份提供者组成，依赖联邦、省和地区管辖范围的权威来源注册。加拿大国内对国民身份系统没有兴趣。因此，没有单一文件或机构专门致力于识别个人身份，而是使用不同辖区发布的许多文件。这种分权方法在为加拿大人提供服务方面很有效。然而，它在为不同辖区提供一致的服务体验和打击欺诈活动方面带来了挑战。

随着时间的推移，联邦化身份管理模式发展演变，被称为泛加拿大身份管理方法。加拿大公共部门越来越多地采用这种联邦化身份管理模式。随着 2020 年《泛加拿大信任框架》的发布，加拿大各辖区现在已经能够接受 SSI 模式的主要内容。

19.2 加拿大式方法和政策框架

2021 年，加拿大公共部门仍在继续推进 SSI 模式的实现。现在谈它将如何改变加拿大公共服务的技术或制度基础设施还为时过早。尽管有术语（许多人对“自主管理”一词有疑问；关于其演变发展的广泛讨论见第 1 章），这种模式的核心思想现在正在被吸收并适应加拿大公共部门的情景。这个过程并非一蹴而就，而是过去十年中经过深思熟虑，采取分阶段和循序推进的方法取得的结果。

在确定身份管理政策的早期（2005 年前后），加拿大政府主要侧重于使用企业方法确保政府项目的安全性和隐私性。第二个重点是向加拿大人提供更好的服务。随着时间的推移，焦点已经从以项目为中心的方法转移到以用户为中心的模式，后者更适合采用 SSI 模式。加拿大政府认识到技术在发展演变，有时是以不可预测的方式发展演变，因此在确定身份管理政策时一直很谨慎，既不会限制使用既定方法，又允许采用新的方法和技术。

注：加拿大政府国库委员会的政策已经做了修订，以反映这一新方法。《政府安全政策》出台的《身份管理指令》于 2019 年获得批准，其中纳入了与数字身份和信任框架有关的新定义和要求。2020 年 4 月，《服务与数字化政策》正式生效。《身份管理指令》表明加拿大政府重视以用户为中心的模式，目前正从《政府安全政策》转向《服务和数字化政策》。

尽管像 SSI 这样的新兴技术可能是更好的方法，但需要考虑让不同身份模式共存。加拿大管辖区目前采用中心化和联邦化身份管理模式，在可预见的未来，这两种模式将继续共存。

早在 SSI 出现之前，加拿大政府就制定了有关身份管理的政策，总体而言这项政策足以支持采纳 SSI。第一项政策是，政府项目和服务必须确保在向合适的人提供服务之前，满怀信心地与这些人互动。第二项政策是，来自其他司法管辖区的可信数字身份只要符合核准信任框架的标准，加拿大政府就可以认可这些身份。这个核准信任框架就是以下要介绍的《泛加拿大信任框架》。

19.3 泛加拿大信任框架

《泛加拿大信任框架》是一种模式，由一套商定的概念、定义、流程、一致性标准和评估方法组成。《泛加拿大信任框架》使加拿大政府不同司法管辖区之间以及加拿大国内和国际不同部门之间创建、发布和认可数字身份的方式实现了标准化。

虽然实现标准化很关键，但《泛加拿大信任框架》本身并不是一个正式“标准”，而是一个联系和适用现有标准、政策、指南和做法的框架——如果不存在这样的标准和政策，则会规定其他标准。《泛加拿大信任框架》的作用是补充完善现有的标准和政策，例如与安全、隐私和服务提供有关的标准和政策。

《泛加拿大信任框架》也并非正式的治理框架。虽然它确实反映 ToIP 栈的第 4 层，但它首先是一个工具，用以帮助评估与相关立法、政策、法规和各方之间的协议相关的数字身份项目。

《泛加拿大信任框架》的最新版本是加拿大各管辖区之间十多年努力和合作取得的成果。在身份管理小组委员会先前工作的基础上，有关《泛加拿大信任框架》的工作于 2015 年初开始。经过多次迭代、咨询和测试，2021 年 2 月，《泛加拿大信任框架》1.2 出炉，可用于评估公共部门的数字身份项目。《泛加拿大信任框架》的制定考虑了一系列技术、解决方案提供者和制度安排，同时也没有忽略一个基本问题：如何信任数字身份，以便政府项目和服务能够使用它。

《泛加拿大信任框架》1.2 支持相互承认。

◎ 个人和组织的数字身份。

◎ 人与人之间、组织与组织之间以及人与组织之间的数字关系。

《泛加拿大信任框架》与技术无关，旨在鼓励个人与组织创新和参与数字生态系统。它使不同平台、服务、架构和技术能够互操作，这将有助于公共部门从传统身份技术过渡到 SSI。此外，《泛加拿大信任框架》旨在利用国际数字身份框架，例如：

◎ 欧盟的 eIDAS；

◎ 金融行动特别工作组；

◎ 联合国国际贸易法委员会。

图 19.1 从高层面概述了《泛加拿大信任框架》。如前所述，《泛加拿大信任框架》的目标是实现各级政府和司法管辖区均可接受的可信数字身份。

《泛加拿大信任框架》模式由 4 个主要部分组成，我们将在以下部分进行解释。

◎ 规范核心组成部分，概括了评估过程所需的《泛加拿大信任框架》的关键概念。

◎ 相互承认组成部分，概述了用于评估和认证数字生态系统中参与者的方法。

◎ 数字生态系统角色模式组成部分，界定了数字生态系统中的角色和信息流。

◎ 配套基础设施组成部分，描述了作为《泛加拿大信任框架》底层基础设施的一组技术、运营和政策促进因素。

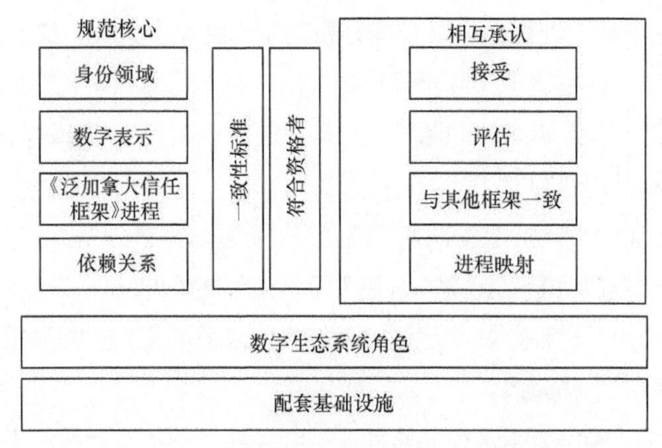

图 19.1 《泛加拿大信任框架》模式的主要组成部分

19.4 规范核心

规范核心概括了一致性评估过程所需的《泛加拿大信任框架》的关键概念，这个过程能够促使赞同承认一致性评估结果的两个或多个辖区之间相互承认。规范核心的这些次级组成部分进一步界定评估和相互承认过程中需要什么：身份领域、数字表示、《泛加拿大信任框架》过程、依赖关系、一致性标准和符合资格者。

身份领域次级组成部分具体说明并区分两种类型的身份。

◎ 基本身份因基本事件（例如，出生、个人法定名称变更、移民、合法居住、入籍公民身份、死亡、组织法定名称注册、组织法定名称变更或破产）而建立或变更。

◎ 情境身份用于特定身份情境中的特定目的（例如，银行、医疗服务、驾照或社交媒体）。根据身份情境，情境身份可能与基础身份相关，也可能不相关。

注：在交付项目和服务时，项目和服务提供者在某个环境或一组环境中运行，这在身份管理领域中被称为身份情境。身份情境由任务、目标人群（即客户、客户群）以及立法或协议规定的其他责任等因素决定。

数字表示次级组成部分将数字表示指定为受法律、政策或法规约束的任何实体的电子表示。目前，定义了两种类型的数字表示。

◎ 数字身份——个人或组织的电子表示，由同一个人或组织独家使用，以获得有价值的服务并满怀信任和信心进行交易。

◎ 数字关系——一个人与另一个人、一个组织与另一个组织或一个人与一个组织的关系的电子表示。

随着《泛加拿大信任框架》的发展，这些数字表示将扩展到包括其他实体类型，如设备、数字资产和智能合同。预计，未来《泛加拿大信任框架》将被用于促进国家间数字表示的相互承认。

《泛加拿大信任框架》进程次级组成部分指定了一组原子过程，这些过程可以单独评估和认证，以便在数字生态系统中实现相互操作。原子过程是导致状态转换（对象输入状态到输出状态的转换）的一组逻辑相关的活动。目前，定义了 26 个原子过程，包括身份解析、身份验证、证书颁发和制定通知。

依赖关系次级组成部分指定了两种类型的依赖关系。首先是原子过程之间的依赖关系。尽管每个原子过程在功能上独立，但是为了产生可接受的输出，一个原子过程可能需要先成功地执行另一个原子过程，其次是依赖外部组织来提供原子过程输出。在评估过程中会识别和记录这种类型的依赖关系。

一致性标准定义了确保原子过程完整性的必要条件。一致性标准用于支持公正、透明和循证评估和认证过程。符合资格者应用于一致性标准，以进一步说明信任级别、要求的严格性、与另一个信任框架相关的特定要求、身份领域要求或特殊的政策或监管要求。

19.5 相互承认

规范核心的子组成部分用于“相互承认”。相互承认进程从进程映射开始，在实践中，它用于评估管辖区的项目活动、业务流程和技术能力，与《泛加拿大信任框架》定义的原子过程对照。将现有的业务流程与原子过程对照后，就会进行评估，并根据每个相关的原子过程一致性标准做出决定。承认指的是正式批准评估过程结果的过程。承认过程取决于适用的治理，同时考虑各自的任务、立法、法规和政策，视情况而定。相互承认可以通过签发接受书的方式正式确定，也可以是更正式的安排或协议的一部分。与其他框架保持一致有助于在可能使用欧盟 eIDAS 等其他框架的国际边界之间实现相互承认。

19.6 数字生态系统角色

在制定《泛加拿大信任框架》的过程中，显然需要阐明数字生态系统各行为体的角色和责任。这些行为体包括范围广泛的政府机构、组织和以各种身份行事的个人。在分析了现有模式，包括 W3C 可验证凭证模式，并经过多次迭代后，一个通用的概念模式出现，如图 19.2 所示。

第 2 章介绍了可验证凭证的信任三角，第 5 章更详细地做了研究，这里将介绍数字生态系统角色模式，以便更正式介绍可验证凭证。更深入部分由 5 个角色和 6 个信息流组成，从任何人（政府机构、组织或个人）都可以承担其中任何一个或几个角色的意义上来说，这个模式现在已经变得通用。

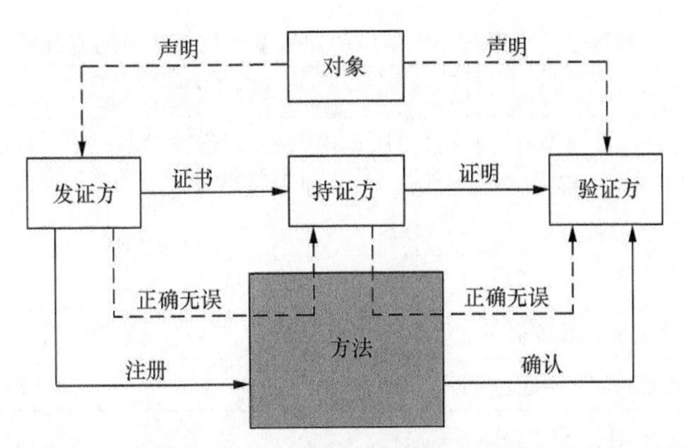

图 19.2 《泛加拿大信任框架》中定义的数字生态系统角色模式可用于采用具有发证方、持证方和验证方角色的自主管理身份模式

数字生态系统角色指的是行为体可能担任的各种角色。

◎ 对象——提出声明的实体。(请注意，数字表示指的是对象的电子表征。)

◎ 发证方——对一个或多个对象做出声明的实体根据这些声明创建证书并将证书传送给持证方。

◎ 持证方——掌握证书的实体，根据证书可以生成证明并提交给验证方。持证方通常是(但不一定是)证书的对象。

◎ 验证方——一个使用声明证明来交付服务或管理项目的实体。验证方接受持证方提供的证明。

◎ 方法——各套规则的通用表示，实体使用或管理这些规则。方法可以包括数据模式和相关模式、通信协议、区块链、中心化管理的数据库，以及这些和类似整套规则的组合。(注意与 W3C 分布式标识规范中 DID 方法的概念类似，第 8 章曾详细讨论。)

系统中行为体之间的数字生态系统信息流如下。

◎ 声明——对某一对象的断言。

◎ 证书——由发证方提出的一项或多项声明。证书中的声明可能涉及多个对象。

◎ 证明——从一个或多个发证方颁发的一个或多个证书中获得的信息，这些信息与特定的验证方共享。

◎ 正确无误——保证证书或证明符合特定的方法。

◎ 注册——由发证方创建的记录。

◎ 确认——由验证方确认的记录。

该模式假设各方之间不存在任何不对称权力关系。任何人都可以是对象、发证方、持证方和验证方，使用许多不同的方法。数字生态系统的角色可以由许多不同的实体来执行，这些实体在不同的标签下执行特定的角色。这些特定角色可以归类为数字生态系统角色，如表 19.1 所示。由于数字生态系统中业务、服务和技术模式多种多样，角色可能由给定情境中的多个不同行为体执行，也可能一个行为体担任若干角色。

表 19.1 将数字生态系统角色与中心化和联邦化模式中的传统角色对应

角色	实例
发证方	权威方、身份保证提供者、身份证明服务提供者、身份提供者、证书保证提供者、证书提供者、验证身份提供者、证书服务提供者、数字身份提供者、委托服务提供者
对象	人员、组织、设备
持证方	数字身份所有者
验证方	依赖方、验证身份服务提供者、数字身份消费者、委托服务提供者
方法	基础设施提供商、网络运营商

19.7 配套基础设施

配套基础设施指的是作为《泛加拿大信任框架》基本基础设施的一套技术、运营和政策促进因素，这对《泛加拿大信任框架》至关重要。但是，它是一个独立的组成部分，因为许多次级组成部分已经确立了工具和流程（例如，隐私影响评估、安全评估和授权）。《泛加拿大信任框架》的目标是使用尽可能多的工具和流程，同时保持一套专门针对《泛加拿大信任框架》的重点原子过程和一致性标准。

19.8 将ToIP栈对应《泛加拿大信任框架》模式

为了推动使用 SSI，已将《泛加拿大信任框架》对应 ToIP 栈（第 2 章曾介绍过，第 5 章和第 11 章做了进一步详细讨论），如表 19.2 所示。这种对应可以帮助政府和行业更好地界定它们如何携手合作开发并使用 SSI 的数字生态系统。

表 19.2 ToIP 栈的 4 层与《泛加拿大信任框架》模式的主要组成部分一一对应。这种层次对应模式有助于业务 / 政策和技术界之间开展协作

<table>
<tr><th>ToIP 栈</th><th>《泛加拿大信任框架》模式</th></tr>
<tr><td rowspan="2">第 4 层：治理框架</td><td>规范核心</td></tr>
<tr><td>相互承认</td></tr>
<tr><td>第 3 层：证书交换</td><td>数字生态系统角色</td></tr>
<tr><td>第 2 层：DIDComm</td><td rowspan="2">配套基础设施</td></tr>
<tr><td>第 1 层：DID 注册表</td></tr>
</table>

幸运的是，对应非常直观。

◎ 第 4 层：治理框架层与《泛加拿大信任框架》规范核心和相互承认组成部分对应。虽然《泛加拿大信任框架》并不是一个正式的治理框架，但它可以作为更广泛的治理框架的一部分，与政策、法规和立法明确挂钩。

◎ 第 3 层：证书交换层与数字生态系统角色相对应。这些角色可以用来描述在提供和交换可验证凭证过程中发证方、持证方和验证方分别是谁，以及各方需要遵守的整套规则。

◎ 第 2 层（DIDComm）和第 1 层（DID 注册表）与配套基础设施相对应。虽然配套基础设施中的促进因素将用于实现 SSI 模式，但其他促进因素将继续用于确保现有的中心化和联邦化模式符合战略大局。

19.9 使用可验证凭证模式

在制定《泛加拿大信任框架》的过程中，加拿大公共部门发现，可验证凭证领域的发展兴趣盎然，而自己身处其中。公共部门正在发生翻天覆地的变化：从以项目为中心的信息共享模式转变为以用户为中心的模式，在这种模式下，个人有权展示自己的数字证明或可验证凭证。

为了检验可验证凭证的概念，公共部门正在向行业发起创新型解决方案挑战。这些挑战旨在确定开发一个国家或全球可互操作的验证平台是否可行以及其具有的特点，这个平台供一组动态的可信发证方和不同的用户群体使用。这方面的一个范例是航空安全，许多行为体和机构跨越组织和地理界限开展行动，目标是利用开源库和基于标准的功能，构建一个分布式、可互操作的数字验证生态系统，供许多独立的发证方、运营商及用户使用（最为重要）。

加拿大公共部门发现，传统的中介服务（如中心化或联邦化登录提供者）有可能消失，短期内这可能不会发生，但《泛加拿大信任框架》模式正在进行调整，以纳入更基本的可验证凭证概念，并将其推广，以便使实物证书（如出生证和驾照）能够在该模式中以数字化方式进一步发展。

加拿大公共部门正在评估在公共和私营部门生态系统范围内应用这些技术的影响。《泛加拿大信任框架》可以利用基于开放标准的可验证凭证和独立的验证系统，促进其向数字生态系统转变。

19.10 促进SSI

《泛加拿大信任框架》和 SSI 模式等信任框架是更广泛的全球框架的一部分。无论是国内还是国际，新兴全球生态系统将新技术和旧系统融会贯通。预计在可预见的未来，这些技术和方法将共存。

《泛加拿大信任框架》有助于将重点放在新兴生态系统的某些领域上。关于 SSI，随着新概念的迭代，可利用《泛加拿大信任框架》将这些新概念与现有的业务、政策和法律框架联系起来，并在时机成熟时推动机构变革。

加拿大政府利用《泛加拿大信任框架》评估并接受了来自两个省级辖区（艾伯塔省和不

列颠哥伦比亚省）的可信数字身份，虽然利用传统的联邦化身份系统已经实现了整合，不过已经开始着手早期工作——探索将 SSI 模式与艾伯塔省证书生态系统和不列颠哥伦比亚省可验证组织网络结合使用。

19.11　《泛加拿大信任框架》的SSI记分卡

虽然加拿大政府正在积极应用 SSI，但预测未来还为时过早。《泛加拿大信任框架》是一个工具，有助于了解政府背景下的 SSI，并推动机构变革，以更好地为加拿大人服务；还将鼓励可以利用 SSI 的新的机构关系。对于 SSI，如果我们能够利用得当，它将变得无处不在，并为所有人打造更出色的数字生态系统。

加拿大广泛采用 SSI 效益评估以彩色编码，SSI 记分卡颜色编码如下。对于这种情况，我们认为对关系管理的影响是积极的。所有其他类别都被评估为变革型（如表 19.3 所示）。

变革型	积极	中性	消极

表 19.3　SSI 记分卡：《泛加拿大信任框架》

类别	关键惠益
概要	SSI 要求采取新颖、侧重外部的视角，帮助各组织认识它们自身是更大的数字生态系统的一员。如果没有工具来帮助机构变革管理，SSI 的采用充其量只能是零散或支离破碎的
	《泛加拿大信任框架》有助于采用新技术，这些技术要求机构进行变革管理。可利用《泛加拿大信任框架》为现有流程重新赋予概念，将其纳入 SSI 模式，并进一步了解如何适应基于标准且由发证方、持证方和验证方组成的更宏大的数字生态系统。并且，还有可能发明验证功能，使其能够像今天的互联网一样，无处不在，并且能够在全球访问
业务效率	对于提高潜在的效率无可估量，不再需要专门的验证身份应用程序来存储个人信息。由于正在制定支持 SSI 模式的标准，有可能在大量数字生态系统服务中使用数字钱包和这些钱包中的可验证凭证。
用户体验和便捷性	许多需要完成的工作用户可能看不到。需要明确呈现给用户并作为应用程序单独安装的内容最终将消失，取而代之的是配套硬件和验证协议。用户只需要展示他们是谁，知道他们拥有全部代理权，并且对他们所有的数字交互行为有安全感
关系管理	利用《泛加拿大信任框架》并在 SSI 的支持下，数字生态系统的参与者可以专注于开发和维护适应性强且灵活的治理框架，他们知道供应商或技术不会限制或约束彼此之间的关系
监管合规	可将《泛加拿大信任框架》与现有的立法、政策和法规相对应，并将评估和相互承认流程正式化，并进行调整，使其与“了解你的客户”和反洗钱的完全合规要求保持一致

第20章 欧盟从电子身份识别、身份验证和信任服务（eIDAS）到SSI

Dr. Ignacio Alamillo-Domingo

SSI 已经成为美国、加拿大、韩国、澳大利亚乃至新西兰的政府的主要技术主题。在第 19 章中，加拿大在SSI领域的两位佼佼者解释了加拿大政府如何推进SSI。在本章中，法律专家 Ignacio Alamillo–Domingo 博士介绍了欧盟数字身份的演变发展，进而解释欧洲的条条大路为何最终都通向了 SSI。Ignacio Alamillo–Domingo 博士是欧洲区块链服务基础设施项目的法律专家，他参与了 ISO/TC307、CEN–CLC/JTC19 和 ETSI TC ESI 的标准化活动，他还拥有 eIDAS 相关的博士学位。

在互联网交易中建立信任是信息社会正常运转的主要要求之一，从欧盟的角度来看，也是欧洲内部市场正常运转的主要要求之一。正如第 1 章所解释的，最初的互联网架构设计于 20 世纪 60 年代到 70 年代，当时设计并没有将安全性放在首位。塑造让人们感到安全和自信的环境对于促进数字身份被采纳很有必要。

欧洲议会和欧盟理事会 2014 年 7 月 23 日颁布的关于内部市场 eIDAS 的第 910/2014 号欧盟条例成为一个重要的变革性里程碑，它为以电子方式进行司法通信提供保障。

注：在欧盟，主要立法须由欧洲议会和欧盟理事会共同批准，欧洲议会和欧盟理事会常常被称为共同立法者。

eIDAS 构成了欧盟和欧洲经济区的主要信任框架，用以支持自然人和法人以电子方式（通常是在互联网上）实施的司法行为（表达意愿，意在产生法律后果）。它是两种不同身份管理方法的遗留结果：公钥基础设施和后来的联邦化身份管理。

注：可在第 11 章了解更多关于信任框架（也称为治理框架）的内容。我们在第 6 章讨论了公钥基础设施，在第 8 章讨论了分布式标识。

在介绍欧洲如何努力实现 SSI 之前，有必要提供欧洲公钥基础设施和联邦化身份管理发展的一些背景，这有助于我们了解欧洲背景下 SSI 带来的惠益。

20.1 公钥基础设施：欧盟首个受监管的身份服务机构

从严格的时间顺序来看，欧洲立法最初是为了对信息安全机制和服务进行监管，因为它们认为这些机制和服务有利于在互联网上进行合法交易，其中包括数字签名。附加到数据单位上的数据或数据单位的加密转换，使得数据单位的接收方能够证明数据单位的来源和完整性，并防止伪造数据（ISO 7498-2）。

数字签名技术确保了数据来源验证和数据完整性，并用于不可否认服务。

◎ 数据来源验证证实了所收到的数据来源与声明内容一致（ISO 7498-2）。

◎ 数据完整性是指数据未被以未经授权的方式更改或破坏的属性（ISO/IEC 9797-1）。

◎ 不可否认服务生成、收集、维护、提供和验证与声称的事件或行动相关的证据，以解决相关事件或行动发生与否的争议（ISO/IEC 13888-1）。

因此，数字签名被认为是手写签名的潜在替代品，特别是在基于公钥基础设施的情况下。

公钥基础设施是由签发数字证书的证书颁发机构建立的，这些证书将公钥与已识别的实体绑定在一起，提供了关于个人身份或持有公共密钥的系统的重要安全等级。由于数字签名具有基础的非对称加密的数学属性（在第 6 章中解释过），数字证书支持将签名的文档或信息归属于证书中标识的人。从这个意义上说，数字证书构成了一种身份服务，私营部门公司有可能提供这种服务。

国家认识到，要针对基于证书颁发机构活动的数字签名制定法律，这可能是发展电子商务的一个基本要素。另一个明显的好处和目标是，有可能在联合国框架内协调统一新的数字签名法律，或者至少在这一领域确立共同原则，并提供国际基础设施。

20.2 欧盟法律框架

在欧盟公钥基础设施中，证书是由授权实体签发的电子文件，将自然人或法人的姓名（以及任何其他相关身份属性）与该人的公钥绑定在一起。证书严格实施相关规定，使收到数字签名的任何一方都高度信任签名人的身份。

公钥证书作为一种特定的信任服务，接受《eIDAS 条例》监管。该条例根据用途将证书分为三类，它们分别是用于电子签名的自然人证书、用于电子印章的法人证书和用于浏览器和网络服务器的网站证书。

欧盟立法监管的三种证书对应于非对称（公钥）加密的三种用途，介绍如下。

◎ 由自然人创建的数字签名被称为电子签名，它可具有与亲笔签名相同的法律效力。

◎ 由法人创建的数字签名称为电子印章，可具有相同的法律效力，确保数据的完整性和电子印章所链接的数据来源正确无误。

◎ 数字签名被用作由服务器执行的验证方法（例如，使用 TLS 1.2）。浏览某个网站并在地址栏中看到绿色锁图标时，浏览器就会验证这类签名。

在《eIDAS 条例》中，数字证书一直被视为是身份的电子证明，无论是对自然人还是法律实体而言，也无论该证书是否用于支持电子签名、电子印章或网站认证。

为了增强依赖方的信心，《eIDAS 条例》为每类证书的内容制定了一套最低标准，并规定了证书签发者的最低义务。这些标准适用于所有信任服务提供者（在欧盟，指的是提供和保存数字证书以创建和验证电子签名，以及对签名人和网站进行认证的个人或法律实体）。

这就提出了一个问题，即这些证书是否可以在实体认证服务中使用。一些成员国已经承认合格证书是国家一级的一种电子 ID。如果成员国决定允许使用电子签名证书或电子印章证书作为跨境身份识别系统，则该系统将成为欧盟联邦身份管理计划的一部分，本章稍后将对此进行解释。

为何符合 eIDAS 的公钥基础设施应该被视为是欧盟向 SSI 迈出的非常重要的第一步？对此有以下几个论点。

◎《eIDAS 条例》中包含的公钥基础设施法规定了一项关于公钥证书使用者的法律规约。这意味着，签发合格证书的信任服务提供者必须遵守《eIDAS 条例》（以及任何补充该法的国家法律）的严格规则，包括证书签发和吊销的法律条件。由于信任服务提供者只能在具备法律认可的原因时才能吊销证书，因而证书所有者的自主权更有保障。这至少在一定程度上使欧盟的公钥基础设施系统符合 SSI 的各项原则。

◎《eIDAS 条例》还规定了高级电子签名和高级电子印章的法律要求。这些要求包括确保签署人自主签字或为数据盖章，从而确保个人在管理其数据方面的自主权，使第三方无法获取这些数据。如果是自然人，这种控制权必须是排他性的，这也非常符合 SSI 理论的核心假设。

◎《eIDAS 条例》还规定了委托用户密钥生成和管理的可能性，委托用户保持控制权。如第 9 章、10 章和 11 章所解释的那样，这与 SSI 支持保管云钱包和数字监管的另一项重要原则相一致。

◎ 为公钥基础设施开发的实践、程序和法律知识可以作为 SSI 的基准，特别是对可验证凭证管理生命周期而言。这使得 SSI 基础设施能够利用国际电联电信标准化部门（ITU-T）、互联网工程任务组（IETF）和欧洲电信标准化协会（ETSI）等组织的国际标准。

虽然公钥基础设施是建立互联网全球身份元系统的宝贵的第一步，但它并不能涵盖这种系统的所有需求，即使是在区域一级。而且公钥基础设施无法践行 SSI 的某些原则。例如，用户仍然依赖单个信任服务提供者，但后者可能为了合法而删除用户身份，即使他们的活动受到法律监管，因此这种删除必须有合理的理由。公钥基础设施也不支持将标识与其他身份数据分开。

最后，公钥基础设施不支持选择性披露，即数据对象能够控制仅披露验证方所要求提供的那些数据的能力。现有的数字证书技术迫使用户共享证书中包含的所有信息（这可能违反欧盟的数据保护法规，如 GDPR）。

由于这种局限性，证书可能仅包含支持电子签名、电子印章和网站身份验证所需的最少数据集。因此，就出现了有点矛盾的局面，在一些欧盟成员国，证书包含的信息不充分，无法用于识别独特的身份，至少在欧盟一级是如此。

这些问题——成员国和私营企业提供其他验证机制（如多因素加强验证）的事实——妨碍公钥基础设施成为全球身份元系统，其中一个例外可能是符合证书颁发机构 / 浏览器论坛政策要求的 TLS 服务器证书。主要的互联网浏览器通过在信任商店中包含（或剔除）被认可的证书颁发机构的根证书来强制实施。如果由于违规或行业压力而突然撤销证书颁发机构，这种做法可能会影响数百万用户的证书和身份认证，这会带来真正的危险。

注：证书颁发机构 / 浏览器论坛建立于 2005 年，是一个由证书颁发机构、互联网浏览器软件供应商和使用 X.509 v.3 数字证书进行 SSL/TLS 和代码签名的其他应用程序供应商组成的自愿团体。

这种危险使人们对分布式公钥基础设施的 SSI 概念产生了兴趣。我们首先在第 1 章中解释了这个概念，并在第 5 章、8 章和 10 章中进行了更详细的探讨，这个概念提出一种途径，分布式公钥基础设施提供与公钥基础设施所支持的相同核心优势，但不需要依赖存在单点故障的中心化服务提供商（如证书颁发机构）。分布式公钥基础设施展现了吸引力，欧盟在 2000 年至 2014 年间向身份元系统迈出了第二步：构建欧盟身份联盟和进一步扩大公钥基础设施。

20.3 欧盟身份联盟

由于欧盟公钥基础设施条例在身份证明方面的局限性，并且每个成员国的国家电子身份识别机制不被其他成员国承认，欧盟制定了《eIDAS 条例》。这是一个全欧盟的身份联盟，为任何电子身份提供了相互承认系统。本质上，它是一个区域身份元系统，尽管有一些局限性。

20.3.1 电子身份识别的法律概念

为了发挥身份元系统的作用，《eIDAS 条例》给出了具体词汇的定义，用于比较和评估国家身份机制，并在欧盟一级将其联合起来。图 20.1 说明了以下概念。

◎ 电子身份识别——指的是这样的过程，以仅代表自然人或法人，或代表法人的自然人的电子格式，使用个人身份识别数据（《eIDAS 条例》第 3(1) 条）。

◎ 个人身份识别数据——能够确定自然人或法人或代表法人的自然人的一组数据（《eIDAS 条例》第 3(3) 条）。这种数字身份可以是政府指定的姓名（一个或两个姓氏）和注册号码。鉴于识别个人身份有各种数据集，以及汇总所有可能的身份识别数据去创建唯一身份面临着法律挑战，该条例通常提及部分电子身份。就《eIDAS 案例》而言，获取公共服务需要最低限度的数据集。

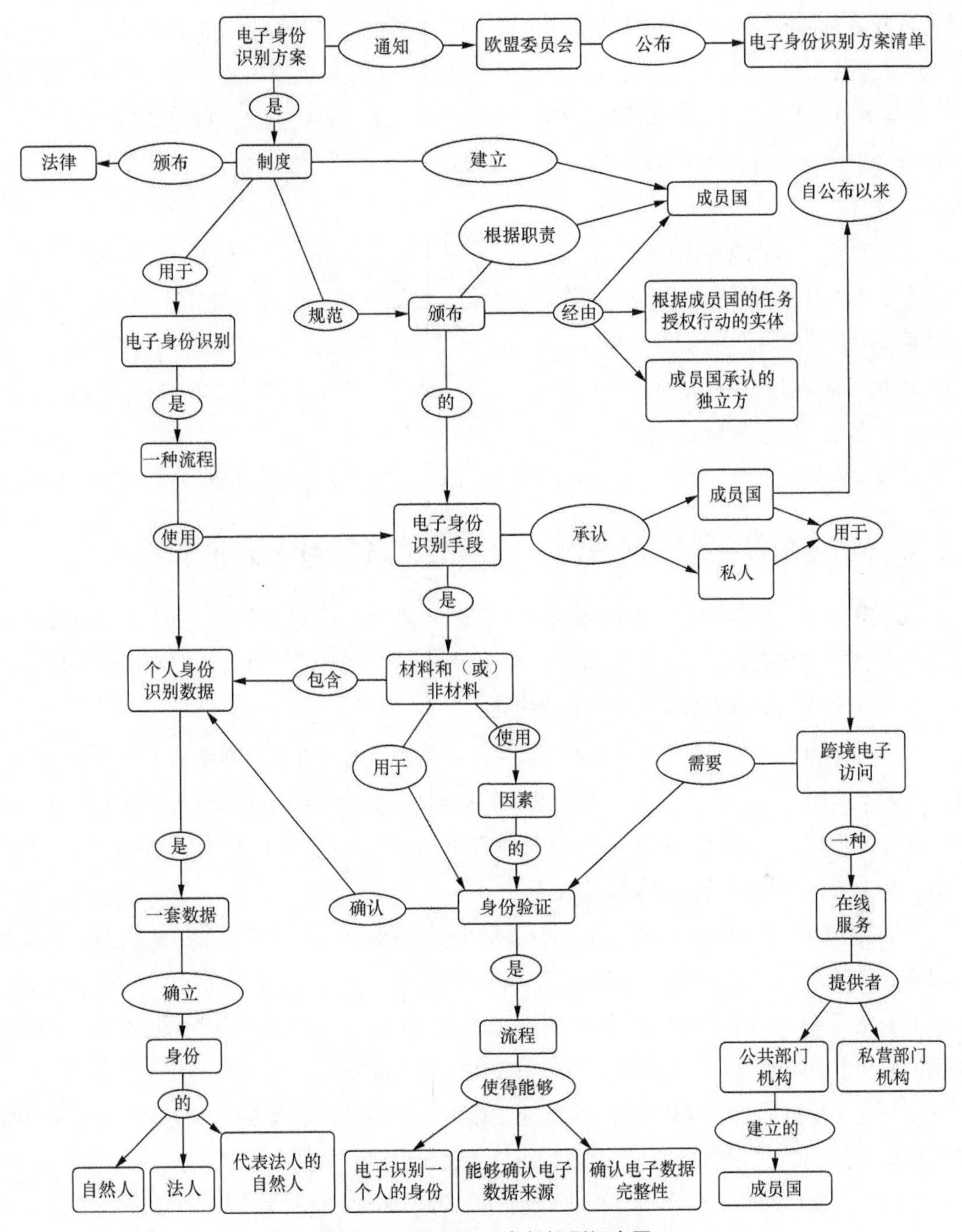

图 20.1　欧盟电子身份识别概念图

◎ 电子身份识别方案——一种电子身份识别系统，根据该系统，针对自然人或法人或代表法人的自然人实施电子身份识别手段（《eIDAS 条例》第 3（4）条）。

◎ 电子身份识别手段——指一种物质和 / 或非物质单位，包含用于在线服务验证的个人身份识别数据（《电子身份识别、身份验证和信任服务条例》第 3（2）条）。

◎ 身份验证—— 一种电子程序，能够确认自然人或法人的电子身份，或电子形式数据的来源和完整性（《eIDAS 条例》第 3(5) 条），涉及三种众所周知的安全服务。

从欧盟法律的角度来看，电子身份识别概念的特点是发证单位包含用于跨境身份验证（至少是用于公共服务）的身份识别数据。这种法律抽象支持实施许多潜在的技术，包括嵌入计算机应用程序或加密卡中的数字证书、生成唯一验证码（如一次性密码）的物理或逻辑设备，以及许多其他技术。

这些电子识别手段五花八门，数量众多，其中许多已经在各成员国使用，但带来了真正的安全和互操作性挑战，妨碍跨境操作。这就是需要建立整个欧盟范围内的身份元系统，以及跨境交易中的纯实体身份验证成为新法规的核心创新的原因。此外，《电子签名指令》涵盖了数据来源验证和数据完整性——这两者都是高级和合格电子签名的标准属性（现在也是高级和合格电子印章的标准属性）。

欧盟身份元系统可以支持 SSI 的核心概念，因为从技术和组织的角度来看，它充分中立。

20.3.2 《eIDAS FIM条例》的范畴及其与国内法的关系

根据第 1(a) 条的规定，《eIDAS 条例》仅限于确立“成员国承认另一成员国通知的电子身份识别方案规定的自然人和法人电子身份识别手段的条件”。这意味着身份信任框架的核心是处理电子识别系统的安全性和互操作性。

注：从《eIDAS 条例》的角度来看，我们可以看到，电子身份识别集电子公共服务于一体，不同于可以作为公共或商业服务提供的可信服务，后者可以通过直接或间接管理技术提供。根据《eIDAS 条例》第 11 条，电子身份识别也可以是成员国承认的私人服务［见《eIDAS 条例》第 7(a) 条］，始终由成员国负责。

根据《eIDAS 条例》第 6(1) 条，跨境承认电子身份识别系统要具有法律效力，必须满足以下 3 个条件。

(1) 电子身份识别手段必须根据电子身份识别方案发布，该方案位于委员会根据《eIDAS 条例》第 9 条公布的清单中（该条要求成员国预先通知新清单）。

(2) 电子身份识别手段必须使用高或非常高的安全级别，安全级别必须等于或高于公共部门机构在第一个成员国在线使用该服务所需的安全级别。

(3) 公共部门机构在线访问该服务时安全级别必须高或非常高。（令人惊讶的是，这项规定排除了拥有比公共部门机构要求的系统级别更高的人使用它的可能性。例如，一名西班牙公民打算使用西班牙国民电子身份证在另一个只需要低质量密码成员国访问时，就会出现这种情况，因为该服务的安全性较低。）

通过确立这些要求，《eIDAS 条例》重点关注，在该条例适用的领土范围内，相互承认成员国颁发的具有法律效力的数字身份，并将使用此类系统的权利扩大到欧盟其他成员国。

eIDAS 的法律效力虽然仅限于个人与公共部门机构之间的关系（符合欧盟允许使用电子手段对成员国进行公共管理的政策），但欧盟联邦化身份管理旨在允许在获得身份提供者所在成员国授权的情况下，将成员国根据 eIDAS 通知的电子身份识别手段用于私营部门用途。

eIDAS FIM 被认为是欧盟采用 SSI 的第二个关键步骤，特别是在法律监管的环境中，有如下若干原因。

◎《eIDAS 条例》是欧洲经济区的主要电子身份识别信任框架。

◎ 电子身份是数字单一市场的一个组成部分，允许在电子政务领域建立跨境电子关系。

◎ 可将 eIDAS 扩大到包括承认将电子身份用于私营部门用途，例如反洗钱和打击资助恐怖主义、在线平台等用途。

◎ 技术中立的方法可以让 SSI 系统使用起来非常简便，这为采用 SSI 系统切切实实带来了契机。

◎ 得益于联合国国际贸易法委员会的推动，《eIDAS 条例》在国际监管领域具有强大的影响力。

欧盟身份元系统最初发布时有一些潜在的局限性，特别是在图 20.2 所示的代理到代理模式中，该模式比代理到中间件模式的采用范围更广泛。

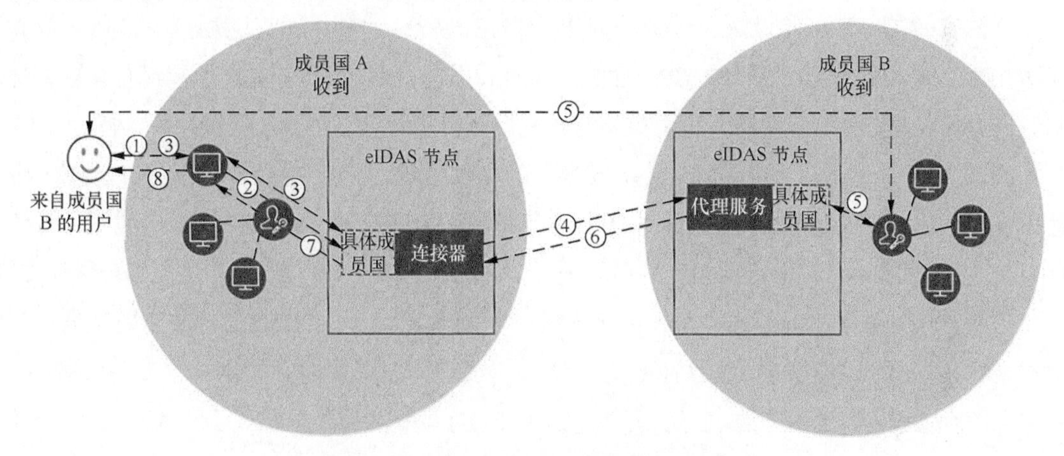

图 20.2 eIDAS 代理节点到代理节点方案

代理节点的引入带来了一些潜在的问题，通过采用 SSI 范式可以更好地解决这些问题。

◎ 社会和法律问题——在代理到代理模式中，要求进行中心化身份验证，有暴露隐私的风险，这个问题妨碍采用 eIDAS，而 SSI 的分布式验证模式可以解决这个问题。它还将允许从欧盟 GDPR 角度来看，在可以接受的条件下共享非常敏感的数据。

◎ 身份提供者的技术和基础设施能力（灵活性、连续性、容量、安全性等）——SSI 模式将允许用 DLT 替代代理到代理模式中的中心化身份验证节点，这既可以消除单点故障，又可以提供更好的安全保障。

◎ 财务和责任方面——代理到代理模式中使用的公共单节点模式使得将成本转移给可信实体变得困难，并加重了发证方的责任，尤其是发证方是公共机构。相比之下，使用 DLT 的 SSI 模式，依赖方可以承担验证身份成本，而无须确立复杂的法律关系。这种方法还可以减少发证方的潜在责任。

20.4 总结eIDAS对采用SSI的重要性

如前几节所述，《eIDAS条例》必须被视为历史演变的结果，体现了以下两种不同的身份信任框架。

◎ 基于公钥基础设施的信任框架，用于确认自然人、法人或网站身份的合格证书。合格证书通常用于在国家一级识别个人身份。

◎ 基于联邦化身份管理的信任框架，涵盖用于跨境电子身份识别和身份验证目的的任何技术，包括符合最低数据集和安全要求的合格证书。

《eIDAS条例》可为合法有效的SSI可验证凭证提供大力支持，这也是Tim Bouma提出“合法授权的自我主权身份”（LESS身份）这一表述的原因之一。该术语确定了符合法律要求的SSI可验证凭证特定类别，以区别于使用不同社会信任机制（如声誉）的其他SSI解决方案。

合法有效的SSI可验证凭证将具有本书中讨论的所有优势，如实现用户完全自主权和可移植性、最少的披露、强大的安全性和隐私性以及广泛的互操作性。考虑到所有这些优势，eIDAS未来应该如何发展？是否应该对其进行调整，以包括对SSI提供具体支持？

2020年一份名为《SSI eIDAS法律报告》的文件讨论了这一主题。它指出，从技术中性的角度对《eIDAS条例》（更具体地说，对证书定义）进行宽泛解释，将支持使用特定的DID方法（见第8章）加上特定类型的可验证凭证（见第7章）作为自然人和法人的合格证书。

因为合格证书确认对象的身份（签名人或印章创建者），这种DID方法和可验证凭证具体结合将具有与合格证书相同的法律效力。它还将支持区块链交易中的高级合格签名和高级合格电子印章。此外，这种方法将有助于从公钥基础设施顺利过渡到分布式公钥基础设施和SSI系统，同时保持甚至促进一个有价值的市场，并重新利用方便和行之有效的监督和责任制度。

尽管如今eIDAS(《eIDAS条例》) 下的电子身份识别与传统的联邦化身份管理基础设施（如基于SAML或OpenID的基础设施）明显一致，但eIDAS或其实施不应妨碍使用SSI系统作为端到端的电子身份识别手段。

因此，《SSI eIDAS法律报告》认为，用于身份识别目的的可验证凭证是符合eIDAS的电子身份识别手段，至少可以用于与公共部门机构和公共行政部门的交易，以及（如果发证方在已通知的电子身份识别系统框架内决定）与私营部门实体的交易等。

20.5 欧盟身份元系统中采用SSI的情景

两种不同的情景将有助于在欧盟身份元系统中采用SSI。第一种情景（见图20.3）将保持采用代理节点方法，因为SSI系统将在当前存在的节点后面使用，确保即时识别和可互操作。虽然这是一个过渡方案，但它将使 SSI 能够迅速整合，并且不需要对《eIDAS 条例》进行任何修改。它不会解决之前确定的所有问题，但它将使得能够纳入已经在私营部门交易中得到证明的有价值的 SSI 使用案例，提升这两个国家之间的信任度。

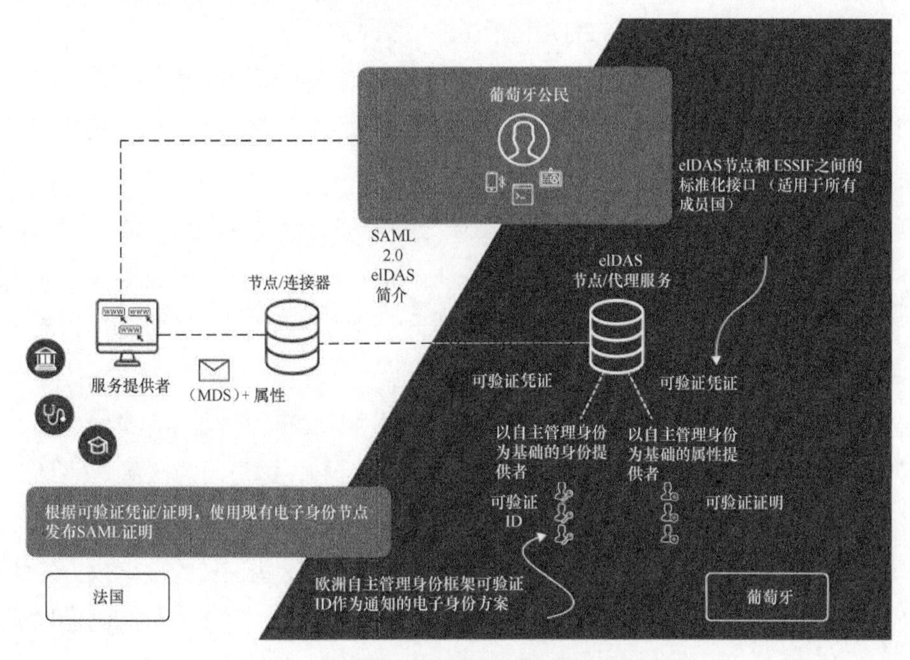

图 20.3　在当前的欧盟身份元系统中采用 SSI

第二种情景（见图 20.4）将发展一个中间件模式，用 SSI 操作协议和工件代替 eIDAS 代理节点。这开启了更多潜在的用途。

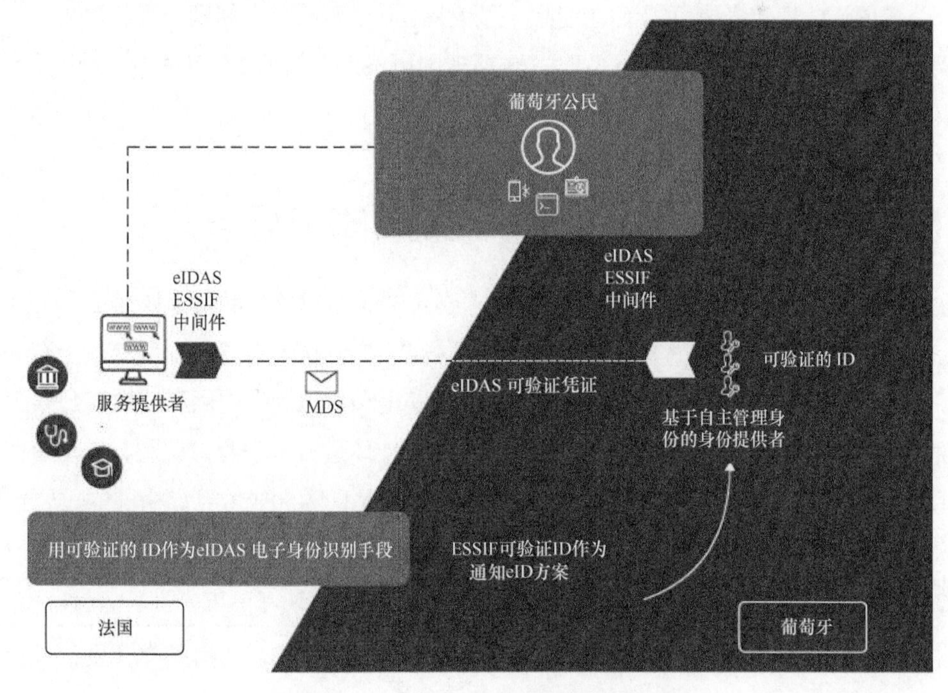

图 20.4　以 SSI 为支持的欧盟身份元系统

正如《SSI eIDAS 法律报告》第 10.1 节所解释的，eIDAS 不包括更广泛意义上的身份管理，仅包括电子身份识别。因此，它不能立即适用于颁发和共享其他可验证凭证或出示证件（EBSI 和 ESSIF 可验证的证明），如文凭和就业证书。这是可以理解的，因为这种证明身份的证书具有法律地位。然而，由于多部门监管，在跨境情景中很难使用此类证书。

第二种情景可能为《eIDAS 条例》扩展成为颁布和交换任何类型可验证凭证的通用框架铺平了道路。换句话说，SSI 技术为 eIDAS 带来的创新性变革改变了条例，使其支持各种合法有效的跨境身份证明，如年龄、文凭、就业等。

要明确的是，《eIDAS 条例》中的历史法律方法是完全合理的。它具体而详细，包含与电子识别（电子识别方案、电子识别手段、个人识别数据）、验证、安全等级、互操作性和治理规则相关的精确法律定义。简而言之，这是一个全面的跨境身份验证法律信任框架，是整个成员国联盟身份管理的重要组成部分。

在这种情景下，建议制定一个并行的信任框架，用于发布和共享其他身份属性。以同样的方式，按照当前电子身份识别方法，无法实现这一目标，这是因为这些其他身份属性的语义和规则大相迥异。虽然这些其他属性可以用来识别一个人的身份（在非常笼统的意义上），但它们的目的并非用于识别和验证身份。然而，支持这些证书的法律效力的法律手段是相同的，即采取《eIDAS 条例》目前用于注册新的电子身份识别手段的相同通知程序去注册许多其他类型的身份证书，以确保其质量、安全性和互操作性。

在分析管理身份证书的任何部门框架（例如，支持专业资格认证的文凭，这是欧洲区块链服务基础设施的一个使用案例）后发现，改变通常由公共行政部门签发的传统认证文件很复杂。为了便于快速转换成可验证的证明，可能提出一个新的对等规则。当法律规范要求提供证明自然人或法人身份属性的文件时，这项规则可根据（新的）《eIDAS 条例》授权使用可验证的证明。

20.6 欧洲区块链服务基础设施的SSI记分卡

欧洲区块链服务基础设施是欧洲各地的一个分布式节点网络，将提供跨境公共服务，这是欧洲区块链伙伴关系取得的一项成果。欧盟委员会 27 个欧盟成员国、列支敦士登和挪威组建了欧盟区块链伙伴关系，携手合作，按照最高安全和隐私标准提供跨境数字公共服务。

欧洲利用其现有的 eIDAS 基础设施对个人和法律实体进行电子身份识别，完全有能力成为采用 SSI 的世界领导者。这符合欧洲的民主传统，也是让欧洲成为世界榜样的重要契机。

欧洲区块链服务基础设施广泛采用 SSI 的效益评估按颜色编码如下。

变革型	积极	中性	消极

对于这种情形，我们认为对概要和监管合规的影响是积极的。所有其他类别都被评估为变革型（见表 20.1）。

表 20.1　SSI 记分卡：欧洲区块链服务基础设施

类别	特点 / 惠益
概要	正如欧洲区块链服务基础设施所提议的那样，欧洲采用 SSI 方法可以实现数字单一市场的承诺，同时促进和加强欧盟的价值观。使用 SSI 进行全球可接受的电子身份识别和身份数据共享，将使公民和公司能够使用其现有的行政身份和基础设施，减少电子商务中的欺诈，可靠地进入新市场，并通过促进身份数据交换获得额外收入
业务效率	欧洲区块链服务基础设施以 SSI 为支持的解决方案将提高业务效率，这得益于所有者自我管理其身份数据，促进客户和业务合作伙伴参与其中。这与采用分布式业务流程尤其相关，目前，身份孤岛现象阻碍了数字化转型带来惠益。这并不意味着现有的身份数据源、尤其是那些权威的数据源消失，但这确实意味着消除了目前阻碍全球访问和使用这些值得信赖的身份数据的重大障碍
用户体验和便捷性	欧洲区块链服务基础设施以 SSI 为支持的解决方案将使欧盟公民在任何商业或公共管理环境中访问和使用自己的身份数据变得更加容易，尤其是在跨境情景下。这包括电子身份识别要求安全级别非常高或很高，才能参与具有法律约束力的行动。它还能在需要时便于选择性地共享匿名数据，提供更有效的隐私保护
关系管理	企业和公共行政部门将能够与其用户建立直接的电子关系并进行管理，而不需要连接所有成员国的多个身份数据源，也不需要利用庞大而复杂的技术以及处理安全和互操作性问题。它们将能够接受现有证书，并在这个自我管理的身份数据生态系统中颁发自己的证书。此外，由于身份的特点是关系，欧洲区块链服务基础设施以 SSI 为支持的解决方案将有助于形成一个自我管理、用户控制的社交图，有助于释放数据的潜在价值，而无须中心化第三方的干预
监管合规	由于相关法律设计，包括建立在《eIDAS 条例》基础上的身份信任框架，欧洲区块链服务基础设施以 SSI 为支持的解决方案可以简化适用于业务和管理流程的法律和法规要求，并推动成员国遵守这些要求。这将有助于所有在这个新领域运营的公司得到适当的保证

附 录

附录A liveBook附加章节

我们联系世界各地的专家，邀请他们分享关于 SSI 对他们所处行业和司法管辖区的影响。我们收到了大量回复。在本书受新冠肺炎疫情影响推迟出版期间，我们收到了更多专家的回复，为第 4 部分提供了大量用于未来出版的素材。

在发现我们收到的素材明显远远超出纸质书籍的篇幅限制后，Manning 出版社编辑团队建议将未出版的素材发布在 liveBook（在线电子书）版本中。本附录列出了本书付梓之时 liveBook 版本中收录的附加素材。我们希望未来有更多行业专家与我们分享他们对于 SSI 的看法，而我们也会将这些素材添加至 liveBook 版本中，请随时查看 liveBook 版本以获取最新内容。

第 21 章：SSI、支付与金融服务

Amit Sharma

银行、信用合作社等传统机构一直都是 SSI 的潜在采用者。但是，目前仍有 25 亿～ 35 亿人及数以百万计的组织无法获得基础金融服务。银行经常将关键、昂贵和低效监管合规要求作为它们不得不“降低风险”或排斥部分客户的理由。SSI 的优势在于，它可以实现为新客户引导流程、诈骗防范和客户尽职调查，以及为反洗钱和反恐怖融资提供支撑，进而协助提升金融服务可靠性，同时保护金融系统完整性。Amit Sharma 是金融 / 监管科技混合型公司 FinClusive 的创始人兼首席执行官。FinClusive 为传统银行业中未获得充分服务、被排斥的和 / 或被视为风险过高的个人和公司搭建一个全栈 FCC（Financial Crimes Compliance）平台。Amit Sharma 还是 Sovrin 基金会合规与普惠金融工作组的主席。

第 22 章：运用 vLEI 识别组织身份

Stephan Wolf、Karla McKenna 和 Christoph Schneider

法人机构识别编码（LEI）是一项 ISO 标准，为全球司法管辖区内的所有法律实体（公司、合伙企业、独资企业、非营利组织等）分配唯一编码。全球法人机构识别编码基金会（GLEIF）由金融稳定理事会于 2009 年成立，目的是提供一种标准方法来识别和跟踪法人组织的金融交易，使它们无法在不同司法管辖区的不同注册系统中隐藏身份和关系。随着 SSI 技术的出现，GLEIF 开始着力推出可验证的 LEI 凭证，即 vLEI。vLEI 将在全球所有行

业领域的交易对手间实现即时和自动身份验证。本章作者为 GLEIF 负责 vLEI 项目的管理团队：Stephan Wolf（首席执行官）、Karla McKenna（标准主管）和 Christoph Schneider（IT 开发和运营主管）。

第 23 章：SSI 与医疗保健

Paul Knowles 和 Dr. Manreet Nijjar

便携式医疗设备制造的技术进步改善了个人医疗保健服务，但实体间缺乏交互导致行业碎片化。随着技术和数据的融合推动社会进入人工智能时代，机器生成的数据量呈指数级增长，带来了对连通性和个人数据处理范式的新需求。在本章中，人类巨像基金会（The Human Colossus Foundation）联合创始人 Paul Knowles 与英国巴兹保健和国民信托顾问医师兼 Truu 的联合创始人 Manreet Nijjar 博士解释了如何通过在日益去中心化的医疗保健行业中应用 SSI 解决方案来维持可信赖的医疗保健关系。

第 24 章：应用 SSI 实现企业身份和访问管理

André Kudra

如本书第 1 部分所述，身份和访问管理（IAM）目前已经是企业软件市场中的一个成熟、价值数十亿美元的细分市场。SSI 是一项颠覆性技术，但这并不意味着需要使用 SSI 技术来替代现有 IAM 系统，而是将它与现有系统集成。在本章中，德国领先企业安全和 IAM 公司 esatus AG 的联合创始人兼首席信息官 André Kudra 解释了 IAM 在当今企业（尤其是应用程序格局复杂的大规模组织）中的实施情况。孤立数据结构仍然占据主导地位。在这种环境下，SSI 可以迅速展现其实用性，成为业务事实数据的金牌来源。此外，SSI 还可以简化和自动化许多 IAM 流程，尤其是耗费时间的新员工培训流程或跨公司合作流程。André 还简单地介绍了 esatus AG 实施的基于 SSI 实际集成的“从头至尾”的改进方案。

第 25 章：应用 SSI 彻底改造保险业

David Harney 和 Jamie Smith

在本章中，爱尔兰人寿银行集团首席执行官 David Harney 和 Evernym 业务发展高级总监 Jamie Smith 解释了 SSI 将如何改变保险的设计、运营和体验。他们探讨随着个人成为自己数字身份的管理者和自己数据的通信员，保险业实施已久的流程将如何发生变化。保险公司将能够与客户建立更丰富、更持久的关系；开发更明智的洞见，为定价和风险分析提供信息支持；减少欺诈；降低保险费率；提高数据合规性；开发创新保险产品和服务——例如，提高数据完整性和真实性。个人也将受到 SSI 的影响，不仅将获得更便宜、更个性化和更智能的保险产品与服务，还可以获得新产品，帮助他们通过数据了解自己的生活，并决定购买真正需要的保险（以及实际需要支付的保险费）。

第 26 章：推动 SSI 在人道主义行动中的应用

Nathan Cooper 和 Amos Doornbos

SSI 在人道主义行动中的应用极具前景，但其在实际实施中仍然面临诸多技术和非技术挑战。例如，人道主义组织的工作可能在地球上一些偏远的地方开展，并且面向世界上弱势群体。大多数 SSI 基础设施是基于网络和智能手机的，但大多数人道主义行动环境中却并没有这些基础设施。此外，在开展人道主义行动时，应当假设行动地点的基础设施（网络、道路、电力、卫生）破旧落后、连通性有限甚至完全缺失、环境恶劣（沙地、高温、电涌等）、人们的数学素养和语文素养低，以及最常见的设备充其量也只是一部功能手机。Nathan Cooper 是红十字会与红新月会国际联合会的备灾创新高级顾问；Amos Doornbos 是国际世界宣明会的灾害管理战略和系统总监。他们拥有关于这些挑战的现实情况的第一手资料。他们在本章中阐明了为了应用 SSI 来帮助弱势群体而必须开展的工作，这是他们的肺腑之言。

第 27 章：应用 SSI 确定监护权和其他代理权

Jack A. Najarian、Aamir S. Abdullah、Jeff Aresty 和 Kaliya Young

作为一个法律术语，“监护权”的意义非常明确。这一术语后来被 SSI 基础设施技术人员用来描述特定关系，这种关系指帮助那些无法自己持有和出示可验证凭证的人持有凭证的实体。然而，这并不一定符合监护权的法律定义。法律和判例在法律体系中具有重要意义，因此，决策者和治理体系构建者必须了解这一差异。只有承认这一差异，立法者和技术人员才能够为 SSI 技术开发适当的治理体系，以满足他们的所有需求。Jack A.Najarian、Aamir S.Abdullah 和 Jeff Arestry 都是在互联网法律领域拥有多年丰富经验的律师，而 Kaliya Young 是互联网身份研讨会的联合创始人。

第 28 章：SSI 的设计原则

Jasmin Huber 和 Johannes Seidlmeir

自 2016 年首次提出至今，SSI 已经取得了长足发展，但迄今为止，学界尚未就 SSI 的基本原则做出统一定义。被广泛引用的基础原则是 Christopher Allen 提出的“SSI 十大原则”（请参阅本书附录 C）。在本章中，Jasmin Huber 和 Johannes Seidlmeir 提出了一套经过更新的设计原则，充分考虑到 SSI 的持续演进和日趋成熟。两位作者都是德国拜罗伊特大学的研究员，在观察到学术界和实践领域对 SSI 定义的诸多误解后，他们决定制定一套新的 SSI 设计原则。这些设计原则基于系统性文献研究与一系列专家访谈。它们也是 Sovrin 基金会于 2020 年 12 月以 15 种语言出版的《SSI 原则》（收录在本书附录 E）的灵感来源。

第 29 章：SSI：我们的反乌托邦噩梦

Philip Sheldrake

尽管本书的大部分内容都在描绘 SSI 支持的未来的光明前景，但这种未来并不是确定无疑的。关于“可能出现什么问题？”的答案丰富多样，甚至可以单独成书。AKASHA 基金会的 Philip Sheldrake 试图将这个问题的答案凝集成一章发人深省的内容，以解释 SSI 架构只能表达人类丰富身份和关系中的一小部分，以及它永远无法涵盖人类所有身份和关系的理由。他解释了一键式身份如何导致高度反乌托邦未来，这是一项真实的现实风险，并就重点关注生成式身份将如何应对这些挑战提出了建议。Philip 是一名技术专家、特许工程师和网络科学研究员，他的专长涵盖数字创新和分析、过程工程、组织设计、营销和通信。

第 30 章：SSI 生态系统中的信任保证

Scott Perry

数字交易的可信度是通过治理结构框架、问责要求和技术熟练的参与者（为生态系统中所有成员的利益发挥贡献作用）来确保的。本章探讨了 SSI 生态系统如何建立数字信任和如何运行信任保证框架的要素，以达到为利益攸关者适当降低风险的目的。

第 31 章：应用 SSI 推动游戏行业演变

Sungjun(Calvin) Park 和 Jake Hostetler

个人数据和账户的安全性是所有行业和应用程序需要解决的问题。对游戏玩家而言，这个问题的意义更加重要，并且涉及情感问题，因为他们的账号中不仅包括个人信息，还包括投入的时间和购买的游戏内资产，以及玩家对虚拟自我寄托的情感。在本章中，韩国一家区块链公司的产品经理 Sungjun(Calvin) Park 和 Metadium 的作家兼 SSI 专家 Jake Hostetler 探讨了如何应用 SSI 技术来改变游戏行业。

附录B 关于SSI的里程碑式论文

自 2016 年以来，SSI 作为一种互联网身份和分布式数字信任的新方法不断演进，SSI 运动领袖也发表了多篇基础性文章，探讨了这一新范式的关键内容，以及作为 SSI 基础的更宏大的数字、法律、组织、社会和文化身份问题。这些文章目前已在互联网上被广泛引用，本附录意在作为一份指南，列明了我们认为对于本书编制工作尤为重要的论文。如有遗漏，我们在此致以诚挚歉意——请通过 Manning 论坛向我们告知其他重要论文。

The Domains of Identity

Kaliya “identity Woman” Young

作者是互联网身份研讨会的联合创始人，文章总结了 16 个不同的身份“领域”。论文结构清晰，令人信服，也是一本同主题专著的基础。我们强烈建议在深入探讨所有形式的数字身份之前仔细阅读这篇文章——理由非常简单，这篇文章正确构建了问题领域，从而消除了许多误解。这篇文章是对 Kaliya Young 于 2010 年发表的《身份光谱》的绝佳补充,《身份光谱》解释了为什么可以将身份看作一个光谱，并定义了身份光谱上的 6 个鲜明“谱点”。

New Hope for Digital Identity

Doc Searls

这是互联网身份研讨会联合创始人（本书前言作者)Doc Searls 于 2017 年发表的一篇文章。这篇文章是最早解释为何需要在互联网核心构建这种从近期开始被称为“自主身份”的基础设施的论文之一——因为个人互联网应用的未来岌岌可危。

The Dimensions of Identity

Phil Windley

Phil Windley 是互联网身份研讨会的三位联合创始人之一。Phil Windley 于 2005 年出版了第一本关于数字身份的综合性著作。在担任 Sovrin 基金会创始主席期间，Phil Windley 曾在他的博客上发表数十篇关于 SSI 的文章，这篇便是其中之一。这篇文章的出彩之处在于它全面介绍了 SSI 架构，探讨了 SSI 如何提供互联网缺失的身份层，并最终为我们提供一种在数字生活中享受近似真实身份的方式。

Three Dimensions of Identity

Jason Law 和 Daniel Hardman

这是另一篇探讨数字身份复杂性之核心的文章。文章作者是 Sovrin 分类账（之后捐赠给 Linux 基金会，成为 Indy 超级账本项目）基础开源代码库的两位原始创建者。文章探讨了许多人关于身份之真正含义的幼稚断言：身份仅仅是为了验证吗？是账户和凭证？是个人数据和元数据？ Jason Law 和 Daniel Hardman 认为，所有这些观点都过于简单化。身份体现在多个维度上，而完整的身份解决方案（包括 SSI）必须模拟所有这些维度。

Meta-Platforms and Cooperative Network-of-Network Effects

Dr. Sam Smith

Dr. Sam Smith 是第 10 章（分布式密钥管理）的作者，也是密钥事件接收基础设施的发明者。在这篇开创性文章（相当于一篇完整的学术论文）中，他提出了一个非常令人信服的论点，即元平台（平台的平台）的网络效应永远大于单个平台，就像互联网永远强过（并且最终必将“吞并”）较小的网络。这一点对于 SSI 元平台（Phil Windley 在文章中将其称为“身份元系统”）尤为重要，因为它可以“为参与者提供足够的价值和权利，使他们能够随时打破中心化循环”。

Verifiable Credentials Aren't Credentials. They're Containers

Timothy Ruff

Timothy Ruff 是 Evernym 的联合创始人，现在是 Digital Trust Ventures 的负责人，他曾经是 SSI 技术最具影响力的早期传播者之一。本书第 1 章中引用了他的文章 *The Three Models of Digital Identity Relationships*。而在这篇近期发表的文章中，Timothy 分享了关于“可验证凭证”一词使用不当的见解。可验证凭证实际上类似集装箱——运输数据的集装箱。他解释了可验证凭证如何包含其他可验证凭证，正如货运集装箱中包含其他集装箱，以及可验证凭证的“签章”相当于货运集装箱上的封条——验证集装箱的完整性，而不是其中装载的数据的有效性。这篇文章是 Timothy 三篇系列文章的第一篇——我们建议三篇文章全部阅读。

The Seven Deadly Sins of Customer Relationships

Jamie Smith

即使世界各地的企业竞相收集更多客户数据，品牌与客户之间的关系仍然日益疏远。客户服务已经被毫无人情味的聊天机器人取代，隐私似乎已是明日黄花，我们的互动依赖越来越多的接触点和各式各样的系统，关系逐渐疏远。这一鸿沟的核心是七种常见的危险行为：数字化客户关系的七宗罪。伦敦个人数据咨询公司 Ctrl-Shift 的前首席顾问 Jamie Smith 在这一系列文章中探讨了这 7 种危险行为，并讨论了 SSI 如何帮助企业提供更好的客户体验，并启发企业重新思考他们如何从头开始建立可信赖的数字化客户关系。

附录C 通往自主管理身份的道路

Christopher Allen

我们原本计划将这篇文章收录在附录B的里程碑式论文中。但是这篇文章在SSI的发展历史中尤为突出，我们希望直接将它收录在本书中。这篇文章最初由Christopher Allen于2016年4月25日发表在他的Life with Alacrity博客上，Christopher Allen是互联网协作、安全和信任领域的先锋人物。在20世纪90年代后期，他与网景（Netscape）合作开发了SSL（安全套接层）协议，并与人合作开发了互联网工程任务组（IETF）TLS（传输层安全协议）标准，该标准如今是安全网络商务的核心（浏览器地址栏的锁头标志）。Christopher Allen是Blockchain Commons的创始人，W3C凭证社区工作组的前任联席主席，以及半年召开一次的Rebooting the Web of Trust（重新启动信任网络）设计研讨会的创始人。

“我”是“身份”必不可少的要素

身份是人类独有的概念，是生活在不同国度、不同文化中的每个人都能理解的不可言喻的“我”的自我意识。正如笛卡儿所说：“我思故我在。”

然而在现代社会中，这一身份概念则混淆不清。国家和企业将驾照、社保卡及政府颁发的其他凭证与身份挂钩，这造成了诸多问题，如果一个国家撤销颁发的凭证或者一个人仅仅是穿越国界，他就会失去自己的身份。我思，但我不在。

数字世界中的身份更加棘手。它不但与现实身份一样受到中心化控制，同时还十分割裂，不同互联网领域中都有关于身份的零碎信息。

随着数字世界对真实物理世界重要性的日益凸显，它也带来了新的机遇，它提供了重新定义现代身份概念的可能性。它使我们能够重新控制自己的身份——再次融合身份与不可言喻的“我”。

近年来，这种对身份的重新定义开始被称为自主身份。但是，为了理解这个术语，我们需要回顾一下身份技术的发展历史。

身份的演变

自互联网出现以来，在线身份模型的演变大致可以分为4个阶段：中心化身份、联合身份、以用户为中心的身份和自主身份。

第一阶段：中心化身份（由单一机构或层级结构管理）

在互联网发展初期，中央机构是数字身份的发行人和认证者。IANA（因特网编号分配机构）（1988）等机构负责确定 IP 地址的有效性，而 ICANN（互联网名称与数字地址分配机构）（1998）则负责域名仲裁。从 1995 年开始，证书颁发机构（CA）开始帮助互联网商业网站证明它们的身份。

在这一阶段，一些组织对中心化结构进行拓展，创建了层级结构。一个根控制器可以授权二级机构监管他们自己的层级结构。但是，根仍然具有核心权力——它只是创建了一些权力较小的二级中心化结构。

可惜的是，将数字身份控制权交给网络世界中的中央机构会与物理世界中的国家权力机关造成相同的问题：用户被锁定至一个单一权威机构，这个权威机构可以否认他的身份，甚至确认假的身份。中心化结构天生地赋予中央机构权力，而不是赋予用户权力。

随着互联网的发展，权力在层级结构中累积，另一个问题也随之浮出水面：我们的身份日益割裂。我们的身份随着网站数量增加而增加，不得不在不同网站上使用不同的身份——而且我们无法控制这些身份。

当今互联网上的大部分数字身份依然是中心化身份——或者顶多是层级式身份。数字身份由证书颁发机构、域名注册商和各个网站拥有，可以赋予用户或者随时被撤销。然而，在过去 20 年里，研究者们也做了大量努力，力图将身份归还给人们自己，使我们能够真正控制我们的身份。

插曲：展望未来

颇好保密性（PGP，1991）提出了可能创造自主身份的第一个想法。它引入了“信任网络”的概念，通过允许节点担任公钥介绍者和验证者来建立对数字身份的信任。在 PGP 模型中，任何人都可以担任验证者，这是典型的分布式信任管理，但它主要针对电子邮件地址，这意味着它仍然依赖中心化的层级结构。出于各种原因，PGP 未被广泛采用。

Carl Ellison 在《建立不依赖证书颁发机构的身份》（1996）中也提出了一些关于 SSI 的早期想法。文章研究了如何创建数字身份。Carl Ellison 认为，证书颁发机构和 PGP 这类点对点系统都可以作为定义数字身份的选项。Carl Ellison 提出了一种通过在安全信道上交换共享秘密来验证数字身份的方法。这种方法允许用户在不依赖管理机构的情况下控制自己的身份。

Carl Ellison 也是简单公钥基础设施 / 简单分布式安全基础设施项目（SPKI/SDSI，1999）的核心成员。SPKI/SDSI 的目标是构建一个更简单的身份证明公共基础设施，取代复杂的 X.509 系统。

这仅仅是一个开始，在自主身份进入大众视野之前，还经历了一场更激烈的身份再定义革命。

第二阶段：联合身份（由多个机构联合管理）

数字身份的下一个重大进展发生在 20 世纪末 21 世纪初的世纪之交，各种商业组织采用一种超越层级结构的新型在线身份模型，以避免身份割裂。

最早的计划包括微软护照计划（1999）。它设想了“联合身份”的概念，允许用户在多个网站使用相同的身份。

作为回应，升阳公司（Sun Microsystems）主导组织了自由联盟（Liberty Alliance，2001）。

自由联盟在一定程度上缓解了身份割裂，用户可以自由访问联盟系统内的多个网站。但是，各个网站依然是一个中心化机构。

第三阶段：以用户为中心的身份（无须建立联盟，由个人控制多个机构的身份）

增强社交网络（ASN，2000）在构建下一代互联网的蓝图中为新数字身份奠定了基础。ASN 内容广泛的白皮书中建议，在互联网架构中建立“永存的在线身份”。在自主身份方面，ASN 的最重要进展是“提出每个人都有控制自己在线身份的权利的假设”。ASN 小组认为，微软护照和自由联盟无法实现这些目标，因为“基于商业的倡议”过于强调信息私有化，并且将用户视为客户。ASN 提出的这些理念成为许多后续项目的基础。

Identity Commons 项目（2001 年至今）开始着力开展以分布式为重点的数字身份工作。项目最重要的贡献是与 Identity Gang 携手创建了互联网身份研讨会（2005 年至今）工作组。在过去 10 年里，这个半年召开一次的研讨会多次推动了分布式身份概念的发展。

IIW 社区的工作重点是一个与以服务器为中心的中央机构模式对立的新名词：以用户为中心的身份。顾名思义，用户是身份过程的中心。围绕这一主题的早期讨论聚焦于如何创造更好的用户体验，强调在线身份过程必须将用户放在第一位和以用户为中心。然而，以用户为中心的身份的定义很快便得到扩展，包括希望用户掌握更多身份控制权以及达成分布式信任。

IIW 社区的工作支持了许多创建数字身份的新方法，包括 OpenID（2005）、OpenID 2.0（2006）、OpenID Connect（2014）、OAuth（2010）和 FIDO（线上快速身份验证，2013）。从已实施的协议中可以看出，以用户为中心的方法倾向于关注两项要素：用户同意和互操作性。这些协议使用户可以决定在多个服务中共享一个身份，从而避免数字身份与自我割裂。

以用户为中心的身份社区设定了更雄心勃勃的愿景，它们意在让用户完全控制自己的数字身份。遗憾的是，强大的机构阻碍了他们的工作，使它们无法充分实现它们的目标。与自由联盟一样，如今以用户为中心的身份的最终所有权仍然属于注册身份的实体。

OpenID 便是一个例子。在理论上用户可以注册自己的 OpenID，然后自主使用 OpenID。但是，这有一定的技术门槛，所以普通互联网用户更倾向于选择一个公共网站的 OpenID 来登录其他网站。如果用户选择的网站持久并且可靠，他就能够享受自主身份的诸多优势——但是这个优势随时可能被注册机构剥夺！

Facebook Connect（2008）在 OpenID 之后几年发布，吸取了之前的经验教训，并因提供了更优秀的用户界面而大获成功。遗憾的是，Facebook Connect 进一步背离了以用户为中心的身份的最初用户控制理念。首先，身份供应商只有 Facebook，别无选择。更糟糕的是，Facebook 曾多次随意关闭用户账户。因此，使用“以用户为中心”的 Facebook Connect 登录其他网站的用户可能比 OpenID 用户更加脆弱，他们可能一次性丢失多个网站的身份。

这一切又回到了中央机构。更糟糕的是，这就像是由国家控制的身份认证，并且这次是你自己选的。换言之：以用户为中心是不够的。

第四阶段：自主身份（个人控制所有机构的身份）

以用户为中心的设计将中心化身份转变为可互操作的中心化控制联合身份，同时还允许在一定程度上通过用户同意控制如何（与谁）共享身份。这是向用户完全控制身份迈出的重要一步，但也仅限于此。下一步我们需要实现用户自主权。

用户自主权是自主身份的核心。自主身份从 21 世纪 10 年代开始得到越来越广泛的应用，自主身份不仅提倡将用户作为身份认证过程的中心，还要求将用户作为他们自己身份的支配者。

2012 年 2 月，开发人员 Moxie Marlinspike 发表了关于“主权来源机构”的文章，这是第一篇提及身份主权的文章。他写道：“‘身份’是个人的既定权利”，但是国家注册机构破坏了这种主权。几乎在同一时间（2012 年 3 月），Patrick Deegan 开始构建 Open Mustard Seed，这是一个开源框架，让用户可以控制他们的数字身份和他们在分布式系统中的数据。这是同一时期推出的多个“个人云”计划之一。

从那时开始，自主身份的理念开始蓬勃发展。Marlinspike 在他的博客上介绍了这一术语的演变过程。作为一名开发人员，他展示了一种构建自主身份的方法：将自主身份作为一项数学策略，使用密码学来保护用户的自主权和控制权。但是，这并不是唯一的模型。Respect Network 将自主身份视为一项法律政策，定义了网络中各个成员同意遵守的合同规则和原则。关于数字身份、信任和数据的“茶隼原则”（Windhover Principles）和 Everynym 身份认证系统要素则提供了更多关于自主身份从 2012 年开始迅速发展的观点。

在过去几年里，自主身份开始受到人们的关注，而在当前国际危机的推动下，它的重要性更是迅速凸显。现在是走向自主身份的时候了。

自主身份的定义

说了这么多，究竟什么是自主身份呢？事实上，到目前为止，学界对于自主身份的定义尚未达成共识。本文意在就这一主题展开讨论。我希望能够为自主身份的定义提供一个切入点。

自主身份是数字身份在用户为中心的身份之后的下一个演变阶段，这意味着它与以用户为中心的身份的出发点是一样的：用户必须是身份管理的中心。这不仅需要在获得用户同意的情况下实现跨多个地点的用户身份互操作性，还需要实现用户对数字身份的真正控制，从而创建用户自主权。为了实现这一点，必须确保自主身份是可迁移的，不可以被锁定在一个网站或区域。

自主身份还必须允许普通用户做出声明，声明中可能包含关于个人能力或群组成员身份的个人识别信息或事实数据，甚至可以包含其他人或群体的声明中关于该用户的信息。

在创建自主身份的过程中，必须谨慎保护个人权益。自主身份必须防范经济损失和其他损失，防止强权侵犯人权，并支持个人做自己和具有自由交往的权利。

然而，自主身份的内容并非短短的一篇总结所能够涵盖的。任何自主身份都必须符合一系列指导原则——这些原则为自主身份提供了一个更好、更全面的定义。后文提议了一些关于自主身份的指导原则。

自主身份的十大原则

目前已经有许多学者发布了关于身份原则的文章。Kim Cameron 提出了最早的“身份法则”，而前述 Respect Network 政策和 W3C 可验证声明工作组的常见问题则提供了更多关于数字身份的观点。本节借鉴了这些想法，制定了一组针对自主身份的原则。可以将这些原则作为探讨真正重要内容的出发点。

这些原则力图确保用户控制是自主身份的核心。但是，这些原则也意识到，身份可以是一把双刃剑——既可以用于有益目的，也可以用于恶意目的。因此，身份系统必须平衡好透明度、公平性，并且支持普通用户，保护个人权益。

（1）存在性。用户必须是独立存在的。任何自主身份最终都基于位于身份核心的不可言喻的“我”。自主身份永远不可能完全以数字形式存在。自主身份支撑和支持的内核必须是自我。自主身份只是公布和公开已经存在的“我”的一些有限方面。

（2）可控性。用户必须控制他们的身份。根据确保身份及其有关声明持续有效性的易于理解和安全的算法，用户拥有控制他们身份的绝对权威。用户应当始终能够引用、更新甚至隐藏身份。用户必须能够根据自己的意愿选择可见度、知名度或隐私级别。这并不意味着用户可以控制关于其身份的所有声明，其他用户也可以对一个用户身份做出声明，但他们不是该身份的中心。

（3）可访问性。用户必须能够访问自己的数据。用户必须随时能够轻松检索其身份内的所有声明和其他数据。不得存在隐藏数据，或者守门人。这并非意味着用户一定可以修改与身份有关的所有声明，而是，用户应当知晓这些声明。这也并不意味着用户可以平等访问其他人的数据，他们只能访问他们自己的数据。

（4）透明度。系统和算法必须是透明的。用于管理和操作身份网络的系统必须是公开的，包括系统的运作方式以及管理和更新方式。算法应当免费、开源、众所周知，并且尽可能独立于任何特定架构，任何人都能对算法的运行方式进行审核。

（5）持久性。身份必须是长期存在的。在理想情况下，身份应当永远存在，或者至少持续至用户期望的期限之前。尽管私钥可能需要轮转，数据可能需要更改，但是身份应当继续维持。在快速发展的互联网世界中，这个目标可能并不现实，但是，数字身份应当至少维持至新的身份认证系统出现之前。这一原则不得与“被遗忘的权利”相抵触；如果用户愿意，他们应当能够注销身份，并且随着时间的推移适当地修改或删除身份声明。为了实现这一目的，必须将身份与其声明明确分割开来，它们不能永远捆绑在一起。

（6）可转移性。关于身份的信息和服务必须是可迁移的。身份不能仅由一个单一的第三方实体持有，即使是一个值得信赖，并且为用户的最佳利益行事的实体。而且在互联网上，大多数实体最终都会消失，用户可能迁往其他司法管辖区。可迁移的数字身份确保用户在任何情况下都可以控制自己的身份，并且可以随着时间的推移提高身份的持久性。

（7）互操作性。应当尽可能广泛地应用数字身份。如果仅应用于有限领域，数字身份无法发挥多大价值。21 世纪数字身份系统的目标是让数字身份信息广泛可用，跨越国际边界，在不损害用户控制权的情况下创建全球身份。得益于持久性原则和自主权，这些广泛可用的身份得以持续可用。

（8）同意。必须经过用户同意才能使用他们的身份。任何身份认证系统都是围绕共享身份及其声明建立的，互操作系统能够增加共享次数。但是，共享数据的前提是获得用户同意。尽管雇主、征信机构或朋友等其他用户也可做出声明，这些声明经用户同意后才能生效。需要注意的是，这些同意并不是交互式的，必须经过深思熟虑且易于理解。

（9）最小化。披露声明时必须遵守最小化原则。在披露数据时，应当仅披露满足验证要求所必须的最少数据。例如，如果仅要求披露最低年龄，则不应披露确切年龄；如果仅要求披露年龄，则不应披露详细出生日期。可以采用选择性披露、范围证明和其他零知识证明技术来支持这一原则，但是非可相关性仍然是一项艰巨（甚至不可能）的任务，我们能做的就是尽可能利用最小化原则来保护隐私。

（10）保护。必须保护用户的权利。如果身份网络的需求和个人用户的权利出现冲突，网络应当保护个人的自由和权利，而不是网络的需求。为了确保这一点，身份认证算法必须是抗审查、抗压的独立算法，并且以分布式方式运行。

结论

目前，数字身份的概念已经经过数十年的演进，从中心化身份到联合身份、以用户为中心的身份和自主身份。然而，即使在今天，也很少有人了解自主身份的具体定义，以及它应当遵守的规则。

本文试图对自主身份进行定义，并制定相关指导原则，作为构建这项 21 世纪由用户控制的、永存身份的起点，进而推动关于这一主题的对话。

附录D　以太坊区块链生态中的身份

Fabian Vogelsteller 和 Oliver Terbu

如第 1 章所述，区块链技术是 SSI 之母，这一点毋庸置疑。比特币和以太坊这两个社区一直以来都在积极推动 SSI 技术，但得益于智能合约的强大功能和灵活性，以太坊一直都是 SSI 技术的最佳温床。Fabian Vogelsteller 是这一领域的先锋人物，他于 2015 年 7 月加入以太坊基金会，并开发了一些核心应用程序，包括以太坊钱包和 Mist 浏览器。本附录描述了 SSI 技术在以太坊生态系统中的演进和标准化，作者是 Fabian Vogelsteller 和 Oliver Terbu。Oliver Terbu 自 2018 年起担任 ConsenSys/uPort 的身份架构师，并且是 W3C 凭证社区工作组、W3C 可验证声明工作组、分布式身份基金会、企业以太坊联盟、OpenID 基金会等多个组织的活跃成员。

区块链是共识网络，允许参与者根据网络商定的明确规则查看和更改分布式账本的状态。目前全球已有多个区块链，每个区块链都有自己的规则和目的：以太坊区块链的目的是构建一个分布式计算网络。

以太坊通过智能合约实现分布式计算，智能合约是运行在以太坊虚拟机中的简单程序。这些智能合约可用于实施具体行动。智能合约的运行仅收取少量交易费用，计费单位为 gas（汽油费，以太坊中的手续费）。

智能合约可能相当复杂：每个合约都有不同的规则。它们可能由个人或群组所有，或者不属于任何人。最重要的是，智能合约之间可以进行交互，允许一个事务触发网络中的一整条行动链。这就使以太坊能够实现各种复杂的业务逻辑，从简单的钱包到代理账户，以及健全的身份认证系统。

但是，以太坊并不是只有这一个用途。以太坊是一种可编程的区块链，任何人都可以使用图灵完备的智能合约来构建任何东西。如此一来便构建了一个丰富而多样化的系统。事实上，问题并不是在以太坊区块链上找到令人兴奋的新事物，而是弄清楚如何以组织有序、清晰明确的方式来完成这些事情，以便不同系统进行互操作。这就是以太坊意见征集（ERC）的用武之地，每一个 ERC 都定义了一种在以太坊网络上完成某件事的方式。

以太坊区块链上的两个 ERC 与数字身份密切相关，它们是 ERC 725 v2“代理账户”和 ERC 1056“轻量级身份”。这两个 ERC 可以协助确保以太坊区块链上的自主身份是可互操作、可管理和可验证的。

区块链上的身份

区块链能够为身份认证系统提供特定优势，以太坊也不例外。区块链是每个人都可以访问和验证的公共数据库，所以他们的身份数据也是公开的。究其本质，区块链上的自主身份是由私钥控制的账户，因此，身份可以由个人、公司或对象控制，它们可以是传统的身份、简单配置文件、区块链接入点或虚拟化身。以太坊区块链具有可编程性，因此它的优势不局限于这些传统优势。这意味着以太坊身份并不仅仅是无源数据，而是更复杂的计算机程序。

将数字身份托管在区块链上也存在挑战。

首先，由于区块链是匿名的，如果其他系统需要识别账户、了解账户间的关系或核查身份证明和声明，就会面临诸多问题。

其次，由于区块链数据是对每个人可见的，必须谨慎决定将哪些个人数据存储在区块链上（链上），以及将哪些数据存储在可以链接至区块链的其他地方（链下）。ERC 可以支持链上和链下方法论，从而克服了身份解决方案的一些固有问题。两种方案都可以解决区块链身份面临的挑战，并且两种方案互为补充，而非相互排斥。

最后，需要谨慎管理身份密钥，需要对其备份，并做好应对准备，避免因丢失密钥而丢失身份。尽管目前可以通过多重签名等方法及 Shamir 提出的密钥共享等密钥恢复方案来解决一些密钥管理问题，为了支持在不改变身份本身的前提下更新或替换与智能合约有关的权限系统，以太坊仍然需要进一步开发身份解决方案。这个主题有待进一步讨论。

身份密钥

如今，以太坊的去中心化应用（DApp）都是围绕私钥构建的，私钥可以与智能合约通信。这种方式既危险，又具有局限性。一方面，如果私钥丢失，用户将无法调用合约和资产。这意味着身份丢失，可能造成毁灭性后果，区块链中没有第二次机会。另一方面，这种方式可以有效控制能够访问身份的人数，这不利于虚拟化身、公众人物和公司账户等公共身份，也给私钥恢复带来风险。因此，任何完善的区块链身份系统都需要实施一个复杂的身份管理方案，而不是仅仅使用私钥。

首先，身份管理系统必须解决如何在不改变身份的条件下更新权限的问题。一种方案是为密钥管理和身份创建单独的智能合约。如此一来，便能够在不改变链上识别地址的前提下更新密钥管理，并使其能够随着时间的推移持续演进。即使整个权限系统被更换，附加在链上的信息（例如，声明和其他识别信息）仍然可以保持不变。另一种可能的方案是将所有权变更直接集成至智能合约中，同时确保账户的识别地址保持不变。

其次，身份管理系统应当支持更多强大功能，功能如下。

◎ 多重访问方法——可包括签名、多重签名，甚至密钥管理智能合约。

◎ 不同密钥类型——可专门支持管理合约、实施行动或签名声明。

◎ 社会恢复计划——可结合来自关联各方的信息恢复私钥。

这些密钥管理方法解决问题的方式各不相同，但都可以应用于链上或链下身份解决方案。

链上身份解决方案

在链上身份方案中，区块链身份可直接查看个人信息，这可能是完全链上的公开个人资料或组织信息，也可能是并未披露具体个人身份识别信息的可验证声明。链上身份方案需要一个支持键值对存储的智能合约，以便键（例如“一些声明”或“昵称”）和对应的数值（例如“由……认证的人”或“超人”）能够被记录——可以是自己颁发的，也可以是发行人签名的。这一信息之后可以由其他智能合约自动检索和验证，支持与首次代币发行（ICO）或其他网关系统的交互。

但是，这种方法存在一个明显的缺点——链上存储的信息是公开的、不可更改的。无论这些信息是否与人、企业或其他实体相关联，它们将永远存在于区块链上，甚至与身份相关的行为也将永远存在！

尽管此类不可更改的信息对于许多公共实体可能颇为有益，以这种公开、不可更改的方式存储个人数据可能面临更大的问题，大多数个人信息都是私人信息，永远不希望被公布。因此，必须谨慎决定将哪些身份以这种方式进行链上托管。

ERC 725 v2“代理账户”

ERC 725 v2“代理账户”通过创建一个公共区块链配置文件（一个可验证、可管理的代理账户），以支持实现身份能力的键值对存储和单独密钥管理方法论。ERC 的标准化使它可以集成至用户界面中，并且能够轻易被其他智能合约验证，如图 D.1 所示。

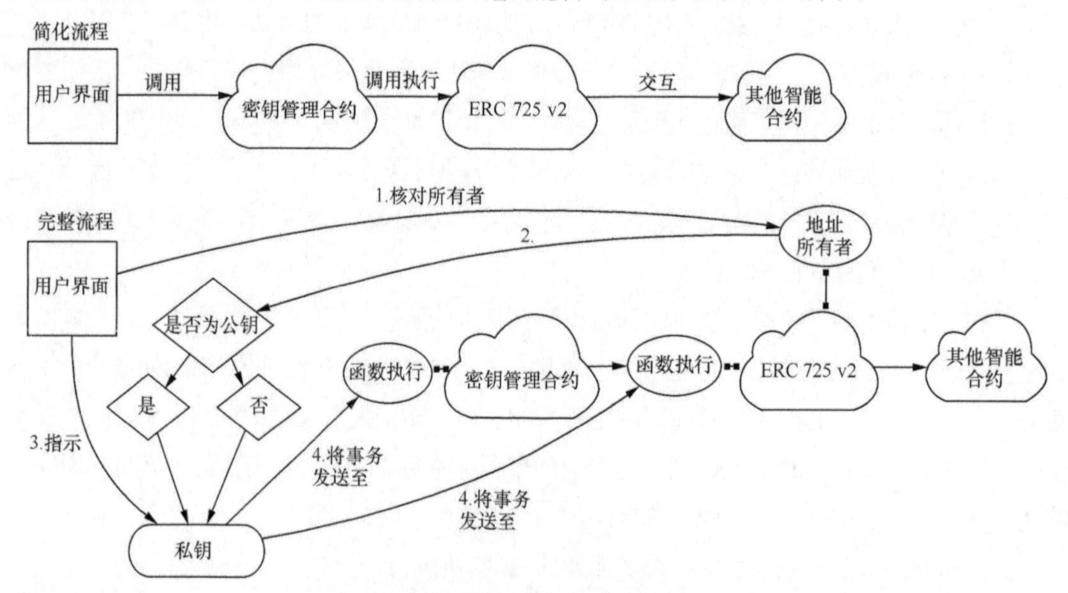

图 D.1 使用 ERC 725 v2 进行身份管理

代理账户描述了一个简单的智能合约，包括一个所有者和一个键值对存储系统。在这一方法论中，所有者是身份的控制者，键值对存储系统对附加的信息进行编码。智能合约地址则充当数字身份的标识符。

所有者

尽管 ERC 725 v2 支持典型的 DApp 方法论，即所有者是一个简单的私钥，但是它也允许其他智能合约作为所有者，并且智能合约本身可以制定控制合约的具体规则。如此一来就能支持更复杂的密钥管理方案，如多重签名、许可密钥。甚至可以将特定密钥限制为仅允许以用户为基础（如果身份为一个组织，则以员工为基础）与其他特定智能合约进行交互。

控制智能合约还可以支持第三方提交事务，前提是它们包含其中一个所有者密钥的有效签名。如此一来，就可以由应用程序开发人员或第三方事务中继服务支付 gas 费用，并且无须向他们授予合约控制权——这就解决了在区块链上进行交互的一个传统难题，否则将需要所有各方都拥有区块链原生"加密货币"的访问权。

ERC 725 v2 身份所有者可以委托给他人，因此智能合约的所有者可以更改。这就允许控制智能合约随着时间的推移进行更新和改进，并且无须更改智能合约的地址，也无须更改身份的公共标识符。

键值对存储

ERC 725 v2 的键值对存储系统能够将任意值对应至 32 字节的行键。这种简单机制可以将各种类型的信息附加至身份智能合约，并证明这些信息已经获得许可，因为只有所有者才能附加这些信息。

如果这些附加信息是链上信息，则其他智能合约（例如 ICO、保险和分布式交易所）可以自动验证一个账户是否被允许实施特定行动。键值对存储系统还可以链接至声明注册中心、信誉系统、零知识证明、其他智能合约或者不同类型的链上身份。这些都可以在不透露关于账户所有者的任何信息的前提下发生。

尽管 ERC 725 v2 侧重于链上解决方案，它的键值对存储系统也可以通过 DID 或梅克尔根散列值链接至链下数据。ERC 725 v2 键值对存储的灵活性允许身份记录和链接至各种信息，从而创建一个具有适应性并且永不过时的身份系统。

链上公共身份

ERC 725 v2 数字身份的核心是智能合约的以太坊地址。传统上，这些地址是纯公钥，难以管理和验证。ERC 725 v2 旨在实现可管理性和可验证性，为链上公共身份奠定基础。

这些公共身份可能与个人身份及其个人识别信息（PII）截然不同，而个人身份及其个人识别信息是许多自主身份的核心。实际上，公共身份更有可能是公众人物。数字化身份和在网络上具有影响力的人物。这种公共身份可能对企业和机构尤为有用，他们可以使用链上公共身份来提升行动的透明度，便于简单验证和支持声明发布。由于此类链上身份可以以一种可证明的方式列出相关信息，它们可以替代或补充当前的公司注册处，工人的专业资料，以及明星或政客等公众人物的信息网站。

最后，链上公共身份也可能有益于交易商和投资者等个人，它们支持要求可信和认证账户的自动化链上交互——这一用例目前仍然难以实现，但是现在已经实现透明度和安全性。

这些个人公共身份最终可以根据客户意愿公开或匿名。虽然链上身份可以链接至个人身份识别信息，但它可能只能通过特定声明来识别，如一位职业司机的链上身份可能包括关于他拥有驾照，或者在五年内从未发生事故或收到罚单的声明，但并不包括司机的真实姓名。

在未来，在通过区块链修剪引入"被遗忘的权利"后，个人半公开身份可能实现更多用途。即使未引入"被遗忘的权利"，现代社会仍然对半公开身份具有明确需求。

链下身份解决方案

在链下身份方案中，身份信息存储在数据中心等独立于区块链的数据存储系统中。这些数据可能通过 DID 等方法链接至区块链，但是仅在提出专门请求时可以访问。这就保证了链下数据的隐私性，并且可在点对点基础上共享。链下身份方案也支持对谁能够访问数据以及共享数据的精确粒度进行严格控制。

尽管链下身份解决方案在隐私方面具有明显优势，它们同样面临诸多挑战。

首先，链下身份解决方案与区块链的交互更为复杂。由于账户只是一组链接，本质上它们是匿名的，所有者、代理人和账户可以通过智能合约进行验证，但是，客户尽职调查等更密集的过程无法在不打破匿名的情况下进行验证。

其次，链下身份最终的私密性可能不如预期。如果将链下数据附加至事务，那么这些数据最终将链接至链上账户。这就会导致与链上身份解决方案面临相同的公开困境。

再次，由于需要签名事务数据，事务可能会膨胀。

最后，密钥管理也会变得更加复杂。链下数据可能链接至特定密钥而不是智能合约，这意味着丢失私钥仍然可能导致无法访问数据，如果数据是已经签名的声明或证明，则可能造成毁灭性后果。

ERC 1056"轻量级身份"

与 ERC 725 v2 一样，ERC 1056"轻量级身份"也支持链上和链下身份存储方案，但是 ERC 1056 的轻量级注册中心能够利用以太坊网络提高信息的可信度，因此对于有效管理链下身份数据非常有用。虽然身份数据是在链下进行管理，但 ERC 1056 智能合约提供了一个链上锚点。

尽管 ERC 1056 的应用并不仅仅局限于以太坊公共网络，也可应用于专用网络和许可网络，但它侧重于解决公有链的常见挑战，例如成本效益、可扩展性，当然还有密钥管理。ERC 1056 的基本用例是帮助开发人员引导新用户并提供可验证的身份数据。

轻量级注册中心

ERC 1056 的轻量级注册中心主要有三个功能。第一，记录身份所有者。第二，记录能够在指定时间内代表所有者行事的代理人。第三，实施一个 DPKI。DPKI 能够添加身份密钥和公共属性，从而构建一个中心服务终结点。

这些要素使注册中心能够保证链下身份数据交换的安全，假设身份数据与注册中心管理的标识符相关联；另一个智能合约可以在注册中心获取链接至数据的加密信息，进而证明和验证链下数据交换。在 W3C 可验证凭证术语中，凭证持有者包含一个标识符（由注册中心管理），并使用对应公钥对展示签名；验证者则提取标识符，从注册中心获取持有者的验证密钥来验证展示的签名。

在更改密钥或属性时，这些变更不会写入 ERC 1056 智能合约。相反，以太坊事件被"发出"并写入以太坊事件日志。从技术上来讲，这些事件包含在交易回执信息中。由于交易回执散列存储在区块中，这些事件将由以太坊进行验证。轻量级注册中心将这些事件相互链接在一起，以实现快速查找与所有者相关的所有变更。这种方法显著降低了身份管理操作（IMO）的 gas 费用。任何事务都可以由第三方发起，并作为元事务。虽然所有者仍然对操作签名，但操作可以由第三方提交，并由第三方支付 IMO 的 gas 费用。图 D.2 说明了相关各方如何使用 ERC 1056 来管理或验证身份数据。

需要注意的是，无须使用 ERC 1056 将个人数据存储在以太坊上。可以利用 DPKI 直接链接至记录数据的中心。这能够提高对《通用数据保护条例》（GDPR）等法规的合规性；目前针对这一主题的讨论仍在进行中，但是如果链下身份数据被删除，链上信息可能不再被视为个人数据。

所有者和代理人

在 ERC 1056 中，所有以太坊账户都可以通过控制私钥成为身份所有者，身份所有者即对应账户的所有者。由于以太坊账户可以在链下创建，因此无须进行以太坊交易，在这种情况下也不需要部署一个新的智能合约，因为 ERC 1056 智能合约本身便可以跟踪一个或一组应用程序所有的身份所有者。这些优势大幅降低了创建身份的 gas 费用，对于需要创建数十亿身份的用例（如物联网领域）至关重要。

只有在变更所有者时，才需要在链上记录所有者。如果注册中心中不包含关于特定身份的任何条目，则可推定所有者从未变更，并且可以通过展示以太坊账户地址，完全在链下获取认证和验证公钥。

仍然可以使用代理合约（例如，多重签名合约）来成为 ERC 1056 身份的所有者，身份所有者只需开设一个新的以太坊账户作为智能合约中的新所有者，这种情况下可能使用元事务。这种方法支持监护权、企业级密钥管理、社会恢复或更复杂的所有权关系。

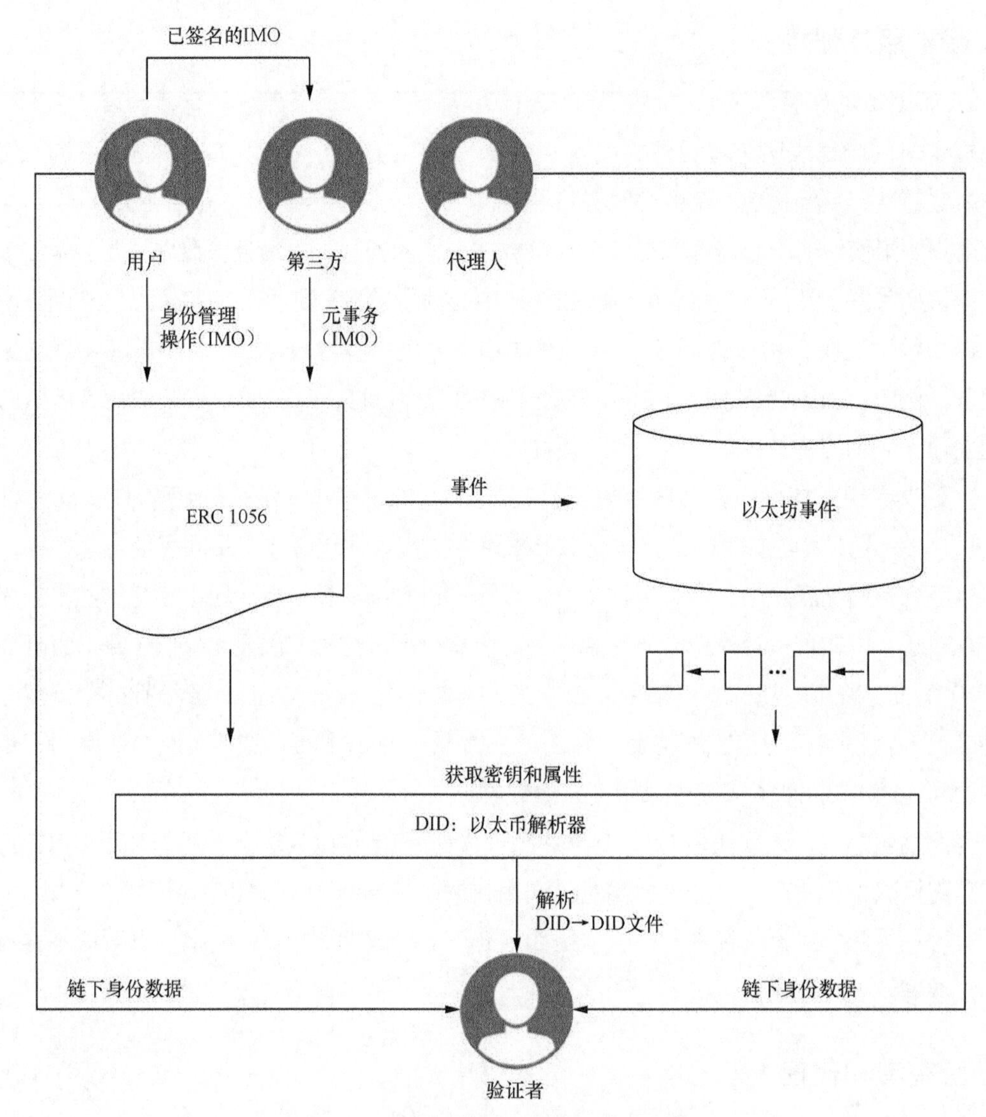

图 D.2　使用 ERC 1056 进行身份管理

ERC 1056 身份还可以委托多个代理人，这些代理人都是以太坊账户，可以在有限的时间内或者在所有者撤销委托之前代表身份所有者行事。在身份所有者想要指定代表或者与特定方共享链下数据所有权的情况下，这个功能非常有用。例如，如果链下数据是用于解锁智能锁的凭证，则所有者可以将合作伙伴添加为代理人，以便他们访问受保护的商品。

其他 ERC

◎ ERC 725 v2 和 ERC 1056 目前是以太坊上两个最完整的标准化身份系统，但是以太坊生态系统的多样性意味着未来将出现更多这类系统。实际上，目前已经提交多个范围较小的 ERC 提案。

◎ ERC 734 “密钥管理人” 和 ERC 735 “声明持有者” 可与 ERC 725 v2 结合使用，提

供更多关于密钥管理和声明要素的详细信息。

◎ ERC 780“以太坊声明注册中心”由 ERC 1056 的作者编写，制定了针对自颁发声明和点对点声明的标准。

◎ ERC 1812“以太坊可验证声明”将声明置于链下，而不是链上，在一定程度上是由《通用数据保护条例》等新法规带来的压力导致的。

在你阅读本文时，研究人员可能已经开发出更多极具吸引力的新 ERC，以一种新方式在以太坊区块链上实现自主身份。

结论

ERC 725 和 ERC 1056 是两种实现自主身份的方法，两种方法的运作方式不同。ERC 725 侧重于将以太坊账户转变为链上公共身份，可以在账户上附加任意数量的信息。ERC 725 主要应用于区块链上，与其他区块链实体进行交互。而 ERC 1056 则将所有身份信息存储在链下。链上智能合约的主要作用是作为身份的公钥注册中心。以太坊具有丰富的多样性，因此未来必将出现更多 ERC。

附录E SSI原则

2020年秋季，Sovrin基金会召集全球SSI社区梳理SSI的多种定义，并制定了一套综合原则。在5个月的时间里，经过无数次会议，包括一场有80多位专家参与的互联网身份研讨会，Sovrin基金会得以将这些原则精简为以下12项。2020年12月，世界各地的志愿者将这套原则翻译成15种语言。本附录提供的是中文版本（原文为英文版本）。

这些SSI基本原则适用于任何数字身份生态系统。我们鼓励任何构建数字身份生态系统的机构把这些原则纳入其治理框架，并且在纳入时保证其完整性。这些基本原则的应用只应在与相关法律及法规有出入时受到限制。

1. 代表性

SSI生态系统应该为任何实体（包括人类、法律实体、自然实体、物质实体和数字实体）提供相应方法，使其可以获得任意数量对其有代表性的数字身份。

2. 互操作性

SSI生态系统应该使用开放的、公用的及无版税的标准，使实体的数字身份信息可以在跨系统操作时仍旧具有代表性，并且可以在系统间实现互换、安全防卫、信息保护及跨系统验证。

3. 去中心化

SSI生态系统不需要依赖集中式系统来表示、控制及验证一个实体的数字身份信息。

4. 控制及代理

SSI生态系统应赋能具有自然、人类及法律权利的实体，使其作为“身份权利持有者”可以对与其身份相关的数字身份信息的使用进行控制，并通过使用或者放权给自己选择的代理方和监护方来实施控制。代理方和监护方可以是个人、机构、设备和软件。

5. 参与性

SSI生态系统不应强制身份权利持有者参与。

6. 平等与包容

SSI生态系统不得排斥或歧视其治理范围内的任何身份权利持有者。

7. 可用性、无障碍性及一致性

SSI 生态系统应赋能身份权利持有者，使其代理方及系统其他组成部分的可用性和无障碍性最大化，包括用户体验的一致性。

8. 可转移性

SSI 生态系统不应限制身份权利持有者对其数字身份信息副本进行移动或转移至其所选代理方或系统的能力。

9. 安全性

SSI 生态系统应赋能身份权利持有者，使其数字身份信息的安全在静态和动态时都得到保证，并且给予身份权利持有者对其身份标识符和密钥的控制，让其在所有交互中都可以采用端到端加密。

10. 可验证性和真实性

SSI 生态系统应赋能身份权利持有者，使其可以提供可验证凭证，来证明其数字身份信息的真实性。

11. 隐私保护及最小化信息披露

SSI 生态系统应赋能身份权利持有者，使其可以保护其数字身份信息的隐私性，并且允许其在任何特定交互中只提供该交互所必须的最少数字身份信息。

12. 透明度

SSI 生态系统应赋能身份权利持有者以及其所有利益相关方，使他们可轻松获得并验证所需信息，以理解所有代理方以及其他 SSI 生态系统组成部分赖以运作的激励措施、规则、政策和算法。

参考文献

第 1 章

[1] KTM C. The Laws of Identity. 2005.

[2] Security. Average Business User has 191 Passwords. 2017.

[3] Steve M. IBM's CEO on Hackers: "Cyber Crime is the Greatest Threat to Every Company in the World." Forbes , 2015, 11（24）.

[4] Andra Z.300+ Terrifying Cybercrime and Cybersecurity Statistics & Trends. Com paritech, 2020.

[5] Lee R. Americans' Complicated Feelings about Social Media in an Era of Privacy Concerns. Pew Research Center. 2018.

[6] Oath. Yahoo Provides Notice to Additional Users Affected by Previously Disclosed 2013 Data Theft. Verizon Media. 2017.

[7] Ellen N. 80% of Hacking-Related Breaches Leverage Compromised Passwords. 2020.

[8] Lim P J. Equifax's Massive Data Breach has Cost the Company $4 Billion So Far. Money. 2017.

[9] Ctrl-Shift. Economics of Identity. 2011.

[10] Nakamoto S. Bitcoin: A Peer-to-Peer Electronic Cash System. 2008.

[11] David B. Identity is the New Money. London Publishing Partnership. 2014.

[12] SBIR. Applicability of Blockchain Technology to Privacy Respecting Identity Management. 2015.

[13] Kim C. Let's Find a More Accurate Term than 'Self-Sovereign Identity. 2018.

[14] Chip H, Dan H. Made to Stick: Why Some Ideas Survive and Others Die. 2007.

[15] Statista. The 100 Largest Companies in the World by Market Capitalization in 2020. 2020.

[16] Citi. Mobile Banking One of Top Three Most Used Apps by Americans. 2018.

[17] Vestal, Christine. Some States Lag in Using Electronic Health Records. USA Today, 2014, 3(14).

[18] Tom S. Why EHR Data Interoperability is such a Mess in 3 Charts. 2018.

[19] Baya, Vinod. Digital Identity: Moving to a Decentralized Future. 2019.

第 2 章

[1] IBM Blockchain Pulse. Episode 1: The Future of Protecting Your Wallet and Identity. 2019.

[2] Kim C. The Laws of Identity. 2005.

第 3 章

[1] Dan G. Decentralized Identity: An Alternative to Password-based Authentication.IBM. 2018.

第 4 章

[1] Grant K B. Identity Theft, Fraud Cost Consumers more than $16 Billion. CNBC. 2018.
[2] Marchini, Kyle, Al Pascual. 2019 Identity Fraud Study: Fraudsters Seek New Targets and Victims Bear the Brunt. 2019.
[3] FinTech Futures. The Future of Client Onboarding. 2018.
[4] John C. Know Your Customer (KYC) will be a Great Thing When it Works.Forbes. 2018.
[5] Kelvin D. The Future of KYC: How Banks are Adapting to Regulatory Complexity. 2019.
[6] Fenergo. Global Financial Institutions Fined $26 Billion for AML, Sanctions & KYC Non-Compliance. 2018.
[7] Statista Research Department. E-Commerce Worldwide—Statistics & Facts. 2020.
[8] Nasdaq. UK Online Shopping and E-Commerce Statistics for 2017. 2017.
[9] Adobe. 2020 Holiday Shopping Trends. 2020.
[10] Astha K. eCommerce Conversion Rate Benchmarks—Quick Glance at How They Stack up. 2020.
[11] Baymard Institute. 44 Cart Abandonment Rate Statistics. 2019.
[12] Michael R. The Hard Truth about Acquisition Costs (and How Your Customers Can Save You). 2018.
[13] Jake S. Gartner Surveys Confirm Customer Experience is the New Battlefield. Gartner. 2014.
[14] Shep H. Businesses Lose $75 Billion Due to Poor Customer Service. 2018.
[15] Sandor D. How Much Do Passwords Cost Your Business? Infosecurity. 2018.
[16] Blake M. 50 Stats that Prove the Value of Customer Experience. Forbes (September 24). 2019.
[17] Carly O. Password Statistics: The Bad, the Worse, and the Ugly (Infographic). Entrepreneur. 2015.
[18] Autho0. n.d. Password Reset Is Critical for a Good Customer Experience.
[19] Dashlane. Online Overload: Worse than You Thought. 2015.
[20] Nielsen Norman Group. n.d. Intranet Portals: UX Design Experience from Real-Life Projects.

[21] Dana C. Random Factoids I've Encountered in Authentication User Research So Far. Authentical. 2011.

[22] PasswordResearch.com. 2020.

[23] Axiomatics. n.d. Attribute-based Access Control—ABAC.

[24] John D. Hackers Account for 90% of Login Attempts at Online Retailers. Quartz. 2018.

[25] Security. 8 in 10 IT Leaders Want to Eliminate Passwords. 2019.

[26] Business Wire. Veridium Survey Reveals Strong Consumer Sentiment Toward Biometric Authentication. 2019.

[27] Microsoft Security Team. Building a World Without Passwords. 2018.

[28] Michelle D. 6 Steps for Avoiding Online form Abandonment. The Manifest. 2018.

[29] Lindsay L. 101 Unbelievable Online form Statistics & Facts for 2021. WPForms Blog. 2020.

[30] Colin H. The State of the American Mover: Stats and Facts. Move.org. 2018.

[31] Yogita K. Nearly $1 Billion Stolen in Crypto Hacks So Far This Year: Research. CoinDesk. 2018.

[32] Shareen P. End of an Era: Amazon's 1-Click Buying Patent Finally Expires. Digiday. 2017.

[33] Louis C. Salesforce Now Has Over 19% of the CRM Market. Forbes. 2019.

[34] Verizon. 2018 Data Breach Investigations Report. 2018.

[35] FBI. Business E-mail Compromise: The 12 Billion Dollar Scam. Alert Number I-071218-PSA. 2018.

[36] WeChat Mini Programmer. Alipay vs WeChat Pay: An Unbiased Comparison. 2018.

[37] Spiegel Research Center. How Online Reviews Influence Sales. 2017.

[38] Michael L. Reviews, Reputation, and Revenue: The Case of Yelp.com. Harvard Business School. 2016.

[39] Aimee p. Buyer Beware: Scourge of Fake Reviews Hitting Amazon, Walmart and Other Major Retailers. CBS News. 2019.

[40] Maritz Loyalty Marketing. Holiday Shoppers' Generosity Extends Beyond Friends and Family to Themselves. Cision. 2013.

[41] Khalid S. The Importance of Customer Loyalty Programs—Statistics and Trends. 2020.

[42] Kalyani S. Global Loyalty Management Market Expected to Reach $6,955 Million by 2023. 2020.

[43] Steve M. IBM's CEO on Hackers: "Cyber Crime is the Greatest Threat to Every Company in the World". Forbes. 2015.

[44] Brian B. Internet Users Worry about Online Privacy but Feel Powerless to Do Much About It. Entrepreneur. 2018.

[45] Katie F. None of Your Business. The Nation. 2019.

[46] Alexis C M. Reading the Privacy Policies You Encounter in a Year Would Take 76 Work Days. 2012.

[47] Research and Markets. RegTech Market by Application (Compliance & Risk Management, Identity Management, Regulatory Reporting, Fraud Management, Regulatory Intelligence), Organization Size (SMEs, Large Enterprises), and Region—Global Forecast to 2023. 2018.

第 5 章

[1] Oliver T. The Self-sovereign Identity Stack. 2019.

[2] Shermin V. Blockchains & Distributed Ledger Technologies. 2019.

[3] CoinMarketCap. Today's Cryptocurrency Prices by Market Cap. 2021.

[4] W3C. DID Methods. 2020.

[5] Alan.K. Kiva Protocol: Building the Credit Bureau of the Future Using SSI. 2019.

[6] Vincent.n.d. A Blockchain: A US Customs and Border Protection Perspective. Enterprise Security.

[7] Andrew T. Sovrin: What Goes on the Ledger. 2017.

[8] Oliver T. DIF Starts DIDComm Working Group. 2020.

[9] Daniel H. Rhythm and Melody: How Hubs and Agents Rock Together. 2019.

[10] João S, Kim H D. A Decentralized Approach to Blockcerts Credential Revocation. 2018.

[11] Nicky M. EY Solution: Private Transactions on Public Ethereum. 2019.

第 6 章

[1] Hackage. Merkle-Tree: An Implementation of a Merkle Tree and Merkle Tree Proofs of Inclusion. 2018.

[2] Kim K. Modified Merkle Patricia Trie—How Ethereum Saves a State. 2018.

[3] Goldwasser, S. Micali,S. Rackoff. C. The Knowledge Complexity of Interactive Proof Systems. SIAM Journal of Computing 18(1),186–208, 2018.

第 7 章

[1] Mantovani, Maria L, Marco M, Simona V. EU AARC Project Deliverable DNA2.4: Training Material Targeted at Identity Providers. AARC. 2016.

[2] William B, et al. Electronic Authentication Guideline. NIST Special Publication (SP),2013, 800-63-2.

[3] Paul A G, Michael E. G, James L. F. Digital Identity Guidelines. NIST Special Publication (SP)800-63-3, 2017.

第 9 章

[1] David G.W B. Apple Pay Was Not Disruptive, but Apple ID Will Be. Forbes.2020.

第 10 章

[1] Elliott K. A Fifth of all Bitcoin is Missing. These Crypto Hunters Can Help. Wall Street Journal. 2018.

[2] Department of Homeland Security. DHS S&T Awards $749K to Evernym for Decentralized Key Management Research and Development. 2017.

[3] Lorenzo F B. Even the Inventor of PGP Doesn't Use PGP. 2015.

[4] Micah B. On the Hourglass Model. Communications of the ACM 62（7）: 48–57, 2019.

第 11 章

[1] Phil W. Decentralized Governance in Sovrin. 2018.

[2] Oskar V D. Self-Sovereign Identity - The Good, the Bad and the Ugly. TNO.2019.

[3] Aleecia M. M, Lorrie F C.I/S: A Journal of Law and Policy for the Information Society 4(3):543–568, 2008.

第 12 章

[1] Steven L. Hackers: Heroes of the Computer Revolution. Anchor Press/Doubleday. 1984.

[2] Eric S R. Hacker. The Jargon File v4.4.8. 2004.

[3] Steven L. "Hackers" and "Information Wants to Be Free". Backchannel. 2014.

[4] Burton G. Software Industry, Engineering and Technology History Wiki. 2015.

[5] Warren T. The Strange Birth and Long Life of Unix. IEEE Spectrum. 2011.

[6] Steven L. Hackers: Heroes of the Computer Revolution, 25th Anniversary Edition. O'Reilly Media, Inc. 2010.

[7] William Henry III G. An Open Letter to Hobbyists. Homebrew Computer Club Newsletter 2 (1), 1976.

[8] Sam W. Free as in Freedom: Richard Stallman's Crusade for Free Software. O'Reilly Media,Inc. 2002.

[9] Richard S. What is Free Software. 2001.

[10] Linus T, David D. Just for Fun: The Story of an Accidental Revolutionary. 2001.

[11] Eric S R. The Cathedral & the Bazaar: Musings on Linux and Open Source by an Accidental Revolutionary. O'Reilly Media, Inc. 2001.

[12] Glyn M. Rebel Code: Inside Linux and the Open Source Revolution. Perseus Publishing. 2001.

[13] Richard S. Why Open Source Misses the Point of Free Software. 2007.

[14] NASA JPL. n.d.

[15] Richard E. Alfresco Tech Talk Live 81: Alfresco as a Model-Based Engineering Environment. 2014.

[16] Personal Experience of the Author.

[17] Dave N. Microsoft CEO Takes Launch Break with the Sun-Times. Chicago Sun-Times (June 1), 2001.

[18] Bruce P. How Many Open Source Licenses Do You Need. 2009.

[19] Bruce P. MariaDB Fixes Its Business Source License With My Help, Releases Max-Scale 2.1 Database Routing Proxy. 2017.

[20] Bruce S. Liars and Outliers: Enabling the Trust that Society Needs to Thrive. Wiley. 2012.

[21] Lessig, Lawrence. Code: Version 2.0. Basic Books. 2006.

[22] Zoe K. Facebook Boss Reveals Changes in Response to Criticism. 2019.

[23] BBC News. Facebook Emotion Experiment Sparks Criticism. 2014.

[24] BBC News. Facebook Appeals Against Cambridge Analytica Fine. 2018.

[25] BBC News. Facebook Copied Email Contacts of 1.5 Million Users. 2019.

[26] Seena G. The Equifax Data Breach: What to Do Federal Trade Commission. 2017.

[27] Reetika K. Impact of Aadhaar in Welfare Programmes. SSRN. 2017.

[28] Dipa S. Aadhaar—A Tool for Exclusion. Swarajya. 2018.

[29] Pranav D. Amazon is Asking Indians to Hand over Their Aadhaar, India's Controversial Biometric ID, to Track Lost Packages. BuzzFeed News. 2017.

[30] Rachna K. Rs 500, 10 Minutes, and You Have Access to Billion Aadhaar Details. The Tribune. 2018.

第 13 章

[1] Steven L. Crypto: How the Code Rebels Beat the Government—Saving Privacy in the Digital Age.Viking. 2001.

[2] Steven L. Crypto Rebels. Wired. 1993.

第 14 章

[1] Devon L. What is Sovereign Source Authority. 2012.

[2] Marc W. Interview: Oral History of Elizabeth (Jake) Feinler. Computer History Museum. 2009.

[3] David C. Security Without Identification: Transaction Systems to Make Big Brother Obsolete. Communications of the ACM 28 (10): 1030, 1985.

[4] Roger C. Information Technology and Dataveillance. Communications of the ACM 31(5): 498–512, 1988.

[5] Philip Z. Why I Wrote PGP. 1991.

[6] Konstantin R. PGP Web of Trust: Core Concepts Behind Trusted Communication. 2014.

[7] Ken J, Jan H, Steven F. The Augmented Social Network: Building Identity and Trust into the Next-Generation Internet. First Monday 8 (8), 2003.

[8] Kim C. Laws of Identity. 2009.

[9] Phil W. Yet Another Decentralized Identity Interoperability System. Technometria. 2005.

[10] Johannes E. From 1 to a billion in 5 years. What a little URL can do. Upon 2020. 2009.

[11] Juan G. Andreas Antonopoulos: The Case Against Reputation and Identity Systems.2015.

[12] ConsenSys. The Identity Crisis. 2015.

[13] Gina J. Projects Aim for Legal Identity for Everyone. SecureIDNews. 2016.

[14] Christopher A. The Path to Self-Sovereign Identity. Life with Alacrity. 2016.

[15] Phil M. Announcing the Sovrin Foundation. Technometria. 2016.

[16] Chris J. Verifiable Credentials on the Blockchain. Learning Machine. 2016.

[17] Joe A. A Technology-Free Definition of Self Sovereign Identity. 2016.

[18] Jia Xueyuan. Verifiable Claims Working Group Charter Approved; join the Verifiable Claims Working Group (Call for Participation). W3C. 2017.

[19] Sovrin Foundation. Announcing Hyperledger Indy. 2017.

[20] Department of Homeland Security. DHS S&T Awards $749K to Evernym for Decentralized Key Management Research and Development. 2017.

[21] Department of Homeland Security. DHS S&T Awards $750K to Virginia Tech Company for Blockchain Identity Management Research and Development. 2017.

[22] Joachim L.Jolocom: Who Owns and Controls Your Data. 2017.

[23] World Economic Forum. The Known Traveller—Unlocking the Potential of Digital Identity for Secure and Seamless Travel. 2018.

[24] World Economic Forum. Identity in a Digital World: A New Chapter in the Social

Contract. 2018.

[25] George B. Introducing the ERC-725 Alliance. 2018.

[26] John J, and Stephen Curran. A Production Government Deployment of Hyperledger Indy. Decentralized Identity. 2018.

[27] Microsoft. Decentralized Identity: Own and Control Your Identity. 2018.

第 15 章

[1] Shoshana Z, The Age of Surveillance Capitalism: The Fight for a Human Future at the New Frontier of Power. Public Affairs. 2019.

第 16 章

[1] Zak D. Cyberattacks On IoT Devices Surge 300% In 2019, “Measured In Billions”, Report Claims. Forbes. 2019.

[2] JSOF. Ripple20: 19 Zero-Day Vulnerabilities Amplified by the Supply Chain. 2019.

[3] i-SCOOP. n.d. IoT 2019: Spending, Trends and Hindrances Across Industries.

[4] Geovane F. Self-Sovereign Identity for IoT Environments: A Perspective. 2020.

[5] T&DWorld. Austrian Power Grid, Energy Web Foundation Launch Proof of Concept to Use DERs for Frequency Regulation. 2020.

第 18 章

[1] Esben H. Tackling the 1.6 billion ton Food Loss and Waste Crisis. BCG Henderson Institute.2018.

[2] International Chamber of Commerce. 2017. Global Impacts of Counterfeiting and Piracy to Reach US $4.2 Trillion by 2022.2022.

[3] World Health Organization. 1 in 10 Medical Products in Developing Countries is Substandard or Falsified.2017.

第 20 章

[1] De Miguel-Asensio, P.A.Derecho Privado de Internet (Quinta ed.). Cizur Menor, Navarra, España: Aranzadi.2015.

[2] Alamillo Domingo I. Identificación, Firmayotras Pruebas Electrónicas. La Regulación Jurídico Administrativa de la Acreditación de las Transacciones Electrónicas.2019.

[3] D.R, Slepak G. DPKI ‘s Answer to the Web’ s Trust Problems. White paper. Rebooting the Web of Trust. 2015.